科学鬼才

传感器智能应用54例（图例版）

[美]Tom Petruzzellis 著　　赵正 译

人 民 邮 电 出 版 社
北 京

图书在版编目（CIP）数据

传感器智能应用54例 : 图例版 / (美) 托马斯·彼德鲁德利斯 (Tom Petruzzellis) 著 ; 赵正译. -- 北京: 人民邮电出版社, 2017.10
（科学鬼才）
ISBN 978-7-115-46439-2

Ⅰ. ①传… Ⅱ. ①托… ②赵… Ⅲ. ①传感器—应用—普及读物 Ⅳ. ①TP212.9-49

中国版本图书馆CIP数据核字(2017)第169744号

内 容 提 要

本书介绍运用各种传感器感知和测量光、声、热、气等物理量以及振动、磁场、电场、无线电和辐射等现象的方法。全书全面系统地介绍了54种传感器实验项目的制作过程，并给出了各种操作技巧和注意事项。通过所提供的实验项目带给大家很多有用的信息以及一些创新的理念。适用于电子技术从业者和工程师，以及对电子技术感兴趣的各年龄段人士。

◆ 著　　　[美] Tom Petruzzellis
　译　　　赵　正
　责任编辑　魏勇俊
　责任印制　周昇亮
◆ 人民邮电出版社出版发行　　北京市丰台区成寿寺路 11 号
　邮编 100164　　电子邮件 315@ptpress.com.cn
　网址 http://www.ptpress.com.cn
　三河市海波印务有限公司印刷
◆ 开本：880×1230 1/16
　印张：12.75　　2017 年 10 月第 1 版
　字数：420 千字　　2017 年 10 月河北第 1 次印刷
著作权合同登记号 图字：01-2016-5091 号

定价：59.00 元

读者服务热线：(010)81055339　印装质量热线：(010)81055316
反盗版热线：(010)81055315
广告经营许可证：京东工商广登字 20170147 号

本书献给 Josh 和 Andy——希望可以帮助他们渡过人生中的难关。

关于作者

ABOUT AUTHOR

Tom Petruzzellis是一位具有30年丰富经验的电子工程师，他就职于Binghamton的纽约州立大学的地球磁场仪器部门。另外他还是Binghamton的指导员。他有很多行业内的著作，包括《Electronics Now》《Modern Electronics》《QST》《Microcomputer Journal》和《Nuts & Volts》，他还是以下4本经典图书的作者:《Build Your Own Electronics Workshop》《STAMP 2 Communications and Control Projects》《Optoelectronics，Fiber Optics，and Laser Cookbook》《Alarm，Sensor，and Security Circuit Cookbook》(全部由McGraw-Hill出版社出版)。目前Petruzzelli居住在美国纽约的Vestal。

本书将带您开启关于电子传感器的发现之旅，本书旨在引导爱好电子元器件的儿童、学生、成人探索和发现自然界那些无法被人类器官感觉到的奥秘，例如声音、气味等。从事电子传感器相关工作的电子技术人员和工程师也是本书的目标读者。

本书的目标是让大家学会如何利用电路来检测环境中的声、光、电、气体、振动、磁场、电场、无线电波和辐射。本书将带领读者检测日常生活中不容易被感知，甚至人体完全无法听到和看到的现象。有兴趣的读者可以借助本书中的知识实现对自然界各种现象的独立探索。本书将向大家展现各种传感器、检测器、换能器等能量转换装置。

作者希望本书能激励读者动手创作几个小科学制作，或者引领读者进入用电子传感器检测和研究自然界的领域。

本书内有丰富的照片，包括原理图、数据表格和图片。附录部分还提供了供应商信息和其他配件获取渠道。

第一章　声能

声能是自然界中比较有趣的一种能量。人耳只能听到20Hz到15kHz这段范围非常有限的音频，其他人耳无法感知的音频也有很多值得探索的有趣特性。

本章内容涵盖声波、超声波和次声波。通过本章读者可以学到如何侦听动物发出的高频声音（远程会话），如何用电子听诊器发现机械噪声背后的故障。如何通过水下听声器和音频放大器了解全新的水下音频世界。本章将介绍次声波和超声波的定义，次声波即频率低于声波的纵波（红外线则是频率低于红光的光波）。频率超过声波的纵波则是超声波（紫外线是频率高于紫光的光波）。人耳可以听到的声音波长范围横跨两个数量级（从20 ~ 2 000Hz）。

本章还将向读者介绍超声波监听器和次声波监听器的制作方法，前者可以用来侦听昆虫发出的超声波，而后者一般用来监测大型声源发出的长波音频，例如因天气变化和地震产生的音频。读者还可以学会微气压计（即可以检测气压变化和风暴来临前气压变化的设备）的制作方法。

第二章　光的检测与测量

虽然人眼可以辨别数千万种颜色，但这些可见光只占光谱中很小的一部分，其密度好比将所有人工无线电波都集中在550kHz到880kHz的标准AM广播波段一样。人眼是一种灵敏度非常高的电磁波接收器。假设人眼瞥了一下黄色的衣服，仅在这一瞬间，光子就在视网膜上振动了约5×10^{15}次。如果将这些光子比作普通物品，那么一个人要花几千万年才能将这些光子数一遍。

本章将详细向大家介绍光电池和太阳能电池板等光学传感器的用法，日辐射常数、紫外线强度和大气层中臭氧含量的测量方法，另外还将介绍如何使用光传感器来解析光的调制现象。光传感器可以将光谱的波动转换成可供换能器和音频功放使用的声波，这种声波甚至可以直接被人耳感知。借助于光侦听器，人们可以用耳朵听到电子显示屏、汽车大灯、火焰和闪电的“声音”，或者听到其他光线的“声音”，这些技术使得通过光线来测速成为可能。本章最后还将向读者介绍如何使用光学浊度计来测量水体污染程度。

第三章　热检测

热量的传播方式有3种：传导、对流、辐射。热传导是指在组成物质的微粒间以热运动来实现导热的方式。当铁棒的一端受热后，铁棒另外一端很快也会变热，这就是传导的效果。热对流是指物质本身通过运动实现导热的方式。热传导主要在气体或液体中出现。例如当屋子里有热气流涌入时，屋子里的物品也会跟着暖和起来。与热传导和热对流不同，热辐射不需要借助物质的移动（例如分子或者空气），甚至不需要物质也可以导热。例如9 300万英里（1英里=1.6km）以外的太阳通过热辐射的方式向地球输送热量。当天空中有云层出现时，云层会大幅缩减地球和太阳间的热辐射效率，这是因为热辐射是通过波动的方式实现的。

从本质上说，热波和光波同属于电磁波的一种，只不过热波的波长比光波要长。从光谱上看，热波属于红外线波段。本章将带领读者制作一些很有趣的设备，例如检测范围高达3m的红外火焰探测器，可以提示温度低于0℃的冰冻报警器，或者可以监控冰箱或其他机器温度的过热报警器。读者可以利用本章介绍的远程无线电模拟温度记录仪来记录温度。此外本章还将提及很多更复杂的设备，例如LCD温度计，夜视仪，检测范围高达50英尺（1英尺=0.3048m）的红外移动检测器。其中红外移动检测器可以用来组建家庭报警系统。

第四章　液体检测

本章将和读者一起探索另外一种很有趣的传感器：液体传感器。本章的第一个小项目是雨水检测器，它可以第一时间检测到降雨事件，提醒人们及时关闭车窗或者收好衣服。当用在气候数据采集系统中时，它可以精确记录降雨时间。本章还将介绍液体或流体传感器和液位传感器，这些器件主要用于检测车辆水箱或油箱中的液体容量。气候爱好者可以从本章学到如何构建可以检测家庭湿度的湿度传感器。有志于从事科研的读者可以在本章学习到pH值的相关知识和简易pH表的制作方法。自然生态爱好者则可以学习到如何制作水标尺监测器，并利用它来监测溪流。

第五章　气体检测

与液体和固体不同，气体给人一种很虚无的感觉，因为日常生活中人们对气体的感知很少，大部分气体都无色无味。但借助于先进电子技术，人们可以轻易地检测出空气中的很多气体元素。本章将介绍气压传感开关的制作方法，这种设备可以用于门禁检测和车辆检测。此外还有可以检测特定气体并报警的电子嗅探器，柱状气压传感器可以将气体或液体的压力转换成数字信号，在LED柱状图上显示出来。本章还将介绍催化燃烧传感器的工作原理，引导读者学习有毒气体传感器的制作方法和用法。最后还将介绍天气爱好者感兴趣的电子气压计项目，此项目可以用于建造基础气象站。

第六章　振动检测

振动传感是传感器领域中比较有趣的一个分支。地震学就是主要研究和监测地壳振动的学科，另外利用地震学知识还可以定位爆炸地点、监测违法核试验（即监测其他国家的大型爆炸事件）。

振动传感器可以用来解决工业故障，或者检测地球内部的地震事件。你知道利用振动传感器来收集引擎或马达振动数据，并且可以分析出机器的内部故障吗？本章的第一个项目是振动时计。这种简单又独特的电路可以以小时为单位对机器或自然界的事件计时。只要有振动事件发生，计时器就可以记录其发生时间。

本章第二个项目是振动闹钟，这种设备可以用来检测人或动物的非法入侵。本项目采用常见的音频喇叭做振动检测单元。振动闹钟还可以用来驱赶花园里的野生动物。下一个项目是压电地震报警传感器，此项目使用煤气灶上的气体点火线圈作为振动传感器。振动报警器和压电地震报警器适合有志成为科学家的读者研究。接下来是一个高级项目——AS-1型地震仪，此仪器可以检测全世界发生的地震情况。这种地震仪可用于正式的地震检测活动。很多学校已经将AS-1用在科研和教学活动中了。有资质的的学校可以申请免费获取AS-1型设备。

第七章　磁场检测

人类的生活环境中充斥着各种电磁场，但是普通人一般感知不到它的存在。人们需要借助于传感器才能检测电磁场。由线圈和放大器制成的传感器可以用来检测磁场。通过本章读者可以学习到磁场可以在小范围内单独存在，也可以与电场交织在一起，以电磁场的形式存在。当磁场与电场的方向成正交时，它们可以以一种稳定的形态向外传播——电磁波。

本章会介绍多种不同的磁场传感器，从可以当作电话听筒或检测隐藏金属元素的小型电感线圈，到用来检测汽车或火车磁场的大型线圈检测器。本章还将介绍电子罗盘的制作方法，即所谓ELF辐射检测器，这种设备可以检测家用电器故障时发出的低频磁场。本章还将介绍为什么电离层的突发扰动会影响到收音机信号，如何透过这一现象研究无线电传播的原理。本章的压轴项目是地磁检测器，这种设备还可以用来检测太阳磁暴。

第八章　电场检测

人类最早通过各种灵异事件开始研究电场。很多现象来自于动物毛皮和玻璃、石头间摩擦产生的静电。这些现象引导科学家们一步一步地发现电引力原则，脑电波，最后发展到先进电子技术。本章内容包括电子技术基础、电场原理和电磁场原理。电磁场是呈90° 交织而成的电场与磁场。

从本章中读者将会了解到电磁场的能量与其频率无关。变化的磁场和变化的电场是电磁场的两大组成部分。电磁场的两大特性包括①电场、磁场和电磁场的传播方向两两垂直；②随着传播距离的增加，电磁场的强度将越来越低。

本章将会介绍莱顿瓶、静态管的用法，以及如何利用云室来检测 α 粒子。本章项目包括离子检测器、电子验电器和电子大气检测器。针对进阶读者的项目包括专业电子验电器和云电荷检测器，这种仪器可以测量并显示云层中TODO的电荷分布。本章最后一个项目包括电场扰动监视器，这种设备可以检测电场中的入侵者并发出报警信号。电场扰动监视器可以用在专业电场研究领域，或用在家庭或野外防盗系统中。

第九章　无线电项目

电磁能量分布在每个电波频段。最简单的自然电磁能量发射器是闪电。闪电可能将大量的能量通过电磁辐射的方式向外传输，它发出的电磁波频率通常分布在几赫兹到几百兆赫兹中，有时AM波段收音机也能捕捉到闪电发出的无线电波，例如木星发出的宽频无线电风暴就可以被短波接收器捕捉到。

本章将会带领读者认识各种无线电能量，从闪电和行星风暴等自然无线电到电视、广播、雷达等人工无线电。本章研究的电磁波频率范围涵盖10 ~ 25kHz的大功率核潜艇通信波段、550 ~ 1 600kHz的AM广播波段、2 000 ~ 30 000kHz的短波无线电波段、54 ~ 216MHz的甚高频电视波段、88 ~ 108MHz的FM广播调频波段、1 000 ~ 15 000MHz的雷达波段，直至300GHz。无线电频谱的下限几乎与可见光波区域直接相连。

本章将带领读者制造各种类型的无线电接收器。本章的第一个项目是电子闪电探测器，它可以用来预测闪电风暴，对气象爱好者来说这个项目非常有用。本章第二个项目是ELF自然电台，人们可以用它来侦听大自然的低频声音，例如大气干扰、污染物、黎明时的自然音及哨声等。这些上行和下行的扫频信号通常是由地球另一侧的电磁风暴引起的。读者何不与本书一起，亲自制作一个短波接收器，听听来自地球另外一端的广播声音呢。能用自己的接收器收听到来自非洲和欧洲的音乐和新闻，一定是非常有成就感的。本章的进阶项目是木星射电望远镜项目，通过它我们可以听到由木星产生的行星风暴声。对于业余无线电天文爱好者来说，这个项目绝对是一项很有意义的工程。

第十章　辐射传感

辐射光谱可以细分为电磁辐射和电离辐射两大类。电磁辐射包括可见光、长波热辐射和长波电磁辐射。例如太阳发出的巨量能量就是通过光辐射传达到地球的，阳光可以照亮地球，催长农作物，驱动太阳能发电板等。

另一种辐射为电离辐射。电离辐射的波长极短，因此通常被视为高速高能粒子。粒子的种类可以是光子、质子、电子、离子（例如氦离子或铁离子）。离子是内含空穴的带电体。

当这些高速粒子照射到物质时，会对物质造成深层次的伤害，当它们穿透物质时，会在物质中残留一条电离痕迹（即带走一些电子，在痕迹上留下空穴）。单位面积上照射到的粒子数量取决于粒子的类型和速度。体积越大、速度越快的粒子产生的效果越明显。

地球上的很多物体都会对外发出辐射，例如岩石和矿石等。太阳等天体也会产生电离辐射。本章将向读者介绍一种微量α粒子检测电离室的制作和应用，使读者掌握用低成本电子电离室（仅用4个通用三极管）来检测电离辐射的方法。如果想要对电离辐射进行更深入的研究，则需要借助更先进的电离室。在本章末尾读者还可以学习到便携盖革计数器的制作方法，盖革计数器可以用来检测含有铀等放射性元素的岩石，或者用来研究辐射场的特性。

目录
CONTENTS

第四章　液体检测　63

第五章　气体检测　79

第六章　振动检测　96

第七章　磁场检测　114

第一章

声能

Chapter 1

声能比较适合作为探索自然界多种现象的切入点。人耳只能听到非常小范围内的声能，即频率为20Hz ~ 15kHz之间的声音。实际上“声音”的频谱范围比我们能感知的区域要大得多，声能正是本章将要探索的对象。

本章将带领读者进入声音的奇妙世界。我们不但要探索人耳可以听到的声音，还要探索次声波和超声波，超声波和次声波无处不在，但人们在日常生活中对它们的感知却少之又少。本章会向读者介绍如何侦听动物发出的高频声音，带领读者借助电子听诊器来追踪噪声源。最后还会和读者一起利用水听器和音频放大器来探索一个全新的领域——水下声音世界。

借助各种话筒和音频放大器，人们就可以探索人耳听不到的各种人造和自然声音了。

音频放大器是一种可以提升声音强度的电路。音频放大器的输入信号通常是极微弱的音频信号，音频放大器的工作是将其放大到适合人耳或其他器件可以接收的能级。以下几种情况可能会用到音频放大器：强度很微弱、音源距离非常远、为了使交流和收听更舒适。本章中的大部分项目都需要用到音频放大器，我们还是从声能开始吧。

1.1 声能

声波是一种典型的纵波，可以在固体、液体和气体中传输。与电磁波不同，声波不能在真空中传输。

1.1.1 空气中的声音

图1-1是声波从左到右传播的示意图（横轴是声波的传播方向）。声波传播时，其覆盖范围内的空气会左右颤动（如横轴上方的小箭头所示），当空气动起来的时候，声波就沿着空气的疏密变化向右传播。

某些频段的声波可以刺激人类的耳朵和大脑，使人类感受到信号。根据经验，人耳可以听到的声波频率在20 ~ 20000Hz之间，其中高频段的声音更难听到，随着年龄的增长，人耳可以听到的高频声音范围也在慢慢变窄。高保真和立体声音响的频响范围通常也与这个范围相同。

1.1.2 超声波

20kHz ~ 50kHz的声音虽然超出了人耳听觉范围，但却非常丰富多彩。蝙蝠等昆虫和其他动物会在此频段内发出各种声音。气体和化学液体在泄露时、机械发生异常磨损时都会发出超声波，只是人耳无法感知而已。此外超声波检测器也可以对外发出超声波，当待测区域安静时，它可以对外产生人耳听不到的40kHz超声波，一旦超声波的频率被打乱，则表示有入侵者出现。与超声波相比，普通人对次声波的了解往往会更少。

1.1.3 次声波

低于人耳感知下限频率的机械纵波称为次声波（与之类似，低于人眼可见波长的光线称为红外线）。高于人耳感知上限频率的机械纵波称为超声波（与之类似，高于人眼可见波长的光线称为紫外线）。

人耳可以听到的最长波长的声音（20Hz）与最短波长声音（20000Hz）之间差1000倍。与之相比，人眼可见的最长波长光波（红光）与最短波长光波（紫色）之间的差距只有不到2倍。因此我们说人耳有10 ~ 12倍频程，而人眼只有1倍频程。（当两个频率之间的间隔，刚为其中一个频率的1倍时，称为一个频程，例如400 ~ 800Hz。）

人们感兴趣的次声波通常由一些大型事件产生，例

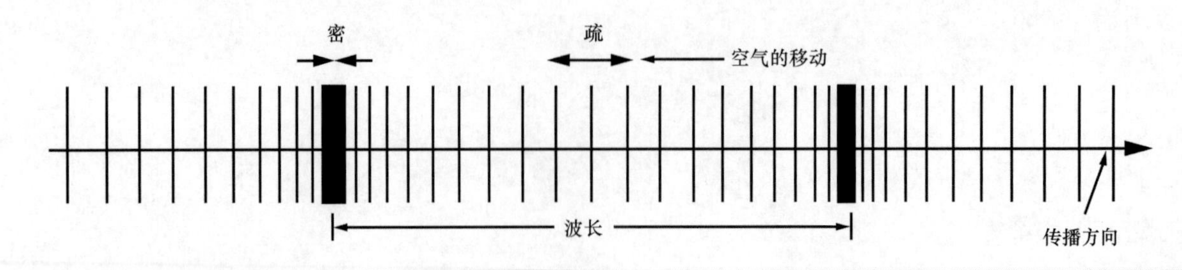

图1-1　声波从左向右传输的示意图

如地震。当然人们都不希望经历地震，通过在公路旁边感受大型卡车行驶带来的振动，也可以感受到次声波。大卡车的迎风面较大（近似一个平面），高速运动时很容易使空气产生剧烈波动，导致次声波的出现，通常人们的身体比耳朵更容易感受到次声波的存在。次声波也会加大卡车的操控难度。除此之外，气象锋面和穿越大气层的流星也会产生明显的次声波。

想要感受极低频次声波，可以依据以下方法：登上摩天大楼的电梯，在30 ~ 60s内控制电梯从高气压的位置向低气压位置高速移动（即从高楼层向低楼层移动）。将测试时间看做半个波长，那么等效移动频率为

$$f = 1 / T$$

式中，f是以赫兹（Hz）为单位的频率，T是以秒（s）为单位的周期。

当测试时间为30s时，频率为1/60，即0.0166周期每秒。此频率相当于每1 ~ 2min循环一个周期，属于远低于人耳可听范围外的次声波。当在电梯（或飞行器）中高速下降，并尝试测试时，测试人员必须张开嘴巴，以保持耳朵内外的气压相同，防止因为气压的骤变损伤耳膜。当大气中有锋前涌过时，其产生的次声波周期甚至可以高达3小时！通过不断观察气压计，可以捕捉到锋前带来的气压“变化”。从原理上讲，天气变化带来的气压变动与锋前带来的气压变动相同，只是前者的周期更长而已。

1.1.4 温度和声音

在环境温度70 ℉时，海平面的声音传播速度为1130英尺/s。由于声速对温度敏感，当温度上升时，基本粒子传播声音的速度会提高（例如空气或金属），因此声速会增加。当环境温度为32 ℉时（冰点温度），声音在海平面的传播速度会降低到只有1088英尺/秒。

1.1.5 声压

声波是一种压力波，传输声波的空气压力会在15磅每平方英寸的基准压力上下浮动。因此平均压力这个概念对于声音来讲没有任何意义。人们通常用均方根（RMS）值来表示声波的压力变动幅度。由于人耳可以听到的声压幅度非常广（从0.0001 ~ 1000毫巴（1毫巴=100Pa）），因此用声压等级（SPL）来表示声波大小更加方便，SPL的定义如下。

$$L = 20\log(P_1 / P_0)$$

式中，L是根据P_1和P_0计算出的声压等级。SPL通常用来标定高保真高功率扬声器。

1.1.6 分贝

声压的标准单位是分贝（dB）。dB是一种相对比值（例如P_1和P_2）。对于L_1和L_2两种声压，其差值为

$$L_2 - L_1 = \frac{1}{2}\log(\frac{P_2}{P_0}) - 20\log(\frac{P_1}{P_0}) = 20\log(P_2 / P_1)$$

假设P_2大于P_1，由上式可以看出，基准压力P_0并不影响最终结果。

对于1000Hz的声音，人耳能听到的最小声压约为0.0002毫巴，因此人们约定基准声压P_0 = 0.0002毫巴。在此基础上，达到140dB的声压强度为人耳的疼痛阈值，大约等同于喷气式飞机起飞的噪声大小。0dB声压近似等同于窃窃私语或非常轻的脚步声。140dB对应的声压强度是0dB声压强度的1000万倍，从这个比例也可以看出人耳的超强声音接收能力。为了保护听力，在无防护措施的情况下，人耳不宜长时间收听声强较大的声音。

1.2 话筒的种类

话筒是一种换能器件，也叫换能器，它的作用是将机械波转换为电信号。将声音转换为电信号后，可以更方便地对它进行放大和整形。话筒的种类有以下几种。

- **碳粒式** 这种话筒具有一个可移动振膜，隔膜随声音颤动，同时带动内部的碳粒压缩和拉伸，导致碳粒的等效电阻也随声音发生变化。
- **压电式** 基于压电材料制成的话筒，材料本身会随着声压的变化，输出不同的电压，也叫晶体话筒。
- **电磁式** 同样采用振膜来采集声音的波动，并带动电枢移动，进而影响线圈中的磁阻。其应用包括助听器和吉他拾音器。
- **动圈式** 悬浮在固定磁场中的动圈（通常是指与振膜固定在一起的线圈）可以随着声音而振动，从而实现

机械振动到动圈交流电流的转换。

- **静电式** 由可移动振膜和可移动电极共同组成采样电容器，其电容值随声音的变化而改变，也叫电容话筒。若其中一个电极上的电荷量固定，那么就称为驻极体话筒。

话筒又分定向式和全向式两种类型。大部分话筒属于常见的全向话筒，即可以采集周围任何方向的声音。定向话筒较为特殊，它的振膜通常为心形。这种话筒一般用来采集指定声音，同时忽略环境中的其他声音。长枪式话筒就是一种定向话筒，飞禽爱好者喜欢用它来收听远处的鸟鸣，私人侦探也常用它进行远距离侦听。很多电影摄制组会用带长吊杆的长枪式话筒来录制音频。高定向话筒也叫抛物面话筒，这种话筒的优势是定向性极强，而且灵敏度极高。它们通常搭配音频放大器使用，用来放大远处的声音。抛物面话筒的方向图非常窄（只有几度）。因此使用时一般要先进行转动扫描，以精准定位目标声音的方向。

1.2.1 简单的话筒转换

通过增加一个很简单的配件即可改善全向话筒的方向性。其制作方法如下：找一个废弃的纸杯（带塑料盖子的那种）。杯子较细的一端直径刚好与话筒相符。或者找一个大漏斗，将其罩在小型驻极体话筒上。接下来用黑色绝缘胶带将话筒和配件粘在一起，防止声音从连接处泄露。装上外壳的话筒立刻就会显示出方向性，其接收角近似60°。从背面和侧面传来的声音很难被话筒采集到。这种设备适合侦听50 ~ 75英尺左右的鸟叫或其他声音。

1.2.2 高增益抛物面话筒

很多人都从橄榄球场上见过用来采集观众声音、现场音乐、球场声音的抛物面话筒。图1-2就是一种高定向抛物面话筒的照片。其中抛物面状反射器的材料是塑料，焦点在距抛物面中心6英寸（1英寸=0.0254m）处。当话筒置于焦点处并面向抛物面放置时，可以获得最大灵敏度。这种设备的优点是质量非常轻，适合用来接收运动场或野外的声音，由于水面对声音的吸收较少，因此在湖泊或者小河上使用时，抛物面话筒的拾音效果更好。高增益抛物面话筒的方向图极窄，形状接近圆柱体。因此在远距离使用时需要仔细扫描，以确保对准音源。

图1-2 抛物面话筒

1.3 声音的放大——音频放大器

话筒和放大器的组合，可以用来侦听室外各种声音，包括禽类叫声、汽车火车声、郊外自然声和人声等。若再搭配录音设备，则可以随时记录下各种声音。这些设备可以辅助猎人捕猎。以数百英尺为固定间隔，搭建话筒网络，还可以用来侦听掩体外面的声音。

图1-3是话筒的前置放大器电路图。此电路采用TL084型运算放大器放大话筒采集到的音频信号。图中运算放大器的总增益为27dB。反馈网络中的R6起增益控制效果。图中的前置放大器适合搭配驻极体话筒使用。如果使用动圈式话筒，则需要移除偏置电阻R1。此电路供电部分为9V晶体管收音机用电池，S1为供电开关。输出电容C4为前置放大器和大功率音频放大器的耦合电容，为保证信号质量，这两个放大器之间的导线应该选用屏蔽线缆（例如使用远距离探针式话筒的场合）。如果前置和大功率放大器同在一块电路板上，就不需要屏蔽线缆。

大功率音频放大器的原理图如图1-4所示。其放大器采用了大功率集成芯片U1。R1为输入端电位器。运算放大器的引脚3连接电位器，引脚2接地。通过改变R2和C1的值，可以将放大器的增益在20 ~ 200之间自由调整。此外放大器的引脚7可以使用旁路电容接

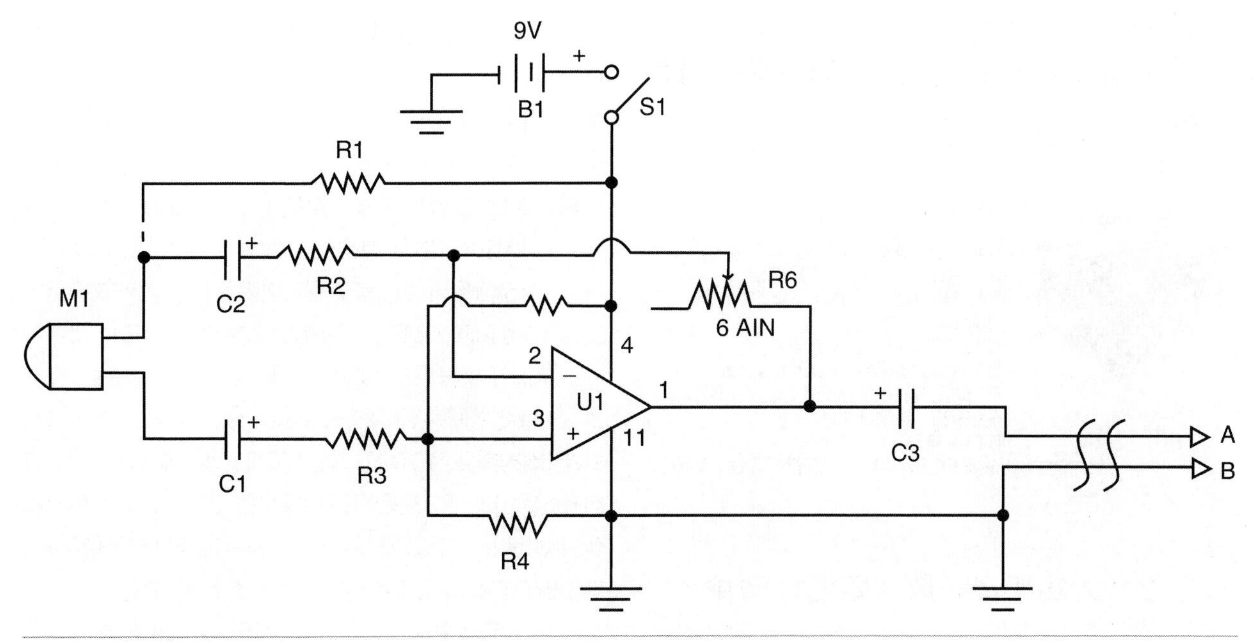

图1-3　前置话筒放大器电路

地。C3和R3负责输出信号的整形。音频放大器输出端通过2 200μF电解电容连接到8Ω扬声器。整个电路采用9 ~ 12V电池供电，电源直接接入LM386的5脚。注意LM386属于大功率器件，使用时需要加装散热器。上文中的前置话筒放大器可以与此电路配合使用，组成兼容性非常好的音频放大系统，可用来实现远距离侦听。

我们的音频放大系统可以用来搭建非常有趣的“雨声”话筒。其具体的制作方法为：选用直径在8 ~ 10英寸左右的塑料筒，在外壳的中央部位放置驻极体话筒，并用胶合板或塑料圆片固定，使话筒指向塑料筒的闭合端。然后将筒倒置，从底部开槽并引出话筒导线。最后将倒置的圆筒安装在地面或屋顶上，并通过屏蔽线缆将话筒与室内的前置放大器连接。这样你就可以在室内听到屋外的雨声，随时掌控天气的变化了。

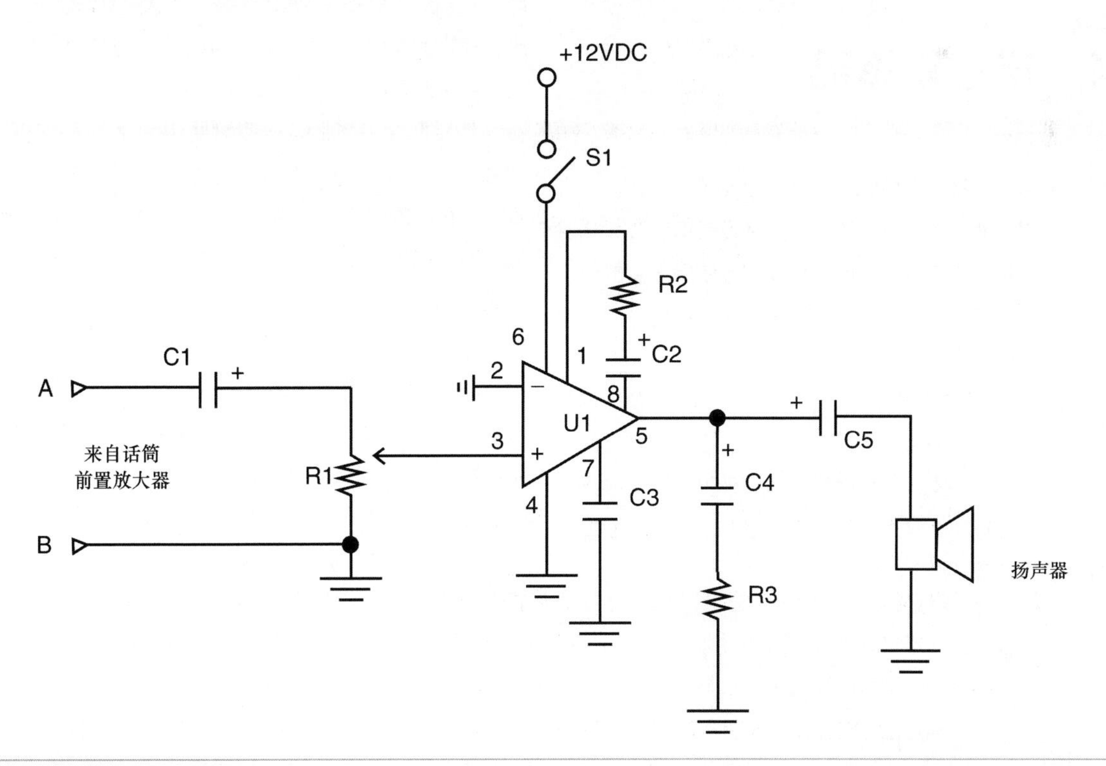

图1-4　大功率音频放大器电路

1.3.1 驻极体话筒前置放大器器件清单

元器件

R1、R2 10kΩ，1/4W，±5% 电阻
R3 1kΩ，1/4W，±5% 电阻
R4、R5 100kΩ，1/4W，±5% 电阻
R6 1MΩ 电位计
C1、C3 1μF，35V钽电容
U1 TL084运放（Texas Instruments）
M1动圈或驻极体话筒（见正文部分）
S1 SPST拨动开关
B1 9V电池
杂项 PCB、导线、屏蔽音频导线，等等。

1.3.2 大功率音频放大器器件清单

元器件

R1 10kΩ 电位计
R2 1.5kΩ，1/4W，+5% 电阻
R3 10Ω，1/4W，+5% 电阻
C1 2.2 μF，35V电解电容
C2 10 μF，35V电解电容
C3 0.01 μF，35V圆片电容
C4 0.05 μF，35V圆片电容
C5 220 μF，35V电解电容
U1 LM386音频放大器IC（National）
S1 SPST拨动开关
SPKR 8Ω 扬声器。

1.4 电子听诊器

听诊器不只可供医生使用，也可以用作家用机械、灭虫、间谍和其他用途。标准的听诊器并没有声音放大功能，这一点限制了它的应用，接下来我们会使用万能的运算放大器来制作一个电子听诊器，电路中还会采用低通滤波器来消除背景噪声。

寻找汽车引擎噪声源是一个古老又棘手的问题。早期汽车维修师傅的方法是把普通软管作为听诊器，将其伸进引擎盖下并不断探索，将噪声导入到耳朵里，这可能是最早的听诊器雏形了，通过这种方式可以非常有效地发现发动机爆震等故障。

由于家用软管的直径较粗，无法探测精密器件，这时可以换用较细的饮料吸管来完成任务。为了进一步提高检测效率，检测器件必须具备音频放大功能，即将吸管或软管与电子放大器搭配使用。

图1-5是一种电子听诊器的电路图。电子听诊器的声音采集从灵敏度较高的驻极体话筒开始，图中的电阻R1为话筒的偏置电阻。话筒采集到的声音通过C2和R2输入到运放U1的反向输入端（-）。初级运放UI的输出信号通过R5和R6接入次级运放U2。U2与U3采用直接耦合的方式连接。同时U2的输出信号还接入到声强采集运放U4，U4的作用是驱动发光二极管（LED）D1。U3的输出信号再通过音量控制电阻R11接入到末级运放U5。0.01μF的电容C5是音量控制电路与U5的耦合电容。末级运放采用LM386集成运放芯片，其增益范围在20 ~ 200之间可调，增益调整器件为R14、C6和S1。LM386的负载为8Ω扬声器或耳机，耦合电容为C8。耳机接口为J2。S2是扬声器和耳机的切换开关。这种电路仅针对待测声音极微弱的情况，通常用作排查检修问题，输出端多搭配耳机使用，有时也会使用扬声器。

由于电路中使用了运算放大器，因此供电端需要正负电源。图中的电源系统由两个9V电池和S3单刀双掷开关组成。当然塑料电池盒也必不可少。

电子听诊器的实际制作过程并不复杂，可以将其搭建在面包板上。元器件可以使用常见的8脚LM741集成电路。建议实际焊接时采用集成电路插座来连接运放，以方便维修和更换。在进行集成电路安装和焊接时，必须仔细核实焊接方向，防止芯片反接导致电路烧毁。通常芯片表面都有方向性标识，例如在1脚附近画一个小圆圈或者缺口等。如果你在IC顶部看到一个小圆圈或缺口，那么1脚就在它的左边。注意，电解电容也有方向性，焊接时需要仔细判断表面的正负号。

电路组装完毕后，一般需要用金属盒子将电路和电池装起来。3个开关、LED、小型扬声器全部安装在外壳顶部，耳机的输出接口装在面板的后面。有些场合也可以完全不装扬声器。考虑到使用的方便，也可以将话筒插座安装在前面板上，或者通过屏蔽线将话筒直接接入到电路中，例如将4 ~ 8引脚的话筒屏蔽线接在底座的背面。

制作电子听诊器最困难的部分在于将吸管或其他塑料、尼龙管连接到话筒上。大家必须想办法调整管子开口处的直径，以便与话筒的直径匹配。

在实际动手制作时，大家可能会发现当话筒和扬声器距离过近，或者电位器直接接地时，系统会发生噪声。出现这个现象的原因是由于扬声器、话筒、放大器之间产生了正反馈。正反馈会影响系统稳定性，因此是我们需要极力避免的。这也是为什么要用管子来增强话筒方向性的另外一个原因，它有助于切断话筒和扬声器之间的正反馈。

电子听诊器是一项非常有趣的小制作。它可以用来

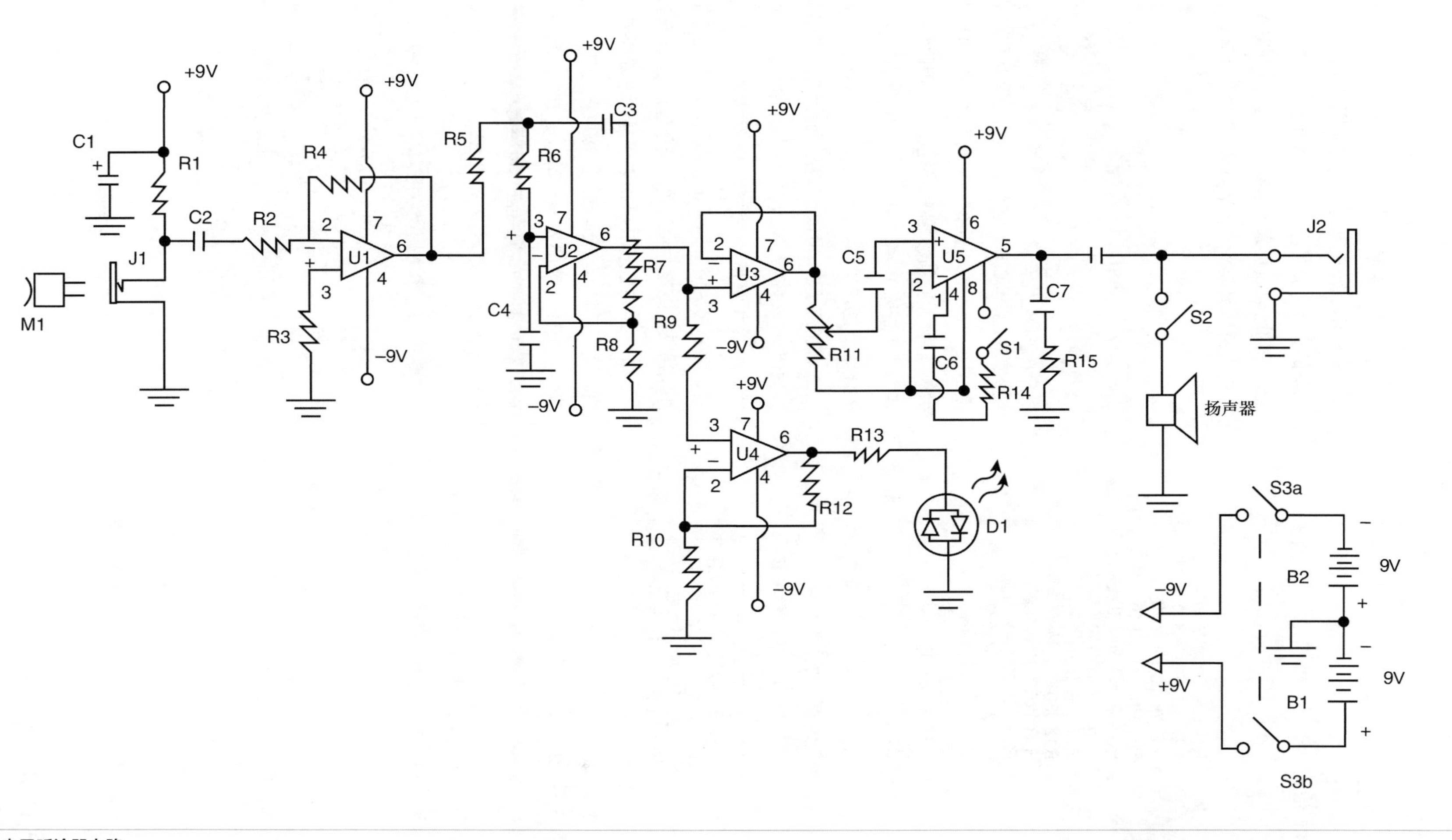

+9V
-9V
C1
R1
C2
R2
R3
R4
J1
M1
U1
R5
R6
C3
C4
U2
R7
R8
R9
U3
U4
R10
R11
R12
R13
D1
C5
U5
C6
S1
R14
C7
R15
S2
扬声器
J2
S3a
S3b
B1
B2
9V

图1-5 电子听诊器电路

检测噪声、振动。如果用抛物面来替代拾音管子，它就可以用来远程窃听会话、侦听鸟或者其他禽类的叫声、追踪小鹿或其他动物的踪迹等。

电子听诊器器件清单

元器件

R1 10kΩ，1/4W 电阻
R2、R3，R9 2.2kΩ，1/4W 电阻
R4 47kΩ，1/4W 电阻
R5、R6、R7 33kΩ，1/4W 电阻
R8 56kΩ，1/4W 电阻
R10 4.7kΩ，1/4W 电阻
R11 10K电位计
R12 330kΩ，1/4W 电阻
R13 1kΩ，1/4W 电阻
R14 1.5kΩ，1/4W 电阻
R15 3.9Ω，1/4W 电阻
C1 470 μF电解电容35V
C2、C3、C4 0.047 μF 35V，瓷片电容
C5 0.05 μF 35V 电容
C6 10 μF 35V 电解电容
C7 0.01 μF 35V 电容
C8 220 μF 35V 电解电容
D1双色LED
S1、S2 SPST开关
S3 DPST开关
J1、J2 1/8英寸小型耳机接口
M1驻极体话筒
SPK 8Ω 扬声器
B1、B2 9V晶体管收音机用电池
U1、U2、U3、U4 LM741运算放大器
U5 LM386功率放大器
杂项 PCB、IC插座、电池夹、导线，等等。

1.5 水听器

你想不想听一听从未听过的水中声音？这里的水声不是游泳时听到的声音，而是水中世界各种生物发出的真实声音。跟随本书一起制作水听器，你就可以用它来侦听任何水下声音。

水听器是一种水下侦听设备，它选用特殊的水下话筒或电声换能器制成，具有防潮和防盐腐蚀的特点，因此在水下也能像普通话筒在空气中一样采集声音。水听器的原理与电子听诊器类似，即采集水下的声波，并将其转换为电信号，再由电子放大器将电信号放大到人耳可以听到的声强，它输出的声音可以直接供人耳收听，或者用磁带记录。

1.5.1 可听水声类型

几乎任何地方都可以使用水听器——家里、海滨度假区、船上、湖边等。使用水听器可以收听大海、湖泊、小溪、小水池、河流等几乎任何水体下的声音。通过水下侦听，人们可以发现很多不常见、甚至未知的声音。例如鱼、虾、蟹、鲸鱼、海豚发出的美妙声音。船桨、螺旋桨、轮船电机和潜艇的声音也可以被水听器捕捉到，游泳池里的游泳和潜水声也可以通过听诊器收听。有了水听器，你也可以收听家里鱼缸中小鱼发出的声音，甚至忍不住去收听臭水沟里蚊子幼虫和蛆发出的声音。

1.5.2 水听侦听器

水听侦听系统由两部分组成，即水听器或带有预防大系统的话筒和电子放大器，这两部分通常由同轴线缆连接，图1-6和图1-7是水听器的组成结构。图1-8是驻极体话筒和前置放大器的电路图，此电路被安插在塑料封装中。水听器用驻极体话筒可以从无线电商店中买到。驻极体话筒通过R1连接到电源。C1是驻极体话筒的输出电容。C1与R2、R3组成高通滤波器，其作用是将采集到的音频信号馈入到运放U1中，即Texas Instruments公司的TL072芯片。运放的反相输入端连接了负反馈网络，由27kΩ和1.5kΩ的电阻和10μF电容组成。C2的作用是降低直流放大系数，避免运放出现工作点漂移的问题。输出端的C3和R4提供了高频滚降效果。C4的作用是隔直，它与10kΩ电位器R8共同组成了高通滤波器电路。驻极体话筒部分电路可以安装在单独的小型电路板上。实际安装中，需要注意电容器和芯片的安装方向，避免由于粗心而导致器件极性反接，防止电路烧毁。

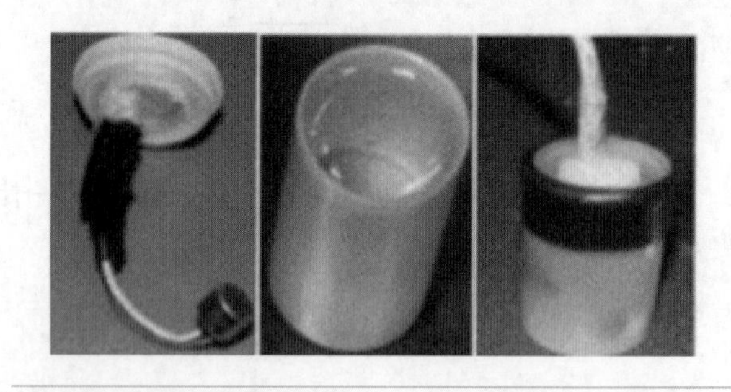

图1-6　水听器的装配图

换能器或前置运放板和主放大器板通过同轴线缆链接。同轴线缆的长度依据使用场合而定，馈线常见的长度一般在15 ~ 20英尺之间。接下来需要找一个小塑料胶卷盒，从顶端钻洞并将同轴线从中穿过。钻洞时需要保证直径略小于同轴线，这样才能保持足够的夹持力。将换能

器一端的同轴线插入胶卷盒中（如图1-6和1-7所示）。接下来将同轴线的端口焊接在换能器或电路板上，完成电气连接，并将电路板固定在胶卷盒中。将盒盖处用矿物油封口，再用硅树脂或RTV密封胶将胶卷盒盖密封，并粘合同轴线和胶卷盒的接触部位。

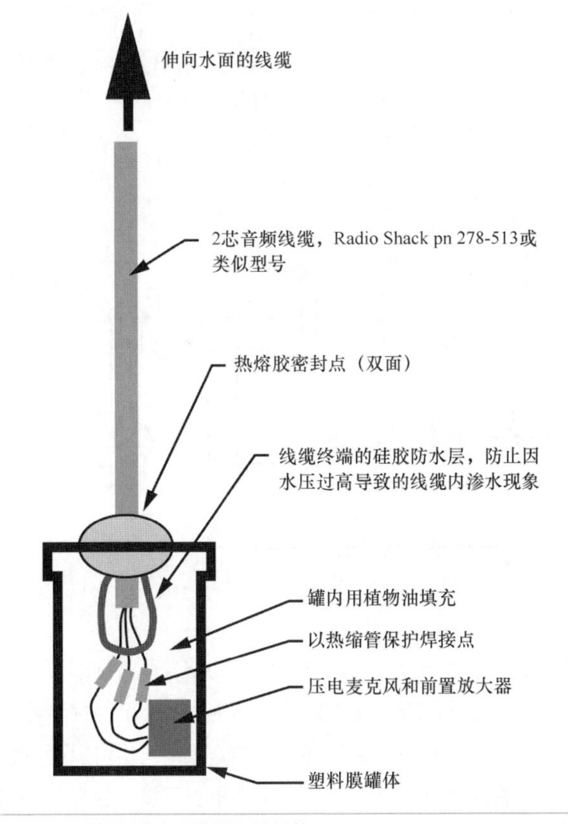

图1-7 水听器或水下发射器的组装

同轴线的另一端的连接方式可以选择与耳机接口匹配的1/8英寸mini音频接口。

图1-9中的水听器主运放电路板围绕LM380制成，LM380是一种最大功率2.5W的音频功率放大器芯片。连接到主运放电路板的屏蔽线缆可以采用螺丝接口来端接，或者采用其他三端接口。端口A为驻极体话筒的12V偏置电压。端口B为话筒前置放大器输出的音频信号。端口C为话筒前置放大器板和主运放电路板之间的共地线。前置放大器的音频信号接入到耦合电容C1，C1右侧50kΩ电位器的作用是音量调整，调整后的信号再由C2馈入主放大器输入端，C2是2.2μF电解电容。R3和C4是主放大器输出端的信号整形电路，输出信号通过C5接到8Ω扬声器负载。

需要注意的是，水听器通过12V同轴线缆供电。音频功率放大器也由12V电池供电。引脚3、4、5、7、10、11和12全部接地。水听器的主放大器安装在体积较小的玻璃环氧树脂电路板上，或者将它搭建在面包板上。

在组装水听器主放大器时，应借助芯片插座来安装LM380放大器芯片。另外还要仔细确认电路中所有电容器的极性。

安装集成电路前应仔细确认引脚顺序，防止因引脚顺序接反导致设备损坏。集成电路表面一般有标示引脚1方向的小圆圈或者缺角。焊接完毕后，还要仔细进行目检工作，防止存在虚焊和短路等现象，另外还要清除掉电路板上残留的金属断脚。

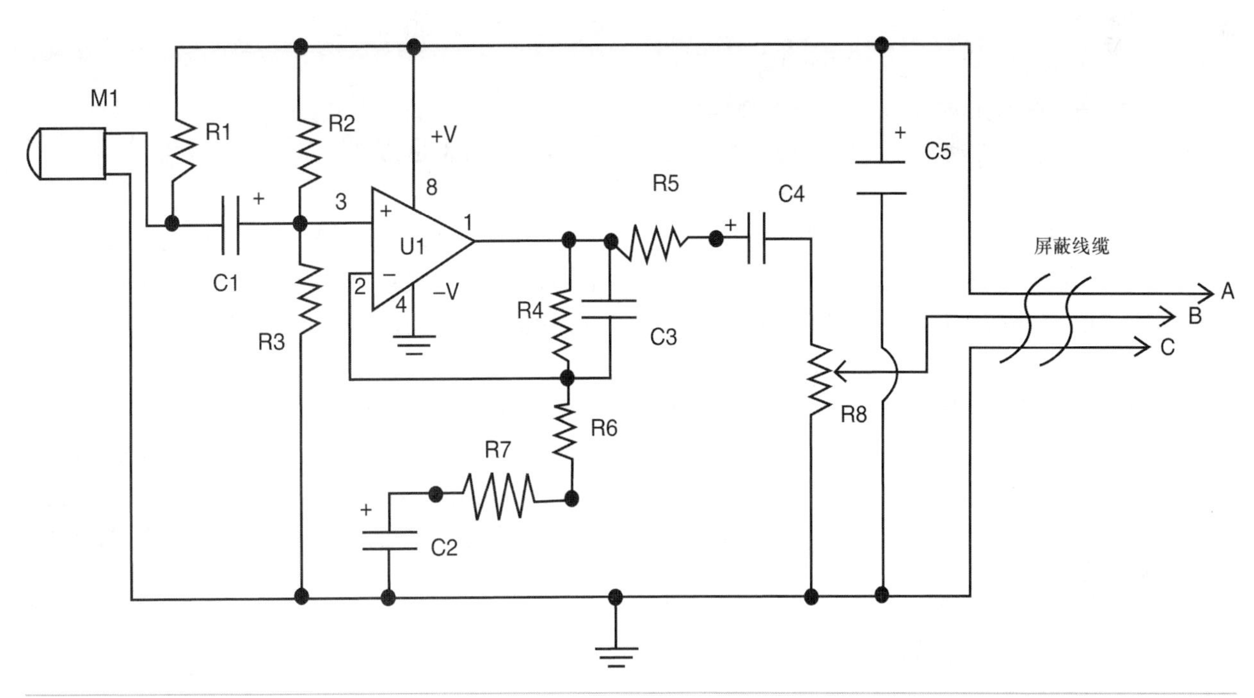

图1-8 水听器前置放大器电路

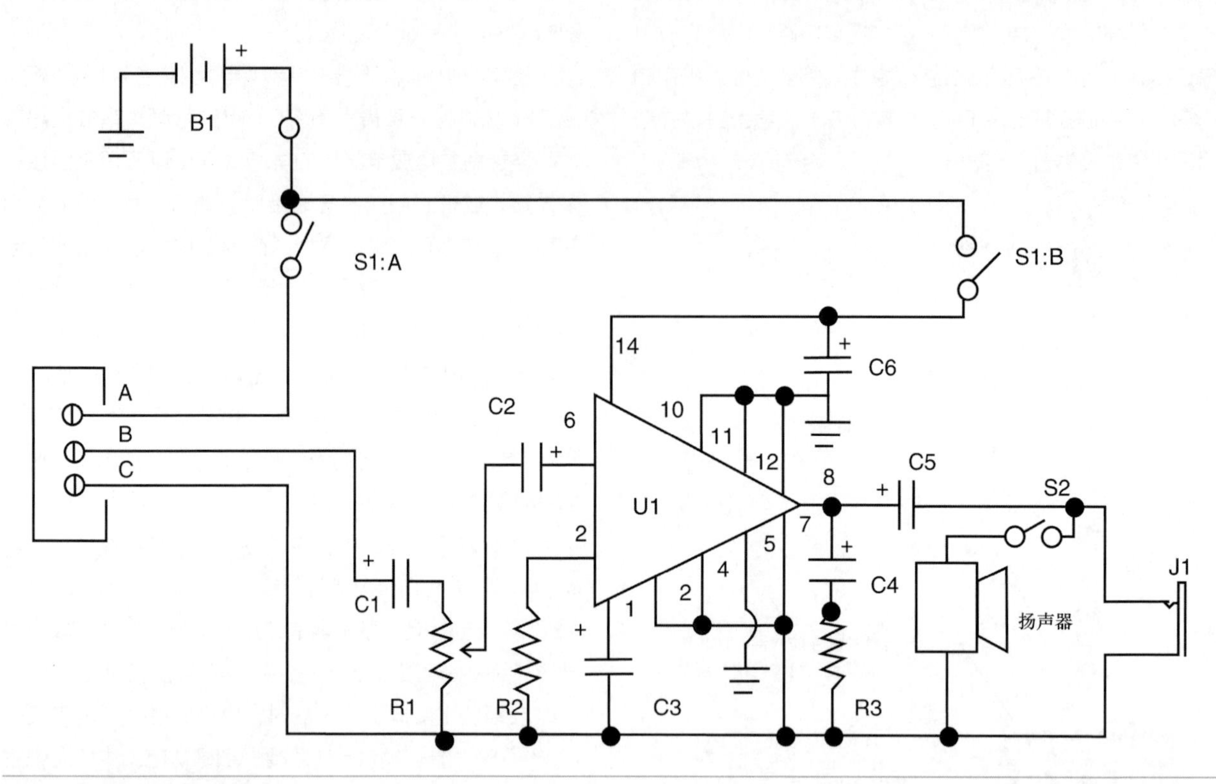

图1-9　水听器主放大器电路

水听器的主放大器安装在5英寸×7英寸×2英寸的铝制外壳中。S1和S2开关、音量控制、音频输入接口J1全部安装在铝壳的前面板上。音频接口J2安装在后面板上。建议使用2个4节塑料AA电池盒来固定电源。电池盒可以固定在铝外壳的上盖内。8节AA电池足够水听器运行一段时间了。

通过将水听器安装在长竿上，可以实现对鱼群的侦测。杆子的材质一般为金属或者竹子。具体制作时需要将长杆的末端削平，以便绑定水听器。注意不要用胶带缠在话筒表面，否则水听器的灵敏度将会大大降低。正确的固定方法是使用软管夹、编扎带或绝缘胶带。如果要侦听50～300英尺深水区的声音，需要保证信号线缆的全程绝缘，以防止信号线被噪声串扰，影响侦听效果。为保证水听器的使用寿命，可以将所有电气接头通过焊锡牢牢固定，并用足够的硅胶对机械结构进行粘合，确保密封性和机械强度。

1.5.3　操作

到达待测区域后，用同轴线将水听器探头部分与放大器部分连接好，打开电源，不断轻触水听器探头并且调整音量，使水听器发出的声音刚好能被人耳听到即可，这时水听器处于工作正常并且音量适中的状态。当水听器入水的一刹那，耳机中会出现短暂的咔嚓声。也可以通过收听此声音来确认水听器的工作状态是否正常。若没有听到咔嚓声，那么就要排查电池电压是否正常、信号线是否有脱落或音量是否适中等问题了。

1.5.4　泳池报警

由于每次检测单元穿越水面，检测单元表面积累的电荷都会进行一次快速放电，因此每次水听器穿越水面，耳机里都会听到咔嚓声。可以利用此声音来实现溅泼检测。例如将水听器安装在高于游泳池水面数英寸的地方。每当游泳池的水面被扰动，例如有游泳者下水或泳池内落入大型物体，水听器内的放大器都会捕捉到溅泼信号，从而导致耳机发出多次咔嚓声。通过将水听器的主放大器和耳机安装在有人值守的房间内，即可实现泳池监测效果。若将9V供电电池改为220V市电，那么水听器就可以实现24小时常开报警功能。对于有播音设备的场合，加装这套报警器的成本很低，而市面上功能类似的泳池报警系统售价通常都会超过100美元。

1.5.5 鱼缸

鱼缸是另外一个水听器可以发挥作用的场合。借助水听器，你会惊叹小鱼们发出的声音种类竟然如此之多。经过一段时间的适应，你就可以辨别出哪些鱼发出了不常见的声音，哪些鱼正在保持沉默等。

想要用最喜欢的孔雀鱼做一些实验吗？将收音机扬声器放置在尽可能靠近鱼缸的地方。使扬声器在发出音乐的同时能够带动鱼缸振动，使水里的孔雀鱼也会听到音乐。然后将水听器的放大器放置在另外一个房间，用来收听鱼儿对你的反馈。水听器可以侦听到6英寸到1英尺距离内小型鱼发出的声音。小鱼与侦听器的距离越近，收听到的声音也会越大。鱼儿的声音一定会令你感到非常惊奇。因为在不久之前，你还认为家里的鱼都是哑巴。

1.5.6 湖泊、池塘和小溪

野外水体里的声音和鱼缸完全不同。虽然小溪中的冒泡和水流的声音会掩盖住某些水生物的声音，但是这种声音也是值得我们去探索的。只有亲自用耳朵去倾听，才能发现其中的奥妙。

湖泊、池塘和静止的小水沟里一般都有很多水生物。如果有机会乘坐小船近距离倾听，你甚至可以区分出小虾小鱼们发出的声音。通过水听器，爱好者们可以研究鱼和龙虾对下雨天的反应、龙虾和牡蛎的声音等。随着经验的积累，大家可以用便携式录音机将水下的声音录下来，进一步分辨各种水生物的声音。有了水听器，人们就更有了周末去湖边郊游的借口了，毕竟，科学也是为生活而服务的。

1.5.7 海滨和海洋

海岸线上的码头是非常理想的水听器测试场地。但是海岸上有很多海浪和海风的声音，人们很难在这种环境下侦听水生物的声音。因此最好的方法是将水听器输出的声音录在磁带中，带回安静的地方再进行侦听和处理。录音机的放大器增益非常低，无法直接录到小鱼小虾的声音，因此必须搭配水听器使用，录制水听器放大后的声音。

为了保证录音的效果，应该使用变压器进行阻抗匹配，使扬声器的低阻抗（4 ~ 8Ω）顺利过渡到录音机的高阻抗（一般为1000Ω）。

另一种录音的方法是利用电感线圈来感应扬声器输出的声音信号，并且将电感线圈直接接在录音机的输入端。这种方法不需要额外增加变压器，其录音效果与直接用话筒录制相同。

1.5.8 从船舶上侦听

摩托艇或小船是非常好的侦听平台。只要关闭引擎，就可以立刻开始侦听水下声音。没有引擎的小船也很好用，人们可以用桨划到小河中，在不惊扰鱼群的情况下开始水下侦听。相比小船，大型船舶具有线缆过长、船速过快的问题。而且由于船在移动，水听器会受到很大的拉力。大型船舶的引擎和其他部位所产生的噪声也会影响侦听效果。

1.5.9 水听器换能器部分器件清单

元器件

R1 10kΩ，1/4W 电阻
R2、R3、R7 27kΩ，1/4W 电阻
R4 33kΩ 1/4W 电阻
R5 100Ω，1/4W 电阻
R6 1.5kΩ，1/4W 电阻
R8 10kΩ 电位器（对数尺度）
C1、C4 2.2 μF，35V电容
C2 100 μF，35V电解电容
C3 3 pF，35V瓷片电容
C5 50 μF，35V电解电容
U1 TL072运放（Texas Instruments）
M1 驻极体话筒
杂项，PCB、胶卷盒、RTV器件、普通线缆、屏蔽线缆，等等。

1.5.10 水听器功率放大器部分器件清单

元器件

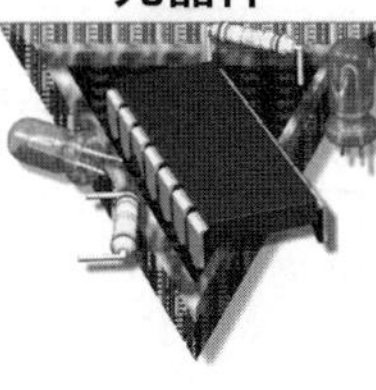

R1 50kΩ 电位器
R2 47kΩ，1/4W 电阻
R3 2.7kΩ，1/4W 电阻
C1、C2、C3 2.2 μF，35V电容
C4 0.1 μF，35V电容
C5、C6 470 μF，35V电解电容
U1 LM380音频放大器IC
J1 1/8英寸mini耳机接口
S1 DPST拨动开关
S2 SPST拨动开关
SPKR 8Ω 扬声器
B1 12V电池
杂项，PCB、导线、电池盒、接线端子

1.6 超声波侦听器

探索完了水下声音，让我们跟着超声波侦听器来进入超声波的世界，借助这种仪器，人们可以听到原本听不到的高频声音，例如玻璃碎裂或者电弧声（见图1-10）。通过本章大家可以探索到普通人从未感知过的声音世界。超声波侦听器的用途很多，包括检测气体和液体泄露、轴承或旋转往复部位的机械磨损、绝缘体附近的漏电等。超声波侦听器可以将大部分原本不可听的声音播放给人们。例如猫咪走路、钥匙链摩擦声和塑料袋的声音。夏日夜晚中，蝙蝠和各种小昆虫都会发出美妙的歌声。借助手持超声波侦听器，人们可以轻易地波捉到这些高频声音。

图1-10 超声波侦听器

通过增加抛物面反射镜的方式可以扩展超声波侦听器的灵敏度和方向性。由于超声波的频谱高于人耳可听频率，因此收听前必须对其进行频率外差处理。频率外差法是一种被广泛用在无线电收发器上的调制方法。超声波接收器依靠自带的本振频率（LO）来工作。LO的频点通常为20 ~ 100kHz。工作时，超声波换能器首先采集外界的超声波输入信号（FI），然后经由三级放大器放大，再与本振频率在混频器中混合，产生和频（LO+FI）和差频（LO-FI）两种输出频率。由于和频（LO+FI）的频点极高，属于不可听的无用信号，因此需要被滤波器滤除，剩下的差频信号（LO-FI）经过再次放大，就可以作为可听声音通过扬声器或耳机播放出来了。图1-11是此系统的框图。

压电超声波换能器相当于一个专门捕捉超声波的话筒。它可以随时将采集到的超声波信号转换为微弱的电信号输出。本例用的超声波换能器最佳响应频率为40kHz，可用频率范围为20 ~ 100kHz。它输出的微弱电信号接入U1：A的引脚9，即集成芯片（IC）CD14069。搭配由R2、R3和R5组成的反馈网络，CD14069工作在线性放大区。超声波换能器输出的微弱电信号经过U1：D、U1：E、U1：F三级放大，再经过滤波整形后进入混频器C7，如图1-12所示。

集成电路U1：A和U1：B组成振荡器电路。其振荡频率由R9、VR2和C10决定。通过调整VR2的阻值，可以将振荡频率在20 ~ 100kHz之间调整。U1：C是振荡器的缓冲器，经过缓冲器加强的振荡信号通过C11耦合到混频器，与超声波信号进行混频。

放大过的输入信号（FI）和本振信号分别经过C7和C11到达混频部分D1和D2，其上变频信号LO+FI将被

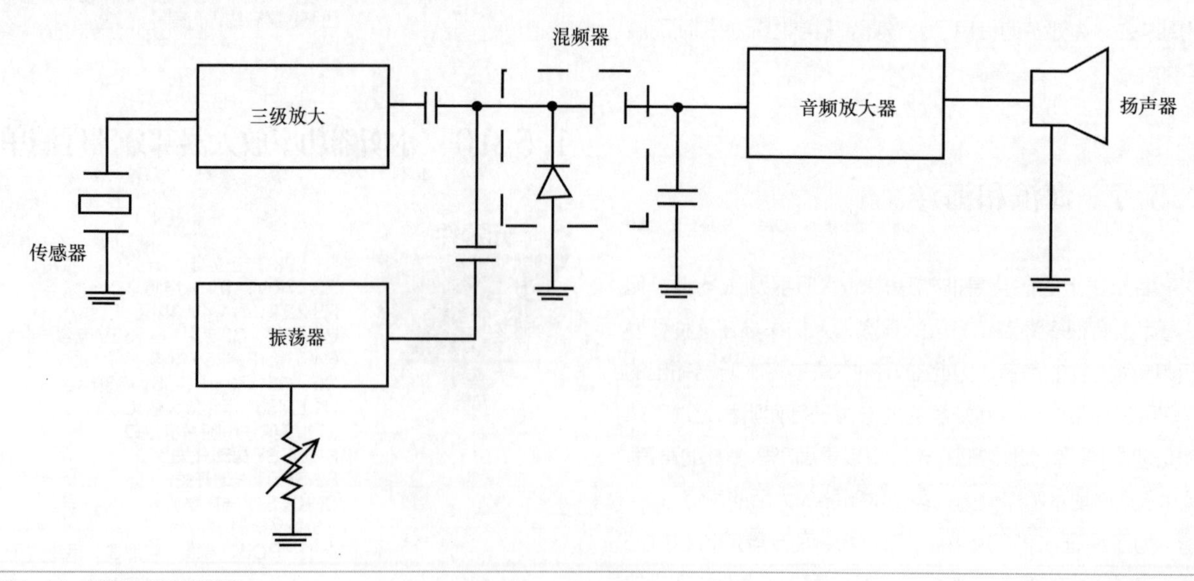

图1-11 超声波侦听器框图

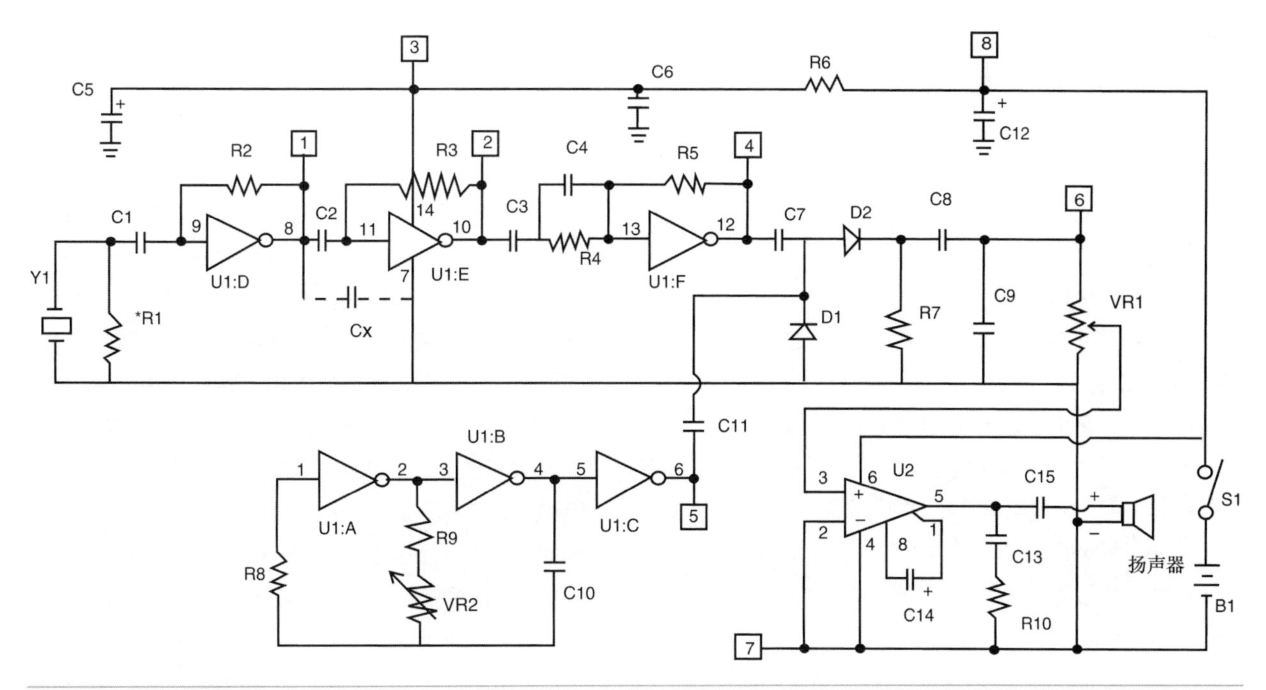

图1-12　超声波侦听器电路

C9滤除，如图1-12所示。下变频信号（LO-FI）由音频功放LM386（U2）再次放大，LM386可以为8Ω扬声器提供高达1W的输出功率。VR1是音量控制电位器，用来控制功放输出的最终功率。

电源部分的C5、R6和C12负责加强整个电路的低频稳定性。而高频稳定性则由C13和R10决定。此系统的电源为9V收音机用电池。经测试，它足以接收到蝙蝠发出的超声波。

超声波侦听器的电路搭建在小型玻璃环氧树脂电路板上，尺寸为2.5英寸×1.75英寸。小小的电路板上集成了电位计、集成电路、电容和二极管等元器件。为了提高灵敏度，超声波换能器并没有直接安装在电路板上，而是装在开过孔的小塑料壳中（见图1-13）。

图1-13　超声波侦听器电路板

为了侦听蝙蝠发出的声音，整个电路板做了一些调整，例如摘除了电阻R1，在U1：D的引脚8和U1：C的引脚7之间增加了电容Cx。

在进行元器件焊接时，需要特别注意各种器件的极性，尤其是二极管和集成电路。如果有条件，应尽可能通过插座来安装芯片，以方便日后更换和维修。集成电路的表面通常有标识第一引脚的记号，例如小圆圈或者小点。在焊接完成上电之前，请仔细检查电路板上的元器件摆放是否正确。

电源开关、音量控制旋钮、耳机接口安装在后面板上，而前面板则安装了定向接收换能器、电池盒接口和抛物反射面的加装接口，后者可以极大地提升侦听器的灵敏度和方向性。

超声波话筒的一个典型用法包括捕捉多普勒频移现象。多普勒频移现象表现为当观测者与声源的距离越来越近时，其听到的声音频率会越变越高。当理解了声音是机械纵波的原理以后，此现象就不难解释了，即当观测者向声源方向移动时，会更频繁地穿越波动。因此他听到的声波波长会变短、频率会变高。读者不妨尝试利用多普勒现象来寻找定频声源的位置。

1.6.1　应用

昆虫间发出的高频交配和警告信号是非常有趣的一种

超声波信号。这个全新的高频世界等待着读者来探索。很多人造设备也会发出超声波，人们可以用仪器去捕捉这些声音。下文列出了一些可以用超声波侦听器捕捉的超声波源：

- 气体泄漏和空气对冲
- 液体泄漏或喷射
- 高压电弧、火花或闪电
- 火焰和化学反应
- 动物正在潮湿的草地和灌木丛中行走（可以协助猎人捕捉和追踪）
- 宠物在黑夜中的行动（寻找走丢的宠物）
- 喋喋不休的蝙蝠和昆虫
- 电脑显示器或电视机发出的高频振荡
- 机械轴承
- 机动车故障（异常抖动或噪声）

1.6.2 超声波侦听器器件清单

元器件

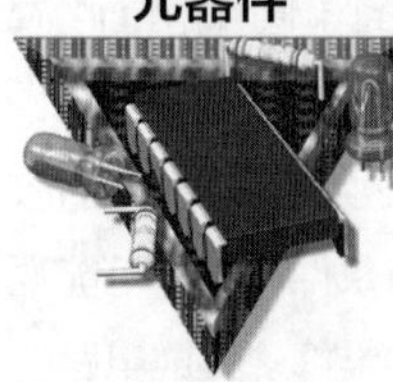

R1、R9 10kΩ，1/4W 电阻
R2、R3、R5 1 MΩ，1/4W 电阻
R4 100kΩ，1/4W 电阻
R6 470Ω，1/4W 电阻
R7、R8 470kΩ，1/4W 电阻
R10 10Ω，1/4W 电阻
VR1 10kΩ 电位器
VR2 200kΩ 电位器
D1、D2 1N4148 硅二极管
C1、C2、C7 0.01 μF，25V 陶瓷电容
C4、C11 20 pF，25V 陶瓷电容
C5 200 μF，15V 电解电容
C6、C13 0.04 μF，25V 陶瓷电容
C3、C8、C9 0.022 μF，25V 陶瓷电容
C10 100 pF，25V 陶瓷电容
C12 100 μF，16V 电解电容
C14 10 μF，25V 电解电容
C15 47 μF，16V 电解电容
Cx 100 pF，25V 电容
U1 CD4069 芯片
U2 LM386 音频放大器
SPKR 8Ω 扬声器
BT 9V 晶体管收音机电池
Y1 超声波换能器
杂项 PCB、导线、IC 插座、同轴线、插座、电池夹、塑料外壳，等等。

1.7 次声波

很多人都听说过超声波，就是那些高到只有狗或者蝙蝠才能听到的声音。而次声波与之相反，属于低到人耳无法听到的声音。人类耳朵最多只能听到低至20Hz的声音，即最深的低音音符。一直以来，只有科学家和研究人员才会关注0.001 ~ 10Hz范围的次声波。事实上这也是地震仪用来监测地震的频率。只有少数特殊场合才能触发这种极低频声音，例如地震。此外火山喷发时也会发出很独特的次声波。

与石头在湖泊中产生的涟漪一样，次声波在地球上也是以同心圆的方式向四面八方传播的。次声波的特点是范围非常大，传播速度非常慢，而且持续的时间特别长。假如中国在某个时间点试爆了核弹，那么要过6小时以后美国的阿拉斯加州才会检测到核弹产生的次声波。而次声波围绕地球一圈则要花费高达37小时的时间。

大型海洋风暴会导致空气中出现微气压。某些国防设施和隐身电子设备很容易受到微气压干扰，因为微气压的频率与核爆炸频率相似。微气压在冬天出现的尤其频繁，科学家们经常选择去阿拉斯加的海湾地区来捕捉这种现象。当大气气流流过山脉时，大气本身也会产生次声波。这种声音就好比对齿间吹气的声音，只是声音强度降低了1 000倍而已。高空中的龙卷风也会产生次声波。另外还有精灵闪电，这种纵向闪电可以产生非常强的雷暴现象。还有一部分次声波来自于外太空。极光的频率在0.01 ~ 0.1Hz之间，传输距离高达1 000km。流星也会发出地面监听站可以捕捉到的次声波。

研究次声波有着很强的实际意义。美国空军就使用超声波监测站来监测其他国家的核试验、火箭发射或超音速喷气机活动。随着很多国家最近都签署了全面禁止核试验条约，全世界范围内正在建立起一个强大的次声波监测站。

1.7.1 次声波微气压

世界上最大的海洋是大气构成的“海洋”，它包裹了人类生活的世界和各种各样的波动。大气波动通常由大型风暴引起，流星或火山喷发产生的大气涌动，会像水面的涟漪一样向四面八方扩散。但是即便是大型气流涌动，也很难被检测到。由于大型气流涌动导致的气压变化通常只有数毫巴（数千分之一大气压），而且其波动过程通常会长达10分钟甚至几小时。

通过微气压计可以检测到这种微小的气压涌动信号，这种仪器的售价通常高达数千美元。通过学习本章的项目，气象科学家或爱好者们只要花费50美元即可制作出可以捕捉短暂次声波的微气压计。

Paul Neher是极有天赋的气象科学家，他曾经发明了一种非常巧妙的微气压计。其核心为压力计（由U

型管和传感器组成），压力计用来平衡封闭铝罐内的气压和待测气压（见图1-14），由于封闭空间内的气压与温度成正比，因此通过改变铝罐的气压即可使两边的压力达到平衡。Neher的仪器通过测试压力机内的液体高度来判断外界气压。当外界气压升高时，压力计内的液位会降低，同时触发加热线圈开始加热铝罐。当外界气压降低时，压力计内的液位会升高，线圈将停止加热。图1-14中的电路可以通过检测温度的变化来判断外部空气压力的微小变化。铝罐由完全干燥的32盎司（大约1升）轮胎充气瓶制成，其接口已经被改装成了单孔橡胶帽形式。压力计的外形为玻璃管状，通过丙烷加热的方式成型，也可以用两个透明坚固的塑料短管和塑料软管来代替。其内部要装满三分之一的低粘度非挥发性液体。如果能找到DOT 3刹车液，那么压力计的性能将会更好。

依赖透明液体的聚焦能力，发光二极管（LED）发出的光线可以正常聚焦到光敏三极管中，若液位降低到阈值以下，那么LED的光线将无法再汇聚到光敏三极管上，光敏三极管的输出信号翻转，从而触发加热器相关电路开始工作。Neher选用的加热电阻丝是从首饰加工店里淘到的。

首饰店一般用直径1/4mm的钢丝做项链。这种材料的电阻率为1Ω每英尺（约3Ω/m），刚好适合用作微气压计中的电阻丝（见图1-15）。在对铝罐进行绝缘封釉后，在其表面均匀的缠绕10圈电阻丝，并用绝缘胶带固定，然后在成品周围填充数英寸（大约10cm）厚度的绝缘材料，例如发泡橡胶或绝缘泡沫（可从五金店买到），核心加热部分就制作完成了。使用时，控制电路会以10s为间隔加热铝罐，补充从绝缘材料中泄露出去的热量，使罐子保持微热状态，从而保持液位稳定。LM335AZ芯片是一种灵敏度较高的固态温度计芯片，其灵敏度为10mV每摄氏度，它可以测量到0.01℃的温度，对应20毫巴的压力测量极限，即一个大气压的两千万分之一。

在开始测量气压之前，需要首先断开连接气压计和铝罐的管子，将罐子加热到超出室温10℃（18 ℉），使光敏三极管处于关闭状态。接下来将气压计与铝罐的管子连接好，将罐子的温度交由控制电路来维持。测试工作状态的方法非常简单：将其举起即可。机器的海拔高度每升高1m，其测量到的气压压降将会减少100毫巴左右。

你可能希望针对不同的气压范围，校准一下微气压计的灵敏度，这也不难：只需要调整LED-光敏三极管的高度即可。这时电路会动态调整铝罐内的平衡温度，使液位与LED和光敏三极管的位置匹配。由于加热的关系，罐内气压与环境气压的关系产生了变化，这将导致管

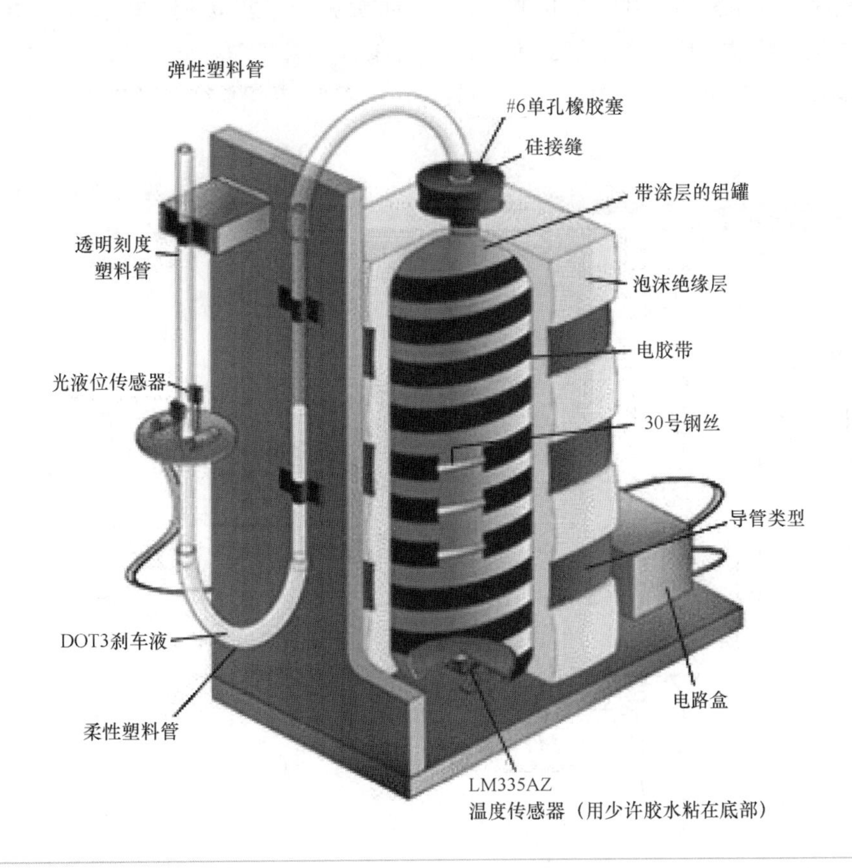

图1-14　带有内部压力计的微气压计

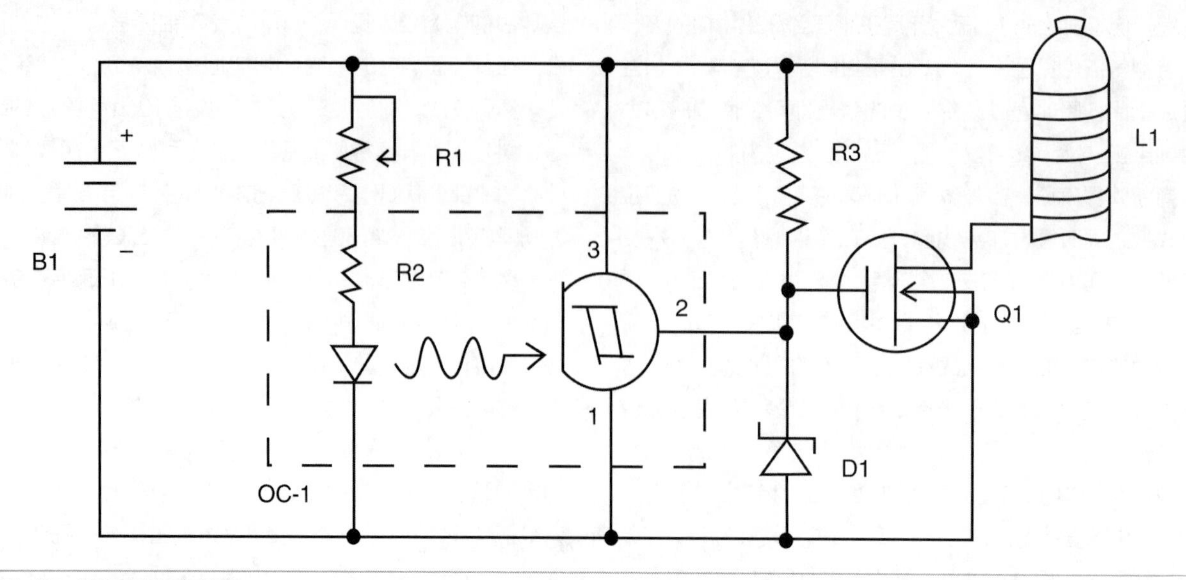

图1-15 微气压计加热电路

子两侧产生一定的液位差。具体压差可以由DOT3型刹车液（美国常用的型号是1.05）的液位差计算得来。每英寸（厘米）液位差对应2.62毫巴（1.03毫巴）的压力差。利用这个原理，我们可以将压差调整为任意定值。为了便于调整LED和光敏三极管的位置，可以将它们焊接在一个带有孔洞，并且可以上下自由滑动的PCB上。光敏三级管通过导线与放大器电路连接，如图1-16所示。

用户可以实时读取微压力计电路输出的电压值，或者通过ADC将其采集并记录在电脑中。通过此项目，每个人可以用较低的成本获得这种原先非常昂贵设备了。若需要用电脑存储数据，用户可以选购Vernier Software公司出品的Serial Box Interface（99美元）、Radio Shack（器件编号为11910486，售价100美元）、或者DATAQ Instruments公司出品的DI-194RS图表记录系统（www.dataq.com，售价24美元）。以上配件都可以把家用电脑武装成一台专业的数据采集站。有了这台精密的微气压计，大家就可以随时捕捉空气中出现的各种次声波了。

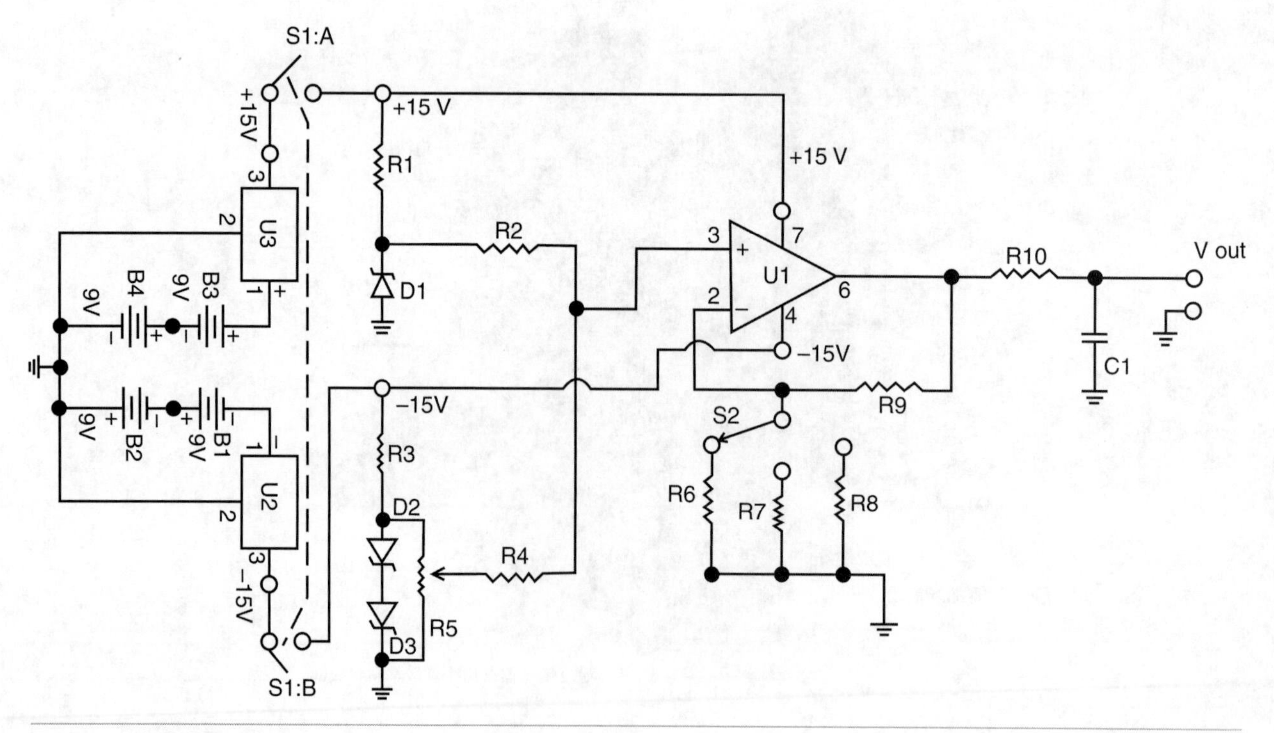

图1-16 微气压计输出电路

1.7.2 微气压计器加热电路器件清单

元器件

R1 1kΩ 电位计
R2 750Ω 电阻
R3 39kΩ 电阻
D1 12V 齐纳二极管
Q1 IRF-520功率MOSFET
OC-1 H23LOI光耦
L1加热线圈（见正文部分）
B1 12V汽车电瓶或者12V AC适配器

1.7.3 微气压计输出电路器件清单

元器件

R1、R3 10kΩ，1/4W，±5% 电阻
R2、R4、R9 1MΩ，1/4W，±1% 电阻
R5 10kΩ 电位计（10匝）
R6 100kΩ，1/4W，±1% 电阻
R7 10kΩ，1/4W，±1% 电阻
R8 1kΩ，1/4W，±1% 电阻
R10 15kΩ，1/4W，±5% 电阻
C1 10 μF，25V电解电容
D1 LM335AZ温度传感器
D2、D3 LM336Z稳压管
U1 OP-07CN高精度运放
U2 LM7915 15V负电压基准
U3 LM7815 15V正电压基准
B1、B2、B3、B4 9V电池（或电源）
J1 2 RCA输出耳机接口
S1 DPDT开关（电源）
S2三位旋转开关（增益）
杂项 导线，接线端子，底座盒子

1.7.4 微气压计附件器件清单

元器件

表面封釉的铝制气筒
橡胶塞
电阻率为1Ω/英尺的电阻丝
2块固定元器件的木板
1块固定塑料管的（压力计）的木板
2条柔性塑料管
2片透明塑料管
发泡绝缘材料
绝缘胶带
填充用硅胶
牛皮胶带
小块光感应电路板（装有OC-1）
DOT3型刹车油（详见正文）

第二章

光的检测与测量

Chapter 2

人们认识光比认识无线电要早数万年，如今我们知道，光与无线电相同，本质上也是一种电磁能。人眼只能看到可见光，可见光以外的电磁需要借助仪器来发现。很多年前，人们只能以星星的位置来辨别方位，直到19世纪初期，人们才开始认识无线电波。

光是指频谱在可见频谱内的电磁能，如图2-1所示，光在无线电频谱上的范围很窄。

当我们用眼睛观察花花绿绿的世界时，我们其实是在观察各种频率的光线。虽然肉眼可以分辨几千万种光的颜色，但这些可见光只是无线电波中非常非常少的一部分——大约仅为1.6%。虽然人眼可以辨别数千万种颜色，但这些可见光只占光谱中很小的一部分，其密度好比将所有人工无线电波都集中在550 ~ 880kHz的标准AM广播波段一样。人眼是一种灵敏度非常高的电磁波接收器。假设人眼瞥了一下黄色的衣服，仅在这一瞬间，光子就在视网膜上振动了约5×10^{15}次。如果将这些光子比作普通物品，那么一个人要花几千万年才能将这些光子数一遍。

如果我们将人眼辨识率降低1%作为可见光的判断边界。那么可见光的频率范围在430 ~ 690nm之间（$1nm=10^{-9}m$）。

本章将研究各种可以检测光和利用光的传感器，还将学习如何测量太阳常数和紫外线（UV），以及臭氧的检测方法。本章还包含一个侦听用光传感器的小项目——将光信号转换为可以听到的音频信号。借助此设备，读者仅用耳朵就可以分辨光的强度。在制作完光侦听器时，大家可以尝试用它来听一听汽车前灯的“声音”，火焰的“声音”，闪电的“声音”，以至于任何光线的“声音”。通过光流速计项目，读者可以通过光线来检测物体的运动速度。本章最后一个项目是光浊度计，可用来测量水体的受污染程度。

2.1 光检测设备

光电板又叫光伏板或光电管等，其官方名称应该是光电池。光电池的类型有两种：硒光电池和硅光电池。光伏电池的感应面受到光照时，它可以对外输出电压，这种自发电特性（通常高达0.58V）使得它可以向电机或充电电池提供电能。

另外一种光电电池为光导或光电发射管电池。光导电池是一种具有电阻或电导的导电设备，其电阻的大小与感应面的光照强度成正比。光导电池又名光敏电阻。光导发射管为高阻抗器件，通常搭配高阻抗电路使用。

硒太阳能电池是一种灵敏度极高、可靠性非常好的固态器件，可以用来检测红外、可见、UV频段的电磁能。硒太阳能电池的售价通常在2美元以下，很容易在五金店采购到。利用它可以完成本章的所有实验。硅太阳能电池也可以起类似作用。

太阳能电池板具有构造简单坚固，使用方便等优点。它有一个金属材质的底座（通常为铝或不锈钢），上面涂有多层硒和其他稀有元素。硒层上布有隔离层和电极。硒层和隔离层的厚度仅为分子级厚度，其中硒层的厚度为隔

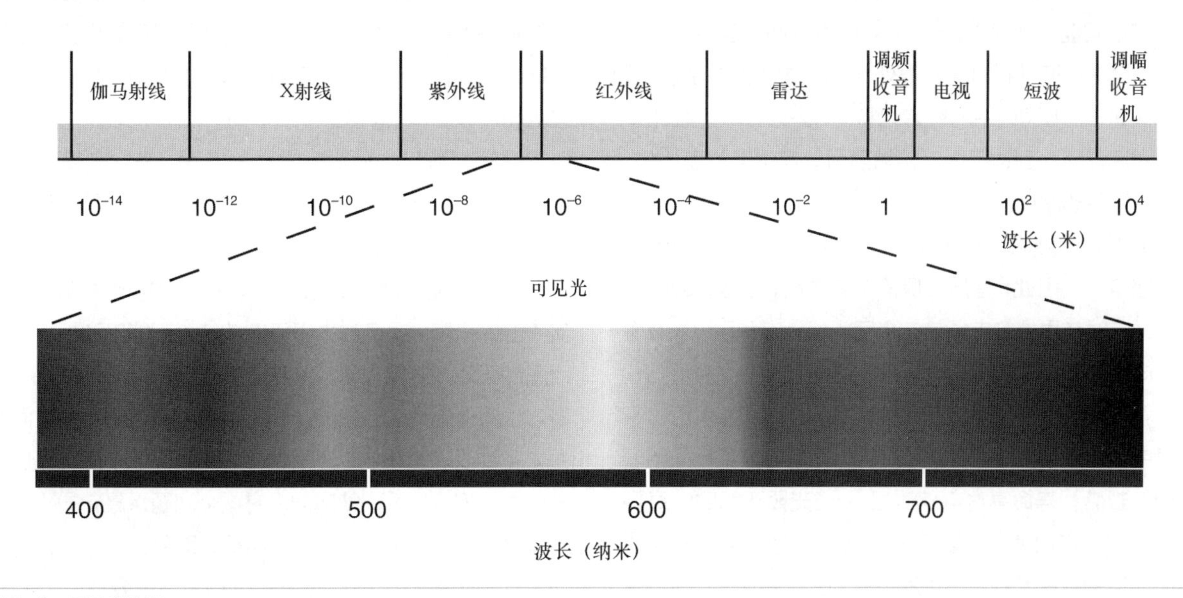

图2-1 可见光波段

离层的两倍，约0.002 ~ 0.003英寸。此外太阳能电池板上还有热固化树脂保护层，以提供防震和防碎保护。与其他固态器件一样，太阳能电池板在自由跌落后通常还可以工作，而真空管则不行。

外部的光照可以透过透明层、隔离层和电极层到达硒层，将电子从硒层激发出来，电子穿越隔离层并集中到电极上，形成负电势。隔离层具有单向导电特性，因此到达电极附近的电子无法再回到硒层，这时电极成为整个电池的负极，而涂油硒层的金属板则成为正极。负极引线通常为黑色，从金属板引出的正极引线通常为红色。使用时太阳能电池板起电源作用，其负载通常为待充电的电池。

硅太阳能板是最常见的光伏太阳能板，其原理也是利用光电效应，借助光的能量来产生电能。

太阳能板的关键材料是“掺杂”后的硅。对于纯硅元素来说，每个原子都在晶格里有固定的位置，并通过共价键与其他原子关联，与周边的4个硅原子共享4个电子。因此元素内的正电荷和负电荷相对稳定，无法自由运动，因此硅是电的不良导体。

硅半导体的掺杂物是共价键数量为3或5个的其他杂质，例如具有5个共价键的砷或磷元素。掺杂了杂质后，硅和5共价键元素组成新的晶格（例如砷或磷），由于硅金属只需要4个共价键，因此砷或磷将多出一个自由移动的电子，因此材料本身就具有了一定的导电性。掺杂5共价键的硅材料又称n型硅。

若以3共价键的硼为掺杂物，那么在硼与硅的结合过程中，晶格内将会缺少一个电子，产生带正电荷的“空穴”。与电子一样，空穴也是可以自由移动的，因此从宏观上看，掺杂硼元素的硅也叫p型硅。

在太阳能电池板中，p型硅和n型硅间隔放置。受静电影响，在这两种材料的交界处n型硅中的电子将向p型硅中移动，而p型硅中的空穴也将向n型硅移动。经过一段时间后，移动到达平衡，接触面附近产生电势差壁垒，导致后续移动停止。

此时p-n结附近产生了一个电场。由于n型硅流失了一些电子，因此n型硅一侧的电势更高，p型硅的电势更低。这时交界处的电场与二极管类似，电子可以从n型硅流向p型硅，反之则不能流动。

最简单的太阳能电池板是硅二极管。随着人们的不断研究和材料选型，如今最新式的太阳能电池板都采用玻璃塑料封装，寿命高达40年以上。当光照正常时，每平方米太阳光在地表上可以产生1kW的功率，大部分太能能电池板的效率都在8 ~ 12之间。在沙漠地区，固定基座上的太阳能电池板每天可以工作长达6小时。

太阳能电池板的板材有4种。最常见的是单晶硅阵列和多晶硅板材。单晶硅的效率最高，但成本也最高。多晶硅的效率和成本都要低一些。除这两种以外，还有无定型硅太阳能板，它的优点是外形多变，甚至可做成柔性面板，例如金属箔或塑料箔形式。无定型硅太阳能板的最大优点是成本低廉。纳米晶体硅是第4种材料，它的用途与无定型硅类似，但对长波的吸收效果更好，因此效率略高于无定型硅。实验室用非硅太阳能电池板一般是由碳纳米管或量子点组成的特殊塑料。它的效率只有硅太阳能板的十分之一，但优点是生产时不需要无尘环境，普通工厂即可生产。太阳能电池可以用作很多设备的电源，例如卫星、计算器、远程无线电话和广告牌等。为了获取更高的电压/电流，人们通常将很多太阳能电池板组合在一起使用。太阳能电池板输出直流电，因此可以直接储存进电池中，或通过DC-AC逆变器供家庭使用，甚至并入国家电网。

历史回顾

光电效应最初由法国科学家E.Bequerel在1838年发现，到了1873年，K.Smith又发现了硒在阳光下阻值会发生变化的现象，即光导效应。H.Hertz在19世纪80代的电磁波实验中发现了光电发射效应。早期的碱金属阴极光电管由Hertz发明。1880年，Alexander Graham Bell借助家用硒探测器，实现了利用太阳光来传播声音信号，因此成为第一个通过光束进行通信的科学家。

太阳能电池的发明者Anthony H.Lamb曾因研究太阳能事业而被公司威胁解雇。因此他转而研究出了著名的韦斯顿光照计。作为夜间飞行和导弹的先驱，Lamb先生在72岁时总共获得了200项专利。其中太阳能电池板可以说是近100年内最重要的发明了，因为它实现了太阳能到电能的转换。在我们专注于寻找化石能源替代品的今天，此发明尤其可贵。

硅太阳能电池板由贝尔实验室在1914年发明。贝尔实验室的研究人员还致力于研究液结太阳能电池板，其优点是比固态太阳能电池板制造难度更低、成本也更低。在液态太阳能电池中，电能从固态电极与液态混合物之间产生。各种固态太阳能板无一例外都需要保证不同结晶层的方向性，但液态太阳能电池没有这个问题。最新的研究成果是其中一个电极采用半导体电极，而另外一个电极由碳与其他常见金属合成。两个电极都浸泡在聚硫化合物和水的混合液中。当光照射到半导体电极时，电流将通过液体在两个电极间流动。晶体管的共同发明人之一Walter H.Brattain曾在1955年发表了对硅太阳能板的后续研究结果，即半导体-液体结的相关文章。

2.2 倾听闪电——使用光侦听器

太阳能电池和光侦听器大幅扩展了人们对可见光的视野。本节我们将利用高灵敏度光检测器和高增益音频放大器组成一个新的设备——光侦听器。

光侦听器可以用来侦听各种电子显示设备，例如汽车前灯。只需将光侦听器对准红外线遥控器或照相机闪光灯，就可以“听”到这些光线对应的声音。光侦听器也可以侦听其他任何光线的声音。

从原理上说，光侦听器是一种高增益音频放大器电路，可以用来侦听脉冲、闪烁或调制光线。图2-2是其原理图。光侦听器电路的核心是光传感器。本例中的光传感器采用光伏太阳能电池（D1）。光传感器D1采集到的光信号经C1耦合后，由高增益放大器U1放大。U1采用LM741通用运放，如果需要，也可以换用其他低噪声运放。运放的输入输出端接有用来控制增益的电阻R1。C2是第一级放大器与第二级放大器U2的耦合电容。U2为集成电路LM386音频放大器。变阻器R2是整个电路的增益调节器，即音量调节器。音频放大器的输出引脚5通过100μF耦合电容C4接到8Ω扬声器负载。光侦听器可

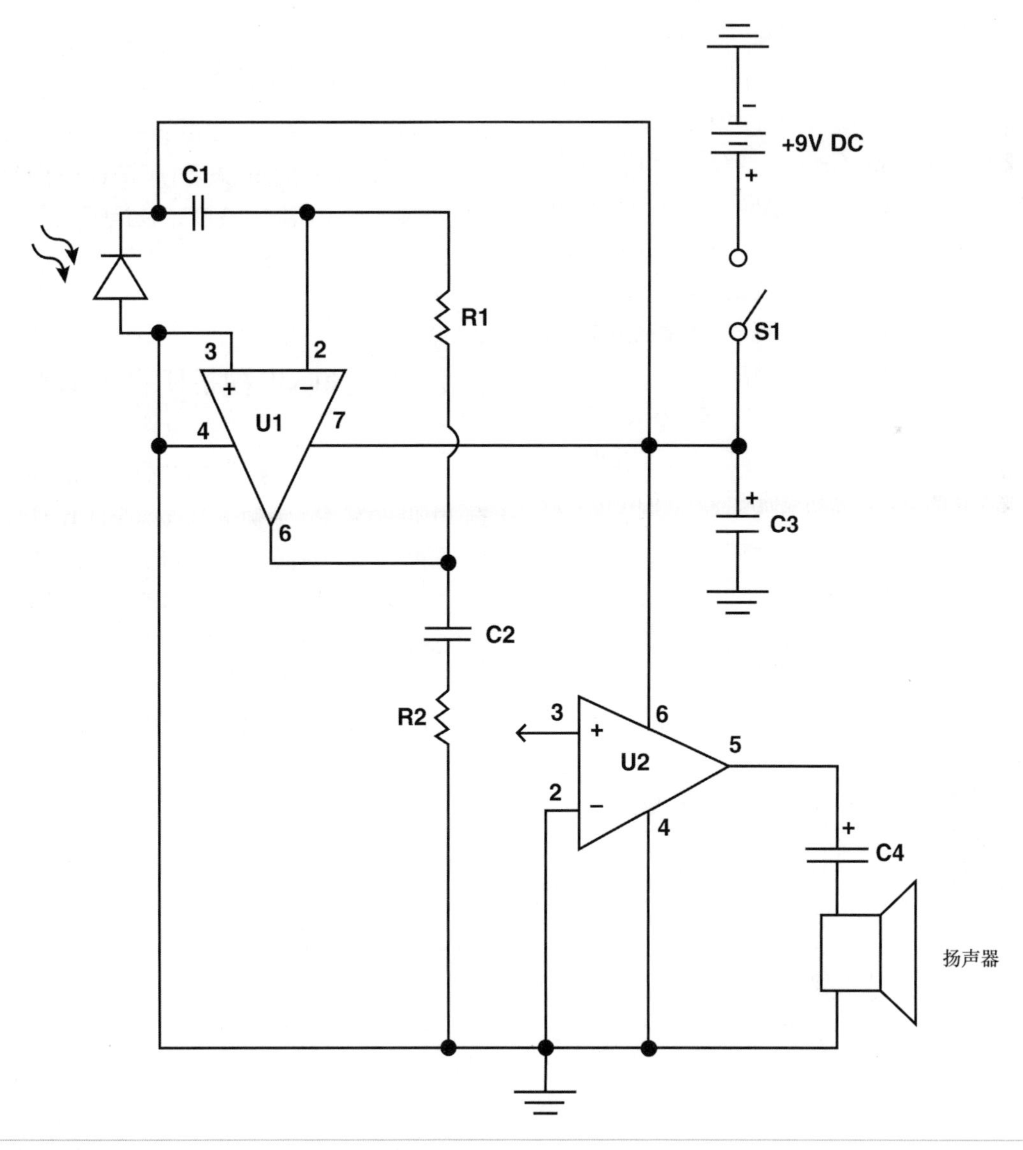

图2-2　光侦听器电路

以使用9V晶体管收音机电池供电。因此整个电路体积很小，属于便携类设备。

光侦听器测试电路可以搭建在面包板或PCB上。由于电路中的信号频率在音频量级，因此对走线并没有太多讲究。但是为减少噪声，器件间的引线应尽可能短。整个电路的组装过程在1小时以内，但是使用起来绝对会让人爱不释手。

在焊接电路时，应该反复核对电容和光传感器的极性，防止接反。集成电路最好采用插座的形式连接，以方便日后调试和维修。集成电路的顶端通常有标识1脚的记号，安装时必须仔细确认，防止反接。将电源开关的一个引脚链接到9V电池正极，其他所有引脚都连接到电容C3。电路焊接完成后，还需反复检查电路是否干净，是否有虚焊漏焊、器件反接等情况，防止上电时电路被烧毁。

本例选用4英寸 × 5英寸 × 1.5英寸的金属盒来作为光侦听器的外壳。感兴趣的读者还可以在电路中增加耳机接口，用耳机来替代扬声器。读者可以根据个人喜好，选择将光传感器固定在外壳上，或者作为探针引出，后者需要在电路输入端增加用来连接探针线缆的mini接口。探针线缆的材料可以选用RG-74U型同轴线缆。电源开关和耳机接口安装在外壳的前面板，电路板固定在外壳内部。当外壳和各种线缆组装完毕，光侦听器就可以正常工作了。读者还可以根据爱好更换不同的传感器镜头或光敏三极管，以扩展光侦听器的有效检测范围。

人眼的视觉残留时间约为0.02s。因此在人眼看来，超过50Hz的闪烁都是常亮光。但是耳朵却可以察觉到20 ~ 20 000Hz的声音。借助光侦听器，人们可以分辨出人眼无法察觉的各种闪烁光、脉冲光。

2.2.1 光侦听器器件清单

元器件

R1 1MΩ 1/4W 电阻
R2 10K变阻器（基座安装型）
C1、C2、C3 0.1 μF，35V 碟片电容
C4 100 μF，35V 电解电容
Q1 FPT-100光敏三极管或Radio Shack（276-130）
D1 硅太阳能电池板
U1 LM741运放
U2 LM386音频放大器
S1 SPST拨动开关
SPK 8Ω 迷你扬声器
杂项，PCB，基座箱、导线、插头、插座，等等。

还等什么，赶快组装属于自己的光侦听器，进入光的“声音”世界吧！

2.2.2 侦听白炽灯

在夜晚的室内，打开灯光，然后将光侦听器和光传感器探针连接好，打开电源并调整音量，直到听到明显的哼哼声。此时的哼哼声来自任何周围已经点亮的灯光。此声音的频率为100Hz，即市电频率的两倍。由于光传感器的灵敏度很高，在阳光或明亮的灯光下，其输出的电压幅度高达0.5V，因此光侦听器的增益不需要调到很大。如果用手遮住光传感器，那么100Hz的声音也会相应降低，当完全关闭室内灯光时，光侦听器的扬声器也会突然变得安静下来。

2.2.3 侦听荧光灯

与白炽灯一样，荧光灯发出的光也会有100Hz的波动，但听起来要比白炽灯刺耳。虽然这两种灯光都会随着市电的频率快速开关，但是由于白炽灯工作时温度很高，无法跟随市电的变化快速关闭（即在电压的低谷完全冷却并停止发光），因此它的亮度变化曲线要比可以快速切换明暗度的荧光灯平缓很多。

2.2.4 侦听电视机阴极射线管

老式显像管电视是非常好的非可见光侦听目标。根据美国图像频率（或帧率），显像管工作时对应的声音应该是30Hz的嗡嗡声。电视机场频率为60Hz，每幅（帧）图像对应两个场。因此横向扫描频率为15.75kHz（525条线 × 30幅图）。受光侦听器的增益和人耳限制，15.75kHz的声音听起来要比30Hz小。读者可以尝试将光传感器放在电视机屏幕的不同位置，会发现当画面变动时，声音也会跟着变动。其中数字和字母等非连续图像所对应的声音较大。

2.2.5 侦听火焰

使用光侦听器侦听物体燃烧时的火焰，结果也非常有趣。本节将分别介绍火柴、火花、蜡烛的声音。首先介绍的是火柴燃烧时的奇特声音：尽可能关闭室内的所有光源，保持室内黑暗，然后在光传感器前4 ~ 6英寸的地方点燃火柴。首先会听到快速的爆破音，然后慢慢过渡为很轻微的嘶嘶声。爆破音是火柴头部的引燃材料燃烧时发出的声音。当引燃材料燃烧完毕，火苗燃烧到木棒部分后，声音就只剩下轻微的嘶嘶声了。爆破音只会持续一两秒，而嘶嘶声会持续到火柴燃尽。

用光侦听器侦听蜡烛的声音也很有趣。首先将探针放置在离蜡烛1英尺远的位置，然后将侦听器的音量调整到中挡。点燃蜡烛，扬声器里也会发出稳定的嘶嘶声。听起来这种声音（白噪声）与放大器发出的噪声很难区分。但是如果用手掌将光传感器挡住，嘶嘶声会大幅降低甚至消失，这就说明刚才听到的声音来自于蜡烛，而不是电路噪声。

轻吹蜡烛，随着火苗的跳动，光侦听器将会发出沙沙的声音。火苗的跳动其实是光的调制过程，调制后的光被光侦听器捕捉，并精准还原。这就是所谓的风调制或光调制。

2.2.6 侦听闪电

当周边地区出现雷雨天气并伴随大量闪电出现时，光侦听器就能发挥作用了，即便光传感器的方向没有对准闪电方向，也可以采集到闪电的声音。这是因为闪电的光辉会照耀大片地区，包括墙壁、地面、走廊等。闪电的持续时间通常只有数百毫秒，因此听起来像是很刺耳的咔嚓声。在关闭人造光源的夜晚，此声音尤其强烈。

当风暴和闪电频率减弱时，虽然人眼看不到闪电，但光侦听器里偶尔还会传出咔嚓声。这是因为光传感器感应到了人眼无法看到的闪电。光侦听器甚至可以感应到5 ~ 10英里以外的闪电，而且被云层挡住、肉眼不可见的闪电也统统逃不出光侦听器的法眼。

2.2.7 侦听水分

将硒太阳能电池直接连接在高增益音频放大器输入端，可以用它来检测潮湿。当硒电池表面由干燥变为潮湿时，它会向放大器输出宽频白噪声。当硒电池表面的水分蒸发掉时，嘶嘶声也将逐渐消失。噪声的衰减率与湿度有关，当湿度不高时，噪声的衰减率小于10s。

潮湿的硒太阳能板产生的噪声大小与光强成反比。光照充足时，一部分噪声将被光伏电压所掩盖。当有水珠落到电池板上时，放大器端也会拾取到对应的音频信号。这是由于滴落水滴的区域产生的大量噪声通过负极电压引线耦合到了放大器中。

2.3 测量太阳常数——使用辐射仪

大气层对于某些频段的太阳光是完全透明的。如果针对这些频段的光线坚持12小时的跟踪测试，就可以获取到太阳常数。太阳常数是指大气层上的太阳光照密度。

太阳光照的强度相对稳定，只随太阳黑子周期轻微变化。一个完整的太阳黑子周期是22年，每11年太阳黑子都会迎来爆发。我们可以通过辐射仪（即光照计）来连续测量12小时的光照，从而近似推算出大气层外的近似太阳光密度。

虽然测量原理很简单，但是测量精度却很高。很多天文爱好者和天文学家都在使用类似原理来测量行星和恒星的光照常数。此方法还可以用来校准测量大气臭氧、水蒸气和氧含量的仪器。

此实验的操作步骤也很简单。只需要连续半天测量和记录光照强度，并将测量结果绘制在图表中即可。其中纵轴坐标为光照的对数值，横轴坐标为大气层厚度。假设大气层在测量期间相对稳定，那么所有的测量点之间将会连成一条直线。将直线延伸至大气层为0的地方，就得到了大气层外面的光照指数（见图2-3）。

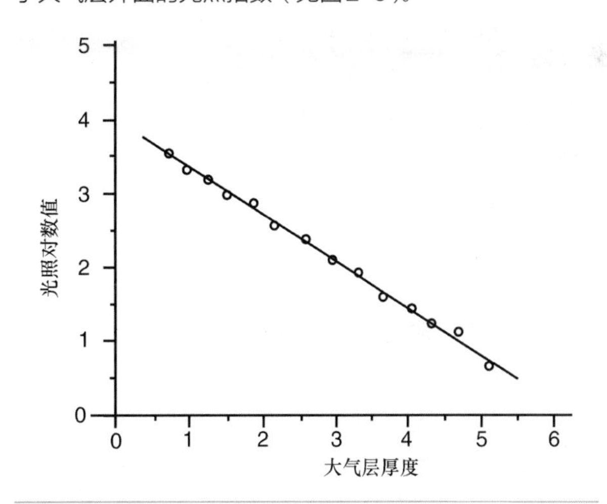

图2-3　兰利图

为了使结果更为准确，最好采用输出信号与光照强度成正比的线性辐射仪。同时测试人员还需要给辐射仪增加特定波段的滤镜。符合要求的辐射仪有很多，读者可以自由选择。

2.3.1 Bouguer定律

测量太阳常数方法背后的理论基础是吸收的指数定律，又称Bouguer定律。此定律由一位法国教授Pierre Bouguer在1729年发现。他解释了连续层均匀吸光介质按照同等比例吸收光照的现象。

假设你面前有一块红色明胶膜，同时头顶有一束光照来。如果每一层明胶对白光的吸收率为百分之十，那么穿过明胶后，10mW的白光将被吸收掉1mW，剩下90%的光线可以穿过第一层明胶，即9mW。掀开第一层明胶后，第二层明胶的穿透率也是90%，穿过第二层明胶后，光的功率变成了9mW的90%，即8.1mW。同样的道理，经过第三层明胶后，光的功率变成了8.1mW的90%，即7.3mW。如此往复。

如果将明胶中不同层次的光强绘制成一幅点线图，那么图中的光强曲线将是弯曲的。如果将光强尺度换成对数尺度，那么光强曲线将会变成直线。这种图也叫Bouguer图。

2.3.2 Beer定律

在Bouguer定律出现一个世纪后，德国物理学家August Beer对其做了进一步提炼。Beer定律认为光透射的比例与吸光物质的浓度有关。Bouguer定律和Beer定律从两个不同的角度阐释了透光媒介的特性。

下面假设你面前有一块紫色明胶板。现在需要考虑光从正常（或特殊）角度穿透胶板，胶板对光线的吸收情况。Bouguer定律和Beer定律都可以根据入射角度计算出透射率。

假设紫色明胶对白光的透光率是80%（或0.8）。那么旋转明胶板，使入射角度变为30度（假设明胶不会滑落）。那么光路变成了一个直角三角形的斜边，其他两个直角边为明胶平面和明胶的垂直线。其中斜边的边长为正割（1/sin）30度。而正割30度等于2，因此光路的长度变为原先的两倍，这时只有64%(80%×80%）的光可以透过明胶。

现在假设明胶就是我们的大气层，而光源是太阳或其他恒星，原理与上文类似。如图2-4所示，当阳光垂直照射到海平面时，光线穿过一个大气层厚度，或一个大气质量。当太阳下山，阳光变为图2-5所示的与水平面成30°斜射，那么光线穿透的大气厚度为两倍的大气层厚度，换句话说，阳光穿透的大气厚度与阳光和水平面之间夹角的正割值成正比。注意此处的比例为近似值。若要精确计算阳光穿透的大气厚度，还要考虑大气的不均匀性和地球曲率，详细的计算过程较为复杂，超出了本书介绍范围。

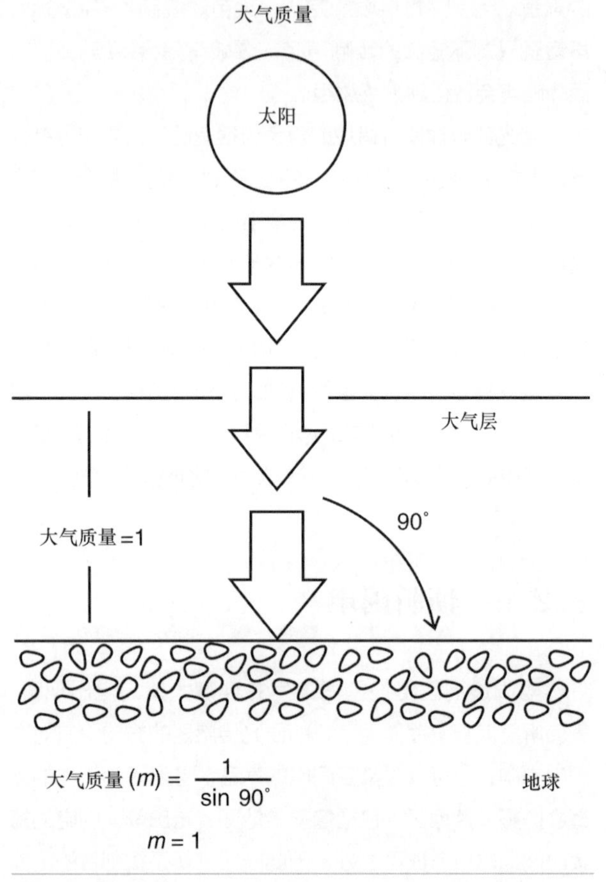

图2-4　大气质量

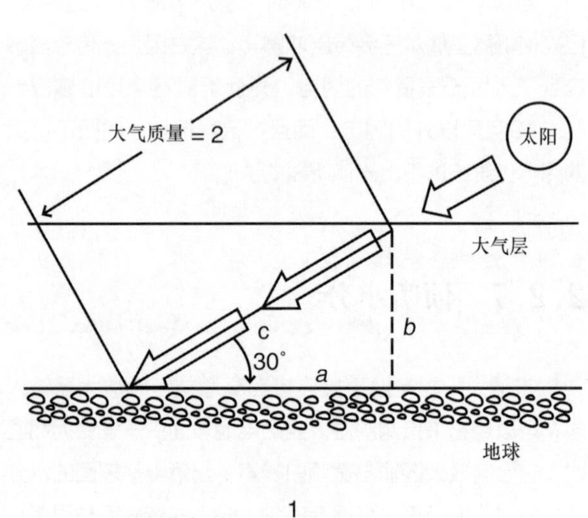

图2-5　两倍大气质量

史密森学会（Smithsonian Institution）的Samuel Pierpont Langley）是研究太阳光照强度的专家。他还发

明了测量阳光辐射的仪器。为了表彰它的成就，表示大气密度与太阳光照强度关系的Bouguer图又称Bouguer-Langley图或Langley图。

虽然利用Bouguer法测量外太空辐射强度有简单易操作的优点，但其缺点也很明显。假设测量仪器在宽频段有非常好的线性度，可以测量阳光内的UV，可见光和红外光波段。但这并不表明在地球表面可以利用它来测量这些波段的太阳常数。例如温室效应产生的水蒸气气体，就会大量吸收红外线光。而臭氧则会吸收波长小于295nm的UV辐射。大气层中臭氧和水蒸气的含量每时每刻都在变化，这将给测量结果带来很严重的误差。二氧化碳、氧气和其他气体虽然也会吸收可见光，但是幅度远不如水蒸气和臭氧来得大。

图2-6是太阳光频谱和光强的曲线图，从图中可以看出，有几个很明显的频段窗口穿透效果很好。在进行地面光强测量时，最好选择穿透效果较好的光波频段，这样就能较好地规避大气层中水蒸气和臭氧的干扰。虽然无法测量全频段的太阳辐射，但我们可以精确跟踪某几个频段的太阳辐射。如果读者能持之以恒地观测和记录，就能发现云朵、灰霾、气雾对阳光的影响程度究竟有多大了。

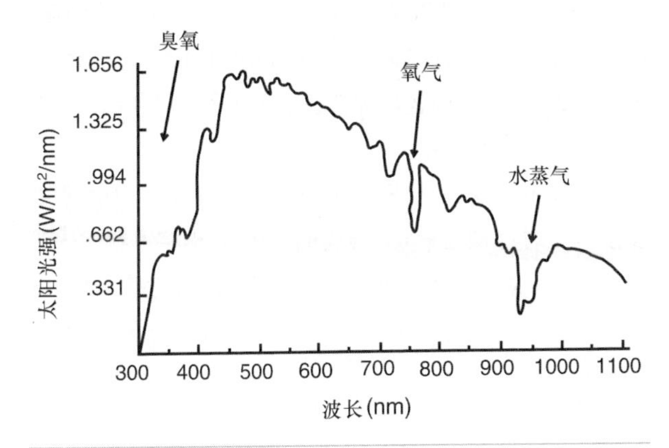

图2-6 太阳光谱衰减波段

2.3.3 大气与阳光

经过各种气体、灰尘、云层和水蒸气的干扰，穿过大气层后的阳光频谱已经变得支离破碎。某些波段的光受到的影响较少（被大气层吸收的较少），有些波段则较多。

很多用来检测太阳光UV辐射的检测器都可以检测四面八方的紫外线，即全向检测。这是由于空气分子对紫外线的散射非常严重，以至于晴天时一半以上的紫外线都是从天空的各个方向射下来的，阳光直射的紫外线只占一小半。

然而在制作Langley图时，光检测器最好只对准太阳的方向，以减少灰尘、烟雾的干扰。仅测量直射光照的方式又称为定向测量。通过在光检测器上增加套管即可实现定向测量。这种套管学名又叫瞄准仪。到达地球的太阳光散射角度小于0.5°。而瞄准仪可以将检测器的范围限制在几度以内，虽然并不完美，但已经比同时检测整个天空的光照要好得多了。

2.3.4 滤镜

在采集Langely图数据时，可以选用不同的滤光片。如果预算有限，可以先从彩色塑料片或玻璃片开始。读者可以从周边的废弃物或彩色玻璃商店中制作和裁剪属于自己的滤光片，直接使用彩色照相机滤镜也是一种选择。但在条件允许的情况下最好还是选择专门的干涉滤光片。这种滤光片由很多层反光材料叠加在二氧化硅或玻璃上制成。彩色玻璃滤光片虽然可以将透光波段限制在数百纳米，但是干涉滤光片的透光带宽只有10nm或更低。

由于制程非常复杂，因此干涉滤光片的价格要比彩色玻璃或塑料滤光片昂贵得多。其中Edmund Scientific公司的干涉滤光片非常适合初学者使用。Edmund Scientific公司现有产品包括覆盖所有可见光频点和部分红外线频点的10nm带宽滤光片。其中直径0.5英寸（12.5mm）可见光滤光片的价格为38美元（包邮）。准红外波段和UV波段的滤光片价格为78美元（包邮）。

Micro Coatings和Twardy Technology公司也生产滤光片产品。所有的正规滤光片产品都配有传输曲线指标。如果感觉滤光片的价格过高，读者可以去二手市场或尾货市场寻找低价替代品。例如大多数氦氖激光器发出的红光波长都为632.8nm。此波段的干涉滤光片价格低至5～10美元。尺寸方面，作者建议大家选用直径0.5英寸（12.5mm）的干涉滤光片，这种尺寸安装起来较为方便，而具体的透光波长可以根据预算来选择。

2.3.5 光检测器

很多不同的光检测器都可以用来绘制Langley图。作者建议大家使用硅光敏二极管。其优点是价格低廉和坚固耐用，而且其输出电流与光强成线性比例。初学者最好不要选用光敏三极管等非线性器件。

硅光敏二极管的采购渠道很多。例如从Digi-Key就能以3.18美元的价格买到Clairex公司的CLD56平窗光敏二极管。也可以换用小型硅太阳能电板，例如Clairex's公司的CLD71型陶瓷迷你太阳能电池板，它在Digi-Key上的价格是2美元左右。

另外一种替代品是Honeywell公司出品的SD3421-002型平窗光敏二极管，读者可以从Newark Electronics处以3.25美元的价格购得，此外Newark Electronics还供应很多其他的辐射计配件（读者可以免费通过电话或信函索取产品目录）。Newark的产品有25美元最低订单价格，读者购买时可能需要凑单。

千万不要使用球面密封外壳的检测器（类似LED）。因为半球形的封装会像透镜一样导致光线畸变，影响对阳光的检测效果。最好使用金属外壳的平窗检测器。如果预算有限，也可以用塑料球面外壳的器件代替，但要用锉刀或者砂纸将透明球面磨平，最后再用极细砂纸抛光。

最好的方法是直接购买集成干涉滤波器的光检测器。例如EG&G Judson公司出品的DF-xxxx系列产品，其中xxxx是以埃为单位的透镜波长（10埃等于1nm）。例如DF-5000型检测器专门用来检测波长500nm的光波。EG&G公司也有不带滤镜的光敏二极管产品。DF-xxxx系列产品的售价为95美元。虽然价格很高，但却给用户省去了安装滤镜的麻烦。未来EG&G公司还计划出品免校准检测器，价格会增加75美元。

如果预算有限，无法直接使用免校准检测器，那么就必须借助供应商提供的B频谱图来进行校准。频谱图的精度范围在10%以内。此外还要计算滤光片的损耗。因此购买滤光片时也需要索要对应的传输曲线。典型的干涉滤光片在频带内的光透射率为20% ~ 50%左右。

任何情况下，可重复实验的检测器都要比免校准检测器优先选择。即便并不知道光的准确强度，但我们更关心的是光强变动的相对趋势。

2.4 基本辐射计电路

图2-7是一种可以用来检测太阳光辐射的基本辐射计电路。电路中的传感部分采用了光伏太阳能板，另外还使用了运算放大器（简称运放），以便将采集到的光强放大到可以由数字电压表测量的大小。运放工作在线性放大模式。也就是说光敏二极管的输出电压以固定倍数被放大器放大，放大倍数由输入端和输出端连接的反馈电阻R1决定。

此辐射计电路选用Texas Instruments公司出品的TLC271运放器件。此器件有多种不同版本，最高档的型号为TLC271BCP，ACP和CP版本也可以使用。TLC271运放可以从Newark Electronics购得，价格在1美元以下。其他偏置电流合适的运放也可以使用，但要注意引脚顺序和封装。

由于此电路需要搭配很多种检测器使用，因此需要多加实验才能决定R1的最优值。R1太小将导致弱光下检测困难。如果太大，强光下又会导致运放饱和。最好的

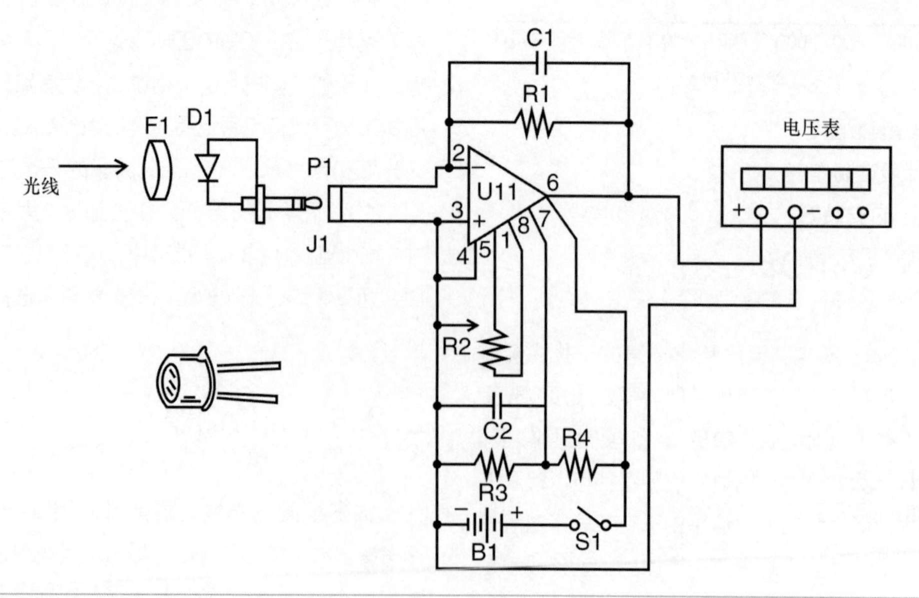

图2-7 基本辐射计电路

方法是将电路预先组装好，放在塑料面包板上测量正午时的阳光。不断更换R1的值，直到电路输出服务在几伏左右即可。

另一种方法是用100kΩ（100 000Ω）电位器来替代此电阻。同样在正午时一边测量一边调整电位器，直到测量效果达到预期，再用万用表测量电位器的阻值，用阻值最接近的固定电阻替代它即可，甚至将电位器永远放置在电路中也可以。但要注意固定滑块位置，防止电路性能发生变化。如果使用电位器代替R1时，最好将它固定在外壳里面，而且要远离手指能触摸到的地方。

Radio Shack出售各种固定电阻器和1MΩ电位器（器件编号为271-211），同时也销售可以焊接到R2的100 000Ω固定电阻。有条件的读者也可以选用迷你多匝螺丝可调电阻来替代笨重的常规变阻器。Newark Electronics或其他供应商处都有很丰富的元器件可供选择。

在辐射计电路中，运放U1的输出信号（引脚6）直接接到数字电压表或万用表上，表的量程预设为2V。整个电路由9V收音机电池供电。辐射计电路样机可以焊接在面包板或PCB上，但要保证走线尽可能短。在焊接电路时，需要仔细确认集成电路的安装方向。集成电路的顶端通常有标识1脚的记号，相比分立器件，使用集成电路可以明显减小电路复杂度，方便维修。

辐射计电路的外壳可以选用带有两个万用表接头的小型金属盒。如图2-7所示，开关S1为电路的电源开关。1/8英寸耳机接口作为输入端，用来接受传感器输出的信号。

2.4.1 滤光片和检测器的组装

除非有专门的渠道，否则滤光片与检测器的组装一般是整个辐射计最难制作的部分。经过摸索，作者总结出了一种简便易行的安装方法，如图2-8所示。其中用到了1/8英寸的铜制双向螺丝、O型圈来连接滤光片和检测器，这些零件都可以从普通五金店买到。图中的方法仅适用于连接直径0.5英寸（12.5mm）的滤光片和小口径检测器。读者在仿制时需要根据自己的情况选择器件尺寸。

根据图2-8，检测器通过焊接的方式连接在1/8英寸耳机接口上。这么做是方便实现多个检测器共用一个辐射计，同时二极管的阴极引脚可以直接焊接在耳机接口接地端子上。当多检测头辐射计使用金属外壳时，这样接地较为方便。

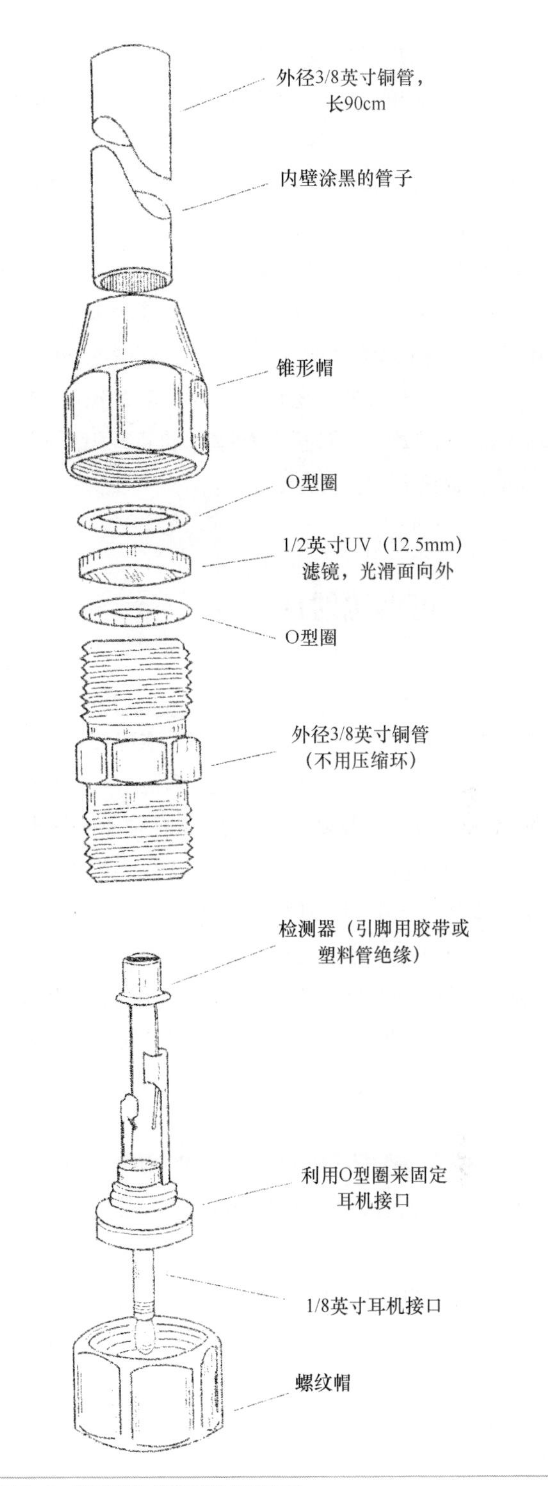

图2-8 滤光片与检测器的组装方法

以O型圈为介质，将检测器的引线插入端接帽中，也可以用其他硅密封胶来替代O型圈。但要小心不要让密封胶渗入内部。在插头固定完毕后，用绝缘塑料套管（热缩管或者饮料吸管都可以）套住光敏二极管，并将其插入端接帽。绝缘套管的作用是防止光敏二极管的金属外壳与其他部件短路。

仔细清洁滤光片，并将其夹在两个O型圈中间，保持光洁面的方向背离检测器。不同滤光片的厚度不同，如果滤光片和O型圈的组合太厚导致端接帽无法旋入螺丝，可以尝试用更薄的垫圈甚至纸圈来替代O型圈。最终目的是当端接帽旋入螺丝后，滤光片不能受到过大的压力，防止滤光片破裂。

组装好的滤光片组件需要搭配一个直径1/4英寸（6.55mm）的准直管。管子的长度为$1^3/_4$（约为45mm），以便将视角限制在几度以内。管子的材料可以为铝管或铜管。安装前应该用涂有黑色涂料的棉花或其他软物反复在管中摩擦，将管内壁涂黑。准直管和滤光片组件之间可以用各种胶合剂连接。

2.4.2 可调辐射计

为了让辐射计更加实用，我们可以在电路中用额外的反馈电阻和选择开关替代运放引脚2和引脚6之间的固定电阻R1。这样用户就可以以固定步进灵活修改辐射计增益。假设我们需要将增益范围限制在1000 ~ 1000000之间，步进为X10。那么可以选用四位旋转开关和4个电阻（阻值分别为1kΩ、10kΩ、100kΩ和1MΩ）作为反馈电路。如果整机的尺寸非常小，可以采用迷你型旋转开关。迷你旋转开关的市场售价在8美元左右，Newark Electronics和其他供应商处都有销售。

2.4.3 使用太阳光辐射计

太阳光辐射计的使用方法相对简单。将辐射计的测量方向面向太阳，不断微调方向，直到辐射计的影子中看不到准直管部分为止，这表示辐射计已经完全瞄准太阳了。这时可以读取万用表上显示的电压（或电流）并记录。读者也可以更换不同的检测器多次测试，但需要准备好记录工具。

只有天气晴朗、阳光直射时采集到的数据才可以用来绘制Langley图。为防止被阳光灼伤，测试过程中测试人员最好佩戴防紫外线太阳镜。若太阳被云层遮住，也要避免用肉眼直接观察太阳和云层。只有佩戴14号焊接眼镜才可以直视太阳，这种眼镜价格只有几美元，在普通五金店就可以买到。

2.4.4 测量过程

本节讲述用辐射计测量阳光的详细方法。收集不同波段的阳光辐射数据非常有用，这些测量数据可以用来评估紫外线等级和大气层中水蒸气、臭氧的含量。Langley图可以用来校准检测器。测量的时间最好选择在正午，即太阳最高的时候。具体时间可以由标准时间加上西经度数乘以4分钟来得到。对于美国来说，东部时区、中部时区、山地时区和太平洋时区对应的经度分别为西经75°、90°、105°和120°。

此算式解释了为什么标准正午时间和本地正午时间有最多十几分钟的偏差。因此在进行正午测试前，最好准备一份正午时间表。更详细的知识可以参考与天文学和日晷有关的书籍。

峰值日光强度通常不在正午时间点出现。正午时间段的日光强度通常随大气成分和大气中的水蒸气的变化而变化，因此必须采用多次测量的方法才能找到最大值。因为日光测量对时间的要求很高，因此测量人员最好每隔几天就校准一下自己的时钟（可以参考电视台时间或网络时间）。

太阳与水平面的夹角也是非常重要的数据。读者可以通过水平仪和固定在辐射仪上的L型尺来确定太阳角度。L型尺的作用相当于日晷。测量时首先使L型尺的影子落在外壳中央的毫米刻度区域，将辐射计的位置调平，记下L型尺在毫米刻度上的刻度，用L型尺的长度除以其影子的长度就是太阳夹角的正切值。

除了日期、时间、太阳角度以外，还需要记录天气和大气情况。其中太阳周围的大气情况尤其重要。最好将测量点的气压值、湿度和温度一并记录。

2.4.5 基本辐射计器件清单

元器件

R1 见正文
R2 100kΩ 变阻器（微调）
R3、R4 1MΩ 欧，1/4W，±5% 电阻
C1 100 pF，35V 薄膜电容
C2 0 .01 μF，35V 陶瓷碟片电容
D1 光敏二极管（见正文）
B1 9V 晶体管收音机电池
S1 SPST 拨动开关
J1 1/8英寸 迷你板对板耳机接口
P1 1/8英寸 迷你板对板耳机插座
F1 滤波器（见正文）
杂项，PCB、芯片插座、隔板、导线、接线端子、直准器、电压表，等等。

2.5 紫外线的检测——使用紫外线辐射计

大部分直射地球的紫外线都无法到达地面，在穿过大气层的过程中就被厚厚的水蒸气层和蓝色的臭氧层吸收。如果没有这些屏障，直射地球的紫外线将会杀灭大部分地球上的物种。人类的活动和火山喷发等事件都会改变大气的组成成分，因此监测臭氧层厚度和紫外线辐射量是很有必要的。

借助各种地面观测站和人造卫星的测量数据，人们已经对大气层中臭氧的厚度和分布有了直观了解。但目前只有Smithsonian Institute和其他一些美国机构在监测收集穿透臭氧层的紫外线含量数据，这些机构目前只有不到20多个Roberston-Berger测量仪器（Roberston-Berger表可以测量地球上的紫外线辐射）。除此以外调查人员还缺乏大量的地面测量网络。

上文提到的测量仪器主要用于测量对人体皮肤有害的紫外线波段。其中300nm波段的紫外线最容易导致皮肤产生红斑，此频段属于280 ~ 320nm的UV-B频段，1974人们开始用8台Roberston-Berger测量到了UV-B频段的平均光通量。从1974年到1985年，UV-B的指数以每年0.7%的速率恶化。这是由于大气同温层中的臭氧含量同期以0.3%的百分点逐年下降。通过与附近区域的UV-B指数对比，就可以发现空气污染对UV-B的影响程度了。

读者只需在辐射计的基础上稍加修改，即可制作属于自己的UV-B辐射计，实现UV-B强度的定期测量。

制作UV-B辐射计之前必须首先了解UV-B是如何穿越大气层的。一部分UV-B射线会被空气中的分子散射，剩下的才会穿越大气层到达地面。散射和穿越的UV总和称为总体辐射。

油漆塑料等产业对UV非常敏感，因此总体辐射对这些产业非常重要。测量总体辐射还有助于分析云层对UV-B的影响程度。测量穿越辐射可以间接分析大气层对UV-B的散射程度。由于云层和建筑、树木等障碍物的存在，因此在不同地区评估空气污染对UV-B的影响时，穿越辐射比总体辐射更为准确可靠。测量UV-B辐射需要辐射检测器和波长筛选机制。检测器输出的信号需要由运放放大，最后输入到数字万用表、模拟记录仪、电脑数据采集系统等终端。

可以用单色仪或干涉滤光片来完成波长筛选工作。单色仪的频点筛选性能非常优秀，但是价格较为昂贵。干涉滤光片的选型较为复杂，筛选效果也一般，但价格相对低廉。

UV-B滤光片的带宽比单色仪要宽，而且还存在邻频段漏光的问题，因此其测量精度有限。可以过滤邻频段光波UV的检测器又叫日盲检测器。

图2-9是基于磷化镓二极管的UV-B辐射仪电路。与硅光敏二极管不同，此电路中用的检测器不对红光敏感，因此工作在真正的日盲模式。电路中的磷化镓光敏二极管出自Hamamatsu公司。G1961（包邮售价约为28美元）型磷化镓光敏二极管采用TO-18封装，检测面面积为1.0mm^2。G1962（35美元）型磷化镓光敏二极管采用稍大的TO-5封装，检测面积为5.2mm^2。另外Hamamatsu公司还生产通频段在300nm的G1962光敏二极管。

Texas Instruments TLC271CP型运放用来放大光敏二极管输出的检测信号。读者可以从Mouser或Digi-Key等电子器件供应商处购买TLC271CP运放。TLC271CP抗静电能力较弱，因此使用时需要做好防静电措施，避免用手指触碰其引脚。

图2-9中的UV-B检测器增益为两级可调。其中串联电阻R1和R2和S2起增益调节功能。R1和R2是并不常见的大阻值电阻，在电路中起反馈电阻的作用。对于这两个电阻的阻值要求并不严格，因为搭配不同的滤光片时，电路中传输的信号会略有不同。读者可以使用两个电阻来实现两级可调增益。如果只打算用此电路来检测正午阳光，那么仅用一个电阻也可以。最佳阻值范围在30 ~ 100MΩ之间。如果44MΩ的电阻可以正常工作，那么换成32MΩ只会导致增益稍有下降而已。

电阻的最佳阻值可以用穷举法获得，例如将检测器正对阳光，同时在电路中不断更换电阻阻值并读取万用表的示数，寻找最优阻值。阻值对正午阳光的最终测量结果的影响幅度高达80%。

超过22MΩ的电阻比较稀少，价格也很昂贵。读者可以采用多个10 ~ 22MΩ电阻串联来替代大阻值电阻。变阻器R3起调零作用，它向运放的引脚5提供偏置电压。运放引脚8的电压值由R3和R4组成的分压器决定。整个电路的供电部分包括9V收音机电池和电源开关S1。

Acculex公司DP-650 +200型毫伏数字电压表的包邮价格约为60美元。Acculex DP-650电压表最大的

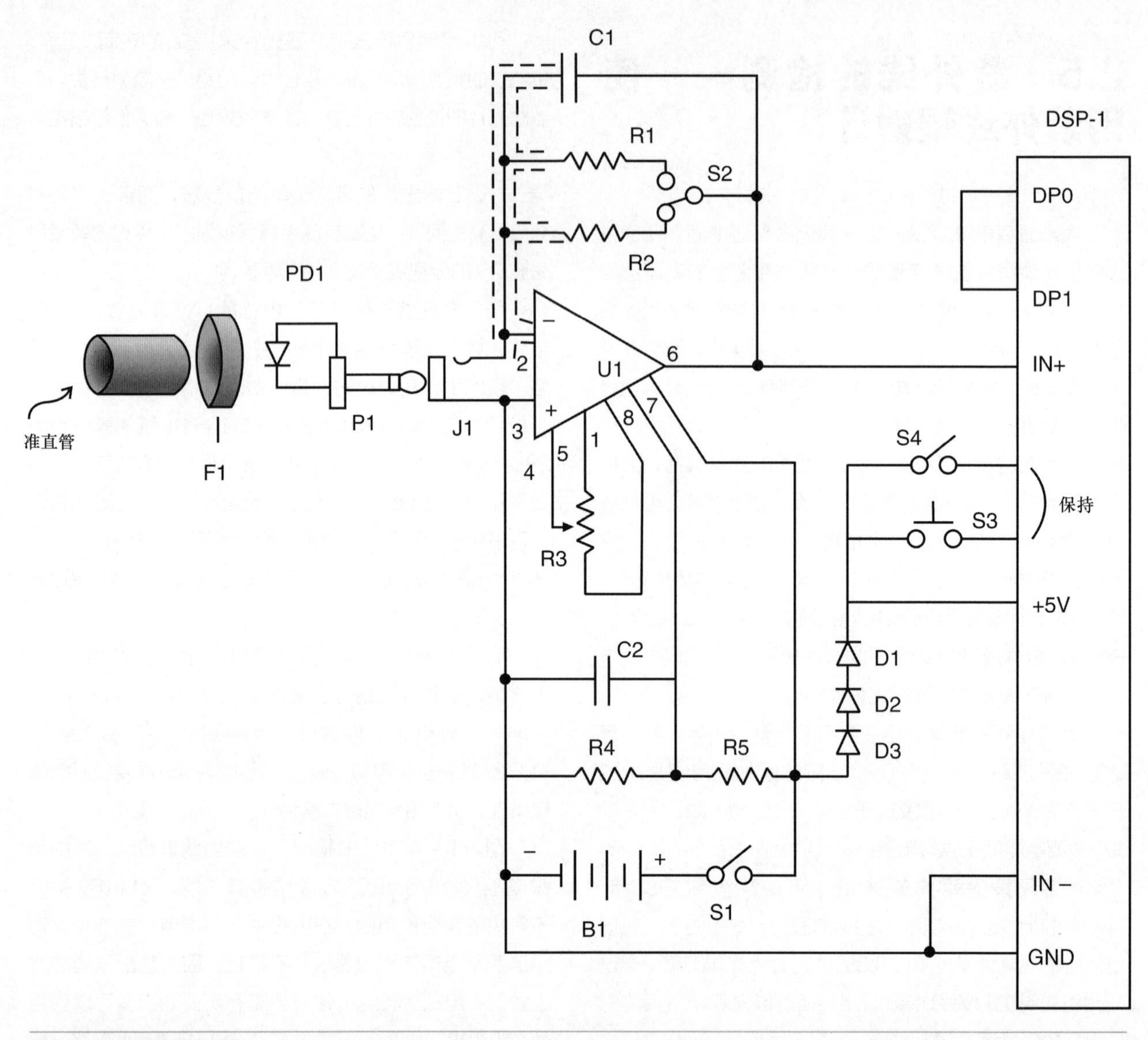

图2-9　紫外线辐射计电路

优势是内置日历，引脚11和引脚1（+5V）间的按键用来实现一键记录功能。当按键释放时，显示屏上的示数会继续更新。D1、D2和D3三个二极管用来将电压降低到5V。开关S3和S4的作用是显示输出控制。UV-B辐射计的一个重要优点是采用9V电源供电，且功耗非常低，适合便携场合使用。

2.5.1　制作

制作UV辐射计很简单。整个电路可以焊接在很小的电路板上。集成电路应尽量采用插座方式连接，以方便后期的维修和更换。集成电路表面一般有确定引脚顺序的标记，例如小圆圈或者缺口，焊接二极管D1、D2和D3时也需要注意极性。此外需要注意芯片的引脚2和引脚6之间有两个可由增益开关动态选择的增益电阻，这部分电路的引线应该尽可能短，以保证电路的稳定性。为缩减引线长度，开关S2应尽量焊接在电路板上。由于UV-B日盲辐射计带有分离式检测器、滤光片和放大器，因此组装起来要比集成器件稍微复杂一点。

本例选用一个金属机架盒来作为紫外线辐射计电路的外壳。为了安装液晶显示器（LCD），盒子前面板上必须开一个方形窗口。读者可以通过先在面板上画出LCD的轮廓，并在轮廓内反复钻洞的方式来慢慢开出略小于LCD的窗口，再通过边缘打磨，使窗口的大小与LCD完全匹配。接下来将电路板固定在上面板内，根据S2的位置开孔，将S2伸出面板。为保持距离，电路板和上面板之间可以选用金属螺母柱来连接。开关S1、S3和S4在上面板上的位置由电路布局决定。此外1/8英寸板对板迷你接口也安装在上面板上。下面板用来固定9V收音机电池盒，完成主机组装后，读者只要接入传感器即可开始UV-B的测量工作。

UV-B日盲辐射计中成本最高的部件是光学滤光片。Barr Associates公司是一家生产高品质滤光片的公司。目前Barr公司只生产定制型滤光片。因此除非有研究所肯为你花钱定制滤光片，否则最好不要尝试去购买Barr的产品了。

MicroCoatings公司有直径12.5mm、中心波长300nm且带宽为10nm的滤光片（型号为ML3-300）产品。Twardy Technology公司则有25mm直径的同规格滤光片产品，价格为210美元。

制作紫外线辐射计的最关键步骤在于将检测器和滤光片组装在一个避光套筒中。如果读者周围有五金店资源，可以选择自制此部分，也可以将检测器和滤光片组装在黄铜压缩件或管接头中（见图2-8）。注意基本辐射计和紫外线滤光片辐射计的机械结构完全一致，只是所用滤光片的种类不同而已。其中用到的O型圈和连接器都可以在五金店购买到。它们都采用了双向耳机插头，插头的其中一端插入了带端接线的LED插座中。读者也可以直接将检测器焊接在插头端子上。其中阴极引线对应插头的顶部。但不管采用哪种方法，连接TO-18迷你检测器时都要额外搭配转接头。

夹着滤光片的两个O型圈安装在管接头的另一端。如果换成锥形帽的话效果更好，但锥形帽并不常见。如果两个O型圈厚度太大，导致螺帽无法正常锁紧，可以将其中一个O型圈换成纸质垫片。在拧紧螺帽时，用力不可过猛，以防止滤光片受压过大。必要时可以使用胶水固定。安装时还要注意不要划伤滤光片。

采用锥形帽安装的检测器视角范围通常在10°左右，具体与检测器的尺寸有关。通过加装准直管可以将视角限制在4°以内。可以用直径合适的细铜管作为准直管，通过胶粘的方式与锥形帽固定，但必须保证其内壁光滑并涂有黑色涂料。

由于这种辐射计的用途是检测太阳直射光，因此准直管是非常有必要加装的，上文提到的细铜管就是非常好的准直管材料。外径超过1cm的管子可以直接套在检测器上。检测器和管子之间可以用胶带来固定。套管内壁必须涂有黑色光滑搪瓷或油漆。若将长90mm的管子完全套在检测器基座上，那么检测器的视角将被限制在4°以内。

安装准直管之前必须仔细清洁滤光片的表面，因为灰尘和油渍都会吸收UV-B。乙醇可以彻底清洁掉滤光片上的指纹和镜头布掉下的碎屑，另外用高压洁净的空气也可以吹走滤光片表面的灰尘。

2.5.2 UV-B的测量

使用常规方法检测UV-B指标时，校准与非校准的数据相差非常大。读者在测试UV-B时一定要注意找准正午时间。关于正午时间的知识可以参考与天文学和日晷有关的书籍。

由于300nm波段受大气散射和大气吸收影响较严重，在正午时间点测量到的UV-B的示数一般很少为峰值示数。因此测量过程最好持续至少5分钟以上，以寻找最大辐射值。作者就曾经持续两年每天测量两次UV-B和6个其他频段的太阳辐射值。最终发现300nm波段的太阳辐射受雾、霾、云和飞机航迹的影响非常严重。另外冷锋过境时导致的气压上升也会导致UV-B衰减（即便空气非常晴朗和干燥）。低气压通常伴随着臭氧层的减少。

组装好的辐射计有操作简易的特点。使用前测量人员先要用肉眼从准直管看进去，如果可以看到自己瞳孔的影子，那么说明检测器的安装方向没有偏差，否则需要重新调整准直管的方向。接下来将电压表与辐射计连接好并打开系统电源，用黑色罩子将准直管遮住，不断调整电位计的大小，直到电压表的示数为零。（每次测量前都要重复此步骤。）然后将准直管对准太阳并细调方向，直到准直管的影子变为最小。这时检测器已经完全对准太阳了，检测人员可以记下此时电压表的示数，并重复多次测量过程。经过实际测量后大家会发现即便是晴朗的天气，多次测量的示数也会发生波动，当大气中有云层、雾霾、灰尘时波动尤为明显。

由于检测器能检测到滤光片没有过滤掉的红光，因此测量结果中存在一个误差系数。通过将准直管里的滤光片换成阻隔UV射线的型号，并进行二次测量，可以得到误差系数。例如可以选用WG-345型玻璃滤光片。

如果检测器没有进行过校准，那么将第二次的检测结果（*B*）减去第一次的检测结果（*A*）就是可以横向对比的目标电压值。如果检测器进行过校准，那么测量人员就可以就可以直接用结果推算出300nm波段的绝对辐射强度（单位为W/m^2）。UV滤光片对于非UV频段光线的衰减约为8%。因此非UV频段的真实辐射强度约等于读数B除以92%。DFA-3000的有效测量距离约为$9.9mm^2$，因此检测信号除以101 000即可得到每平方米的辐射强度，以上计算方法综合如下：

$$\frac{A-(B/0.92)}{R_1\times D_r}\times\frac{101\,000}{F}$$

式中，D_r为检测器校准后的输出信号，F为滤光片的带宽（即滤光片传输效果衰减一半的两个频点之间的频宽）。理想滤光片的带宽在1nm以内。但实际滤光片的带宽较宽。

在晴朗的8月份正午时段进行测试，两项结果一般在1.5V（A）和0.116V（B）左右。将以上结果代入上式可算出辐射强度为0.011W/（m^2·nm）。注意此结果对应透射UV强度。根据作者估计，大气中额外的散射UV为直射UV的30%以上。

$$\frac{1.5-(0.116/0.92)}{30\,000\,000\times0.04}\times\frac{101\,000}{10.4}=0.01\text{W/（m}^2\cdot\text{nm）}$$

2.5.3　数字紫外线辐射计器件清单

元器件

R1（见正文）
R2（见正文）
R3 100kΩ 变阻器（微调）
R4、R5 1MΩ，1/4W，5% 电阻
C1 100 pF，35V 薄膜电容
C2 0.01 μF，35V 陶瓷碟片电容
PD1 Ga P光敏二极管（见正文）
D1、D1、D3 1N901硅二极管
B1 9V 晶体管收音机电池
S1、S4 SPST拨动开关
S2 SPDT拨动开关（增益）
S3常开按键开关（显示）
DSP-1 Acculex DP-650数字面板电表
J1 1/8英寸 迷你板对板耳机接口
P1 1/8英寸 迷你板对板耳机插座
F1滤波器（见正文）
杂项，PCB、芯片插座、隔板、导线、接线端子、直准器，等等。

2.6　测量臭氧——使用臭氧计

大气层中的总臭氧量可以通过同时测量两个波段的太阳光UV辐射来计算得出。此项目对水平较高的读者来说一定非常有趣。

臭氧层可以吸收大量低于330nm的太阳光UV辐射，以至于低于295nm的太阳光UV射线很难到达地面。臭氧对紫外线的吸收效果与紫外线的频点成反比，即吸收低频紫外线的效率要比高频紫外线高。因此臭氧层的含量可以通过直接光谱吸收波长法来测定。从原理上来说，此方法并不复杂。而臭氧测量仪从硬件上来说只是一对集成在一起的UV辐射计，软件上只是增加了从两路UV测量结果计算出臭氧含量的算法而已。

2.6.1　臭氧计

为了检测臭氧含量，测量时臭氧计必须正对太阳。紫外辐射通过滤光片到达由双极光敏二极管组成的双检测器上，并被转换成微弱电流。每路检测器的信号单独经运放放大并分别显示在电压计中。虽然便携式臭氧仪（TOPS）的原理非常简单，但是仪器的校准却很复杂，其中涉及到UV滤光片、光敏二极管和高阻值电阻等内容。

2.6.2　滤光片的选型

臭氧检测仪器的核心（也是最为昂贵的部件）是两个UV滤光片。市面上大部分臭氧计专用滤光片都有20nm的频点间隔，其缺点是很容易受大气中水蒸气的影响。针对此问题，作者采用了6nm频点间隔的滤光片。为了确保两个相近频点上有足够大的臭氧吸收差异，最好选择其中一个频点会完全被臭氧层吸收的波段。本例采用300mm和306nm波段，此波段在作者所处的地理位置上可以正常测量（北纬29° 35′），但在纬度更高的地区的冬春两季可能并不适用，因为高纬度地区的太阳倾角较低，臭氧含量也较大（见表2-1）。

表2-1　太阳光波长

波长（nm）	吸收物质
297	紫外线-B和臭氧层吸收
300	紫外线-B和臭氧层吸收
306	紫外线-B和臭氧层参照
312	紫外线-B和臭氧层吸收
320	紫外线-B和臭氧层参照
590	臭氧层吸收
600	臭氧层吸收
630	臭氧层参照

续表

表2-1 太阳光波长

波长（nm）	吸收物质
700	臭氧层参照
760	氧气吸收
780	氧气参照
850	水蒸气参照
940	水蒸气吸收
998	水蒸气参照

对于北纬350°以北的读者，可以选用短波305～310nm和长波325～330nm频段进行测试。这两个波段的缺点是受大气层的影响较为严重。

为了提高测量精度，臭氧计中滤光片的带宽必须小于10nm，这也是大部分滤光片的指标。如果找不到5nm或以下带宽的滤光片，也可以采用两个10nm滤光片叠加在一起来实现。

滤光片的直径多为12.5mm和25mm（0.5英寸和1英寸）。小型滤光片的价格一般较低，安装也较为方便。通用型UV干涉滤光片的价格高达100美元之多，定制型滤光片的价格还要更高。生产通用型滤光片厂商包括Twardy Technology公司、Micro Coatings公司和Andover公司等。更多的厂商列表可以参见各大光学和激光行业杂志。

2.6.3 臭氧计的制作

如上文所说，臭氧计由两个封装相同的UV-B辐射计组成。图2-9是基本的、UV-B辐射计电路。而图2-10是将2个UV-B辐射计组装在一个铝壳内的结

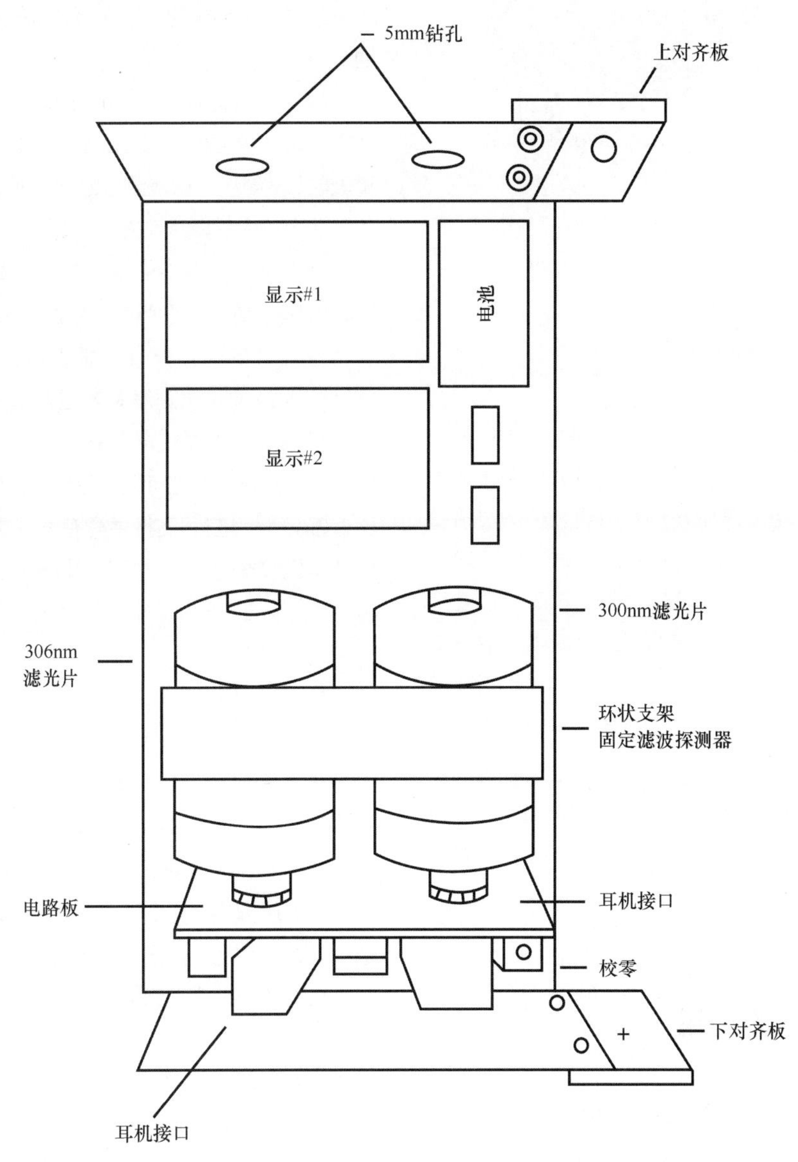

图2-10 臭氧计结构图

构图。图2-11是3个便携式臭氧计的照片。如果读者有制作便携式电路的经验，那么就可以依照这3幅图来制作自己的臭氧计了。本例中的臭氧计采用LMB CR-531 Crown Royal铝制外壳（读者可以在电子商店或Mouser在线商城中购得）。将所有元器件组装在CR-531型外壳中并不是一件简单的事情。如果读者没有组装紧凑电路的经验，也可以换用更大的壳子。无论选用什么外壳，一定要保证滤光片和检测器之间不会漏光，另外还要保证检测器的视角不能超过2°。

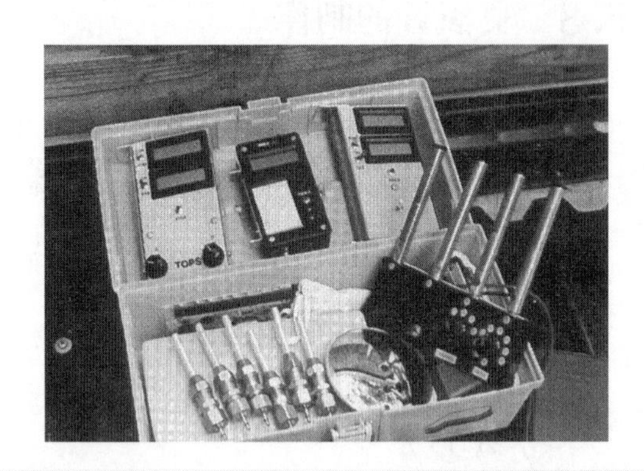

图2-11　臭氧计

2.6.4　臭氧计的测量和校准

在臭氧计组装完成后，需要仔细检查接线的正确性，这一点对于电池供电电路来说尤其重要。确保一切正常后，将电池装入电池盒中并打开电路，确认两路电压示数都可以正常显示，此时遮住两个光敏二极管的光线，调整R2，直到两个电压示数都为0V。一对铝制叶片（见图2-11）可以用来校准TOPS。在叶面中央钻一个1～2mm的小洞并将臭氧计的外壳打开，将仪器对准阳光的方向并微调，直到阳光可以直射到两个滤光片上。这时用记号笔记下从上层叶面透过的阳光在下层叶面上的位置。若采用嵌入式滤光片，则可以用玻璃显微镜来观察阳光的情况。如果将显微镜偏转45°，那么可以看到滤光片从侧面反射出的光。

2.6.5　臭氧计的使用

在进行测量以前，一定要确保臭氧计外壳的密封性，防止操作过程中出现漏光现象，影响测量结果。必要时可以使用黑纸包裹检测器或者在滤光片周围套上遮光管。总之一定要避免光线从其他方向进入检测器。

测量之前还需要进行校准工作，首先要在无光或者遮光的环境下开启系统电源，确认两个放大器的输出电压为0V，若电压值不为0，则需要打开臭氧计的外壳并调整调零变阻器（R2）。将辐射计的测量方向面相太阳，然后不断微调方向，直到辐射计的影子中看不到准直管部分为止。当在叶片上看到光斑时，微调仪器的方向，使光斑的位置稳定在记号上。如果仪器有输出保持功能的话，按下保持按钮并记录数据。

必须保证在正午时间测量UV射线，因为此时的太阳UV辐射最强。每次测量最少要进行3次以获取最大值，测量的结果可以通过笔记本来记录，或者口头朗读出来并由录音机记录，再进行后期整理，记录数据时一定要同时记录采集时的标准时间。后期可以根据标准时间来推算出当地时间。

测量完成后，必须把仪器保存在干燥和远离灰尘的地方，因为灰尘和油烟会附着在滤光片上，并在测量时大量吸收UV射线，影响测量结果。永远不要将臭氧计长期放置在汽车内。臭氧计内的光敏二极管感光窗口和滤光片正反两面都必须保持洁净。灰尘需要用无尘高压空气吹掉，积灰严重的滤光片可以用镜头布来擦拭。

臭氧计的校准方式有很多种。最简单的方法是与标准仪器进行对比测量。美国各地有很多Dobson分光计，可以用来比对校准臭氧计的测量结果。若周围没有Dobson分光计，也可以与卫星测量到的臭氧结果进行对比。Goddard空间飞行中心有一套由NASA负责维护的全球臭氧数据网站，爱好者可以从中查阅臭氧数据。

2.6.6　计算臭氧的含量

评估大气层中的臭氧含量分为几个步骤。首先需要获得地方时间（并不能用简单的正午和12:00）。为了获得平均时间，首先要获得当地经度和时区子午线的夹角。将夹角的度数乘以4来获得当地时间对于标准时间的校准值。如果所在地区处于当地子午线的西侧，则将标准时间减去校准值即可得到当地时间。

由于地球运行轨道的影响，一年当中太阳的运行时间和当地时间会有多达16分钟的差距。当地时间和实际时间的差距称为均时差。

接下来需要测量出太阳的仰角，以计算出光程上的空气质量和臭氧含量。如果采用手动方式测量太阳仰角，那么最好将两个测量步骤同时进行。例如可以在臭氧计上安装一个气泡式水平仪，将其固定在上页片上，并瞄准太阳。

太阳仰角的正切值等于叶片的长度除以其影子的长度。测量时最好要同时记录当前时间，这样可以推算出一段时间内的太阳仰角。有很多现成的计算机程序可以计算出地球上任何区域内的太阳仰角。

2.6.7 臭氧的计算公式

$Q_3 = \log(L_1\hat{}/L_2\hat{}) - \log(L_1/L_2) - (b_1 - b_2) \times (p \times m/1013)/(a_1 - a_2) \times m$

其中，

$L_1\hat{}$和$L_2\hat{}$是大气层外两个频点的辐射强度；

L_1和L_2是测量到的两个频点的辐射强度；

a_1和a_2是大气层对两个频点的吸收系数；

b_1和b_2是空气对两个频点的瑞利散射系数；

m是空气质量（约等于$1/\sin c$，其中c是太阳倾角）；

p是以毫巴为单位的观测地点平均气压（英寸汞柱可以通过乘以33.864来换算为毫巴）。

$L_1\hat{}/L_2\hat{}$是两个频点在大气层外的辐射强度比，称为地外常数。此参数需要在晴朗干燥的天气下测量并绘制Langley图来获取，因为这种天气下的臭氧含量相对稳定。

最好选择在正午前后数小时内记录L_1和L_2，并将L_1/L_2的对数值与空气质量（m，太阳仰角的正弦值的倒数）绘制在图表中。然后将曲线延伸至空气质量为0的点，此点对应的L_1/L_2对数值即为地外常数。计算L_1/L_2时可以选用UV辐射计测量出的以W/m^2为单位的绝对数据，也可以直接用仪器上的相对示数。这是因为我们只关心两个数值的比值，因此光敏二极管不需要进行校准工作。臭氧吸收和瑞利散射系数可以通过查表的方式获得。

2.7 高灵敏度光学转速计

光学转速计可以测量轮子、电机、光碟、飞轮等旋

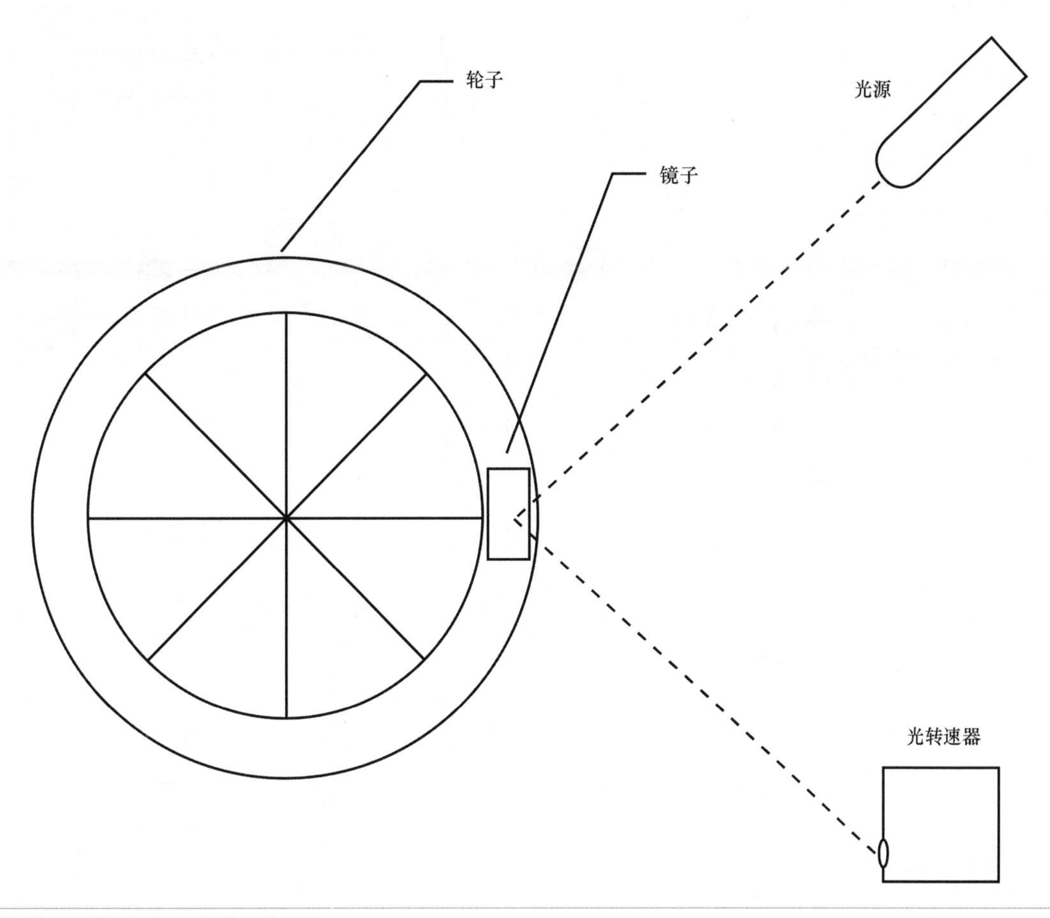

图2-12 使用光学转速计来测量物体的转速

转物体的转速。如图2-12所示，测量前需要在是在旋转物体表面安装反光镜。自制高灵敏度光学转速计也不复杂。图2-13中的光学转速计由光敏三极管、两个运算放大器、场效应管（FET）和模拟电表组成，它可以测量转速高达50 000r/min的物体。

当光敏三极管Q1检测到脉冲光信号时，会向运放U1输出脉冲电压信号，从而间接触发施密特触发器。（施密特触发器是一种自带消抖功能的逻辑门电路，它可以消除电路中的噪声信号。）U1输出的脉冲信号由C4，R7差分电路处理后，输出到计数器（U2）的触发输入引脚。单脉冲逻辑电路输出的信号通过D1激励FET，R15组成的恒流源电路，在R16上产生恒定幅度的脉冲信号，电表M1负责计算电压平均值。电容C11用来抑制电表指针的抖动。此光学转速计通过B1处的9V收音机电池供电。S2为电源开关。

本例中的光学转速计焊接在3.5英寸 ×6英寸的电路板上。在进行电路布局时必须优先将光敏三极管放置在电路板边缘，以便安装外壳后光敏三极管可以从外壳中伸出。电路中的两个集成电路芯片应尽量采用芯片插座来安装，以便日后的调试与维修。带有芯片插座的芯片很容易取下并更换。集成电路的顶端通常有标识1脚的记号，安装时必须仔细确认，防止反接。另外大部分电容和二极管也属于有极性器件，安装时也要注意极性。电路中一共有5个电解电容（C7、C8、C9、C10和C11）。这几个电容在电路图上都有表示正极的加号。电路中只有D1一个二极管，二极管原理图符号中带有横线的一端表示阴极，接线时必须连接到Q2的漏极。光敏三极管Q1的集电极连接到C1，发射极连接到地。Q2为FET，其门极连接到R15、R16，漏极连接到二极管D1，源极连接到变阻器R15。另外还要注意连接开关S1的是电表的正极。

本例采用6英寸 ×8英寸 ×2.5英寸的金属盒作为光学转速计的外壳。外壳表面需要钻几个控制孔：灵敏度控制变阻器R2、速度开关S1、电源开关S2和运行/测试开关S3。另外外壳上还要给0 ~ 50μA的电流表预留安装孔。最后需要外壳上的光敏三极管位置钻1/2英寸的信

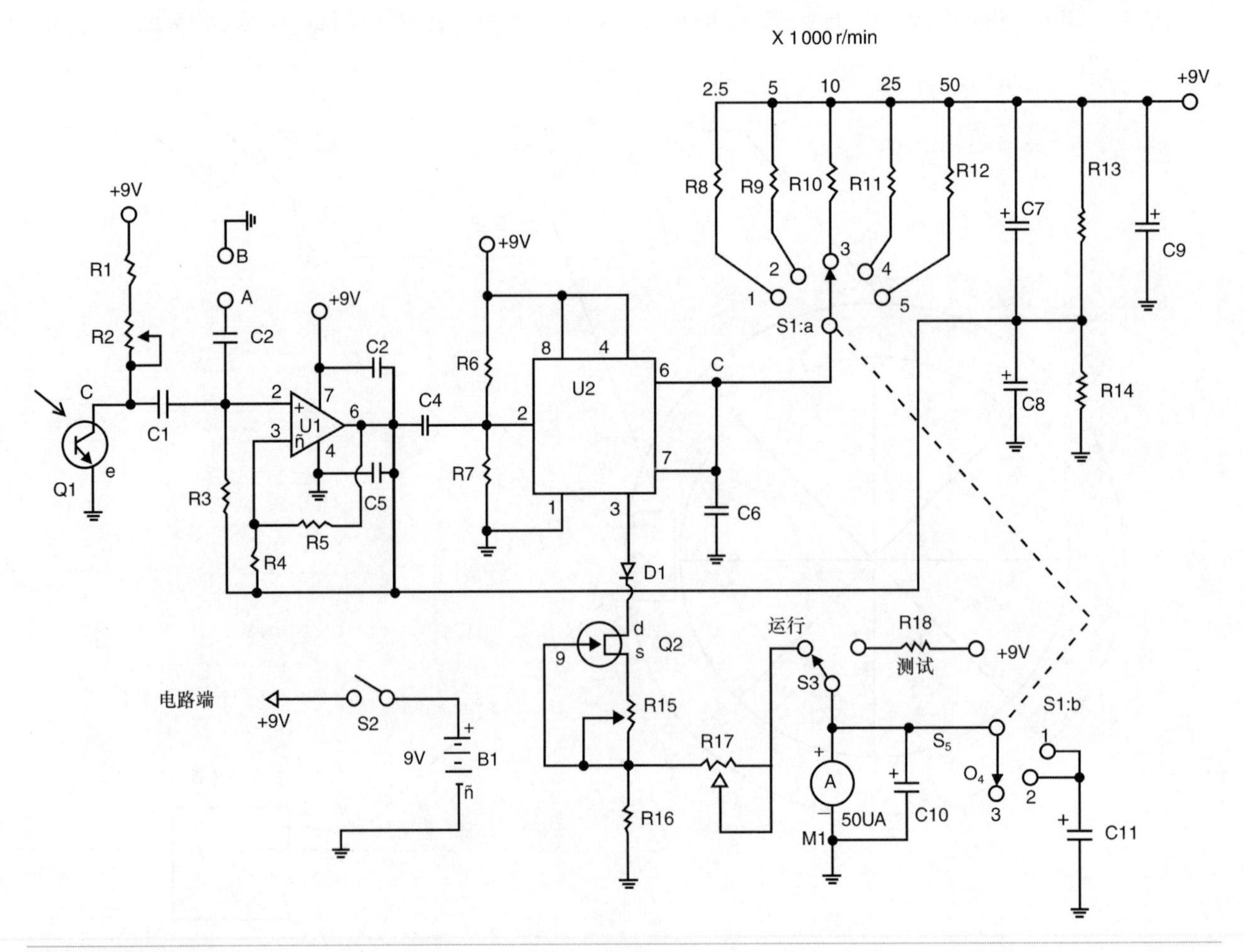

图2-13　光学转速计电路

号采集孔。

在光学转速计的初级版本中，电源开关S2、转速开关S1和运行/测试开关S3全都安装在外壳上部的电表旁边。电路板安装在1/4英寸的塑料支撑板上，并用3/4英寸的4-40金属螺柱固定。电路板的摆放以光敏三极管可以从1/2英寸孔洞伸出为准。9V电池盒安装在外壳的底部。

在校准转速计时，R15和R17首先设置在中点位置，转速范围设置在2 500r/min。在R16处增加直流电压表。断开C点和D点之间的导线后，通过调整R15，使得电压表的示数为1V。将转速开关设置在10 000r/min。这时A和B点之间将会出现幅度为3V，频率值为120Hz的正弦波，对应7 200r/min的转速。

最后用低光强工频白炽灯信号来测试，将光敏三极管指向50 ~ 75W白炽灯，并调整R2变阻器。如果电表输出不能维持在0V，那么将R4增加到10kΩ 即可。这时光学转速计就准备完成了。

高灵敏度光学转速计器件清单

元器件

R1 3.9kΩ，1/4W，5% 电阻
R2 100kΩ 变阻器（面板安装型）
R3 150kΩ，1/4W，5% 电阻
R4 5.1kΩ，1/4W，5% 电阻
R5、R8 100kΩ，1/4W，5% 电阻
R6、R7 47kΩ，1/4W，5% 电阻
R9 50kΩ，1/4W，5% 电阻
R10 25kΩ，1/4W，5% 电阻
R11 10kΩ，1/4W，5% 电阻
R12 5kΩ，1/4W，5% 电阻
R13、R14 3.9kΩ，1/4W，5% 电阻
R15 5kΩ 校准变阻器（微调）
R16 1kΩ，1/4W，5% 电阻
R17 10kΩ 校准变阻器（微调）
R18 200kΩ，1/4W，5% 电阻
C1 0.002 μF，35V 陶瓷碟片电容
C2 0.05 μF，35V 陶瓷碟片电容
C3、C5 0.1 μF，35V 陶瓷碟片电容
C4 0.001 μF，35V 陶瓷碟片电容
C6 0.068 μF，35V 陶瓷碟片电容
C7、C8，C10 20 μF，35V 电解电容
C9、C11 100 μF，35V 电解电容
D1 1N914硅二极管
Q1光敏三极管ECG-3031
Q2 FET晶体管ECG 312/451
U1 LM741运放
U2 LM555定时器芯片
M1 50 μA毫安表
S1双极5挡旋转开关
S2 SPST拨动开关（电源开关）
S3 SPDT拨动开关（运行/测试）
杂项，PCB、导线、芯片插座、五金件，等等。

2.8 浊度

浊水是混杂了泥土、有机物、无机物、可溶性有色有机混合物及浮游生物等极小悬浮颗粒的水。浊度的测量需要依靠光学途径，根据光线在样本水中的透射和散射比例来计算得来。浊度的常用单位为比浊浊度（NTU）。

一般来说，液体的浊度表示液体的浑浊程度，与液体中的悬浮固体含量成正比。本例通过测量液体对光线的散射程度来评估浊度。

液体的清澈程度对于很多消费类产品和制造业生产过程来说至关重要。饮料生产、食品处理、地表饮用水处理等环节都要依赖流体-颗粒分离工艺，例如使用沉积和过滤的方法来提高液体清澈度，达到预定标准。自然水体的清澈度也是决定其用途的重要指标。

将浊度与悬浮物的重量或密度对应起来是一项很困难的任务，因为悬浮物的大小、形状和折射率都会影响对光线的散射效果。液体里一但含有少数活性炭等吸光颗粒，就会严重影响清澈度。低浓度的吸光科技会导致浊度增加。不可溶性彩色颗粒也会吸收某些频段的光线，导致浊度恶化。某些商业仪器可以纠正轻微的颜色干扰或光学消隐效果。

测量浊度的仪器称为浊度计。浊度计的类型很多，从低成本手持设备到大型在线监测系统都有。浊度过高会影响水质的口感和外观。浊度的来源通常可以作为水性细菌、病毒和原生物的养分，这些物质会吸附在粒子表面或裹在絮状物中间，可以被水处理流程过滤掉。因此浊度的大小又与微生物的质量相关，通常这些微生物在现有的条件下无法检测或无法定量检测。悬浮颗粒还能吸附各种重金属离子和杀虫剂。浊度还可以参与到消毒流程中，将氯元素分离出来：根据所用絮凝剂的种类，消毒范围可以从轻度到重度。浊度还与氯化水中的三卤甲烷有关。人群中饮用了高浊度氯化水可能会导致疾病的大规模爆发。供水系统中微生物的数量也与浊度等因素有关。地表水源特别容易受到有机物和一些很难通过消毒杀灭的恶性生物体污染，因此将其用作饮用水时，质量不容易保证。

目前人们已经有成熟的技术可以将浊度控制在较低的范围。限制人工处理水资源的最高浊度可以有效阻止有害物质和微生物进入水循环系统，便于消毒和保存。特殊要求和特殊场合下可能对水的浊度要求更低。当待加工水资源的浊度突然升高时，说明水质严重恶化或水处理过程出现了问题。地下水等特定水源可能含有非有机浊度成分，这些成分对消毒并没有影响。因此如果经验证明某水源的微生物质量可以接受，并且高浊度的水不影响消毒工作，那么可以将这种水源的可接受浊度值相对放宽。

2.8.1 电子浊度计

本节中的电子浊度计为单束透射型浊度计，适合用于科普展示。图2-14是这种浊度计的电路图，整个电路围绕放置在“暗”盒内的透明塑料或玻璃平面水箱搭建。测试时可以用白炽灯或高亮LED向水箱发射光束，水箱另一侧的硅太阳能电池板用来采集经液体透射后的光束。为使光束准确的到达电池板，光源部分装有小型导光管。

电路中选用LM741型运算放大器。如图2.14所示，硅太阳能电池板输出的信号直接连接到运放输入端，其中硅太阳能电池板的正向输出（+）端连接到运放的正向输入端（+）引脚3。硅太阳能电池板的反向输出（-）端连接到运放的反向输入端（-）引脚2。运放的输出信号接入到Acculex公司的DP-654型LCD显示模组中，此模组具有显示消抖功能，适合用来显示测液体的浊度。其中运放的输出信号接在LCD显示器的正向输入端（+），显示器的反向输入端接到显示器的GND，并与整个电路共地。开关S3和S4为短暂和长期显示保持按钮。保持开关直接接到LCD的5V电源。U2中的5V稳压器用来将12V系统电源降低到5V，供LCD使用。此电路使用两节12V电池或12V电源供电。由于运放工作时需要+12V和-12V两路电源，因此两节12V电池也要用串联的方式连接，即其中一节电池的负极与另一节电池的正极直接相连，作为公共地电平。电源开关S2是DPST拨动开关，分别用来控制正电源和负电源。电路右侧的光学部分采用高亮白光LED和1kΩ电阻串联作为光源，供电范围为

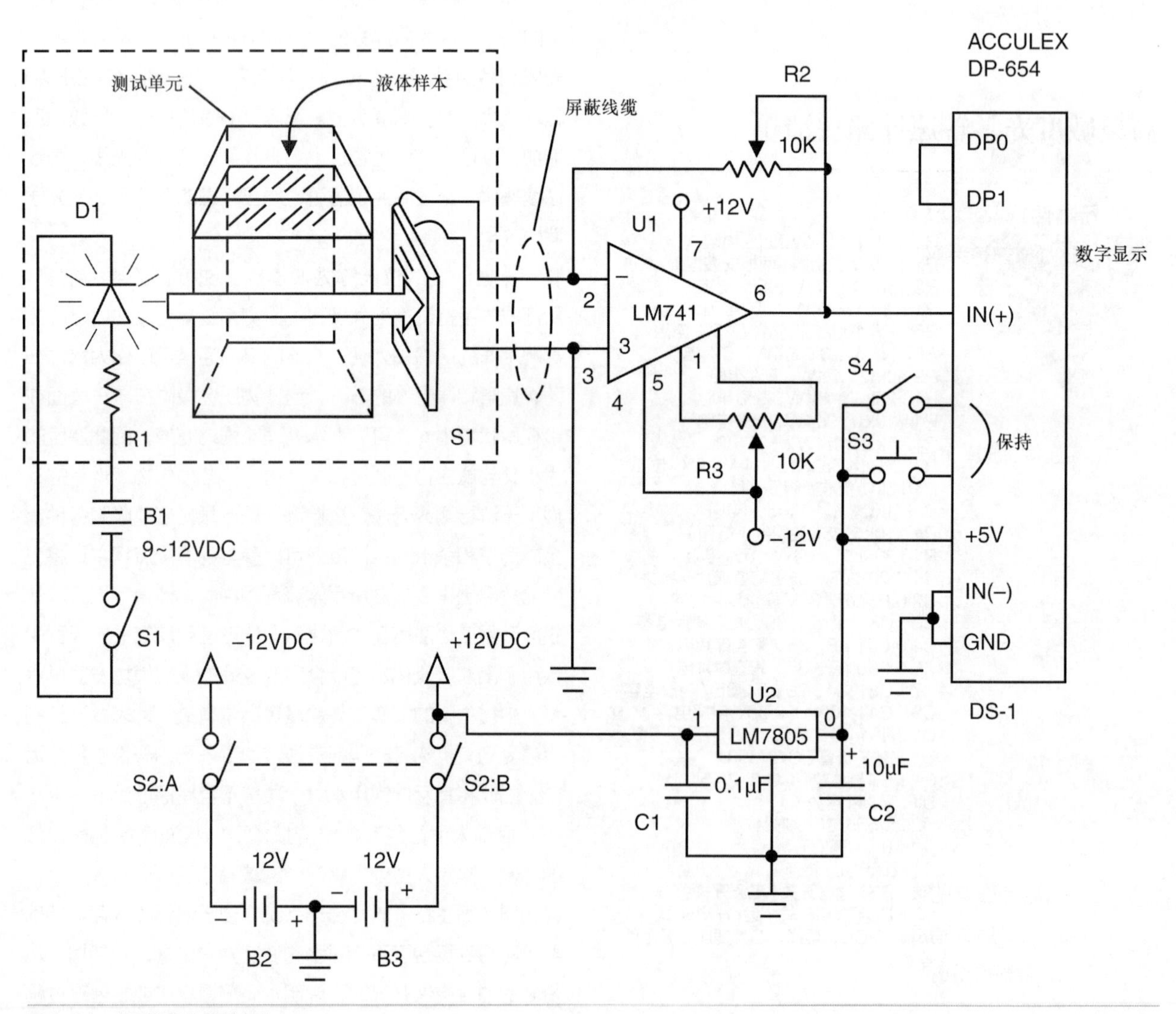

图2-14 光学浊度传感器电路

9～12V。

电子浊度计电路可以组装在面包板或小型PCB上，其中运放芯片最好采用插座式安装，以方便日后的调试与维修。安装集成电路时，需要仔细检查电路极性，防止极性错误导致芯片损坏。大部分芯片上都有小圆圈或缺口，用来表示引脚1。安装芯片时应该格外小心，避免芯片受到静电或机械损伤。焊接电解电容时，需要保证正极连接到U2的正向（+）输出引脚。在全部电路组装完成后，请仔细检查和整理各种多余的引线，防止短路和虚焊。

浊度计样机的外壳选用6英寸×6英寸×4英寸的金属盒。电路中的两个校准用变阻器安装在铁壳的上面板中。变阻器应采用底座式封装，供用户随时微调。为方便操控，电源开关、LCD开关和LCD也安装在上面板中。电源和电路板采用螺丝端子或者RCA接口连接。

由于要安装在暗室中，因此硅太阳能电池板与主电路板分离，并采用屏蔽线缆的方式连接。另外光源电路和光源电池也安装在暗室中。采用一块木头和一小片电路板作为夹具，将LED固定在离暗室约4英寸的地方。另外用一块木质夹具固定太阳能电池板，其位置应该正对LED。方形塑料测试水箱安装在光源和硅太阳能电池板之间。

包裹光源、测试水箱和太阳能电池板的遮光暗室可以由木头、硬纸板或泡沫塑料制成。最重要的是保证容器密闭，可以通过在接缝处涂满油漆的方式来保证内部全黑。整个暗室只需要做一个小切口，用来引出硅太阳能电池板的同轴线即可。一旦各个部件组装完毕，硅太阳能电池板的同轴线连接完成，并且发光模组正常安放在暗室中，整个系统就组装完成了，只需校准后即可投入使用。

校准浊度计时，首先在测试水箱内灌满蒸馏水，关闭光源，通过调整变阻器R3，使LCD的示数为0V。接下来通过S1打开光源，调整R2，使LCD电压表的示数为1V。最后将测试水箱内的液体换成待测液体。这时浊度计就可以正常测量待测液体的浊度了。

2.8.2 测量技巧

当灌制好待测液体后，需要尽快进行浊度测量。利用合理的技巧可以减少光强变化和液体中气泡导致的测量误差。不管用什么样的仪器，只有具备了足够的测量技巧，才能保证测量的精度和稳定性。例如测量过程要迅速，以减少温度变化和待测液体沉降导致浊度的变化。如果待测液体里出现了絮状物，需要先搅拌液体（通过旋涡来打碎絮状物）。另外还要注意避免稀释待测液体的浓度。因为当液体被稀释或温度发生变化时，某些悬浮颗粒会变为可溶性物质。测量前要保证液体内部没有气泡，即使液体内部没有明显的气泡，最好也要进行去气体处理。去气体的方法包括表面真空处理、使用非发泡性表面活性剂、超声波或加热的方法等。有时需要同时使用两种以上的方法来保证处理效果。

水箱材质必须选用透明无色的玻璃或塑料，并且要保证内外两侧都洁净无尘并且没有划痕。不能用手触碰透光的部分，以免影响透光效果。若使用储水管，则需要保证管子足够长或带有保护套，以便用手操作。将待测液体和标定液体放入管中后，需要彻底摇匀，并等待气泡排出。

清洗储水管时，必须用实验室肥皂同时清洗内外管壁，再用蒸馏水或去离子水反复冲洗并自然风干。手指只能捏在管子的最上端，防止在光路部分留下指纹。硅树脂油的光学特性与玻璃近似，因此管外壁可以涂一层薄薄的硅树脂油，以掩盖表面的微小瑕疵和划痕。但硅树脂油的用量不可过大，否则会很容易吸附灰尘或者弄脏仪器内的其他部件。用软质无绒布可以擦拭掉多余的油脂。油脂的涂量以肉眼看不出为好。由于容器对测量结果有很大影响，因此必须对标准液和待测液选用两个尽量相似的容器，或者干脆共用一个容器。

轻轻地摇动待测液体，而后静置并等待气泡从液体中析出。如果有条件的话，可以将待测液体和容器一起放到超声波清洗机中震荡1～2s，或者用真空去气等技术来彻底去除待测液体中的气泡，然后再用浊度计测量浊度。

2.8.3 光学浊度计器件清单

元器件

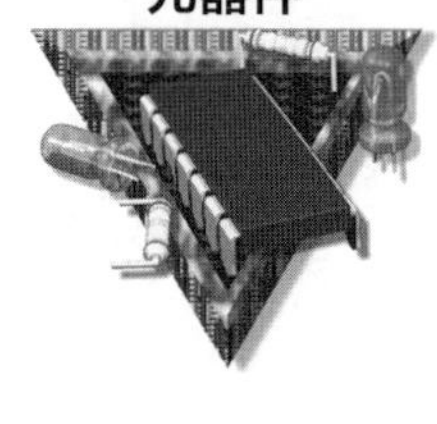

R1 1kΩ，1/4W 电阻
R2、R3 10kΩ 变阻器（基座安装型）
D1超亮白光LED
SI硅太阳能电池板
C1 0.1 μF，35V 碟片电容
C2 10 μF，35V 电解电容
U1 LM741运放
U2 LM7805 5V 稳压器
S1、S4 SPST拨动开关
S2 DPST拨动开关
S3常开 按键开关
B2、B3 12V电池
DS-1 Acculex DP654数字电压表模块
杂项 测试电池、PCB、芯片插座、导线、连接器、暗室安装组件、五金件，等等。

第三章

热检测

Chapter 3

热量的传播方式有3种：传导、对流、辐射。热传导是指在组成物质的分子间以热运动来实现导热的方式。当铁棒的一端受热后，铁棒另外一端很快也会变热（热量在分子间传递），这就是热传导的效果。热对流是指物质本身通运动实现导热的方式。热传导主要在气体或液体中出现。例如当屋子里有热气流涌入时，屋子里的物品也会跟着暖和起来。与热传导和热对流不同，热辐射不需要借助物质的移动（例如分子或者空气），甚至不需要物质也可以导热。例如9 300万英里以外的太阳通过热辐射的方式向地球输送热量。当天空中有云层出现时，云层会大幅缩减地球和太阳间的热辐射效率，这是因为热辐射是通过波动的方式实现的。

从本质上说，热波和光波同属于电磁波的一种，只不过热波的波长比光波要长。从光谱上看，热波属于红外线波段。

本章将带领读者制作一些很有趣的设备，例如检测范围高达3m的红外火焰探测器，可以侦测温度是否低于0℃并报警的冰冻报警器、过热报警器、远程模拟温度记录仪等。此外本章还将提及很多更复杂的设备，例如LCD温度计、夜视镜、检测范围高达50英尺的红外移动检测器。其中红外移动检测器可以用来组建家庭报警系统。

3.1 红外火焰传感开关

红外检测开关是一种极灵敏的热源检测电路，其检测对象包括火焰、烙铁等，当检测到红外线时，它会及时触发继电器动作，防止火灾。如图3-1所示，红外火焰检测器电路的核心是两个小型热敏电阻。热敏电阻是一种阻值跟随温度变化的电阻。电路中T1的阻值与温度的变化成反比，即当温度下降时，T1的阻值会升高。本电路推荐使用室温下阻值在25kΩ ~ 50kΩ之间的玻璃封装热敏电阻。核心电路部分为热敏电阻T1，它直接连接到由运放组成的比较器负极（-）输入端。热敏电阻T2的作用是室温基准电阻，与电位器R2相连，R2的作用是微调和校准。当室温变化时，T1和T2阻值的变化幅度相同，但外部的火焰或烙铁等红外热源只会影响T1，T1的串联电阻为33kΩ固定电阻，T2的串联电阻为50kΩ电位器。正常情况下，系统上电并经过几分钟的稳定时间后，可以通过调整R2来寻找继电器开关阈值，并使之处于断开状态，当外部出现红外热源时，运放的输出状态翻转，晶体管Q1导通，继电器RY-1翻转为闭合态，从而实现报警功能。由于运放处于比较器工作模式，因此整个电路只需

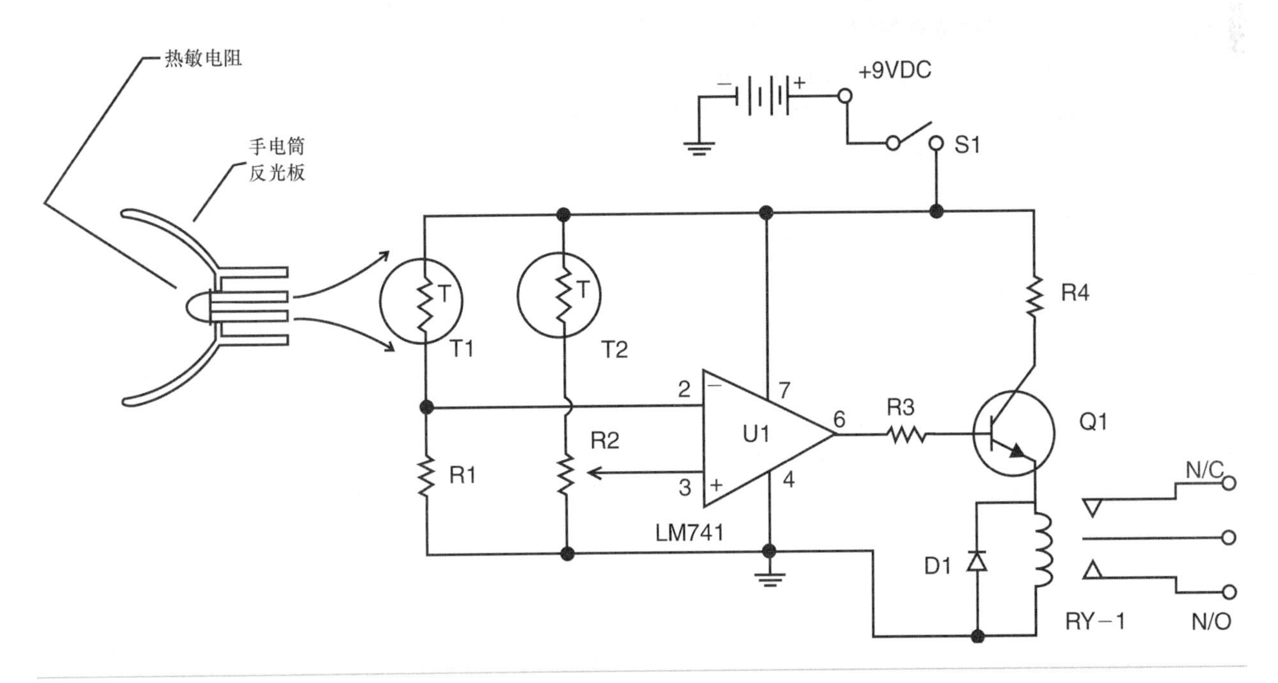

图3-1 红外火焰传感器开关电路

要采用9V晶体管电池单路供电或“壁挂式”电源供电即可正常工作。（壁挂式电源是一种可以挂在墙上的小型外接电源）

红外传感器的灵敏度非常高，有效检测距离高达3英尺，秘诀在于将T1放置在反光杯的焦点处，T1与焦点处位置的误差将直接影响传感器的灵敏度。

红外开关电路可以搭建在测试用面包板或PCB上。面包板的尺寸约为2.5英寸×2英寸。此电路对布局的要求并不高，焊接工作完全可以在1小时内完成。集成电路（IC）器件尽量采用插座式安装方式，以便后续的调试与维修。集成电路的顶端一般有标识1脚的记号，安装时必须仔细确认，防止反接。除集成电路以外，D1二极管也是方向性器件，焊接时也要特别注意方向。电路中的SPDT采用mini继电器，继电器可以自由设定为常开或常闭，方便使用者根据应用场合动态调整。在完成电路板的焊接工作后，请仔细检查电路板上的焊点，排除虚焊、短路等现象，防止电路在上电时被烧坏。

红外开关一般采用金属外壳，以保护电路部分。本例采用5英寸×7英寸的金属盒来固定红外开关电路。开关S1和电位计R2安装在金属盒的面板上。热敏电阻T2安装在电路板中，而热敏电阻T1则安装在反光杯的焦点处。

如上文所说，热敏电阻T1的位置需要安装在反光杯的焦点处，以保证电路的灵敏度。可以采用直径与反光杯孔洞直径相同的圆形塑料片或电路板，利用粘合的方式来固定热敏电阻T1。粘合部位再钻两个小孔，用来放置T1的导线。依据T1的位置调整好导线的长度，并对导线进行适当的粘合固定。在金属盒侧面开稍大一点的孔洞，用来固定反光杯的位置，并在旁边开用来放置导线的小孔，将T1的导线穿过小孔并焊接在电路板上。

小型继电器放置在电路板上，其3个引脚分别连接到端接螺丝和排线上，端接螺丝固定在反光杯的背面。利用两个螺丝用来固定排线，3个小孔使排线可以穿过外壳。电路板旁边还装有9V收音机电池盒。

组建完成红外线开关后，就可以进入调试环节了。连接好T1的导线，给红外开关电路上电，调整电位计R2，使继电器保持关闭态即可。现在，这台电子红外检测器已经进入待命状态，随时可以工作了。红外开关电路的应用非常多，例如在下一个热跟踪机器人项目中，红外开关电路可以追踪物体表面的热量，并在过热时切断电路。

红外火焰传感开关器件清单

元器件

T1，T2 25kΩ ~ 50kΩ 热敏电阻
R1 33kΩ，1/4W 电阻
R2 50K电位计（底座安装式）
R3 1kΩ，1/4W 电阻
R4 47Ω，1/4W 电阻
D1 1N4002硅二极管
Q1 2N2222三极管
RY-1 6V SPDT继电器
U1 LM741运放
B1 9V电池
S1 SPST拨动开关
杂项 PCB、导线、芯片插座、排线、电池盒、外壳盒、反光杯，等等。

3.2 冰冻温度报警器

冰冻报警器的用途非常广泛，它可以侦测温度低于0℃或32 ℉的事件，例如侦测路面结冰，并向行人车辆发出报警信息，此外还可以用来判断何时需要在台阶上撒防滑盐、侦测各种实验中的冰冻事件。

如图3-2所示，冰冻报警器的核心器件是起温度采样作用的热敏电阻T1。热敏电阻是一种阻值可以跟随温度变化的电阻。电路中T1的阻值与温度的变化成反比，即当温度下降时，T1的阻值会升高。本电路采用Keystone出品的RL0503-5536K-122-MS型热敏电阻，此电阻在0℃和25℃下的阻值分别为361kΩ和100kΩ。

在电路中，热敏电阻T1连接在5V电源和低功率比较器U1的负极（-）输入引脚之间。推荐使用室温下阻值在25 ~ 50kΩ之间的玻璃封装热敏电阻。核心电路部分的热采样器件为热敏电阻T1，它直接连接到由运放组成的比较器负极（-）输入端。比较器电路的阈值由分压器R2和R3决定，分压器的电压范围在电源电压和地之间。假设比较器的翻转阈值对应的温度为32℉，当温度到达此阈值时，比较器的输出端引脚1翻转，此信号再经N沟道增强型DMOS FET Q1放大，最后信号通过N沟道FET驱动固态蜂鸣器BZ报警，提示温度超过32℉阈值。

冰冻报警器采用9V收音机电池供电。9V电源一路经过开关S1后，作为U2稳压器的输入电压，一路直接给蜂鸣器供电。U2输出较为稳定的5V直流电压，供报警器主电路使用。主电路中全部采用低压小封装半导体

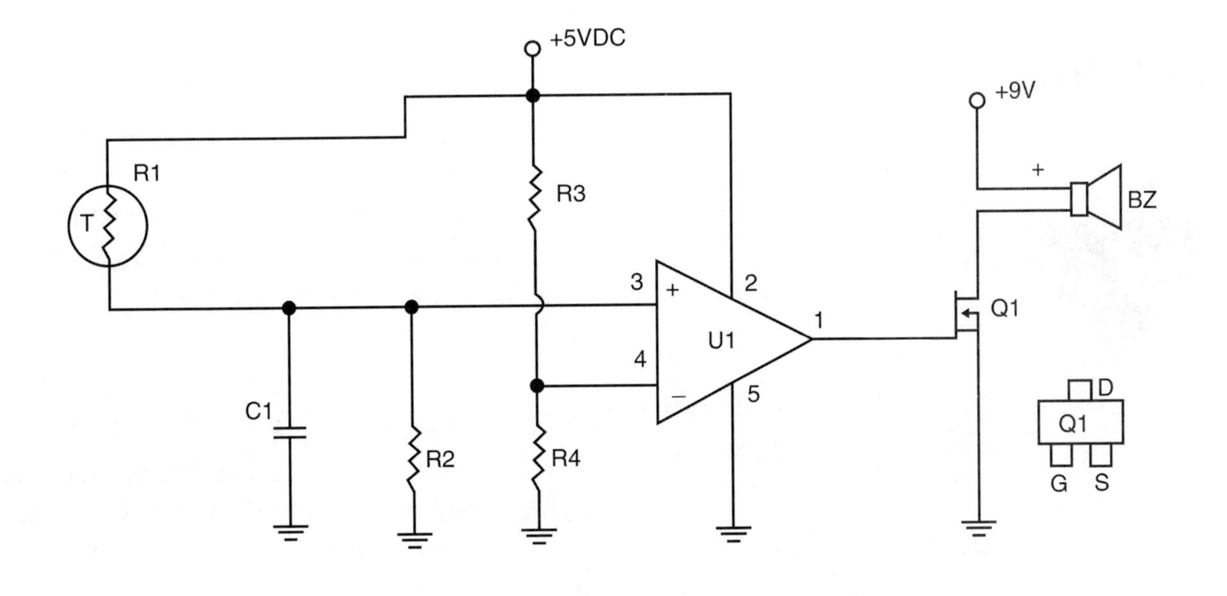

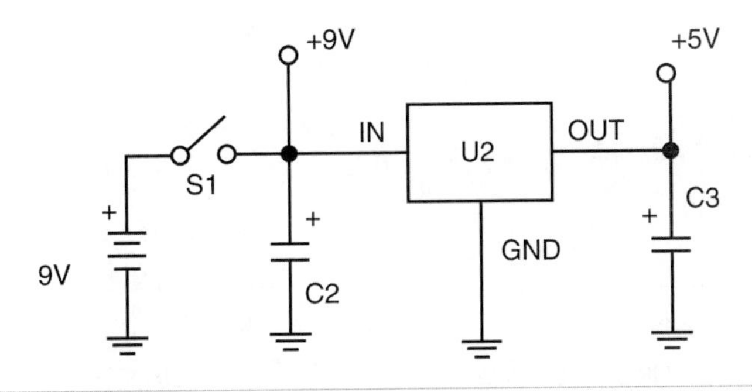

图3-2 冰冻温度报警器电路

器件，比较器的生产厂商为National Semiconductor device，FET则选用ZETEX公司的产品，稳压器来自于日本厂商Seiko。

冰冻温度报警器的电路可以搭建在面包板或Datak公司出品的通用实验板（型号#12-611）上。此电路可以在1小时内焊接组装完毕。由于没有高频部分，因此不同走线对电路性能的影响不大。大部分器件都选用通用器件，读者很容易购买到。唯一要注意的是电路中的电阻精度都为1%，选用高精度电阻是为了保证测量精度。此电路焊接的唯一难点在于有源器件的方向摆放，读者在焊接前务必确认各种芯片的引脚顺序和方向。焊接完成后，请仔细检查电路，防止虚焊和直插器件引脚短路。除热敏电阻以外，所有的元器件都直接焊接在电路板上。

冰冻报警器的尺寸很小，可以装在3.5英寸×5英寸的金属盒中。蜂鸣器和电源开关可以安装在外壳的正面。电路板与9V电池盒一起固定在外壳的底部。选用双回路RCA接头作为热敏电阻的接口，并将其安装在外壳的侧面。

接下来需要准备一条带有RCA接口的屏蔽线缆，将其接在热敏电阻和主机上。根据具体情况，可以将热敏电阻装在废旧水笔壳中，一端稍微裸露出来，方便与屏蔽线缆连接。其具体的连接方式为：首先用Crylon或类似塑料绝缘涂料涂抹在热敏电阻的引脚处，涂料区长度约为1/4英寸。热敏电阻的引脚线径通常很细，因此在将引脚与屏蔽线缆焊接的时候需要特别小心。焊接前需要在焊点附近加装热缩管，并且事先预留导线长度，释放拉力。

在冰冻报警器主机组装完成，并且热敏电阻线缆也安装完毕后，就可以在电池盒中放入9V电池了，在进行电池拆装时，务必确保开关处于关闭状态。在进行电路测试时，首先要准备一小碗冰水混合物并静置一段时间，使其中水的温度接近0℃，打开冰冻报警器并将热敏电阻探针插入冰水混合物中，正常情况下，冰冻报警器的蜂鸣器将会报警。若将探针从冰水混合物中取出，蜂鸣器将会很快停止鸣叫。如果没有发生其他情况，那么冰冻报警器就制作完毕了，这时可以将电池取出，并将报警器封存待用了。

冰冻温度报警器器件清单

元器件

T1 Keystone热敏电阻（见正文）
R1 499kΩ，1/4W，1% 电阻
R2 1MΩ，1/4W，1% 电阻
R3 720kΩ，1/4W，1% 电阻
C1 0.1 μF，35V 陶瓷电容
C2、C3 10 μF，35V 电解电容
Q1 ZVN4106F N-沟道增强型DMOS FET（ZETEX）
U1 LMC7215低功耗比较器（National Semicon-ductor）
U2 S-812C50SGY-B表面贴片封装稳压器（Seiko）
S1 SPST拨动开关
B1 9V 晶体管收音机电池
BZ QMB-12电子蜂鸣器（星状）
杂项 PCB、电池盒、导线、外壳、RCA插头、RCA插座、支架、螺丝、螺母，等等。

3.3 过热报警器

过热报警电路在日常生活中非常有用，当检测到异常高温时，它可以及时发出报警信号。接下来我们要制作一个过热报警电路样机，其报警温度阈值为150 ℉，如果需要的话，可以通过调整元器件来将报警温度阈值上下调整。过热报警器可以用来监测家用电脑或其他家用电器的工作温度。只要简单地将蜂鸣器改成控制电源开关的继电器，即可将蜂鸣报警信号变为汽笛或者闪光信号。

过热报警器的核心器件是起温度采样作用的热敏电阻T1。热敏电阻是一种阻值可以跟随温度变化的电阻。电路中T1的阻值与温度的变化成反比，即当温度下降时，T1的阻值会升高。本电路采用Keystone出品的RL0503-55.36K-122MS型热敏电阻，此电阻在150 ℉和77 ℉下的阻值分别为17.89kΩ和100kΩ。读者也可以依照实际情况，换用其他温度范围的热敏电阻。

如图3-3所示，过热报警器的电路非常独特，电路围绕CD4013B搭建，这是一颗双门D类触发器芯片。CD4013B的第一部分用来搭建作为单稳态多谐振荡器或振荡器，其作用是在输出端（即U1：A引脚1）产生12次每分钟的脉冲信号。振荡器的频率由R1和C2决定。振荡器的输出信号经过FET晶体管Q1输入到CD4013B的第二部分U1：B。值得注意的是当热敏电阻的温度较低时，数据脉冲的相位滞后于时钟脉冲相位，而当T1温度较高时，数据脉冲的相位要超前于时钟脉冲相位。因此U1：B的输出信号将随热敏电阻采集到的温度变化而变化。触发器的Q脚（13脚）连接到Q2 ZVNL110A FET，当温度达到阈值时，触发器的输出信号将会翻转。从电路中下方的信号曲线可以看出，持续1ms的高电平脉冲每隔5s出现一次。因此此电路的功耗极低，电路采用3V 120mA/H锂电池供电，其待机时间可以达到几个小时。

过热报警器的样机可以搭建在小型面包板或测试板上，例如Datak公司的测试专用电路板（型号为#12-611），由于电路中没有特殊器件和高频器件，因此电路的布局对性能影响不大。电路中的电阻全部采用0.25W，5%规格。除C1为电解电容以外，其他电容都选用薄膜电容。在进行电路焊接时，需要仔细检查Q1和Q2的引脚顺序，防止反接。CD4013B芯片尽量借助芯片插座来连接，以方便日后调试与维修。集成电路的表面通常有标识1脚的小记号，引脚1一般在特殊标记的左侧。除热敏电阻T1以外，其他所有器件都直接焊接在电路板上。

在电路组装完成后，请仔细检查电路，防止虚焊或短路。另外要确保电路板上没有插针器件剪脚后残留的金属针。在组装完电路板并检查完毕后，就可以将电路板安装在外壳中了。

过热报警器样机安装在尺寸为$3^1/_3$英寸×5英寸的铝制壳子内。其中开关按键S1、校准变阻器R4和蜂鸣器安装在外壳的上面板上。电路板安装在支架上，与3V锂电池盒一起固定在外壳底部。两根螺丝端接导线在盒子的背后，用来连接热敏电阻。其中一根线连接到U1的引脚1，第二根连接到U1的引脚9。注意电路板间的JACK接口不能用来连接热敏电阻，因为热敏电阻的两根线都是信号线，没有接地线。如果采用了可调热敏电阻设置，那么过热报警器的报警阈值就可以上下变动。在选用不同的热敏电阻时，应该根据情况粗略调整固定电阻的阻值，以保证电路在可触发范围内。

接下来需要准备一条屏蔽线缆，一端连接定时引线，另外一端连接热敏电阻。根据具体应用，可以将热敏电阻安装在废弃的纯金属笔壳里，但要预留屏蔽线缆的出口。用尼龙或其他塑料外壳将热敏电阻和与其连接的1/4英寸长引线套住。热敏电阻的引线通常直径较小，因此在焊接屏蔽线缆时应该特别小心。热敏电阻和屏蔽线缆之间的焊点外最好用热缩管来保护，另外还要做一些应力释放措施。

当热敏电阻的外壳定型并组装完毕后，就可以进行

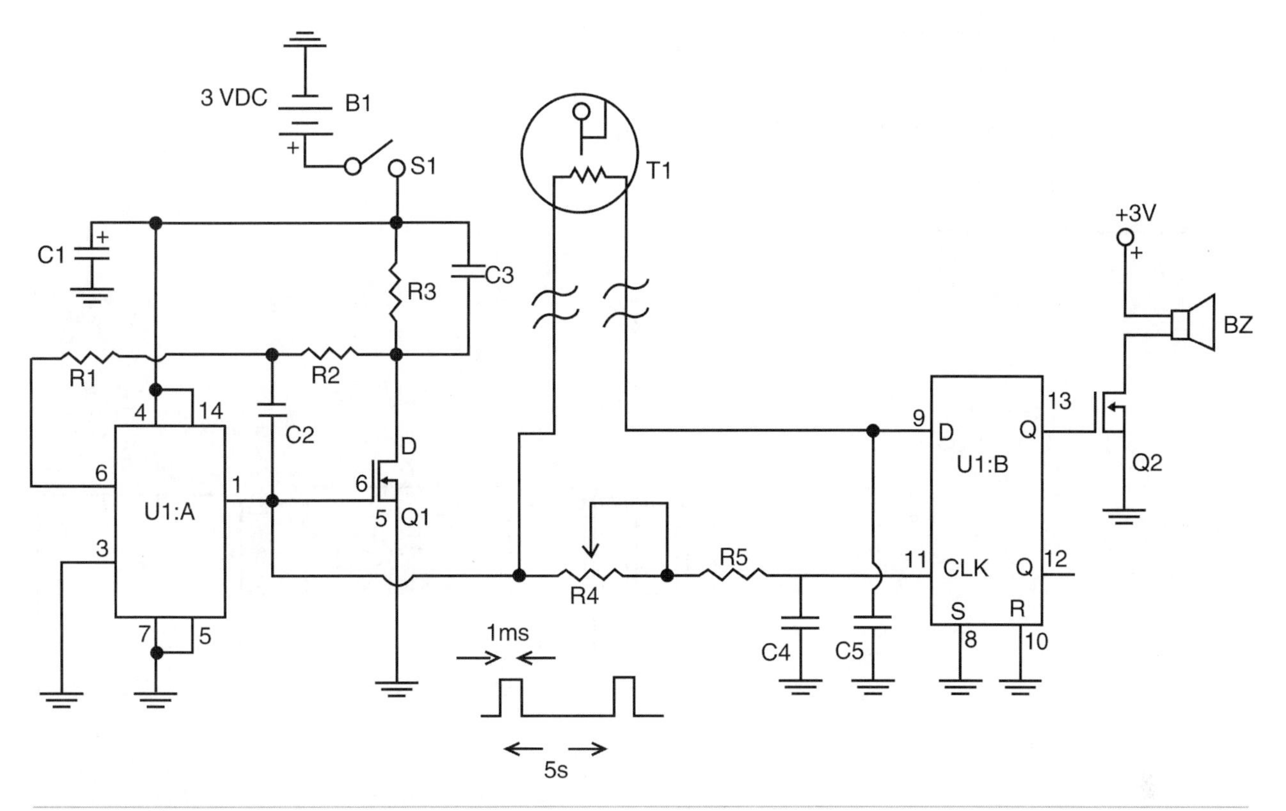

图3-3 过热报警电路

过热报警器的校准和测试工作了。将热敏电阻连接到主机上，确保电源开关S1处于关闭状态，在电池盒内安装3V锂电池。下一步就可以进行过热报警器的校准工作了。

测试电路时，首先将热敏电阻加热至150 ℉（约65.6℃），检查蜂鸣器是否可以正常鸣叫。例如将已校准的玻璃温度计与热敏电阻捆绑在一起，放在电炉或煤气炉上方约1/4英寸处加热。打开炉子，确保热敏电阻和温度计在明火范围以外。

当温度到达150 ℉（约65.6℃）时，若蜂鸣器正常报警，这说明过热报警器已经校准完成，这时可以将设备断电并保存备用了。如果有兴趣的话，可以寻找多种应用场合并对其进行测试。

过热报警器器件清单

元器件

T1 RL0503-55.36k-122MS（Keystone）17.89k@150_F/100k@77_F
R1 4.7MΩ，1/4W 电阻
R2 100kΩ，1/4W 电阻
R3 22MΩ，1/4W 电阻
R4 10kΩ 变阻器（面板安装型）
R5 15kΩ，1/4W 电阻
C1 47 μF，35V 电解电容
C2 0.01 μF，35V 陶瓷碟片电容
C3 0.22 μF，35V 陶瓷碟片电容
C4、C5 470 pF，35V 薄膜电容
Q1、Q2 ZVNL110A FET晶体管（ZETEX）
U1 CD4013B CMOS双D类触发器（National Semiconductor）
BZ MMB-01电子蜂鸣器（Star）
S1 SPST拨动开关
B1 3V 锂电池
杂项 电路板、导线、接线端子、外壳、支架、螺丝、螺母，等等。

3.4 模拟数据记录系统

模拟数据记录系统提供了一种较为简单的记录电压数据的方法。例如测试人员可以在一个地方测试温度，同时将数据传送到另外一个地方进行记录和显示。图3-4和图3-5分别是两种远程模拟数据记录系统的示意图。在图3-4中，传感器与压控振荡器连接，压控振荡器又连接到小型磁带记录仪上。这种方式需要人工将磁带携带到另外一个地点，将读磁带的机器连接到接有电压表的频率-电压转换电路，播放磁带时，数字电压表上就会还原采集到的初始信号。图3-5是另一种系统的示意图，此

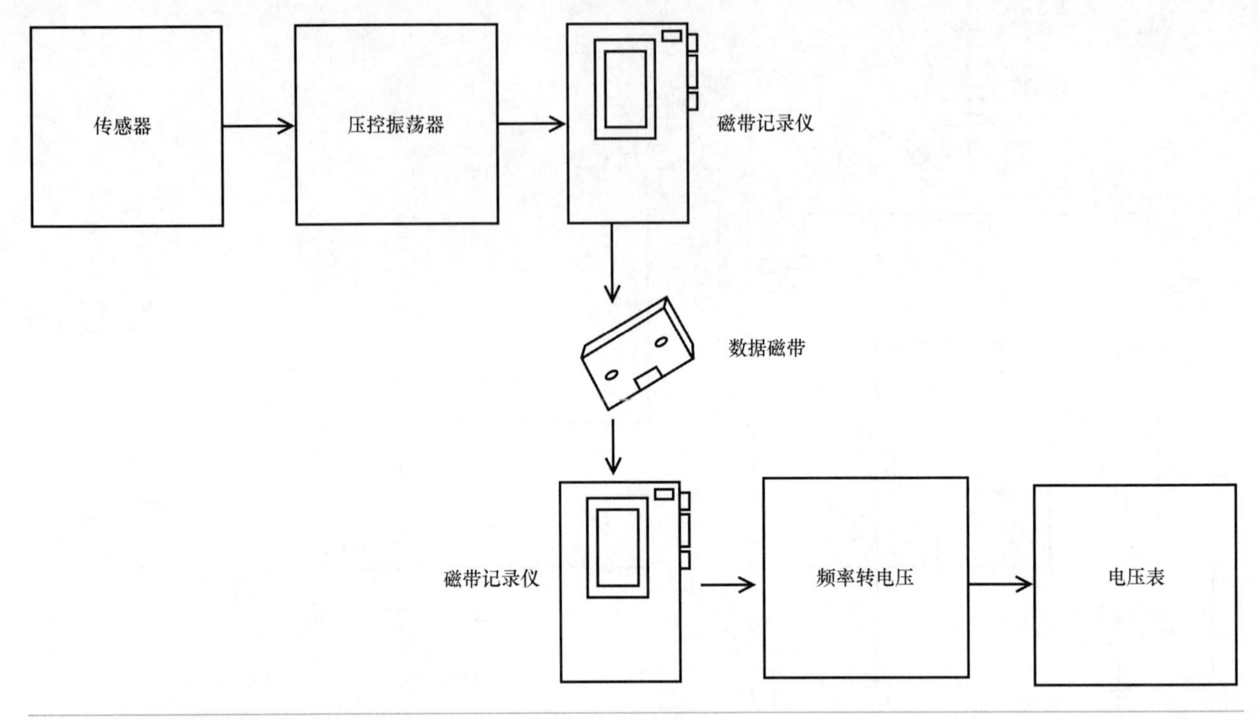

图3-4　模拟数据记录系统1

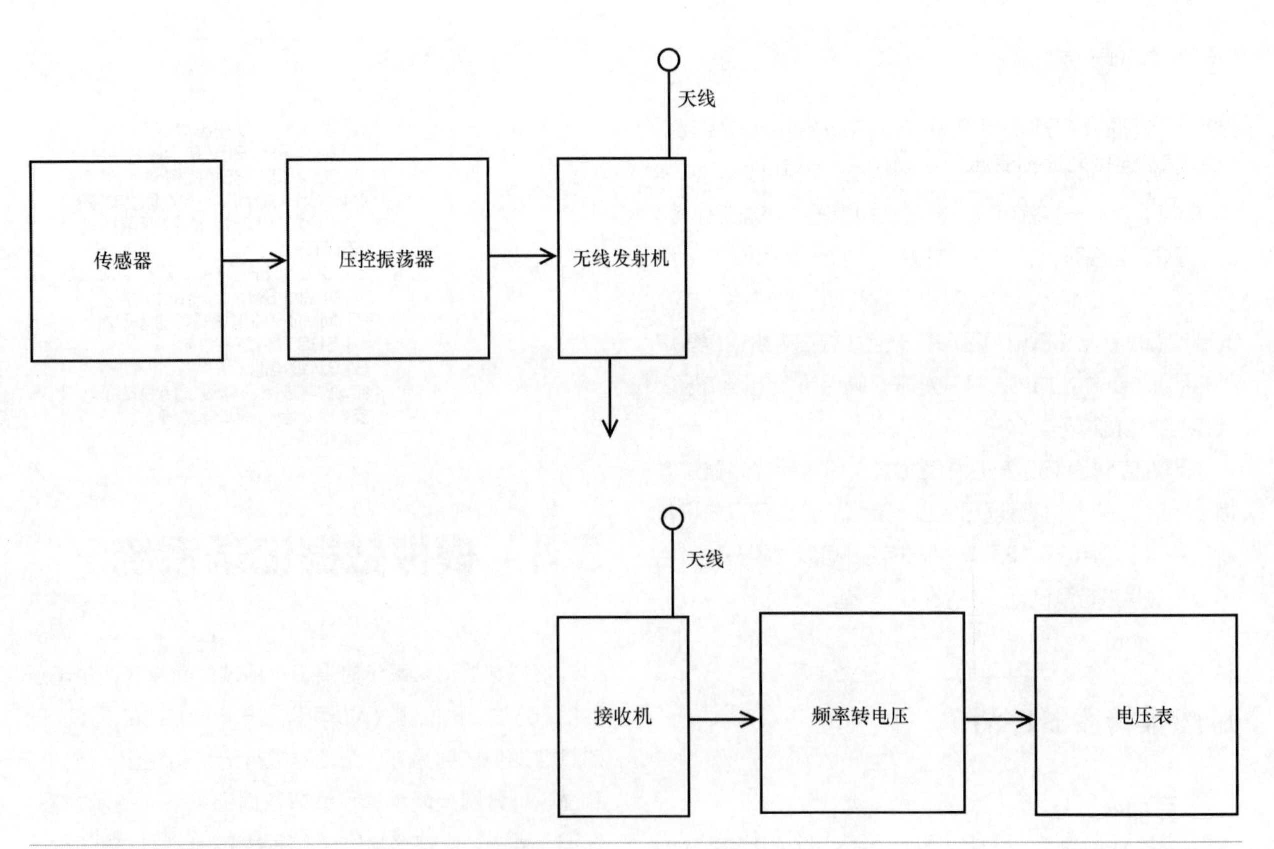

图3-5　模拟数据记录系统2

系统同样使用压控振荡器来采集温度传感器的数据，压控振荡器的输出电压直接输入到无线电发射极的音频输入脚（例如FM广播发射机）。在无线接收部分，接收到的信号由频率-电压转换器转换回初始信号。通过这种原理，传感器采集到的数据可以实时传到异地。

图3-6是传感器和发射部分电路，其中温度传感器

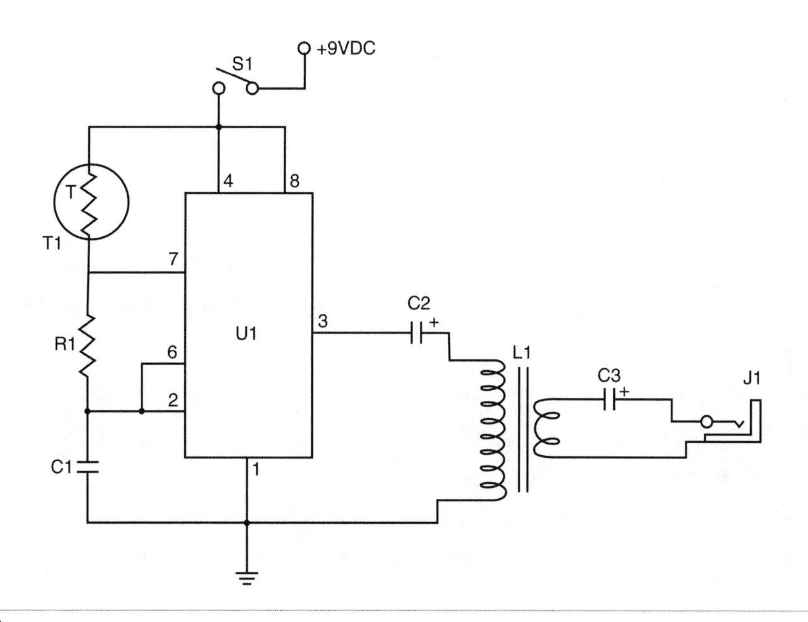

图3-6 温度发射器电路

连接到LM555振荡器/定时器芯片的引脚4和引脚7。电路工作时，LM555的振荡频率由热敏电阻T1的温度决定。当T1采集到的温度变化时，其阻值将会变化，从而导致振荡器的频率发生变化。电容C1的取值由录音机可以接受的最高振荡频率决定。LM555芯片的输出引脚3通过C2连接到迷你变压器L1。变压器L1是收音机用600Ω-600Ω级间耦合变压器。(600Ω-600Ω表示变压器的变比为1：1，两侧线圈的电阻各是600Ω。) 变压器的次级线圈经耦合电容C3连接到迷你音频接口J1上，通过此接口可以连接音频发射器的输入端或者磁带录音机的音频输入端。

图3-7是数据记录器的远程接收或回放电路。电路

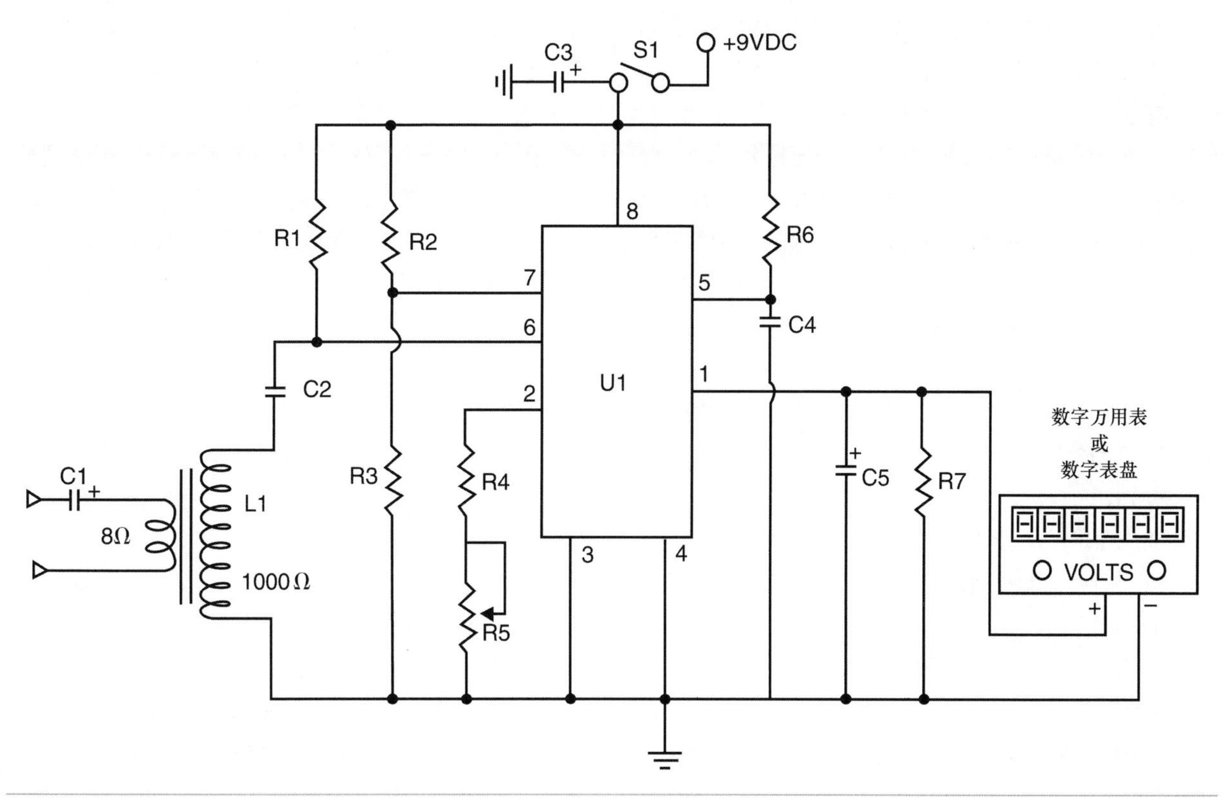

图3-7 温度接收电路

中的LM331芯片是频率-电压转换器的核心器件。C1是音频输入信号的耦合电容。音频信号经过C1输入到变压器L1上，L1是收音机用8Ω-1kΩ级间变压器，用户可以在Radio Shack商店购得。变压器的输出信号经C2耦合，最后输入到频率-电压转换芯片的引脚6。

工作时，LM311的其中一个输入引脚电压由R2和R3组成的分压器决定。比较器的输出信号与分压器的电压和输入电压的相对大小决定。

比较器的输出信号提供给LM331内部的单稳态多谐振荡器。每当比较器输出信号由低到高跳变时，输出端滤波器电容C5就开始充电，其充电常数由R6和C4决定。电阻R7为C5提供持续放电的通路，保证C5的电压大小与充电时间成正比，即C5上的电压与输入信号的频率成正比。

LM331的输出信号接到高阻抗电压表或数字电压表上。变阻器R5为校准电阻，可以调整输出电压对应的输入信号频率。LM331的线性频率区间为1 ~ 10kHz。数据记录仪的遥控部分可以用9V收音机电池供电。

数据记录仪的组装并不复杂，整个组装过程可以在2小时内完成。发射振荡器部分电路搭建在Datak公司的实验板上（规格为#12-611）。安装LM555时最好使用芯片插座，以方便后续维修和更换。芯片的安装方向至关重要，芯片表面的方向标识通常有两种，一种是芯片表面有方形缺角，缺角的位置表示引脚1的位置；另一种是表面有小圆圈，靠近小圆圈的位置为引脚1。除热敏电阻以外，所有的器件都焊接在小电路板上。L1是600Ω-600Ω迷你变压器。由于其电压比例为1：1，即初级绕组和次级绕组的规格相同，因此安装时不用考虑方向。但是必须注意C3电容的极性。发射部分电路采用9V收音机电池供电，S1为电源开关。

发射和振荡部分电路采用金属外壳封装。变压器和其他器件一样安装在电路板上。电路板装在1/4英寸支架上，并固定在外壳的底部，9V电池盒安装在电路板的下方。外壳上放装有用来连接热敏电阻的RCA接口，另外还装有1/8英寸耳机接口和电源开关S1。

完成振荡器发射电路的组装后，应仔细检查电路板的背面，排除虚焊或短路等现象。另外还要清理掉电路板上的金属断脚。

接下来需要准备传感器的屏蔽线缆，线缆一头为RCA接头，另一头连接热敏电阻。根据具体应用，可以将热敏电阻安装在废弃的纯金属笔壳里，但要预留屏蔽线缆的出口。用尼龙或其他塑料外壳将热敏电阻和与其连接的1/4英寸长引线套住。热敏电阻的引线通常直径较小，因此在焊接屏蔽线缆时应该特别小心。热敏电阻和屏蔽线缆之间的焊点外最好用热缩管来保护，另外还要做一些应力释放措施。读者也可以购买两头都有1/8英寸接口、长为3 ~ 5英寸的线缆来连接磁带记录器和发射器。安装电池前需要确保电路开关处于关闭的状态。

相比振荡/发射电路，组件接收/显示电路稍微复杂一点，接收/显示电路可以搭建在和发射电路相同的样品板或者专用PCB上，包括变压器L1在内的所有器件都焊接在电路板上。接收电路中并没有特别关键的器件，但是焊接时需要注意电容C5和芯片U1的方向。与发射电路一样，芯片U1尽量采用插座式连接，以方便后续的调试与维修。芯片表面常见的方向标识有两种，一种是芯片表面有方形缺角，缺角的位置表示引脚1的位置；另一种是表面有小圆圈，靠近小圆圈的位置为引脚1。安装芯片时需要仔细确认方向，防止因方向错误导致芯片烧毁。

校准变阻器R5采用贴片封装。在安装变压器L1时，应仔细辨别初级绕组和次级绕组的方向，因为两个绕组的阻抗分别为8Ω和1kΩ。

完成接收/显示板焊接后，还需要检查电路板的底部，排除虚焊和短路现象。最后检查电路板上有没有残留的金属断脚，将其清理出外壳。

接收/显示板选用$4^1/_2$英寸×6英寸×2英寸的小型金属盒作为外壳。电路板安装在1/4英寸的塑料支架上。外壳前面板上装有1/8英寸的迷你耳机接口和S1电源开关。样机使用一小段端接导线来连接外部的数字万用表。读者也可以选用更高档的万用表，例如带记忆功能的RS-232协议万用表。此外还可以选用成本较低的LCD面板型电压表。如果采用内嵌式电压表，可能还需要在电路中增加一对分压电阻，将输出电压范围转换为电压表可接受的范围（通常为2V）。9V收音机电池盒安装在外壳的底部。电路组装完成后，一定要先关闭电源开关，再安装电池。最后还需要制作一根用来连接音源和主机的线缆。线缆的一头为1/8英寸的迷你耳机接口，另外一头选择与音源接口匹配的接头。

在使用模拟数据记录系统之前，首先要将传感器部分输出的信号频率调整到合理的范围，或者调整频率-电压转换器的输入范围，使二者匹配。

如果测试人员手工记录电压数据，那么应该保证采集点的时间间隔在5s以上。并且需要等待电压表示数完全稳定后进行记录。

如果选择使用磁带录音机来记录模拟数据，则需要对磁带录音机进行预先校准，以确保数据的准确度。校准前需要预先录制一系列特定频率、特定时间间隔的音频信号，具体做法是将音频发生器直接连接到录音机上，以100Hz的频率录制10 ~ 15s变频脉冲信号，信号的频率从100Hz到1 000Hz。录音机的输入音量需要调整到最大值的1/4左右，防止因音量过大导致信号的溢出和畸变，录制完成后断开音频发生器和录音机的连接。将接收/显示单元的音频输入端连接到录音机上，并将接收/显示单元输出端连接到数字电压表。打开录音机并播放录制好的标准音频，以3/8英寸为横轴间隔，在纸上记录电压表采集到的电压曲线。横轴尺度依次表示0，1，2，3，4，5，…乘以100Hz。因此第一个横轴点代表100Hz。纵轴尺度为0、1、2、3、4、5V乘以5/8。校准图绘制完毕后，就可以进行模拟数据记录工作了。

将热敏电阻连接到振荡器发射单元，并将振荡器发射单元的输出端连接到磁带录音机或无线发射器的输入端，打开系统电源。如果采用磁带的方式录制音频信号，那么录制完成后需要将磁带放置在接收/显示单元上重新播放一次。如果使用实时透传的射频接收机来替代磁带录音机，可以直接将接收/显示单元的输入端连接到射频接收器的输出端。最后将接收/显示单元的输出信号连接到数字万用表或电压表中，以便将振荡发射单元的输入信号还原出来。测试人员可以亲自观察电压表的示数，并请朋友将振荡发射单元的热敏电阻浸没在冰水混合物中，以便校准传感器。当示数稳定时，记录下与冰水混合物（0℃）对应的电压示数并校准整个模拟数据采集系统。这时整个系统就大功告成了。

3.4.1 模拟数据记录系统振荡发射单元器件清单

元器件

T1 热敏电阻（Radio Shack）
R1 4.7kΩ，1/4W 电阻
C1 0.1 μF，35V 陶瓷碟片电容
C2 1 μF，35V 电解电容
C3 4.7 μF，35V 电解电容
L1 600Ω-600Ω 迷你匹配变压器
U1 LM555定时器/振荡器芯片（National）
J1 RCA底盘插头
S1 SPST轻触电源开关
B1 9V 晶体管收音机电池
杂项 PCB、导线、芯片插座、支架、螺丝、螺母，等等。

3.4.2 模拟数据记录系统接收显示单元器件清单

元器件

R1、R2 10kΩ，1/4W 电阻
R3 68kΩ，1/4W 电阻
R4 12kΩ，1/4W 电阻
R5 5kΩ 变阻器（微调）
R6 6.8kΩ，1/4W 电阻
R7 100kΩ，1/4W 电阻
C1 4.7 μF，35V 电解电容
C2 0.1 μF，35V 陶瓷碟片电容
C3 10 μF，35V 电解电容
C4 0.01 μF，35V 陶瓷碟片电容
C5 1 μF，35V 电解电容
U1 LM331频率电压转换芯片（National）
L1 1kΩ-8Ω 迷你匹配变压器
杂项 PCB、导线、芯片插座、支架、螺丝、螺母、接线端子，等等。

3.5 LCD温度计

人们经常需要在家里、商店、办公室等地方测量温度。本节将要介绍的数字LCD温度计具有测量精准、方便易用的特性，很适合用于日常生活中。LCD温度计的温度测量范围高达-20℃ ~ +150℃。

如图3-8所示，LCD温度计的核心部件是二极管温度传感器、A/D转换芯片和$3^1/_2$数字LCD显示器。

图3-8 LCD温度计

本例用1S1588型硅开关二极管作为温度传感器。硅二极管PN结处的的正向电压温度系数为-2mV/℃。一般来说，20℃时硅二极管的正向压降约为600mV。当PN结处的温度上升100℃时（即120℃），二极管的正向压降将降低为400mV（600mV -（2mV/℃ ×100℃））。当温度变化时，温度计会自动将压降的变化转换成相应的温度大小并显示出来。这种温度计的测量范围由所用二极管的温度范围决定，通常在-20℃ ~ 150℃之间。常见的二极管都采用玻璃或塑料封装。因此PN结的温度变化要

滞后于外界温度的变化。

1S1588型硅二极管的封装有两种。为保证响应速度，本例选用体积较小的玻璃封装器件。1S1588二极管引脚上包有尼龙绝缘套管。将二极管连接到A/C转换器时也需要使用屏蔽线缆。

LCD温度计中采用的模拟-数字转换器为市面上非常常见的ICL7136/TC7136芯片，如图3-9所示。为LCD显示器提供信号的ICL7136 CMOS模拟数字转换器属于积分型ADC器件，它可以将模拟输入信号转换成数字输出信号。其引脚数量为40，封装形式为DIP，它有30和32两个电压输入引脚，分别可以采集+/-200mV或+/-2V的直流电压。

ICL7136的测量过程分为4个阶段。首先为自动校零阶段（A-Z），然后是信号积分（INT）阶段，接下来是解积分阶段（DE），最后为积分器归零阶段（ZI）（见图3-10）。ICL7136每秒内可以进行3次数据转换，也就是4 000时钟/周期 = 4 000 × ($\frac{4}{48\,000}$Hz) = 0.33秒/周期。

自动校零阶段又分3个步骤。首先输入高和输入低与

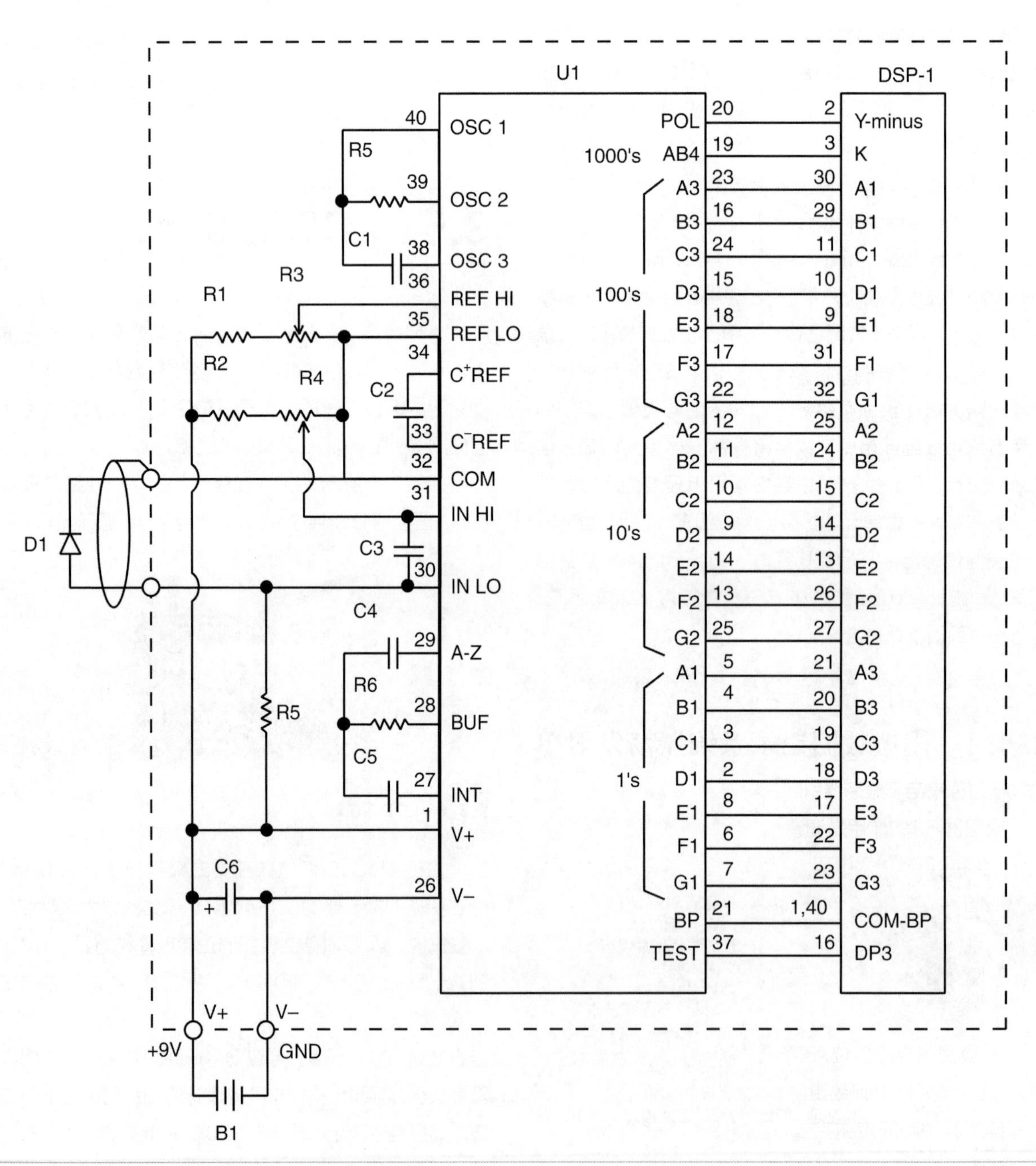

图3-9　LCD温度监测电路框图

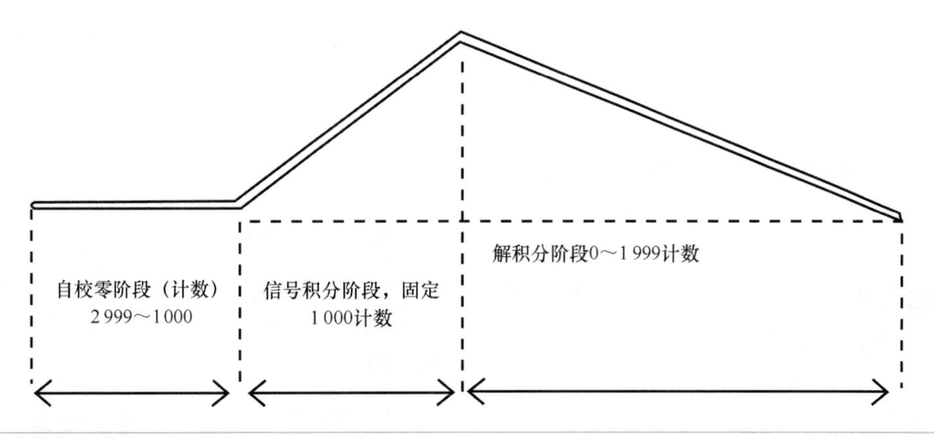

图3-10　积分放大器输出波形

引脚断开，并连接到芯片内部的共地端。接下来参考电容充电至参考电压。最后系统内的反馈环路闭合，对自动校零电容C_{AZ}充电，以补偿缓冲放大器、积分器和比较器的偏置电压。

在信号积分阶段，自动校零回路断开，内部输入高和输入低同时连接到外部引脚。这时转换器以固定的时间间隔对输入高和输入低两个引脚间的电压差积分。要注意差分电压上可能含有很大的共模电压。最后判断积分信号的极性。

接下来进入解积分阶段，输入低连接到内部模拟共地端，输入高连接到已经充电完成的参考电容。芯片内部有自动极性判断电路，保证电容可以正常放电至积分器归零。

最后一个阶段是积分器归零。首先将输入低与芯片内部的模拟地连接。接下来参考电容重新充电至参考电压。最后输入高和系统内部的反馈回路闭合，使积分器输出信号回到初始零状态。

需要注意的是，ICL7136的高低输入引脚分别为31和30，另外芯片还对外提供一个隔离的接地引脚32。共地引脚与负电源引脚26并不相同。整个模拟数字转换器的采样时钟来自于振荡器引脚38、39和40。

变阻器R3的作用是调整输入引脚的零偏，而变阻器R4的作用是调整输入电压比例。

如图3-9所示，LCD驱动占据了芯片的大部分输出引脚，其中引脚2 ~ 8对应A1 ~ G1，负责显示个位数字，引脚9 ~ 14和引脚25对应A2 ~ G2，负责显示十位数字。显示百位数的A3 ~ G3为引脚15 ~ 24。

本项目采用$3^1/_2$位AND品牌FE0203型扭曲向列LCD显示器，其引脚数量为40，供电电压为5V。此项目只使用其中的三位数字加小数点来显示温度。表3-1是LCD显示器的引脚定义。

表3-1　AND牌FE0203 LCD显示器引脚图

引脚	段码	引脚	段码	引脚	段码	引脚	段码
1	BP	11	C1	21	A3	31	F1
2	Y	12	DP2	22	F3	32	G1
3	K	13	E2	23	G3	33	NC
4	NC	14	D2	24	B2	34	NC
5	NC	15	C2	25	A2	35	NC
6	NC	16	DP3	26	F2	36	NC
7	NC	17	E3	27	G2	37	NC
8	DP1	18	D3	28	L	38	LO
9	E119	19	C2	29	B1	39	X
10	D1	20	B3	30	A1	40	BP

数字温度计的功耗很低，在9V收音机电池供电条件下可以使用3个月以上。LCD温度计的电路组装也不复杂，一般在2小时内即可组装完毕，若使用图3-8中的小型PCB则相对复杂一点。LCD、ADC芯片及其附件都焊接在电路板上，二极管传感器除外。ADC芯片最好使用40脚芯片插座来安装，以便后续的调试与更换。

输入测量电容采用聚酯薄膜电容，以保证测量精度。50kHz时钟发生器的电容则采用高频特性较好的陶瓷电容。旁路电容C6选用多层陶瓷电容。除靠近电池位置的C6电容以外，电路中的其他电容都没有极性。为提高测量精度，温度计电路中的所有电阻都为1%精度电阻。

安装ADC芯片时需要特别注意芯片方向，防止上电后由于安装不当而损坏芯片。芯片表面的方向标识通常有两种，一种是芯片表面有方形缺角，缺角的位置表示引脚1的位置；另一种是表面有小圆圈，靠近小圆圈的引脚为引脚1。

在安装LCD时，应小心屏幕正反两面的应力过大，导致屏幕出现机械性损伤。最好使用专门的插座来安装LCD屏幕。LCD上的引线数量较多，焊接时也应该特别小心，防止错焊。

完成所有元器件的焊接后，应仔细目检电路的背面，排除短路和虚焊等问题，另外还要清理掉电路板上残留的金属断脚，减少装壳后的返修概率。

接下来要准备一根传感器线缆，用于连接二极管传感器和模拟-数字转换电路。二极管的引脚要用绝缘喷剂或者橡胶套保护起来。最后，将9V电池夹焊接在电路上。

用一根直径较细的同轴线缆连接传感器和电路，例如RG-174型同轴线。同轴线缆不能太长，以避免干扰信号影响系统读数。作者建议将线缆的长度控制在2 ~ 3英寸。

现在，LCD温度计电路已经组装完毕了，接下来应该进入校准工序。注意校准前必须确认二极管引线的防水性能。如上文所述，可以用绝缘喷剂或橡胶圈来实现二极管的防水功能。

找一小碗冰水混合物，静置几分钟，等待混合物的温度到达0℃。或者用速冷喷雾替代也可以，速冷喷雾可以从各种电子元器件商店购得。校准时首先应给电路上电，然后就二极管传感器的顶端浸没在冰水混合物里，或者用速冷喷雾喷涂二极管传感器，静置几分钟。调整变阻器R4的值，直到电路示数变为0℃。另外读者还可以将LCD温度计探针浸泡在开水中，通过调整变阻器R3，使温度计的示数变为100℃。

读者可以根据个人喜好，为LCD温度计搭配合适的塑料外壳。外壳的大小以可以装入温度计电路和电池为准。在选择塑料外壳的时候，还要考虑电路中的电源开关、螺丝接线端子、RCA型接口的固定位置。

大家一定会对自制的LCD温度计爱不释手的!

LCD温度计器件清单

元器件

R1 1MΩ，1/4W，1% 电阻
R2 470kΩ，1/4W，1 % 电阻
R3 100kΩ 变阻器（微调）
R4 200kΩ 变阻器（微调）
R5 100kΩ，1/4W，1% 电阻
R6 390kΩ，1/4W，1% 电阻
C1 47 pF，35V 聚酯薄膜电容
C2 0.1 μF，35V 聚酯薄膜电容
C3、C5 0.047 μF，35V 聚脂薄膜电容
C4 0.47 μF，35V 聚酯薄膜电容
C6 0.1μF，35V 陶瓷电容
U1 ICL7136或TC7136，或其他兼容芯片
DSP-1 FE0203 $3^1/_2$-数字LCD显示器
（AND生产的B1 9V晶体管收音机电池，可以从Purdy Electronics买到）
杂项 PCB、芯片插座、导线、连接器、外壳，等等。

3.6 夜视镜项目

图3-11是本节一个很有趣的夜视镜项目，借助它可以观察黑暗中的物体。与其他常规夜视镜不同，此设备带有自己的红外光源，因此工作时不需要借助星星和其他背景光源。整个设备分为两个部分：高压电源部分和带有光学、照明功能的成品外壳。

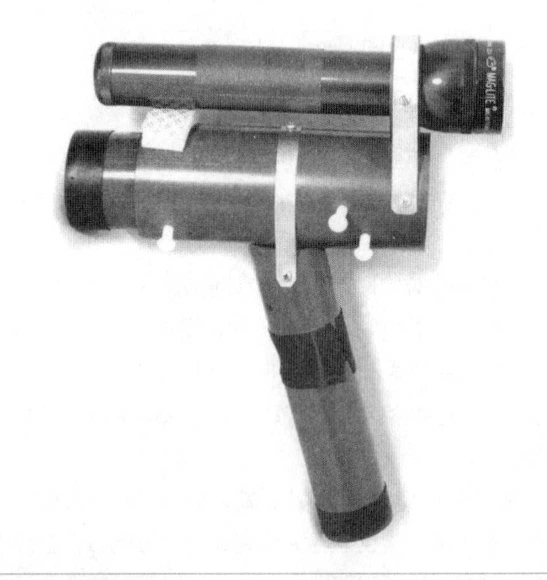

图3-11 夜视镜照片

夜视镜或红外夜视项目可以在目标无法察觉的情况下观察物体或收集证据。它在监视红外报警器、非可见激光枪和通信系统上具有极高的价值。它还可以用来从空中检测某些农作物的虫害程度，辅助夜晚的打猎活动，或者用在热成像应用中。

夜视镜项目选用了内部集成电池和基本光学组件的半成品外壳。夜视镜的视野由红外光源的质量和光学视角决定。低成本光学套件的缺点是有球差和其他负面效果，但可以将成本控制的很低，适合用在不需要精确观察的领域。更高级的光学组件效果更好，可以从大部分视频材料商店买到。

基于聚氯乙烯（PVC）管被广泛用于图像管用途，很多制造商在类似产品中都用了聚氯乙烯管。这种管子的分辨率不高，适合用在对视频清晰度要求不高的大部分场合。

视角主要由红外光源的强度决定，设计时可以将其设定为可调因素。发光单元采用2芯闪光灯，并且镜头处带有集成滤光片，以防止目标物体观察到光源。其有效工作距离高达50英寸，如果将光源更换成更强大的5或6芯闪光的的话，工作距离可以扩展到数百英尺以上。

此外红外LED或激光也可以作为照明光源。发光单元还可以采用装有滤光片的外置式Q波束手持灯，它可以将探测距离扩展为400 ~ 500英尺的广角范围。当探测目标具有自发红外光特性时，并不需要内置红外光源。

在7 ~ 9V可充镍铬电池或碱性电池供电下，超小型高压电源可以产生高达15kV数百毫安的输出电流。（见图3-12）。高压电源主要用于驱动红观测管或IR16，其中高压电的正极（+）连接观测管，负极（-）连接目标端。另外乘法器电路中还引出了一路聚焦电压，其电压值约为输出高压的1/6。

可调焦距目标透镜（LENSI）用来采集红外镜头照射到待测物体并反射回来的图像。实际图像以偏绿色的风格在显示屏中显示。显示分辨率与红外光源质量有关。通常以保证有效监测距离在50英寸以上为准。

三极管Q1连接到自谐振振荡器上，振荡器的频率由电容C3和变压器T1的主线圈电感决定。振荡电压经变压器转换后，在T1的次级线圈上被放大数千倍。电容C4 ~ C15和D1 ~ D12位全波电压乘法器，它的作用是将电压放大6倍并转换成直流。输出信号从C5和C15之间导出，其极性由二极管的方向决定。Q1的基极连接到T1的绕组，作为反馈回路，作用是保证振荡电压幅度的稳定性。电阻R2为基极偏置电阻，作用是保证三极管的导通性。电阻R1为基极电流限制电阻，电容C2为Q1提供高频能量，加速其关断过程。电源部分采用纽扣电池供电，S1为电源开关。

组装高压电路板时，应按尽量按照照片上的样子，从右到左的顺序先将元器件全部插在电路板中。插针器件的引脚先用弯折的方法固定，但不用剪断。在C4 ~ C15和D1 ~ D12的乘法器部分，焊点必须保证光滑无毛刺，以防止高压放电和电弧现象的产生。焊点大小要适中，焊接完成后可以用手指轻轻抚摸焊点，以发现毛刺和尖角。另外还要注意乘法器旁边的T1需要借助延长线来实现电气连接。

测试高压电源电路需要遵循以下步骤：将高压输出引脚断开1英寸以上的距离。在输入端连接9V电源，当S1闭合时，电源电压应该在150 ~ 200mA之间。将高压输出引脚慢慢靠近，直到距离到达1/2 ~ 3/4英寸，直到出现轻微的蓝色放电为止。这时电源电流将会增加。电流的大小与火花的长度有关，但不会超过300mA。此时需要关注Q1集电极的温度，并视情况增加散热器。

高压电路单元仅需要一节小型9V电池即可产生高达10 ~ 20kV的高压。此电路可以组装在小型PCB或面包板上，并且尺寸规整，容易根据应用选择不同的外壳。其应用包括夜视设备中的图像转换器高压管、火焰喷射或点火设备、对储能电容充电、电栅栏、灭蚊虫、Kirlian相机、离子推进电场发生器、臭氧生产设备等。

组装夜视镜时，请参考图3-13中的结构图并依照以下步骤操作：假设电源板已经可以工作，请检查其工作时是否会产生电晕，必要时应增加电晕涂层，另外还要注意减少尖角，以减少漏电。

找一片栅格并将其平整的贴在图像管TUB1上，并用透明胶带固定。将图像管用塑形泥固定在底座上，用飞线的方式将电源线连接到电源板，观察并判断走线的合理长度和位置。将周围光源屏蔽掉，保持室内黑暗，并将红外滤光灯在图像管前点亮。（有条件的话尽量使用闪光灯。）运气好的话，显示屏上的显示效果可能会刚刚好，但一般情况下绿色色偏和清晰度都会很差。如果需要的话，可以通过增加22MΩ电阻来调整镜头的焦距。

EP1由长7英寸、内径$2^3/_8$英寸的40号PVC管制成。另外还要处理图3-14中HA1手柄旁边用来连接高压板和图像管的高压线孔洞和用来固定图像管的1/4-20螺纹洞。这些洞打在120°的扇形位置上。HA1手柄用长8英寸、内径1.5英寸的40号PVC管制成。手柄切口曲面应该与EN1外壳完全契合，以方便连接固定。

BRK1和BRK2为半英寸宽的22码铝条，两头钻有#6×1/4金属板螺丝孔，用来固定3个主要部件。

TUB1由长$3^1/_2$英寸、内径2英寸的40号PVC管制成，用作物镜。物镜的长度只有2英寸，可以安装C型或T型可选光学接口。

为了让TUB1上导入的光线与EN1匹配，必须在TUB1中增加柱型垫片、CAP2和CAP3（直径为$2^3/_8$英寸的塑料镜头）。裁剪CAP2时，将其放在TUB1上，沿着管壁下刀裁剪。CAP3的外径比LENS1略小。采用这种方法有成本低、效果好的特点。读者也可以选用专用的铝制或塑料镜头，这样外观会稍微专业一点，但是成本会比较高。

图中的镜头并没有经过严格校准，但已经可以用于观测大多数红外光源了。其成像质量没法与50mm广角

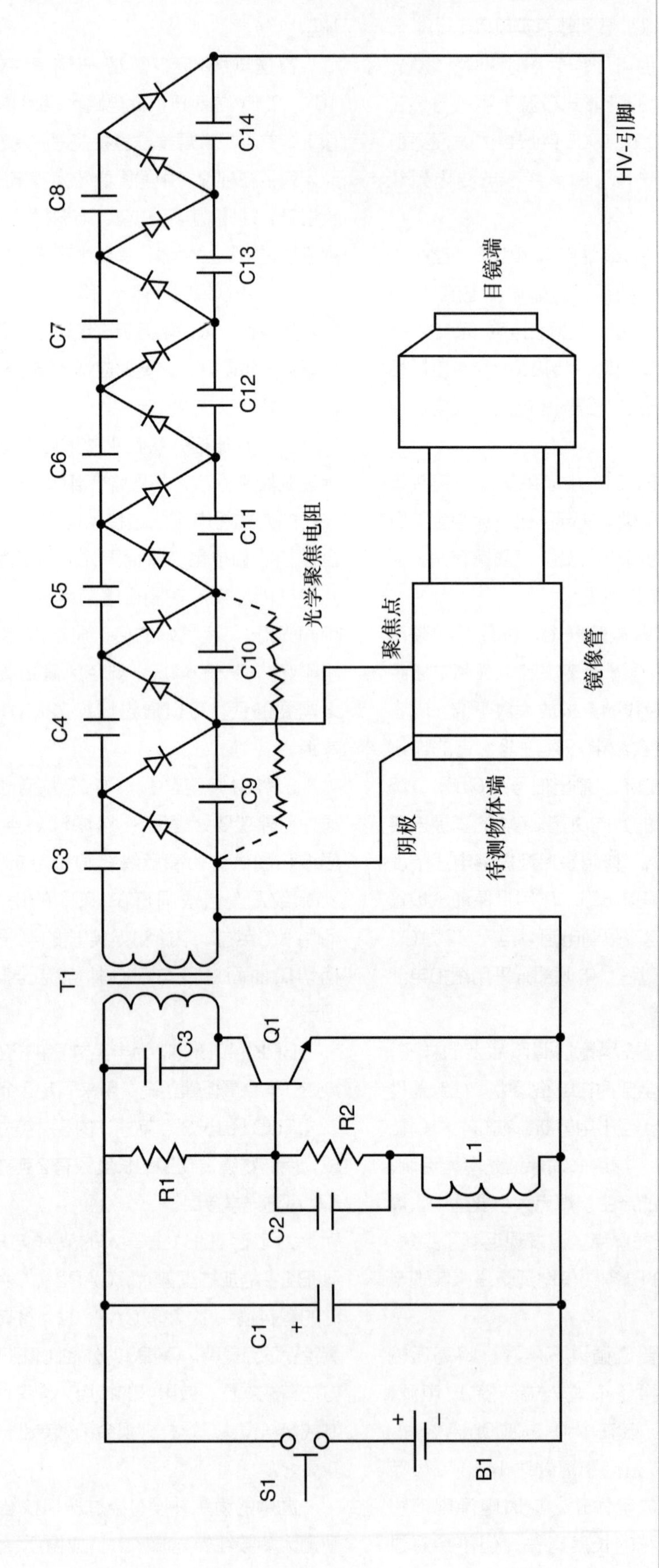

C3
C4
C5
C6
C7
C8
C9
C10
C11
C12
C13
C14
光学聚焦电阻
聚焦点
镜像管
目镜端
HV-引脚
阴极
待测物体端
T1
C3
Q1
R1
R2
C2
L1
C1
S1
B1

图3-12 高压电源

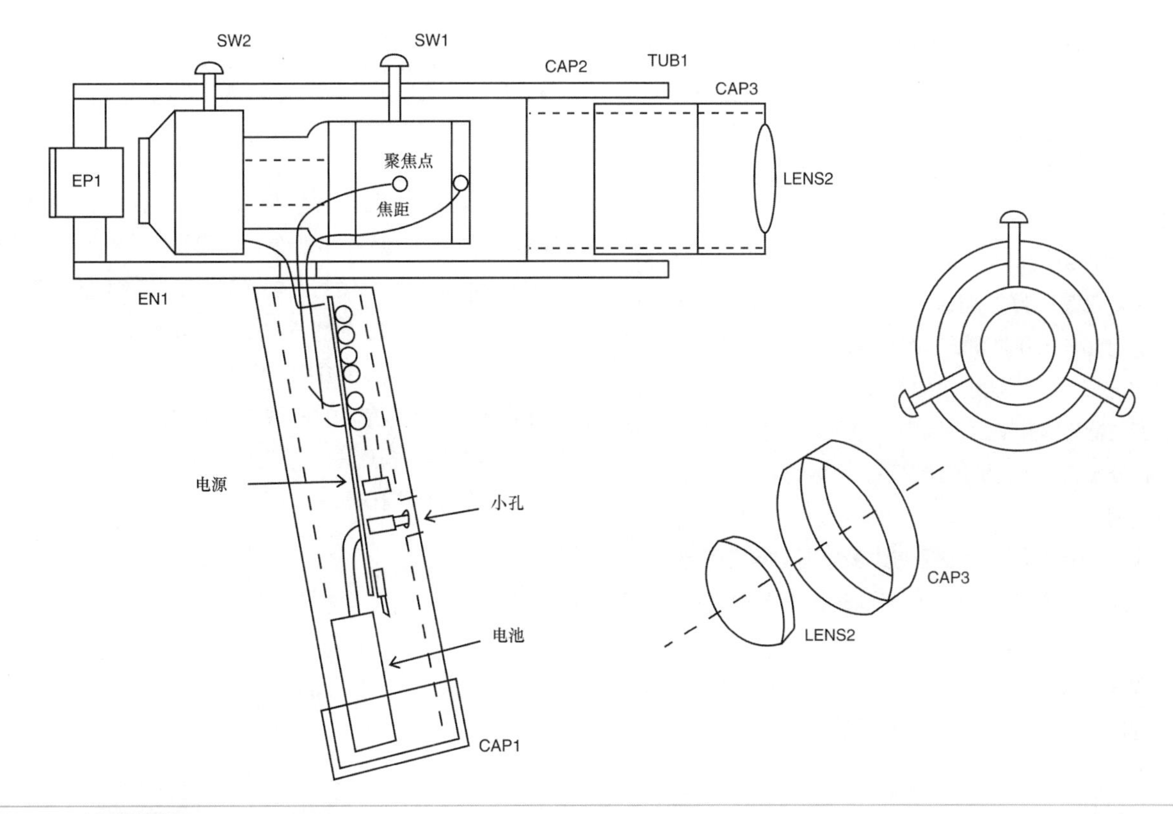

图3-13　夜视镜结构图

或75mm长焦等C型接口镜头相比。当选用专用镜头时，还需要自制或购买相应的适配圈，以便将镜头牢牢固定在外壳内。

本项目采用的IR16图像管有预置引线，其中负极短引线需要延长10英寸。将图像管半深入外壳里，并将引线从洞中慢慢拉出。然后将图像管的安装至最终位置，并用螺丝固定。最终根据示意图将图像管的引线与电源板连接好。

将电源板装进HA1手柄。安装前必须先计算出S1开关在外壳上的最终位置，并在外壳上钻出相应的孔洞。在手柄安装完成并用BRK1固定前，部件间的导线应该预留足够长，待设备正常工作后再将多余的引线去除，这样安装和调试时更方便。将电池放入电源板后，就不需要再调整焦距和分压器的参数了。当电路指标验证完毕后，还要检查电路中是否有电晕，并将其去除。根据开关S1和外壳开孔的位置将电源板固定在手柄中。为起保护作用，还可以用发泡橡胶和室温硫化胶（RTV）等绝缘物质来固定电路板。另外还可以用弹性橡胶膜来保护引线孔、电池和CAP1。

根据图3-14的示意图完成最后的组装程序，将红外滤光闪光灯放置在夜视镜的视野内。根据夜视镜各部件中的漏光情况加装密封圈。调整目标和目镜，提高成像的清晰度。至此，一个用常见手电筒和红外滤镜作为主动光源的红外夜视镜就做好了。

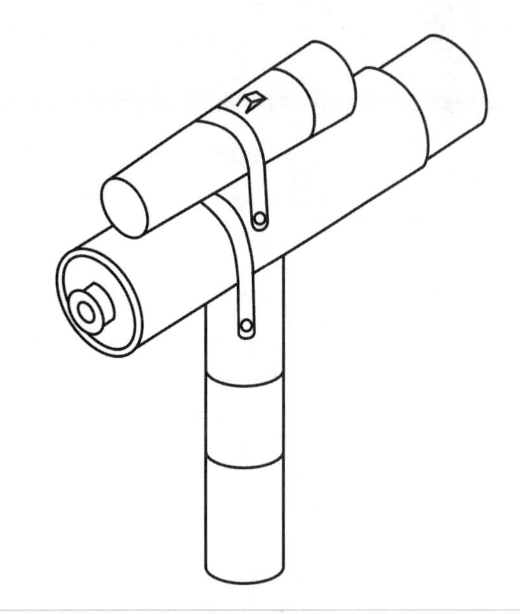

图3-14　夜视镜成品图

在不需要主动发射红外的场合，可以将仪器上的光源关闭并作为被动红外夜视镜使用，也可以将手电筒更换为由8节AA镍镉电池供电的9V LED阵列光源。另外还可以用其他灯光来作为光源，这样照度可以提高好几倍，但缺点是电池工作时间和寿命将会大大缩短，因此大功率光源只能用在间歇性应用中。卤素灯的光强最大，照明效果最好。

有效探测距离与光源强度成正比，例如大功率灯、自动头灯都是很好的光源，可以将探测距离扩展到数百米。使用这些光源时需要搭配特殊的滤光片。本项目器件清单中的光源可以实现500英尺的测量距离。为了达到最佳的性能和探测范围，用户可能需要对光源进行一番选择。在外部有红外光源的情况下，测量时内部的红外光源可以关闭。

需要注意的是，此设备对大多数固态砷化镓激光器、LED及其他9 000A频段红外光源的检测灵敏度最好。在目标环境中具有以上光源时，内部红外光源可以不用打开。读者可以从www.amazing.com网店中以50 ~ 100美元的价格购买到这种红外成像系统。

夜视镜项目器件清单

元器件

R1 1.5kΩ，1/4W 电阻
R2 15kΩ，1/4W 电阻
C1 10 μF，25V 电解电容
C2 0.047 μF，50V 塑料电容
C3 0.47 μF，100V 塑料电容
C4 ~ C15 270 pF，3 kV塑料碟片电容
D1 ~ D12 6 kV，100ns，高压雪崩二极管
Q1 MJE3055 NPN TO-220封装三极管
TI特制变压器#ZBK077
S1按键开关
PB1 $5^1/_2$英寸 × $1^1/_2$英寸面包板，孔间距为0.1英寸 × 0.1英寸
CLI纽扣式电池夹
WR22 24英寸长的乙烯端接线
WRHV20 12英寸，20 kV耐压硅线缆
IR16图像转换管
EN1 8 × 2-3/8英寸40号 灰色PVC管
TUB1 3 $^1/_2$英寸 × 2英寸40号灰色PVC管
BRK1、BRK2 9 × 1/2英寸薄铝条
CAP1 2英寸手持塑料帽
CAP2、CAP3 2 3/8英寸塑料帽
LENS1 45 / 63双凸面玻璃镜头
SW1、SW2（6）1/4-20 × 1英寸长尼龙螺丝
SW6（6）#6 × 1/4英寸金属板螺丝
可选部件
PCPBK PCB
CMT1预制C接口适配器，对接EN1外壳
EP1小目镜
FIL6 6英寸 玻璃红外滤波器99.9%暗度
HRL10 200 000烛光红外照明器

3.7 红外移动探测器

波长超过可见光频谱的电磁波就是红外辐射。红外辐射不能被肉眼观察到，但是可以用仪器检测到。对外发热的物体同时也对外发射红外辐射，例如动物或人体，生物体发出的红外线辐射峰值波段在9.4mm左右。

图3-15是本节要介绍的红外体热运动检测器，其用途是全天候检测人或动物的移动，并对外输出可用于驱动各种负载的继电器开关信号。运动检测器也可以搭配光电池使用，起白天自动熄灯节能的功能。

图3-15 红外体热移动检测器

红外体热移动传感器的核心部件是热释电传感器，这种晶体材料在受红外线照射时，表面会产生电荷（见图3-16）。当大量的辐射照射到晶体电荷上时，通过传感器内部敏感度较高的FET设备可以检测到电荷的变化。此传感单元属于宽频敏感器件，因此使用时必须在TO5封装上搭配滤光窗，将检测范围限制在8 ~ 14μs，即最容易测量人体辐射的波长范围。

图3-16 热释电传感器

图3-17是IR传感器的原理图。其中FET的源极引脚2通过100kΩ下拉电阻接地，并同时连接到带有信号调理电路的两级信号放大器中。每一级放大器的增益为

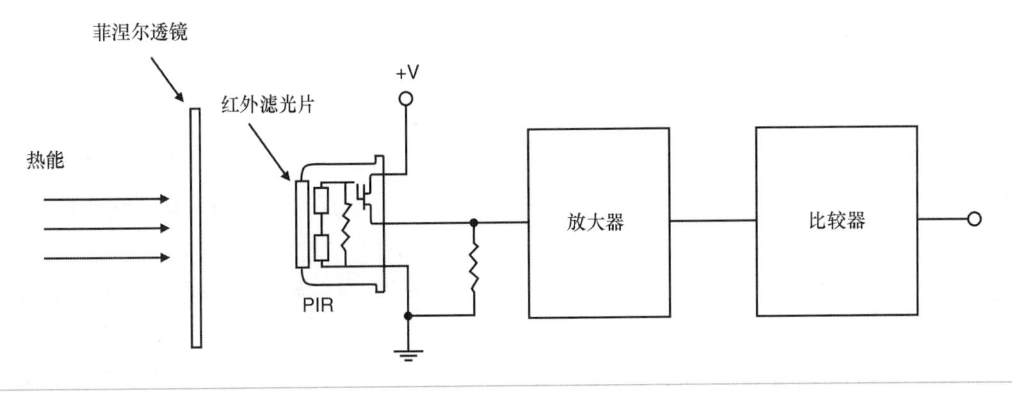

图3-17　PIR传感器

100，总增益为10 000。为了限制高频噪声，放大器的带宽通常在10Hz以下，放大后的电路接入可以响应传感器正负信号的窗口比较器中。FET漏极引脚1接质量较好的3 ~ 15V电源。

PIR325传感器内部有两个以差分方式连接的传感单元。这种连接方式可以消除由振动、环境温度变化、普通光线变化导致的干扰。当有人或动物在传感器前路过时，其红外辐射会依次被两个传感单元采集到，其他辐射源信号一般都是同时被两个传感单元采集到。待测生物体运动的方向必须和两个传感单元的排列方向一致才能被正确测量到。

菲涅尔透镜是切碎并重新排列后的凸透镜。它在保留凸透镜光学特性的前提下大大减少了厚度，因此其吸收损耗较少（见图3-18）。FL65型透镜是由透光率8 ~ 14μm的红外线菲涅尔透镜，如上文所说，此波段的人体辐射特征性最强。使用时其带有沟槽的一面面对传感单元，光滑面向目标方向，通常也是面向外面（见图3-19）。

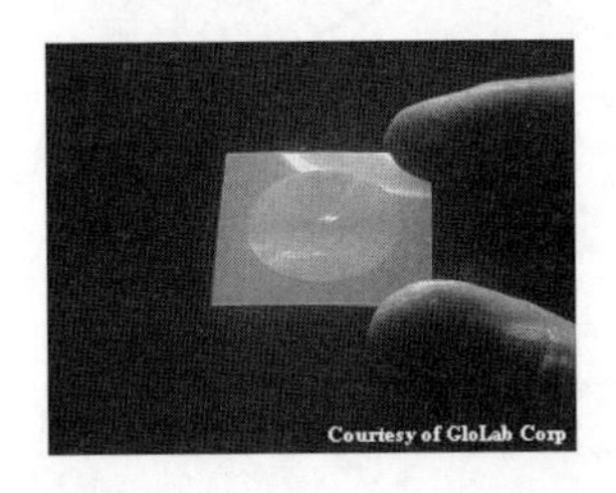

图3-18　菲涅尔透镜

FL65的焦距为0.65英寸，即镜头到传感单元的距离。在搭配PIR325热释电传感器使用时，通过试验测得其视角为10° 左右。当使用PIR325传感器和FL65菲涅尔透镜时，此电路可以测量远至90英寸的人体移动。

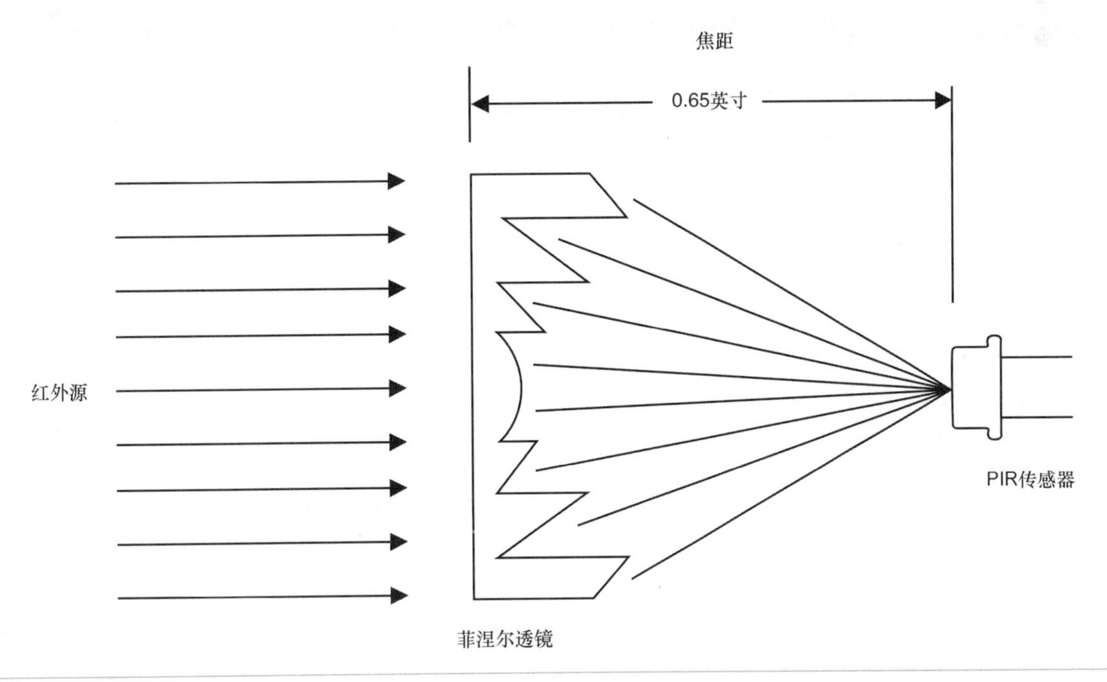

图3-19　菲涅尔透镜和PIR传感器（图片来自GloLab公司）

图3-20是使用PIR325传感器和FL65菲涅尔透镜的测量范围和目标移动方向。注意传感单元和滤光窗的距离为0.045英寸（1.143mm）。使用透明胶带固定滤光窗是非常有效又方便的选择。另外读者也可以使用硅橡胶胶粘剂来进行防水处理。

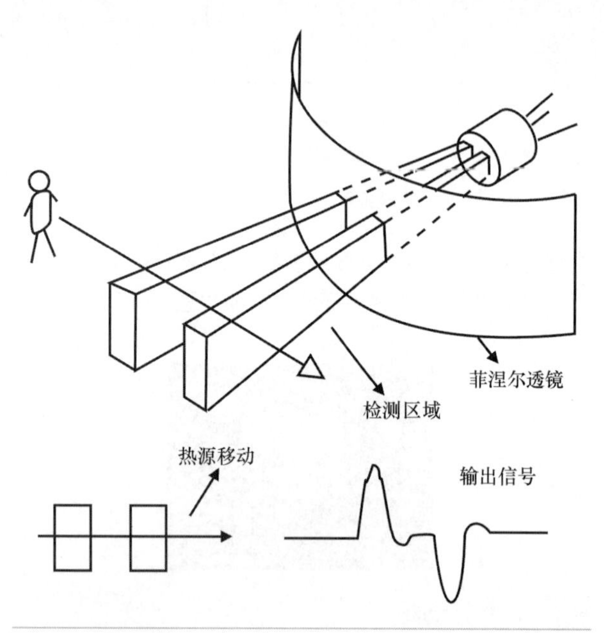

图3-20 检测范围

图3-21是红外体热移动检测器的电路图。其中5V稳压器U3的作用是给整个电路和微控制器供电。稳压器输出的电压由R2和C2滤波后，输入到PIR325D热释电传感器的引脚1中。传感器的信号输出引脚（引脚2）外接100pF接地电容，起滤除收音机、手机等高频干扰信号的效果，另外引脚2还接有阻值为100kΩ的负载电阻R1。

当检测到目标移动时，传感器的引脚2对外输出非常微弱的电压，此电压需要经过多次放大才可使用。放大任务由LM324或其他四路运放实现。传感器的引脚2馈入第一级运放U1：A的正向输入脚3，运放输入端的输入电阻极高。运放U1：A的输出引脚1和反向输入引脚2之间有由R4和C4组成的高通滤波器反馈网络。引脚2接有C3和R3组成的高通滤波器兼偏置网络。这些网络决定了运放的增益和直流工作点，此外还具有带通滤波器的特性，可以将放大频段限制在10Hz以下。热释电传感器属于热敏器件，其响应时间刚好落在10Hz以下的频率范围。将其他频率的信号滤除，一方面可以起到降噪的效果，另一方面还可以提高放大器的稳定性。

第一级运放U1：A的输出引脚1脚通过滤波器R5和C5连接到第二级放大器U1：B的反相输入端13脚。C5和R5组成的滤波器可以隔离直流信号，降低低频段的增益。U1：B的反馈网络由R10、R11和C6组成，连接在引脚14和引脚13之间。

R10是变阻器，用来调整第二级放大器的反馈深度和增益。固定电阻R11起限制反馈深度的作用。R6、R7、R8和R9为分压器网络，给U1：B的正向输入端12脚提供1/2电源或2.5V偏压。此偏压保证了当外部没有移动物体时，输出引脚14对外输出2.5V的固定电压。

U1：B的输出引脚14连接到由U1：C和U1：D组成的窗口比较器中。当运算放大器用作比较器时，它必须工作在开环模式，这样才能保证不管输入信号的电压差多微小，输出信号都只有高或低两种状态。使用比较器的目的是在2.5V附近产生一个小的电压窗口或死区，从而过滤掉外部的干扰信号，或避免由传感器自身抖动产生的错误检测信号。电阻R6和R7向U1：C的反向输入端引脚9提供偏置电压，因此U1：B引脚14上的电压比1.5V高175mV左右，U1：C的正向输入端引脚10与U1：B的输出引脚14相连。当引脚6的电压低于引脚5时，U1：D的输出信号将会翻转。

当外部出现目标移动，第二级放大器U1：B的引脚14为正电压时，其电压值应该高于2.5V+175mV，或者2.675V。这样才能保证U1：C的输出变为高电平。若U1：B引脚14为低电平，那么其电压应该低于2.5V-175mV，或者2.325V，这样才能保证U1：D的输出变为高电平。这样窗口比较器就在2.5V上下保持了350mV的死区空间，检测器自动忽略死区空间内的电压变动。任何有效目标移动的信号都必须经过足够的放大，使电压变动超出比较器的死区空间。比较器的另外一个特性是开机时不管U1：B引脚14输出高或低电平，它都会输出一个高跳变。比较器的输出端U1：C引脚8和U1：D引脚7连接到由二极管D3、D4和下拉电阻R12组成的逻辑或电路中。D3和D4的阴极连接在一起，当U1：C或U1：D输出高电平时，D3和D4输出高电平。因此放大器和比较器电路可以同时响应传感器的正向和反向信号。

CD4538双精密单稳态触发器有两个内置功能和三个可选功能。其中一个内置功能为当移动事件发生时，在一个可调延时内使能负载。另外一个为移动停止后，使负载使能依然持续一段时间。可选功能是（1）当检测到重复出现的目标移动信号时，延时电路将会重新被触发，以延长间隔时间；（2）当检测到重复出现的目标移动信号时，保持时间将被重新设置，以延长负载的触发时间；（3）具有日间/夜间功能，在白天进入休眠状态。

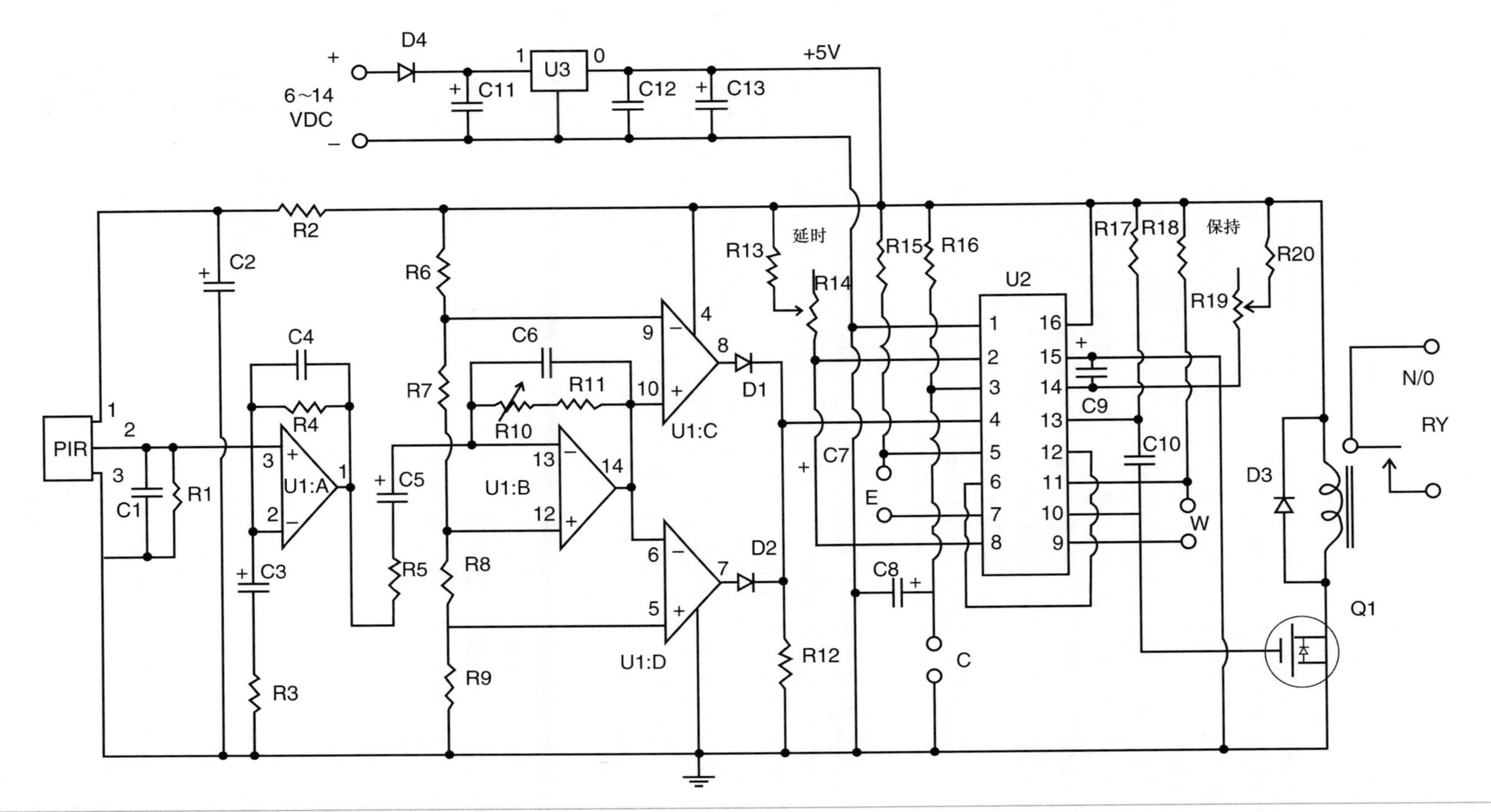

图3-21 红外移动检测器电路（图片来自GloLab公司）

U2中的每个单稳态触发器都有单独的正向和反向输入端口和输出端口。当检测到移动时，D1和D2阴极的正向跳变传送到U2的正向输入引脚4，并触发第一个单稳态触发器，触发时间由R13、R14和C7决定。此时正向输出引脚6输出变为高电平。引脚6连接到第二个单稳态触发器的引脚12，即正向输入脚。引脚12的上跳变将会触发第二个单稳态触发器，其触发时间由R19、R20和C9决定。此时间也叫停顿时间。第二个单稳态触发器正向输出脚10输出的信号使NFET Q1打开，从而激励继电器RY1的触点闭合。

电路中的两个单稳态触发器都工作在边沿触发方式，而不是电平触发方式。当第一个单稳态触发器触发时，其输出端出现上跳变并触发第二个单稳态触发器。但是只有其输出电压恢复低电平并重新出现上跳变才能重新触发第二个单稳态触发器。因此第一个单稳态传感器的保持时间相当于第二个单稳态触发器的重复触发延时。这在人流量多的场合下非常有用，因为此时并不需要频繁的进行移动检测触发动作。

当第二个单稳态触发器触发继电器时，触发信号会保持一个停顿时间。引入停顿时间是因为很多场合下人们希望将触发动作延迟一段时间。两个单稳态触发器都工作在可重复触发模式下。当第一个单稳态触发器由D1和D2的上跳变触发，经过一定的保持时间后它将会恢复到关闭状态，除非在延时期间内收到了另外一个触发信号，这时决定时间常数的器件状态将会复位，保持时间也会重新计算。单稳态触发器默认带有重新触发的功能。若不需要此功能，可以将电路中的跳线E短接，这时电路在保持状态下将不会再接收外部的触发信号。

第二个单稳态触发器在保持时间内如果收到了上跳变输入信号，那么同样也可以被重新触发，但只限于其保持时间比第一个单稳态触发器长的情况，并且第一个单稳态触发器并没有通过重复触发将保持时间延长至第二个单稳态触发器的保持时间。本电路中第二个单稳态触发器默认也工作在可重复触发模式，若需要改变，则可以将电路板上的跳线W短接，短接后第二个单稳态触发器将失去重复触发功能。

在白天使负载保持休眠的日间/夜间功能可以通过在电路板的跳线C处阻性硫化镉光电池来实现。这种电池在黑暗下的阻值极高，而在光亮下的阻值却很低。在默认模式下，第一个单稳态触发器的复位引脚3的电平通过R16上拉至Vdd。当光电池连接在引脚3和地两端，并且其阻值受光线影响变低时，引脚3的电平将会变为低电平，从而使电路处于不可触发状态。光电池本身并没有极性，焊接时不需要考虑方向。在电路调试阶段，可以在光电池的两端并联一个开关，以方便测试。

RY1线圈的一端连接到+5V电源，另外一端连接到FET Q1的漏极。当Q1导通时，它会将RY1的线圈电流导入到地，从而导致RY1的触点闭合。当Q1关闭时，由于磁场的惯性，RY1线圈两端将会产生很大的尖峰电压（反向电动势，或称EMF），若没有泄放通道，尖峰电压将导致Q1损坏。二极管D3的作用是消除反向电动势。RY1的触点为常开类型，当检测到移动信号时，触点将闭合。触点的额定指标为3A120VAC或32VDC。

稳压器U3上的电流会迅速在40mA（当Q1导通时，电流主要消耗在RY1上）和数毫安之间变动（当Q1闭合时，电流主要消耗在放大器和单稳态触发器电路上）。电流的突变将会在+5V电源上产生很大的纹波，从而影响放大器的工作，导致RY1出现错误的动作，在放大器增益偏大的场合这种情况尤其严重。使用滤波的方法完全滤除电源纹波较为困难，因为要用到非常大的电容，因此人们通常利用切断反馈回路来解决干扰的问题。正常工作时，第二个单稳态触发器的复位引脚13由上拉电阻R17接入至Vdd。

C10的作用是防止RY1的重复动作，当Q1的门极变为低电平，Q1关闭时，C10可以将引脚13的电压拉到低电平。在C10的作用下，引脚13会保持1秒钟左右的低电平，具体时间由C10和R17的取值决定。在此时间内，第二个单稳态触发器保持复位状态，因此不会被干扰信号误触发，整个电路也保持固定的状态，直到引脚13恢复高电平。

红外体热移动检测器安装在集蚀刻、钻孔工艺于一身的PCB上，电路板上的器件密度很大，组装时对焊接的要求很高。图3-22是成品电路板的正面图，图3-23是装有PIR IR热传感器的电路反面图。

图3-22　高密度电路板的正面（图片来自Courtesy GloLab公司）

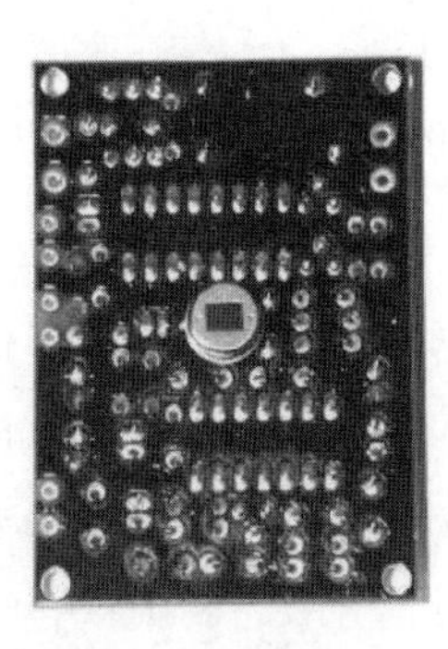

图3-23 高密度电路板的反面（图片来自Courtesy GloLab公司）

IR移动检测器的PCB大小为1.7英寸×2.4英寸，除热释电传感器以外，所有的器件都焊接在电路板的正面。为了保证检测水平移动的灵敏度，模块的纵向高度必须小于2.4英寸。PCB的四角可以安装4颗#4螺丝。传感器前可以加装菲涅尔透镜或其他聚焦设备，以提高检测距离。

IR移动检测器的正面有用来调整放大器增益和检测距离的变阻器R10，顺时针旋转R10可以提高检测灵敏度和检测距离。在寒冷的天气下，热释电红外线传感器的检测效果更好，因为人或动物的体温与环境温度差别较大。

读者可以选择在C处增加一个外部阻性太阳能电池，使电路在光线充足的时候自动进入休眠状态，只有夜晚时，检测器才会开始检测移动的目标。这种搭配很适合用作自动灯光控制上。

电路中其中一个单稳态触发器决定了出现移动事件和负载使能的时间间隔。因此红外移动检测器适合用来检测连续移动和快速重复移动的情况，例如如果有人驻足在门外观察传感器。通过调整R14，可以将继电器的延迟在1 ~ 90s之间调整。单稳态触发器属于可重复触发器件，在移动事件反复发生时，可以起到延迟继电器动作时间的效果。通过短接跳线E可以使电路进入非重复触发模式。

另外一个单稳态触发器电路控制当移动事件发生后，负载使能的持续时间。通过调整R19的阻值，可以将持续时间在1 ~ 90s之间调整。其用途包括当目标进入房间后，保持房间内的灯光点亮一段固定的时间。电路中单稳态触发器处于可重复触发状态，因此当移动不断出现时，负载的使能时间会不断被延长。通过短接跳线W可以使电路进入非重复触发模式。

整个电路的电源为6 ~ 14.5V电池。电源连接在IR移动检测器电路板上的“PWR+，-”两个引脚上。当外部没有移动物体时，电路消耗的电流小于150μA。当外部出现移动物体，并且继电器处于激励状态时，电路消耗的电流小于50mA。大部分情况下IR移动检测器的电流都在150μA以下。一套9V碱性电池可以使红外移动检测器工作几个月甚至更长的时间。

电源系统有反向保护功能，因此电源反接时不会导致电路损坏。直流变压器也可以用在IR移动检测器的电源部分，然而当负载很轻的时候，大部分直流变压器的输出电压都要比额定电压高。因此使用变压器时，需要仔细计算和测量，保证供电电压不能超过IR移动检测器的最大工作电压14.5V。

进入工作状态前，放大器和定时电路中的电容需要一段充电时间。因此上电后的1分钟内，移动检测器处于初始化状态，无法正常检测目标移动。

将电源连接到PCB上的 + PWR - 焊盘上，并将负载连接到PCB上的RY焊盘上，需要注意的是RY引脚并不是负载的供电引脚。当检测到外部移动时，通过继电器的触点，RY引脚将会闭合。负载必须通过外部电源供电，而继电器作为外部电源的开关。

读者可以单独购买塑料菲尼尔透镜薄片并安装在外壳上，用透明胶带或硅胶固定，用来提高检测距离。迄今为止没有任何胶粘剂可以在不伤害镜头的前提下起固定粘合作用。尽管硅胶不能直接固定镜头，但却可以环绕在镜头边缘。如果读者使用焦距为0.65的Gloab FL65型长焦菲尼尔透镜并将其安装在外壳内，那么可以使用4个7/8英寸（22.225mm）的长螺纹尼龙垫片（Digi-Key网站上的产品编号为p/n 1902GK）用来安装固定IR移动检测器的电路板，确保传感器刚好处在镜头的焦距处。

组装IR移动传感器时，首先要降所有的二极管和配套电阻的引线弯折起来，并插入PCB中，从电路板的背面将引线折叠固定。根据电气连接的长度剪裁引脚，使引脚的长度刚好能完成焊接但又不会触碰到其他元器件。焊接二极管时必须根据电路板上的丝印仔细确认极性，然后将所有的二极管和配套电阻焊接固定在电路板上。接下来根据电路板上的丝印方向安装并焊接变阻器（R10、R14和R19）。第二步安装小电容C1、C4、C6、C11和C12，依次将引脚插入电路板、弯折和剪断过长的引脚，然后完成焊接工序。第三步安装电解电容C2、C3、C5、C7、C8、C9、C10、C13，焊接时需要注意电容的极性，保证将较长的引脚安装在电路板上带有+号的一侧，电容安插完毕后，也要进行引脚弯折、裁剪和焊接工学。第四步根据电路板上的封装指示安装三极管Q1和稳压器U3，将器件在电路板上的高度固定为1/8英寸左右，然后焊接并减去过长的引脚。第五步安装芯片U1和U2的插座，安装时应该仔细与电路板对应芯片1脚的方向，先通过焊接少数引脚来固定位置，再补焊剩余的引脚。第五步安装并焊接继电器RY1。将O型圈安装在PIR325传感器上，并将传感器的引脚插入电路板的底部，然后弯折、裁剪并焊接引脚。焊接传感器时应尽量减少加热时间，利用引脚矫正器或平直的桌面来调整U1和U2的引脚角度，每次处理一排引脚，通过按压和轻轻晃动，使引脚方向变为与芯片表面垂直即可。在移动芯片时必须做好防静电工作，防止损坏芯片。最后将U1和U2安装在芯片插座中，注意核对1脚的方向。

接下来可以将电池焊接在电源焊盘的正负两个焊盘，并将负载焊接在RY焊盘上。上电后等待1分钟，以确保电路进入稳定状态。如上文所说，可以在焊盘C处增加光电池配件，使设备进入夜间工作模式。顺时针旋转变阻器R10可以增加放大器的增益，顺时针旋转变阻器R14可以增加两次移动检测间的延时，顺时针旋转变阻器R19可以增加负载继电器的保持时间。将R10变阻器旋转到最右侧，并移除传感器前的镜头，探测器可以检测1英寸外的人手移动和3英寸外的人体移动。

红外移动探测器器件清单

元器件

R1、R11 100kΩ，1/8W，5% 碳膜电阻
R2、R3、R5、R13、R20 10kΩ，1/8W，5% 碳膜电阻
R4、R12、R15、R16、R17，R18 1MΩ，1/8W，5% 碳膜电阻
R6、R9 2 MΩ，1/8W，5% 碳膜电阻
R7、R8 150kΩ，1/8W，5% 碳膜电阻
R10、R14、R19 1 MΩ 变阻器
D1、D2、D3 1N914 二极管
D4 BAT46 肖特基二极管
C1 100 pF，50V 陶瓷电容
C2、C3、C5 10 μF，16V 电解电容
C4、C6、C11，C12 0.1μF，50V 金属膜电容
C7、C8、C9、C13 100 μF，16V 电解电容
C10 1 μF，50V 电解电容
Q1 2N7000 场效应晶体管
U1 LP324 或其他低功率四路运放
U2 CD4538 CMOS 双路单稳态触发器
U3 Seiko S-812C50AY-B- 微功率电源稳压器
PIR PIR325 热释电红外线传感器（Glolab PIR325）
O-ring Spacer Polydraulic BUNA-N 009号
RY1 无延时SPST，5V 40 mA线圈（P&B T77S1D3-05）
杂项 芯片插座、晶体管插座、导线、连接器、PCB、可选项
FL65 长焦距菲涅尔透镜（Glolab）。
CD-1 CDS 日夜两用光导电芯（PDV-P8001）
红外移动检测器套装 GLMD
IR 移动检测器 PCBGLMDPCB

第四章

液体检测

Chapter 4

本章研究传感领域非常有趣和重要的一个分支：液体传感。本章以简单却很实用的雨水探测器作为首个项目。除此以外本章还要带领读者学习液体传感器、液位指示器的制作方法。天气爱好者可以从本章学到家用环境湿度检测器的制作方法。科研人员可以从本章学到关于pH的知识以及如何制作pH表并用其测量液体的酸碱性。自然生态领域的读者可以从本章学到流量液位监测器的制作和使用方法，这种仪器可以用来研究河流、溪流的流量和径流。

4.1 雨量检测器

借助雨量检测器，人们可以第一时间发现降雨现象，并尽早关起车窗、收好晾晒的衣物。另外作为气象数据采集系统的一部分，雨量检测器还可以用来判定降雨的精确发生时间。

图4-1是雨量检测器传感器部分的结构图，从图中可以看出传感器部分由两条铝箔和一块塑料板组成。其制作方法为先用一块方形铝箔粘贴在塑料板上，下方有两个引线。引线被包在铝箔层内，因此从电气上看与铝箔完全连在一起。但是为保证不受氧化，裸露的铝线不能暴露在空气中。用锯齿型走线在铝箔中间开一个小槽，使两个导线分离开。当雨滴掉落在小槽上时，两个引线间的电阻会急剧减小，从而被图4-2中的检测电路检测到。读者也可以换用一块废弃的电路板作为传感器，只要能在铜皮中间蚀刻出锯齿形凹槽即可。

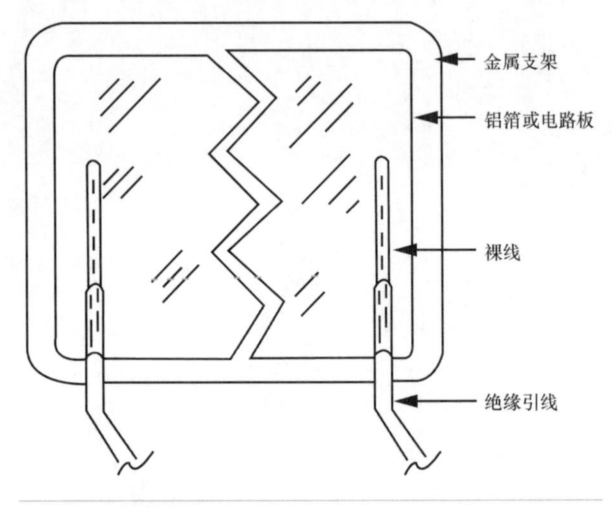

图4-1 雨量检测器

图4-2是雨量检测器的电路部分。传感器的一端接到地，另外一端通过1kΩ电阻连接到第一个三极管Q1上。PNP三极管Q1的型号为2N4403。Q1输出端串联220Ω电阻后串联到第二个三极管Q2上，Q2为2N4401 NPN型三极管。Q2的集电极接到电子扬声器或固态扬声器的黑色（负极）引脚上。电子扬声器的红色（正极）引脚连接电池的正极。样机选用3节AA电池供电，读者也可以换用9V电池。SPST开关S1为整个电路的电源开关。

雨量检测器的组装相对简单，读者可以在面包板或

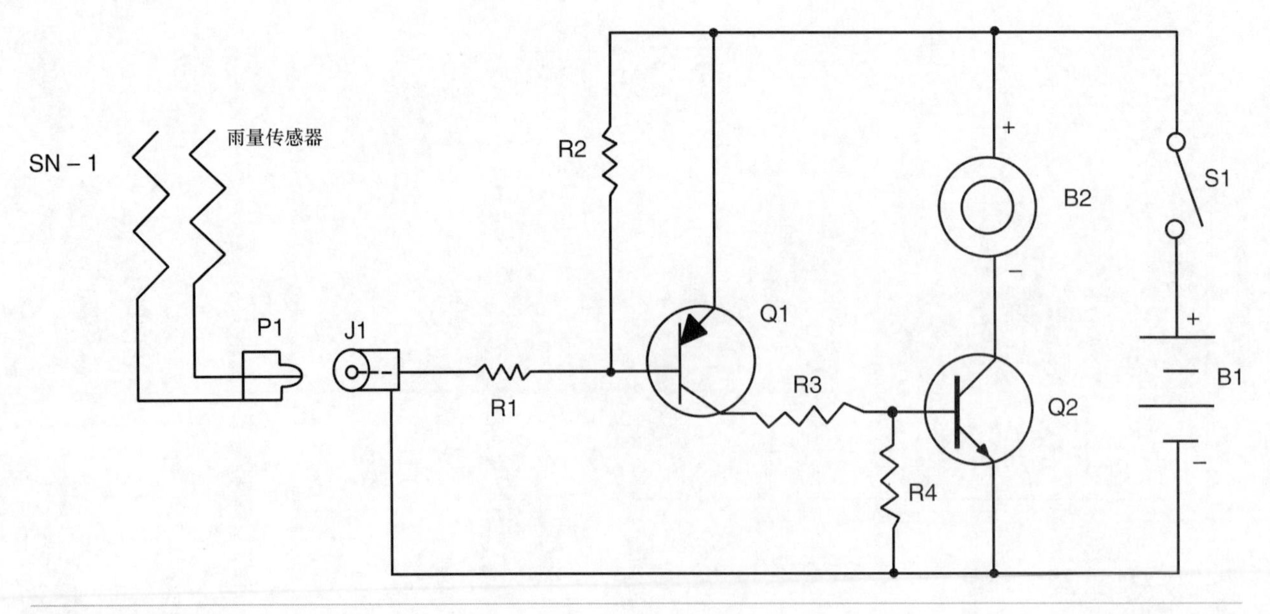

图4-2 雨量检测电路

原型板上完成组装。例如Radio Shack公司就有很多种适合组装雨量检测器的低成本原型板产品。这些原型板的电路焊盘周围有很多间隙较小的铜箔，很适合用在此项目上。此电路没有对走线和安装要求较高的部分，因此读者在焊接电路时可以采用较为简单的焊锡连接法。电路中用到的器件也都是常规器件，读者可以在附近的电子市场购得。组装雨量检测器时唯一需要注意的是三极管和电子扬声器的极性，安装三极管之前必须仔细检查其封装和引脚排列顺序，防止因为反接而烧毁器件。

当雨量检测器组装完成后，测试人员可以通过将两个输入引脚短接来测试检测器工作是否正常（例如将空闲输入引脚通过1kΩ电阻接地，或者接到电池的负极，正常情况下蜂鸣器将会鸣叫）。如果一切正常，接下来就要考虑外壳的事情了。本例使用尺寸为4英寸×6英寸×2英寸的塑料盒来作为雨量检测器样机的外壳。3节AA电池盒固定在外壳的侧面。电路板采用支架安装方式悬空固定在塑料外壳内。其中外壳上装有RCA型耳机接口，用作传感器接头。RCA接口的中央引线在串联1kΩ电阻后连接到地或者电池负极上。电源开关安装在RCA接口的旁边。

接下来要做的是将传感器的两个金属引脚连接在与RCA匹配的接口上。用户需要根据应用场景决定传感器延长线的长度。传感器本身可以安装在木板上（甚至农作物支架上）并放置在草坪上，也可以用尼龙搭扣将传感器安装在屋顶。总之传感器上方不能有任何遮挡，这样才能保证传感器可以第一时间检测到雨滴的下落。

雨量检测器器件清单

元器件

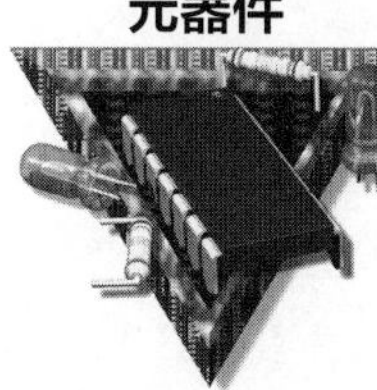

R1，R4 1kΩ，1/4W 电阻
R2 100kΩ，1/4W 电阻
R3 220Ω，1/4W 电阻
Q1 2N4403 PNP三极管
Q2 2N4401 NPN三极管
BZ电子蜂鸣器或or固体发生器
S1 SPST轻触电源开关
B1 3 AA电池（4.5V DC）
P1 RCA插座
J1 RCA插头
SN-1雨量传感器（见正文）
杂项 PCB，电池盒，导线，晶体管插座

4.2 液体传感器

液体传感器项目是液体传感的一个分支。此项目主要用于检测液面的位置，并及时控制继电器触点的开关。继电器可以用来控制水泵或洪灾报警系统。

如图4-3所示，液体传感器的核心器件为一个单独的传感器和4门2输入CMOS器件。电路通过判断阻抗大小来判断是否有液体接触到传感器。这是因为导电液

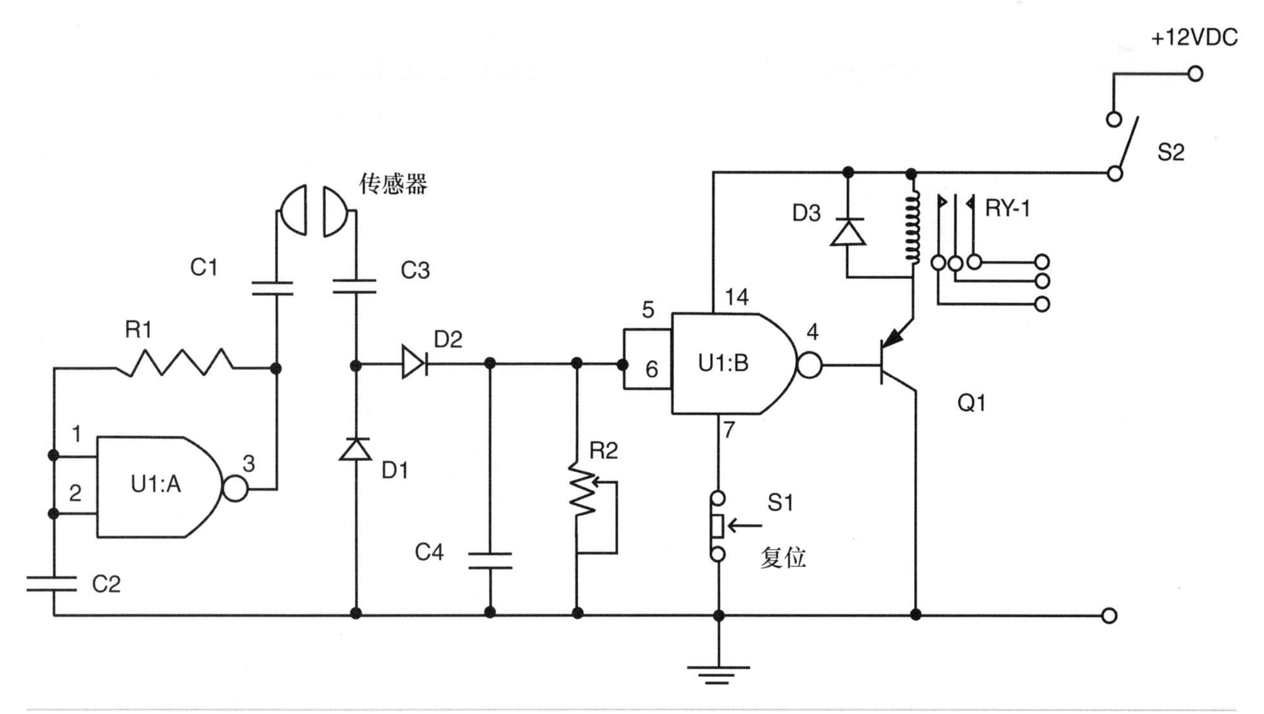

图4-3 液体传感器电路

体会大幅降低探针C1和C3之间的电阻值，从而导致由U1：A和器件R1、C2、C1组成的振荡器频率发生变化。当传感器引脚间的阻值降低时，振荡器会向二极管D1和D2发送AC信号。D1和D2的作用是将交流信号整形成直流信号，整形后的信号用于驱动第二个门电路U1：B。C4用来进一步滤除直流信号中的纹波。而变阻器R2的作用是设置电路的灵敏度。门电路U1：B的输出端接三极管Q1，继而控制继电器RY-1的开关。与继电器并联的二极管D3为续流二极管，其作用是抑制由电感线圈产生的电火花或高压。S1为复位开关。注意门电路中未用到的输入引脚8、9、12和13必须接地，以防止产生误触发现象。门电路中未用到的输出信号必须悬空。

本例中的液体传感器电路采用单刀双掷继电器（SPDT）。这种继电器可以实现常闭和常开两种工作模式，可以用来驱动门铃、报警系统或电话拨号电路。本例中的液体传感器采用12V直流电源供电。电源可以选用12V充电电池或12V，1A壁挂式电源。

液体传感器由两个触点和一个电路板组成。传感器部分由可腐蚀阻性材料制成，例如不锈钢材料。废弃的自行车镀铬辐条也可以用来制作传感器。传感器的两根探针必须间隔很近但却不互相触碰。如果使用不锈钢棒作为探针时，可以选用塑料垫块、有机玻璃块、木块来作为固定探针的衬底。如果有特殊应用时，可以用图4-4的方式将探针从平直桌面上垂悬下来。

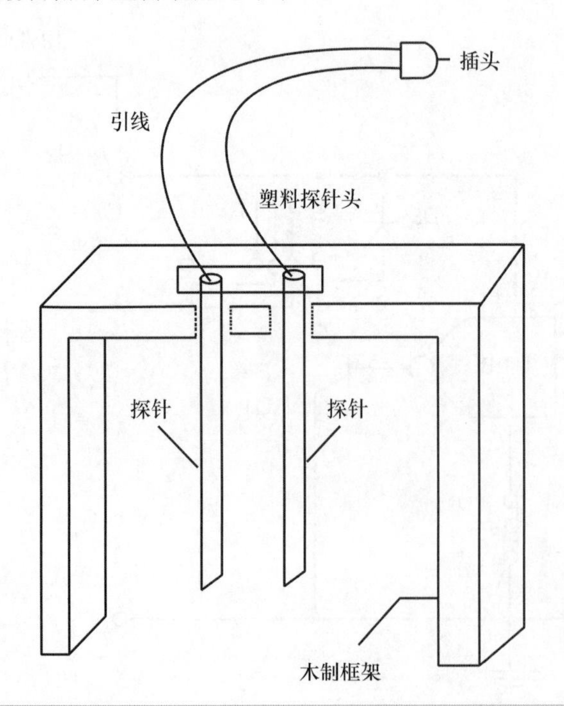

图4-4　探针装置

液体传感器的组装并不复杂。读者可以在面包板或PCB上完成组装。三极管和芯片尽量采用插座式安装，以便于后续的调试与检修。另外组装时需要注意二极管、三极管和芯片的方向。三极管一般有3个引脚：基极、集电极、发射极。在原理图符号中，基极引脚通常在集电极和发射极引脚的另一侧，而且发射极引脚上一般有指示箭头，箭头的方向表示三极管的类型，箭头指向中心的三极管属于PNP型三极管，箭头指向外面的三极管属于NPN型三极管。安装集成电路时应该仔细辨别引脚方向。集成电路表面一般有标示引脚1的小圆圈或者尖角，引脚1通常在缺角的左侧。焊接完毕后还要进行目测检查，除掉电路板上残留的断脚，排除虚焊和漏焊等错误。

完成电路的组装后，就可以将12V电源接入到电路中，进行电路功能的测试了。测试时首先将电路板放在绝缘平面上，打开电源，用跳线短接电容C1和C3，模拟探针检测到液体的情况，然后观察继电器的状态。若继电器可以成功吸合，说明电路工作正常，若继电器无法成功吸合，说明电路工作异常，需要仔细检查电路板的走线和器件焊接。

液体传感器样机安装在尺寸为5英寸×6英寸×3英寸的小金属盒子中。电路板通过支架固定在盒子底部。外壳面板上装有传感器探针插座、复位开关和电源开关。根据所用变阻器的具体封装，还要在外壳上开合适的孔洞。如果使用贴片式微调变阻器，那么开孔的大小要以可以方便旋转变阻器为准，若使用大型旋转变阻器，则开孔的尺寸以变阻器旋柄的尺寸为准。

装壳后的液体传感器已经可以装在家庭或商店中，开始监测工作了。

4.2.1　液体传感器器件清单

元器件

R1 470kΩ，1/4W 电阻
R2 15MΩ 变阻器
C1、C2、C3、C4 2.2 nF，35V 电容
D1、D2 1N4148硅二极管
U1 MC14093B四路双输入门芯片
D3 1N4004硅整流二极管
Q1 2N3906 PNP三极管
RY-1迷你12V继电器
S1常闭按键开关
S2 SPST轻触电源开关
杂项 PCB、芯片插座、晶体管插座、导线、五金件、连接器。

4.2.2 液位检测器

接下来要介绍的是图4-5和图4-6中的液位检测器。此设备不但能检测压力罐内的液位，还可以在压力罐内液位过高时及时启动报警功能。液位检测器电路的主要功能就是检测容器内的液位高度。

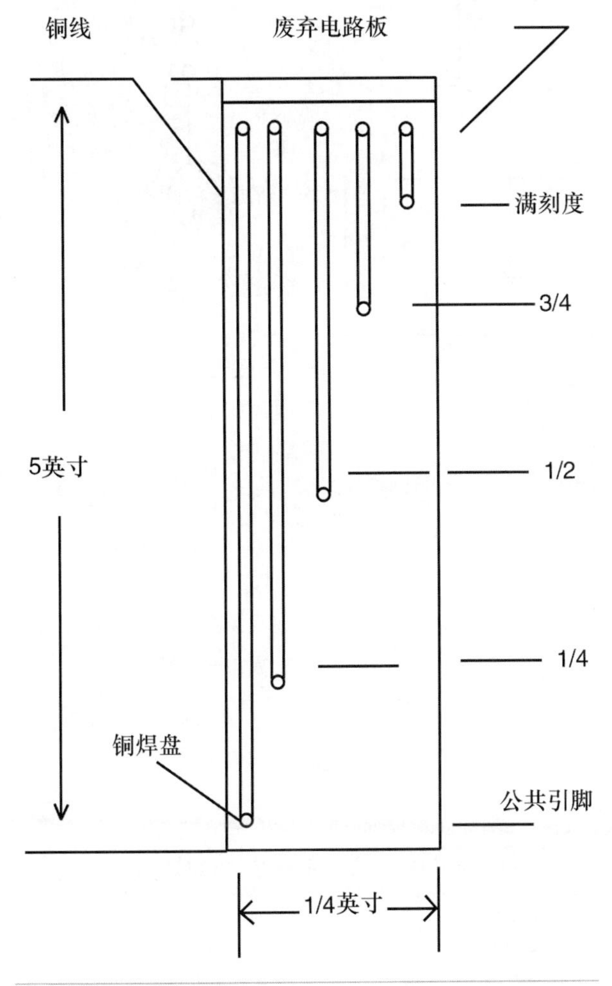

图4-5 液位传感条

此电路的核心为传感器，如图4-5所示，传感器其实是一块表面蚀刻有5根不同长度铜线的废弃电路板。读者可以选用$1^1/_4$英寸宽、5英寸长的废弃电路板来做传感器样机。电路板上蚀刻出的5根铜线对应4种不同的液位，这是因为5根线中最长的一根为共地线，其他4根为传感线。每一根传感线的最下方有圆形或方形过孔，起作用是指示液位高度。读者可以根据实际需求修改传感线的长度。借助于印制电路板，设计人员可以很方便地制作出适合多种应用的传感条。读者也可以在电路中增加更多的CMOS开关和LED，实现更丰富的测量挡位。

图4-6是液位指示器的主电路图。其核心器件为CMOS开关S1 ~ S4。电路选用非常通用的CD4066双边CMOS模拟开关芯片来控制LED的显示。电路板上的传感线分别接到CMOS开关里的引脚5、6、12和13引脚。液位检测器使用单封装CMOS芯片CD4066。芯片中每个开关的一端共地，即引脚2、4、9、11。开关的另外一端引脚1、3、8和10各自连接一对LED和串联电阻。CMOS芯片的电源由14脚引入，并且通过引脚7接地。最长的一条探针连接到所有二极管的阳极和电源正极。

工作时，当液位为零时，容器中的所有传感线都为开路状态，每个开关上的180kΩ下拉电阻使开关保持打开状态，因此所有的LED都处于熄灭状态。当容器内的液位上涨时，最长的传感线首先短路，并导致S1闭合，此时电源、LED1和GND的回路导通，因此LED1变为点亮状态。当液位继续上涨时，LED2、LED3和LED4也将依次点亮。通过采用两片CD4066芯片的方法，可以将LED的数量增加到8个。

当容器内完全灌满液体时，三极管BC148的基极变为高电平，三极管变为饱和状态，进而导致电子蜂鸣器或固态蜂鸣器开始报警。一旦进入溢出报警状态，只有通过打开SPST开关才能解除报警。

此电路的原理简单易懂，适合用在多种场合下。本例将液位检测器的样机搭建在Radio Shack公司的小型PCB上。此电路板的孔径为0.10，每个过孔都有普通铜线和总线。这种PCB板的价格低廉，很适合用在本项目中。由于电路中仅用到一个芯片，几个电阻，一个三极管，因此PCB电路板的尺寸非常小。在组装焊接时仅需注意使用芯片插座即可。

借助芯片插座组装的电路维修起来非常方便。另外还要注意芯片的引脚方向。芯片表面通常有标示引脚1的小圆圈或者缺口。另外焊接LED时也要注意极性。将LED的引脚顺序接反只会导致LED不亮，而将芯片的引脚顺序接反却可能导致芯片烧毁。

接下来安装三极管，三极管属于有极性器件，其引脚数量为3个：基极、集电极和发射极。与芯片一样，三极管也很脆弱，安装不当极易使之损坏。根据具体应用不同，读者可以选择将LED焊接在电路板上或将其单独固定在外壳上。将LED焊接在电路板上可以减少电路板的走线复杂度和外壳内的飞线数量。但如果选择将所有的LED都安装在电路板上，那么对外壳开孔的要求就很高了。LED的光线要能刚好从开孔处发出来。

本例中的液位检测器原型机选用尺寸为5英寸 ×6英

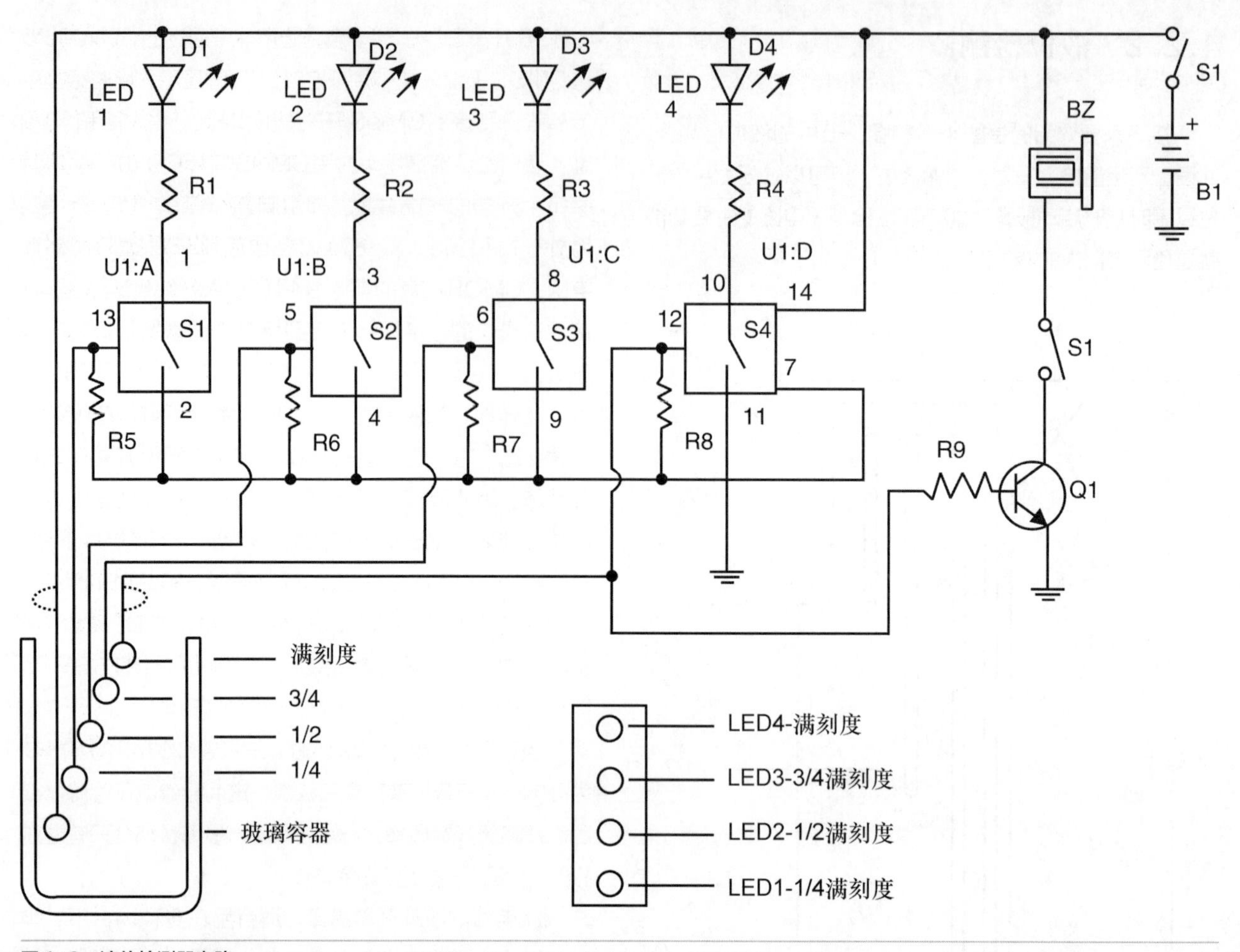

图4-6 液位检测器电路

寸×3英寸的小型铝制外壳。SPST开关和电子蜂鸣器安装在外壳的顶部。原型机内的所有LED都安装在电路板上，因此在外壳上开对应的发光孔时应该仔细对齐尺寸。而且电路板要以架空的方式安装在支架上，以便LED可以从发光孔中伸出。外壳的后部装有一个9针RS-232母接口，此接口用来匹配RS-232公口的传感线。液位传感器采用6V电源供电，其外壳内底部装有可以两节AA电池的塑料电池盒。最后读者可以依照喜好在LED旁边增加各种文字标签，例如1/4，1/2，3/4等。

当电路和其他附件组装完毕后，就可以进行调试工作了。将5根传感线连接到传感板上，并且在线的另一头安装RS-232公头。将传感器连接头插在主机对应的RS-232母头中，并在主机中安装上电池，此时液位检测器就进入待机状态了。首先打开电路的电源，然后缓慢将传感条浸入到盛有液体的不导电大烧杯、圆筒或碗中。随着浸入深度的增加，液位检测器外壳上的LED将会依次亮起，最后蜂鸣器将会报警，表示容器已满。

现在液位检测器已经可以正常工作了。接下来要做的就是在日常生活中发掘它的应用场景了。

4.2.3 液位检测器器件清单

元器件

R1、R2、R3、R4 330Ω，1/4W 电阻
R5、R6、R7、R8 180kΩ，1/4W 电阻
R9 2.2kΩ，1/4W 电阻
D1、D2、D3、D4 LED
Q1 BC148或其他NPN三极管
U1 CD4066 CMOS电开关
BZ压电蜂鸣器
S1 SPST轻触电源开关
B1 4 AA电池
杂项 PCB、导线、RS-232公头及母头、芯片插座、晶体管插座、电池盒，等等。

4.3 湿度监测器

你喜欢关注天气情况吗，有没有尝试组建自己的天气监测站？借助于本书中的几个项目，读者可以轻易地组建属于自己的气象站。本节将要介绍的电容式相对湿度监测器就是一个很好的开端，它有组装便捷、成本低廉、稳定耐用的优点。

电容式相对湿度监测器的核心是General Eastern G-Cap2型相对湿度传感器，在图4-7所示的电路图中编号为SEN-1。湿度监测器可以监测0% ~ 100%范围内的相对湿度。传感单元由表面沉积了电极金属的湿度敏感聚合物组成。传感器的结构具有快速扩散水蒸气的特点，因此可以快速恢复干燥，具有校准方便的优点。由于采用了传感薄膜，因此传感单元即便浸泡在水中也可以正常工作。当相对湿度等于0%时，电容性传感器的电容值为148pF，当相对湿度等于100%时，其电容值增加到178pF。

湿度监测电路使用G-Cap湿度传感器作为检测单元，当它的容值改变时，TLC555CP的输出频率也将变化。CMOS芯片TLC555CP工作在多谐振荡器或振荡器模式下，其频宽由R3和SEN-1决定。当湿度变化时，振荡器的频率会在13 ~ 15kHz之间变化。变阻器R5可以对输出信号进行调整，它是整个湿度监测器的校准器件。U3输出的可变频率信号被转换成直流信号后，由LM358运算放大器放大，放大器的输出电压范围在0 ~ 5V之间，对应0% ~ 100%的相对湿度范围。运放的负极（-）输入端接基准电压源，而正极（+）输入端接由湿度传感器产生的可变信号。LM358的输出引脚1的电压范围为0 ~ 5V。U4：A的输出端接由两个电阻组成的分压器，分压后的信号幅度为0 ~ 2V，再将此信号接入Acculex DP652型LCD电压表，以显示整个电路的测量结果。LCD电压表的负极（-）引脚8与引脚2和10一起接地。湿度监测电路的输入电压从LCD电压表的引脚7输入。LCD电压表的引脚1接U2输出的的5V电源。小数点引脚4，5和6可以依照具体应用，选择性的接到小数点公共引脚3（DP），但由于本例没有用到小数点，因此这几个脚均浮空。

湿度监测电路由12V电源B1供电。S1为电源开关。第一个稳压器U1的作用是将12V电池电压降到10V，从U4的引脚8接入，供U4使用。第二个稳压器的作用是将10V电压进一步降低到5V。用作R10基准电压，另外还作为LCD电压表的电源使用。

为保证性能，湿度监测器最好搭建在专门的印制电路板上，不过读者也可以将其焊接在原型板上，但要注意

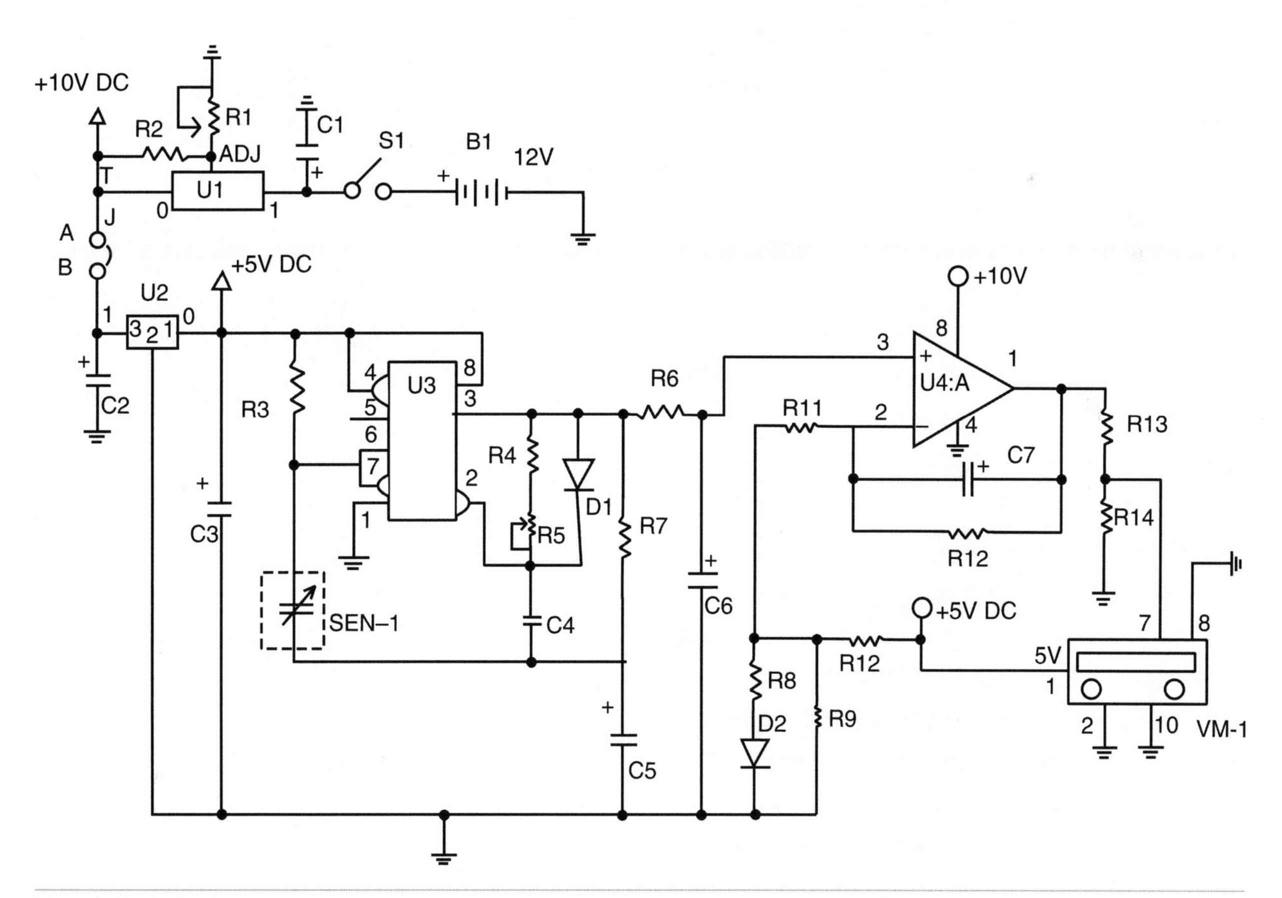

图4-7 湿度监测电路

尽可能的缩减走线长度。本例使用尺寸为$2^1/_2$英寸 ×4英寸的玻璃环氧树脂电路板来组建湿度监测器。在设计湿度监测器电路板时，最好将传感器SEN-1安装在电路板的边缘，以便将其从外壳中伸出，保证测量效果。此外也可以选择将传感器安装在电路板的外面，但过长的延长线上将会带有寄生电容，测量精度将大大降低。

使用芯片插座将会大大降低检修电路的难度。芯片插座只会在制作时增加数美分的成本，但却会在后续提供很多便利。焊接电容时也需要仔细辨别方向，不然上电时很容易导致电路被烧毁。湿度监测电路还有两个二极管器件，焊接时也需要确认好方向。安装两个稳压器之前最好检查一下输入输出引脚。仔细调整变阻器R1的值，使第一个稳压器的输出电压为10V。安装芯片之前，要预先确认电路对U4的供电电压为10V。在设定好稳压源的输出电压后，就可以用跳线将A和B点连接起来了。

本例使用小金属盒作为湿度监测电路的样机。将电路板放置在盒子中，将传感器的一边靠盒子边缘固定。根据传感器的位置，在盒子侧面钻一个0.5英寸的监测孔，必要时可以在孔上加装透明保护盖。在电路板的四角钻4个小孔，并用1/4英寸的塑料支架和3/4英寸4-40机械螺丝对其进行固定。在外壳正面开与电压表尺寸相当的窗口，用来固定电压表。开窗时可以先在四周钻孔，并将中间的部位敲掉，再慢慢打磨四周，使窗口与电压表外壳完全匹配。还有一种方法是购买专用切割工具，直接在外壳上切割出适合安装电压表的矩形窗口。电源开关S1也安装在外壳顶部。AA电池盒安装在外壳底部。电池盒中需要安装8节AA电池才可以产生电路所需的12V电压。

组装完湿度监测器后，下一步需要进行校准工作。将电池盒内装满电池，打开电路开关。在万用表的辅助下，将电路中两个稳压器的输出电压分别调整为10V和5V。校准的方法有两种，可以将一瓶开水放置在湿度监测器的一侧，或者在雨天将湿度监测器放置在室外。如果使用第一种方法的话，要保证监测器不能深入水蒸气区太多，而且校准时间不能太久，快速调整变阻器R5的值，将输出电压调整为5V满量程。如果将监测器放置在室外雨中，还要注意做好整机的防水工作。如果可以找到湿度校准仪，也可以用它来直接校准湿度监测器。

经过校准后的湿度传感器已经可以用来监测降雨情况或供气象爱好者监测空气湿度了。

湿度监测器器件清单

元器件

R1 5kΩ 变阻器（微调）
R2 240Ω，1/4W，5% 电阻
R3 100kΩ，1/4W，5% 电阻
R4 51.1kΩ，1/4W，1% 电阻
R5 20kΩ 变阻器（微调）
R6、R7、R10 30.1kΩ，1/4W，1% 电阻
R8 150kΩ，1/4W，5% 电阻
R9 42.2kΩ，1/4W，1% 电阻
R11 20kΩ，1/4W，5% 电阻
R12 845kΩ，1/4W，1% 电阻
R13 221Ω，1/4W，1% 电阻
R14 149Ω，1/4W，1% 电阻
C1 1 μF，35V 电解电容
C2、C7 0.1 μF，35V 钽电容
C3、C5、C6 4.7 μF，35V 电解电容
C4 270 pF，35V 陶瓷NPO电容
D1、D2 1N4148硅二极管
SEN-1 G-Cap 2电容湿度传感器（General Eastern Instruments）
U1 LM317三端可调稳压器（National）
U2 LM2936Z-5+5V三端可调稳压器（National）
U3 TLC555CP定时器/振荡器芯片（Texas Instruments）
U4 LM358双运放（National）
S1 SPST轻触电源开关
B1 8节AA电池或12V电池
VM-1 DP-652 LCD面板表计，+/-2 V（Acculex）
杂项 PCB、芯片插座、导线、4-40螺丝及螺母、支架、接线端子、跳线帽，等等。

4.4 pH计

如果你是科学家、化学家、池塘管理员等相关人员，那么可能会有检测pH值的需求，那么问题来了，pH值究竟是什么？pH是表征液体酸碱程度的值。读者可以借温度来类比，在讨论温度时，人们会有冷和热两种感受，但是这种感受因人而异，而且无法量化。因此人们发明了用数字表示温度大小的方法，使用温度值，人们在日常和科研领域都有了唯一的尺度，例如50℃。

pH值的意义与温度值类似。很久以前，人们发现某些物质呈现出酸性，而另外一些物质呈现出碱性。对于既没有呈现出酸性又没有呈现出碱性的物质，人们称之为中性。

与热和冷一样，酸和碱也是定性的词语。人们需要统一的尺度来描述酸或碱的程度。在学习尺度之前，我们先看一看决定物质酸碱性的原因：酸性物质必须有氢离子（H+）；而碱性物质必须有氢氧基离子（OH-）。pH值的大小就正比于H+和OH-的比例。如果物质里的H+数量多于OH-，那么物质呈酸性，如果物质里的OH-数量多于H+，那么物质呈碱性。如果这两种离子的数量相当，那么物体呈盐性（见图4-8）。

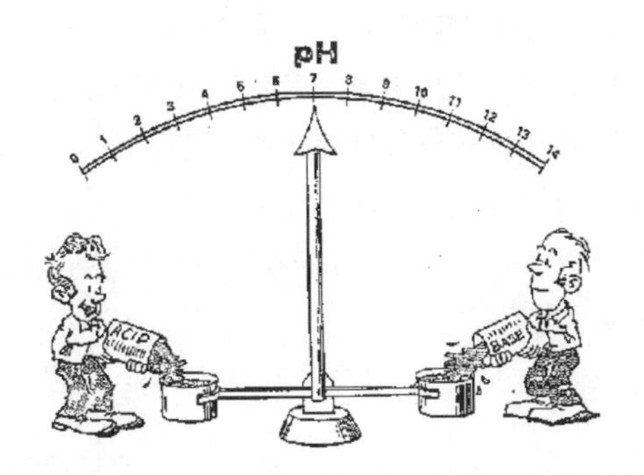

图4-8　pH尺度

接下来我们将目光回到pH尺度上。1mol盐酸溶液的浓度大约是3.6%。标定其pH为0。1mol氢氧化钠溶液的浓度大约为4.0%。标定其pH值为14。

如果我们以1ml盐酸兑9ml纯水的比例来稀释盐酸，那么盐酸的摩尔浓度将降低为1/10。我们标定其pH值为1。用同样的方法，将1mL的氢氧化钠溶液与9mL的纯水混合，我们标定其pH值为13。

以上过程可以总结如下：以1/10的比例稀释盐酸，其pH值从0变为1。同样的做法将使氢氧化钠溶液的pH值从14变为13。因此任何稀释动作都将使溶液的pH值向7靠拢，pH值为7的点刚好对应非酸非碱的中性溶液。

继续以1/10的比率稀释溶液，酸性溶液的pH值将会不断增加，而碱性溶液的pH值将会不断减小。

pH计的测量原理如下：首先，pH计的探针（下文将详述）上可以产生于待测溶液pH值成比例的电压信号。其次，pH计内的电路可以接收到探针的电压信号并将其转换为pH值显示在表盘刻度上。探针上的电压变化将导致pH计的指针变化。从指针所指的位置即可读出待测液体的pH值。

探针的作用相当于一个电压随周围液体pH值变化而变化的电压源。它由两部分组成（事实上很多测量pH的仪器都由两个不同的探针组成）：（1）氢敏玻璃泡，（2）基准电极。H+离子可以在这种特制的玻璃泡中畅行无阻。这种特性使得玻璃泡内外产生H+离子的浓度差，进而产生电压差。玻璃泡只能作为电池的一极，需要配合另外一极来产生电压值。

从图4-9我们可以看出玻璃泡的上方的电极熔块。熔块部位有一个小的开口，液体可以缓慢从缺口流出。参考电极和溶液两端也会产生电压，这相当于电池的另一极。最终pH敏感玻璃泡和参考电极共同组成了探针。

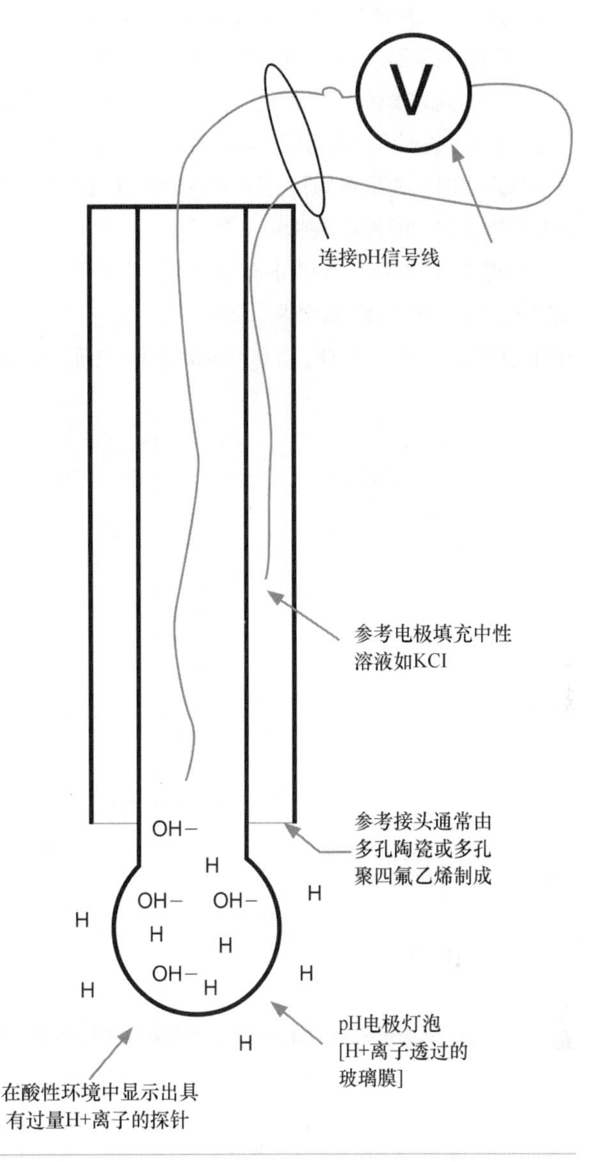

图4-9　pH球泡

探针产生的电压刚好与被测溶液的pH值成正比。举例来说，当溶液的pH值为7.00时，探针输出电压为0V，当溶液的pH值为6.00时，探针产生的电压为+0.06V或+60mV。注意这里的+号；如果电压为-0.06V，那么对应的pH值应该为8.00。一般来说，pH值每变动一个数字，对应的探针电压值变化约60mV。因此当探针输出电压为+300mV时，被测溶液的pH值应该为2.00（$+\frac{300}{60}=$5单位，7－5＝2）。

由于pH计和探针都属于电子器件，因此使用前需要依靠标准pH溶液来进行设备校准。这种溶液称为标准溶液。如果读者经常和溶液的pH值打交道的话，很快就会发现标准溶液的必要性。标准溶液的pH值具有很高的稳定性（人体血液中就有自动保持酸碱性的系统）。

商用pH计相当昂贵，通过阅读本节，读者可以动手制作自己的低成本pH计，而且在制作过程中还可以学习到pH值的相关知识。使用超低输入电流放大器、CMOS微功率运放和数字万用表几种核心器件就可以组装自己的pH计了。图4-10是常规的pH计框图。

如图4-11所示，自制pH计的电路核心是低电流运放输入端的低成本银/氯化银（Ag/AgCl）pH探针。pH探针的内阻通常在10MΩ到1 000MΩ之间。由于其阻抗很高，因此搭配的运放算放大器输入阻抗也必须很高，输入电流要尽可能消除。LMC6001型运放的输入电流低至25fA，很适合用在pH计电路上。标准银/氯化银pH探针在0℃的转换率为59.16mV/pH，当被测液体的pH值为7.00时，其输出电压为0V。另外探针的输出电压还与环境温度成正比。为了补偿温度变化带来的影响，电路中增加了用温度补偿电阻R1组成的反馈回路，其作用是使放大器的输出信号与被测液体温度的高低无关，只随被测液体的pH值变化。组装电路时需要将R1电阻放置在与被测液体温度相同的位置。

超低输入电路运放LMC6001可以将pH探针的输出

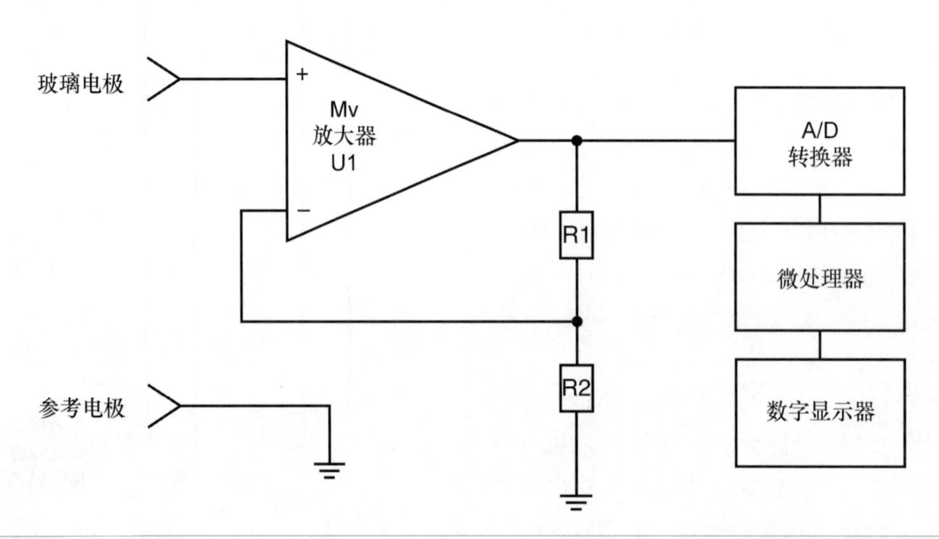

图4-10 pH计框图

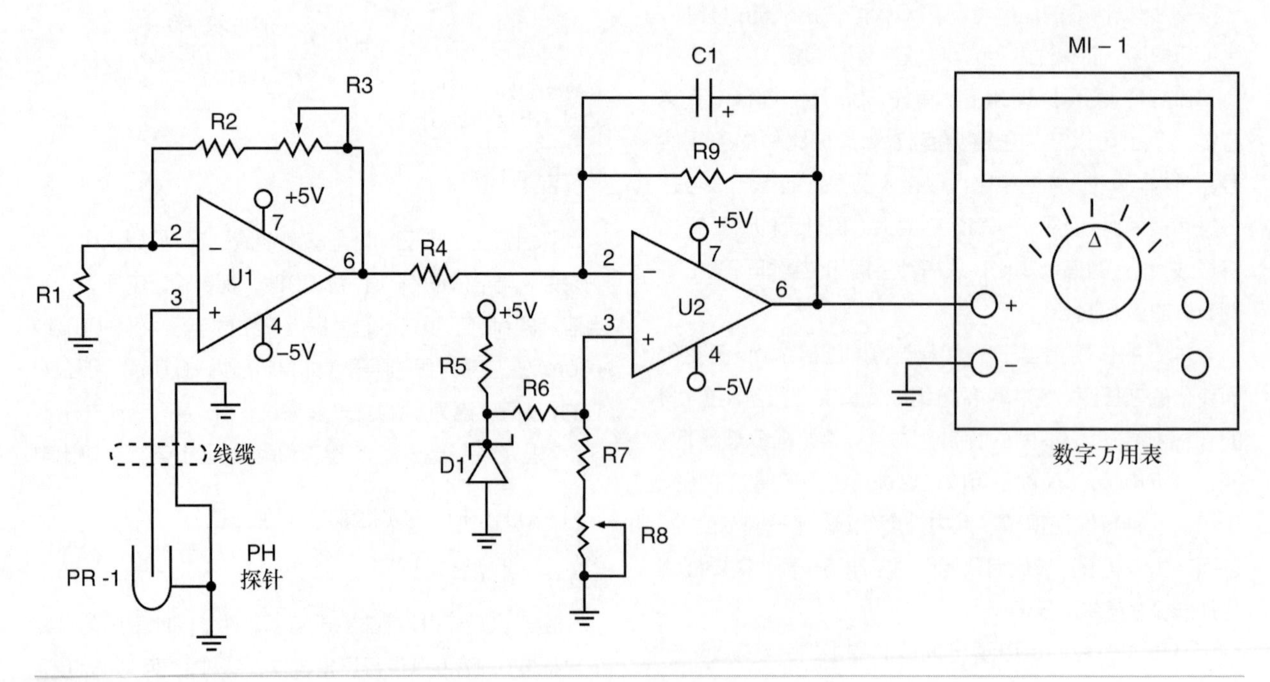

图4-11 pH计电路

信号放大到+/-100mV/pH（当pH在7附近时）的范围。通过调整变阻器R3可以调整pH计的整体增益。二级运放为LMC6041，其作用是相位翻转和电平搬移，使输出电压与pH值成正比。电平参考电路或偏移电路由齐纳二极管、两个电阻和变阻器R8组成。U2的输出电压可以直接耦合到数字万用表上，用来校准和读取pH值。读者也可以用低成本面板电压表来代替万用表。

pH计整机工作电流只有1mA。pH计电路部分的供电电压为5V直流。电源采用图4-12所示的正负双电源。样机采用两节9V晶体管收音机电池作为电源。电池B1的负极（-）连接到稳压器U3，电池B2的正极（+）连接到稳压器U4。两个稳压器的作用是为运放电路产生精准稳定的5V电源。

pH计电路可以焊接在小型2英寸×3英寸印制电路板上。电路板的布局应以走线尽可能短为宗旨，避免低电流运放耦合到过多的干扰信号。电路中的芯片尽量借助芯片插座安装，以方便日后的调试和检修。安装IC时应该仔细观察方向标记，防止引脚顺序接反。IC表面一般有标示引脚1的小圆圈或者尖角记号，记号左侧通常是引脚1的位置。pH计内部有齐纳二极管，焊接时也要注意其方向。二极管上的黑线通常表示阴极，焊接时应该让黑线一侧面对R5和R6方向。C1为非极性电容，另外电路中的电阻精度为1%，以保证pH计的测量精度。

在焊接好电路板后，记得仔细检查电路板的背面，避免因连锡和金属断脚导致的短路。

作者给pH计样机定制了4英寸×6英寸×2英寸的金属外壳。外壳底部有可以容纳两节9V收音机电池的电池盒。为避免与金属外壳短路，电路板采用支架的方式固定在外壳内。电源开关S1安装在外壳的顶部。S旁边装有双头橡胶接头或两个分别为红黑色的橡胶接头，用来连接万用表。另外还要为pH探针安装一个机械接头，此接头也可以安装在外壳上。

pH计的样机采用EyeThink公司出品的FastGlass TSP60001型pH探针。此探针属于Ag-AgCl玻璃型探针，pH值测量范围为0 ~ 14。

在完成外壳组装并安装电池后，就可以进入校准步骤了。pH计的校准过程比较简单，一般不会遇到什么大问题。首先打开电源开关，然后将pH探针从主机上拔掉，将R3设置到中点，并将LMC6001的正向输入端接地，调整变阻器R8，直到输出电压为700mV为止。接下来再LMC6001的正向输入端施加-414.1mV电压。调整R3，使pH计的输出电压为1400mV。这样校准工作就完成了。由于不同pH探针的特性略有不同，测量前还要借助标准溶液对pH计的增益和偏移进行微调。

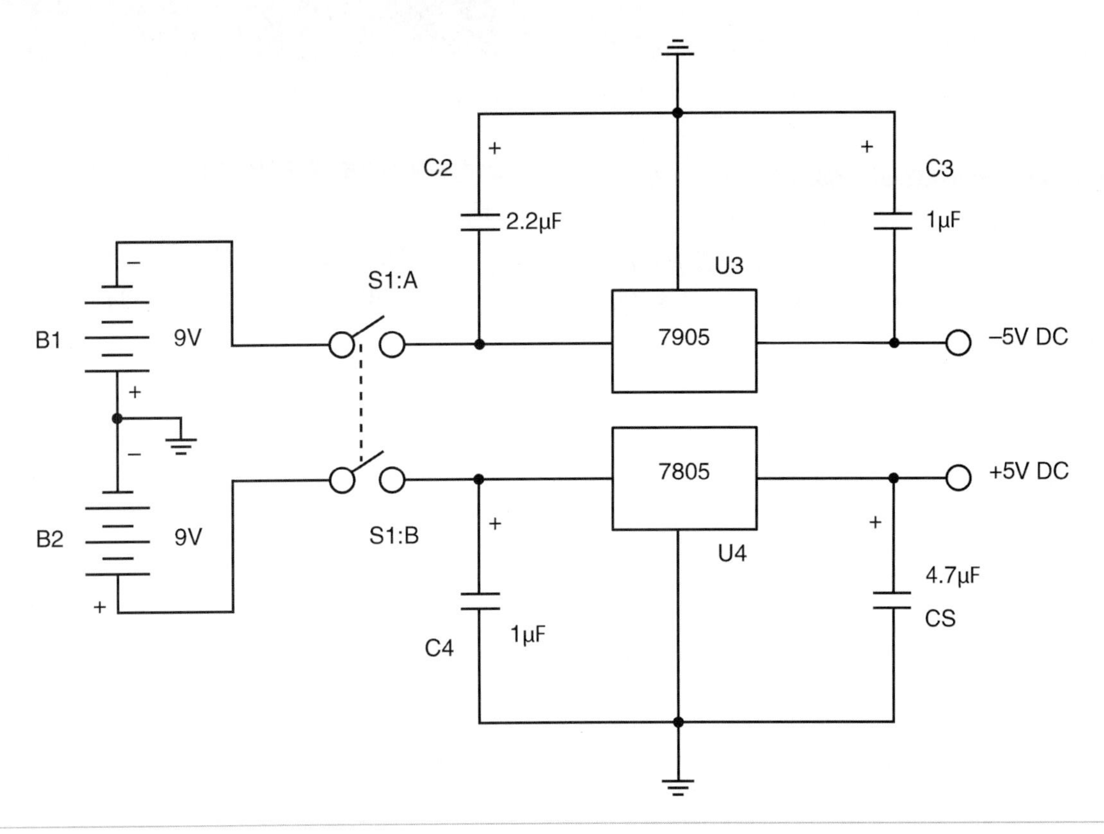

图4-12　pH计电源电路

pH计器件清单

元器件

R1 100kΩ，+3500 ppm/C°（见备注）
R2 68.1kΩ，1/4W，1% 电阻
R3 100kΩ 变阻器
R4 9 100kΩ，1/4W，1% 电阻
R5 36.5kΩ，1/4W，1% 电阻
R6 619kΩ，1/4W，1% 电阻
R7 97.6kΩ，1/4W，1% 电阻
R8 10kΩ 变阻器
D1 LM4040D 1Z,2.5基准电压（National）
C1 2.2 μF，35V 无极性电容
C2 2.2 μF，35V 电容
C3、C4 1 μF，35V 电解电容
C5 4.7 μF，35V 电解电容
U1 LMC6001超低输入电流运放（National）
U2 LMC6041 CMOS微功率运放（National）
U3 LM7905 -5V 稳压器
U4 LM7805 +5V 稳压器
S1 DPST轻触电源开关
B1，B2 9V 晶体管收音机电池
PR-1 Ag/Ag/Cl pH探针（EyeThink）
MI数字万用表或数字面板电表
杂项 PCB、芯片插座、电池夹、五金件。

4.5 水流水位测量

水力学家和其他一些领域的科学家经常会有测量河水或小溪的水位深度，尤其在洪水前后和春季径流前后。他们需要知道河水的精确深度，以便于研究洪水和春季径流前后的水流情况或水里的化学成分。

水位高度可以通过压强测得。因为压强与水深直接关联。然而某点处的总压强是水压和大气压叠加后的值。差压计可以排除大气压和日间波动的影响，测量某点的水位高度，如图4-13和4-14所示。

河水水位测量仪的核心是Honeywell公司的ASCX01DN传感器，这是一种0 ~ 1pis差分压力传感器，图4-15是传感器的照片。Psi的比例越小，可以测量的最大水深越大，但测量灵敏度越低。1psi差分压力计最大可以测量0.72m的水压。假设用8位数字表示0 ~ 5V的电压（取值范围为0 ~ 255），那么理论上其最大分辨率为0.28cm每对数尺度。而5psi差分压力计则可以测量最大3.6m的水深，理论分辨率高于2.8cm/对数。Honeywell公司还有5psi甚至更大的差分压力计。Honeywell传感器有成本较低，使用简单和线性度高的优点。

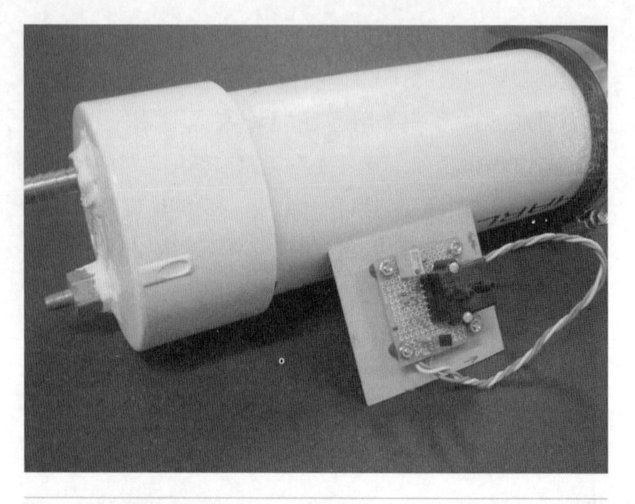

图4-13　压力计系统

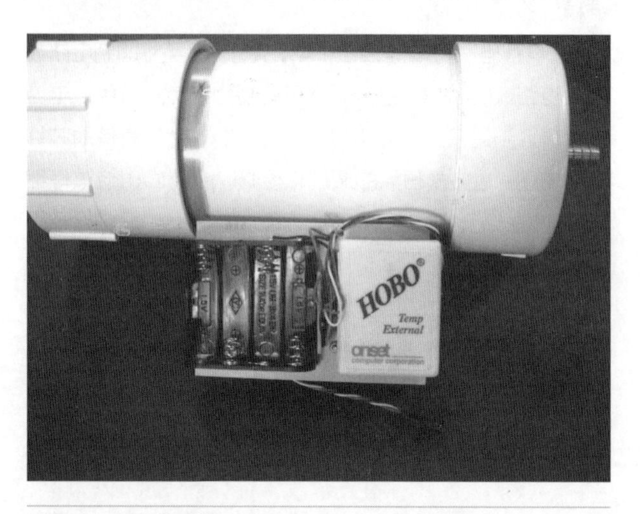

图4-14　压力计系统

差分压力计可以测量压力口和背景口的压力差。在此项目中，主端口B通过塑料管深入待测液体内，背景端口A通过接收单元直接面对大气，检测大气表面的气压。

图4-16是水流水位监测系统的电路图。传感器由两个电池盒里的6节AA电池供电，总电压为9V。稳压器的作用是为压力传感器提供稳定的5V电压。稳压器的输出引脚接到压力传感器的电源引脚2。由R1和R4组成的电阻网络为传感器的引脚1提供平衡调整。在焊接电路时，微调器必须调至中点。压力传感器的引脚5和引脚6悬空。压力传感器的输出引脚3接到由R5和R6组成的分压器网络，并接入ONSET HOBO 8位数据记录器，用来记录压力传感器的值。

HOBO数据记录器有8位和12位两个版本。HOBO H08-002-02是双通道小型低成本数据记录器，在一节纽扣电池供电下可以工作1年以上。双通道数据记录仪内置温度传感器和第二自由端口，此端口可以用来记录

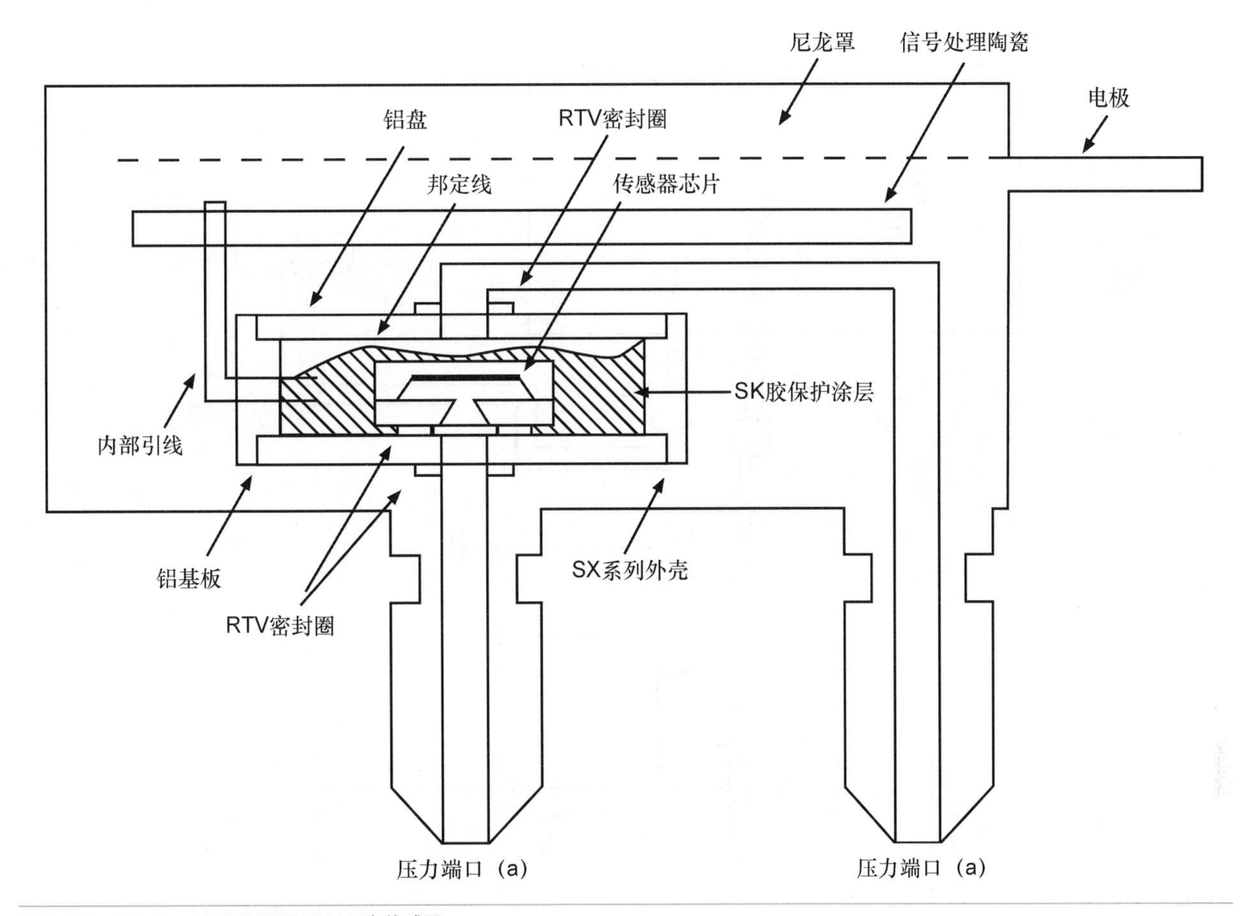

图4-15 Honeywell ASCX01DN压力传感器

压力传感器的读数。HOBO系列数据记录仪有两种输入模式：4 ~ 20mA输入和0 ~ 2.5V输入模式。本项目选用0 ~ 2.5V输入模式。HOBO数据记录仪的侧面有显示工作状态的小型LED。外部输入端口为2.5mm板对板接口。数据记录器还有第二个用作串联输出的1/8英寸板对板接口。ONSET公司还有低成本1/8迷你接口连接到九针RS-232串口转接线。8位HOBO数据记录仪的售价为59美元。

水流计量系统由两部分组成：发射单元和接收单元。发射单元放置在河流的底端，其电路由5V稳压器、压力传感器、传感器偏移调整电路、输出端分压器组成，如图4-17所示。发射电路封装在3英寸PVC管中，发射单元和接收/记录单元通过一根三线线缆连接。接收/记录单元、ONSET数据记录仪和发射单元的9V供电电池一起，也封装在3英寸PCV管中。传感器和结束单元之间的三线线缆中包括传感器信号线、地线和+9V电源线。采用分离式系统的优点是可以将传感器或发射单元放置在水里，同时又能将接收和记录单元放在岸边，以便工作人员进行数据记录和检查工作。

从图4-18示意图中读者可以看出分离式系统的外壳组装示意图。其中压力传感器SEN-1、稳压器、零偏电路、分压器全部安装在发射单元的PVC-1外壳内，即长为10英寸，直径为3英寸的PVC管内。压力传感器和相关电路焊接在小型样机电路板上，并固定在3英寸 ×2³/₈英寸的电路板上。用环氧树脂将电路板固定在3英寸内径（ID）的PVC管中。PVC-1管的一端用Fernco公司出品的3英寸QC-103橡胶帽固定，在保证防水性能的前提下保留了一定的灵活性。3英寸PVC平头帽上钻有2个小孔，用来连接黄铜接头。1/4英寸外径（OD）的黄铜套件用来将压力传感器的小口径塑料端口B连接到PVC管中，套件的另外一端连接用来深到河床下的小孔径管子。

第二个黄铜套件安装在平头帽上，其作用是连接PVC-1和PVC-2外壳间的0.5英寸外径管。此管的作用是保护传感发送单元和数据记录单元之间的电源/信号线。管子和黄铜套件之间用压管夹固定。图中3/8英寸聚乙烯管的作用是将外部大气压导入到PVC-2中，供PVC-1采集并与传感器输出的压强一起计算出压强差。

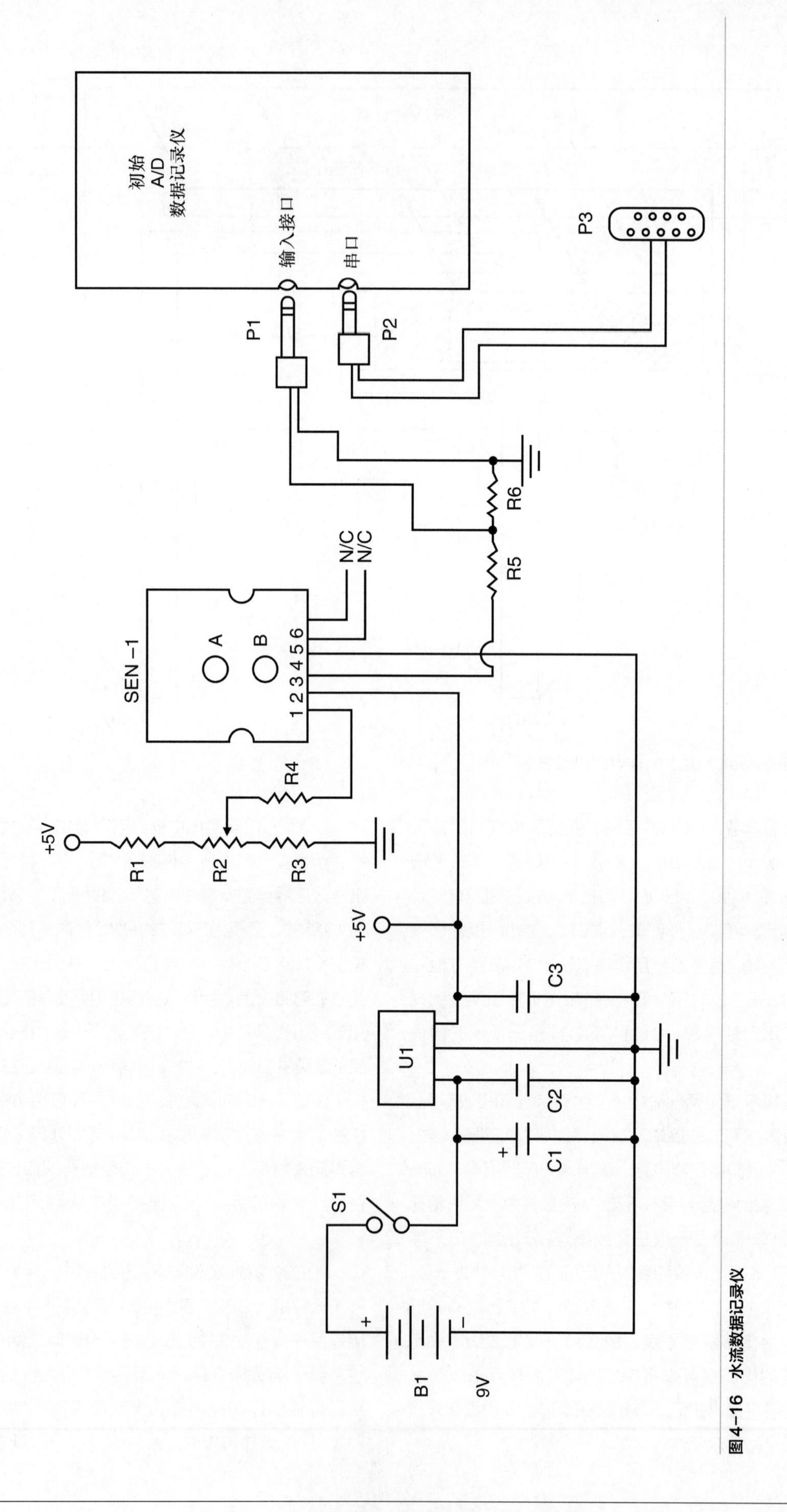

图4-16　水流数据记录仪

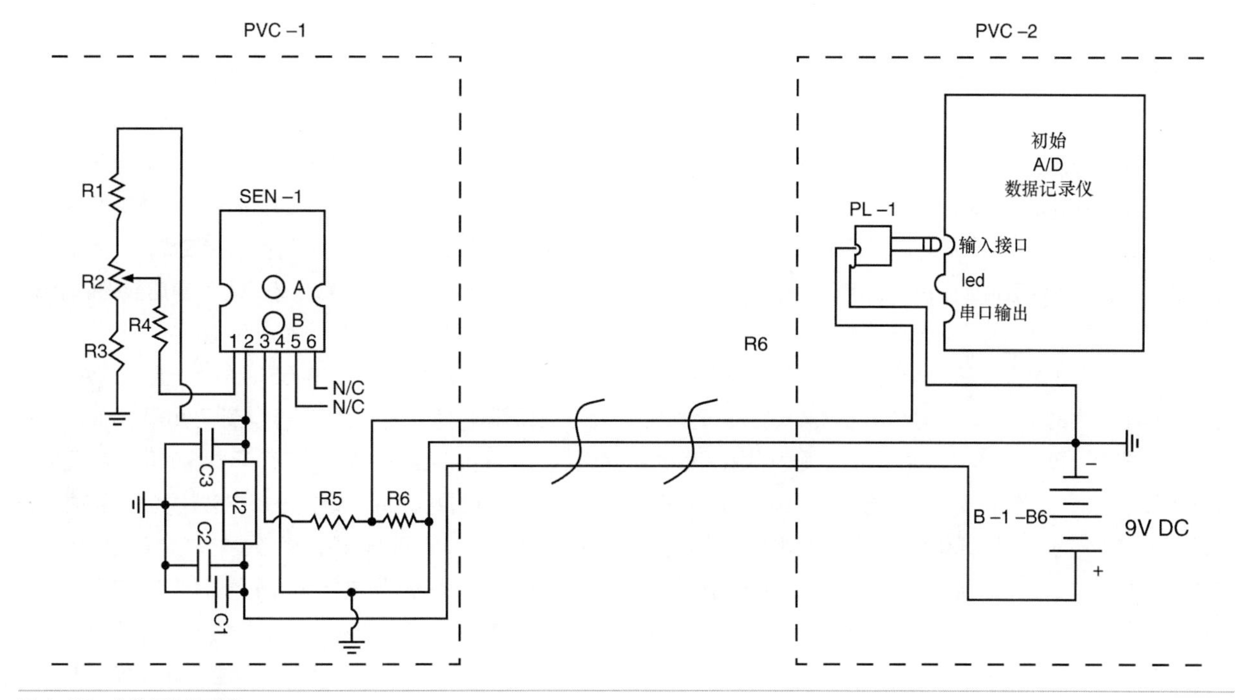

图4-17　水流压力传感器

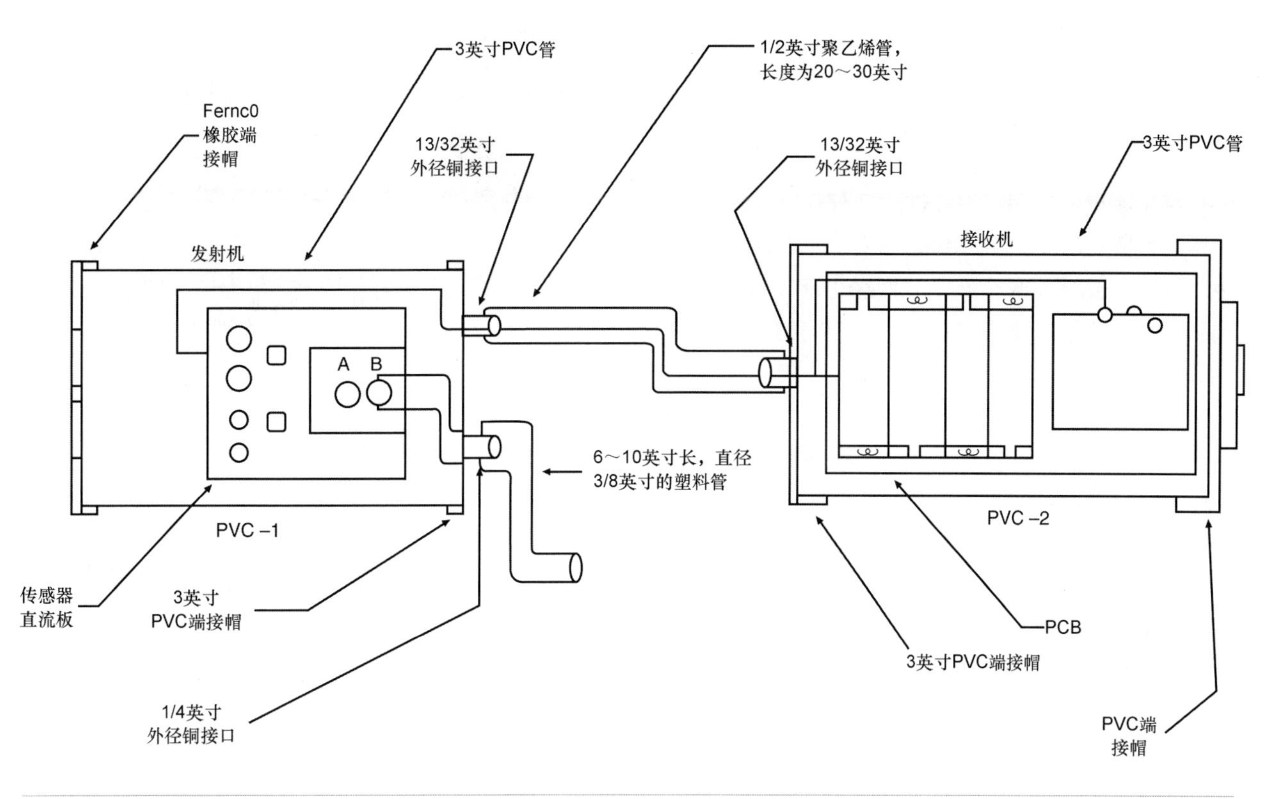

图4-18　水流压力记录系统

使用时PVC-1放置在水底，其作用是测量水底和大气的压强，并通过数据线将压强信号传送给固定在树上或者木架上的PVC-2。

HOBO数据记录仪和由6节AA电池组成的9V电池电源固定在6英寸 ×2.5英寸的废弃电路板上。电路板支架用环氧树脂粘在PVC-2中，起固定电路板的作用。另外将2.5英寸的废弃电路板固定在主电路板上，以便使主电路板可以顺利的放进PVC-2外壳中。

在PVC-2外壳上安装一个3英寸内径的PVC平头帽，并在平头帽的中央钻一个小孔，将1/4英寸的黄铜管安装在小孔上，再将PCV-1和PVC2之间的电源和信号线从小孔中穿入，用特氟龙胶带将铜管与平头帽固定。接下来把PCV-2的两侧开口清理干净并用胶水和平头帽将其中一头堵住。最后用清洁帽将PVC-2的另一端粘住。借助清洁帽，电路板、电池和记录仪可以很方便地移进和移出外壳，供用户读取数据。

两根电源线从PVC-1中的发射单元连接到PVC-2中的6节AA电池盒。压力传感器上的信号线和地连接到与HOBO数据记录仪相匹配的2.5mm插头上。PVC1和PVC-2中间的0.5英寸聚乙烯管可以将外界大气导入到压力传感器的参考端口A中。安装时要注意在0.5英寸管子和黄铜接插件之间用压缩管夹固定好。

4.5.1 流量计的部署

流量计一般有两种安装方式，不管用哪种方式，其关键都是将压力端放置在水下，并将空气端暴露在大气中。第一种方法是将整个流量计放置在水下，即将传感器电路、数据记录仪、电池放置在同一个外壳并沉入水下，然后将空气端软管伸出水面，空气端可以固定在树上或者周围的木桩上。第二种方法是将传感器和压力端放置在水下，但将数据记录部分安装在岸边，同时空气端暴露在大气中。两种方式互有优劣。

第一种方法安装比较隐蔽，不容易遭到人为损坏或盗窃，而且适合安装在冰下，而且由于压力端的软管较短，因此测量精度较高。但是其缺点是水下部分易受各种液体和藻类的腐蚀，另外还要面对洪灾等风险。使用起来也很麻烦，因为每次查询数据记录器都要将整个设备拎出水面。

本例采用第二种安装方法，即将数据记录器安置在干燥的河岸上。采用这种安装方法，测量人员可以随时将PV2-2的清洁帽打开，将数据记录器稍微滑出一点，然后将1/8英寸串口线缆插入到数据记录器上读取数据。用户可以自制1/8英寸串口和九针串口转接线，并使用电脑将数据记录器中的数据下载出来，最后重启数据记录器，将清洁帽恢复原位并开始新一轮的测量。

ONSET公司提供14美元的低成本流量计软件产品。用户仅需在软件中配置串口信息，即可实现与HOBO的通信。软件可以自动判断HODO记录器的型号和适配电压。在开始记录前，用户必须选择立刻开始还是延时后开始，然后运行HOBO软件，将必要的参数下载到数据记录器中，接下来就可以进行数据采集工作了。在回收数据时，只需要将笔记本电脑连接到数据记录器并读取数据即可。在读取完数据后，借助专门的软件对数据进行分析，并输出Excel等格式的数据即可，数据记录就是这么简单。

4.5.2 流量计器件清单

元器件

R1、R3 5kΩ，1/4W 电阻
R2 50kΩ 变阻器（微调）
R4 200kΩ，1/4W 电阻
R5、R6 10kΩ，1/4W 电阻
C1 50 μF，35V 电解电容
C2 0.1 μF，35V 电解电容
C3 10 μF，35V 电解电容
U1 LM78L05 5V 稳压器
SEN-1 ASCX01DN 0 to 1psi Honeywell差分压强传感器
B1 6 AA电池
P1 2.5 mm迷你输入插头
HOBO H08-002-02电脑用数据记录仪
Housing（2）长10英寸，内径为3英寸PVC管，管壁厚3英寸，带有平头帽（×2）
Fernco 3英寸橡胶帽
QC-103端接帽
配件2个3/8英寸压缩黄铜配件，1个1/4英寸黄铜配件
杂项 4节AA电池盒、两节AA电池盒、PCB、导线、连接器、6英寸 × 1/8英寸聚乙烯管，等等。
PVC-1和PVC-2用3/8英寸内径和1/2英寸外径聚乙烯管

第五章

气体检测

Chapter 5

空气和气体的测量听起来比较虚幻，因为大部分时间中，人们都触摸不到空气的存在，也嗅不到空气的味道。但是借助先进的电子技术，我们同样可以检测到大气中的很多成分。本章内容包括气压开关的制作，这种设备可以用在门禁系统或车辆检测系统中。另外还将介绍电子嗅探器的相关知识，电子嗅探器可以检测到空气中的几种气体并产生报警信号。通过线条压力传感器，用户可以将水压或气压的变化在LED灯柱上实时表现出来。本章还将带大家学习有毒气体传感器的知识和如何制作有毒气体传感器的方法。最后本章还为气象爱好者准备了电子气压计项目，为他们的气象站添砖加瓦。

5.1 气体压力开关

气体压力开关可以用来检测非法入侵者，借助此项目我们可以学习到如何根据气压的变化来触发报警器。此项目由一对高灵敏度差分压力传感器和外径（OD）为1/4英寸、内径（ID）为5/16英寸的聚乙烯管组成。使用时将管子埋在地表，随时侦测地面上经过的人或车辆。差分气压传感器具有两个输入接口。其中一个端口是参考接口，另外一个端口用来检测聚乙烯管内的气压。此设备还可以用来检测水压并报警。

气体压力开关的核心器件是Motorola公司的MPX-2100DP型差分压力传感器，如图5-1所示。此压力传感器属于压电硅型器件，具有精度高、线性度好的优点。压力传感器的两个端口分别为压力端口（P1）和真空端口（P2）。

图5-2是气压传感器的电路图。压力传感器为四线设备，其引脚1连接到地，引脚3连接到5V电源，引脚2和引脚4连接到两级运放U1：A和U1：B的输入端。电阻R3和R4的作用是设置第一级放大器U1：A的增益，而电阻R5和R6则用来设置第二级放大器U1：B的增益。运放U1：C工作在比较器模式。气压传感器输出的电压信号输入到比较器的负极输入引脚9。R7和R8组成了分压器电路，为U1：C的正极输入引脚提供基准电压，同时也决定了比较器的电压翻转点。为了扩展距离和提高可控性，读者可以在R7和R8间增加5kΩ变阻器。变阻器的中央抽头连接到运放U1：C的正极输入端。

比较器的8脚输出信号经电阻R10耦合到三极管Q1。三极管Q1的工作是驱动继电器RLY。继电器对外提供常闭和常开触点，用来驱动汽笛、扬声器或者报警灯。

气体压开关电路由6节C型电池组成的9V电池系统供电。电源开关接在电池电源和5V稳压器U2之间。稳压器U2采用7805三端稳压器芯片，其用途是为气压检测电路提供稳定的5V电源。读者也可以依照自己的用途，将电源换成其他9V电源。

气体压力开关电路可以焊接在小型PCB或小型实验板上，包括压力传感器在内的所有器件都直接焊接在电路

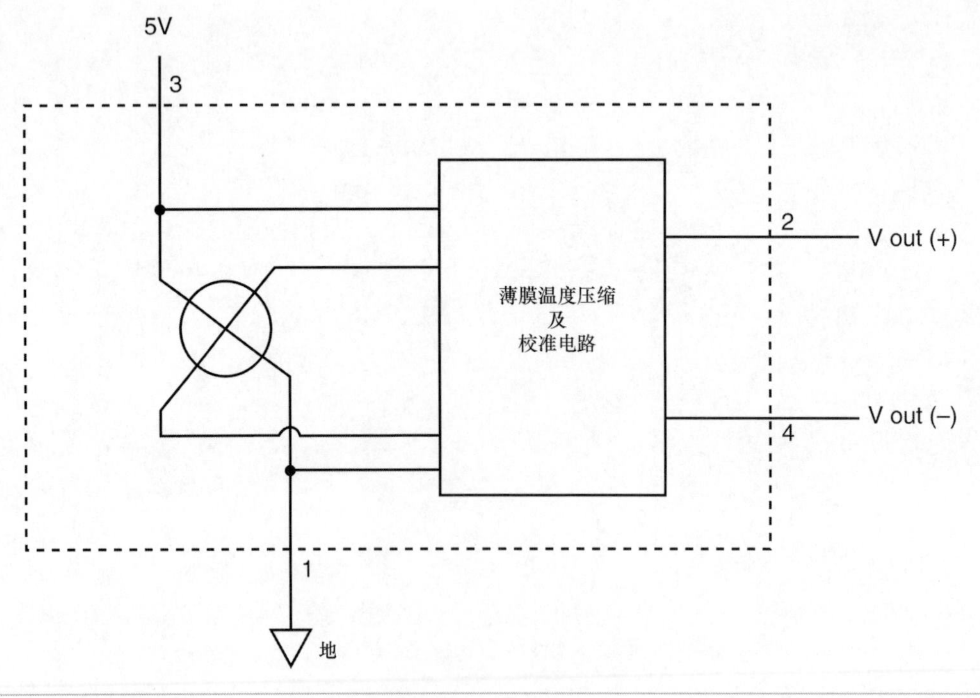

图5-1 MPX2100压力传感器框图

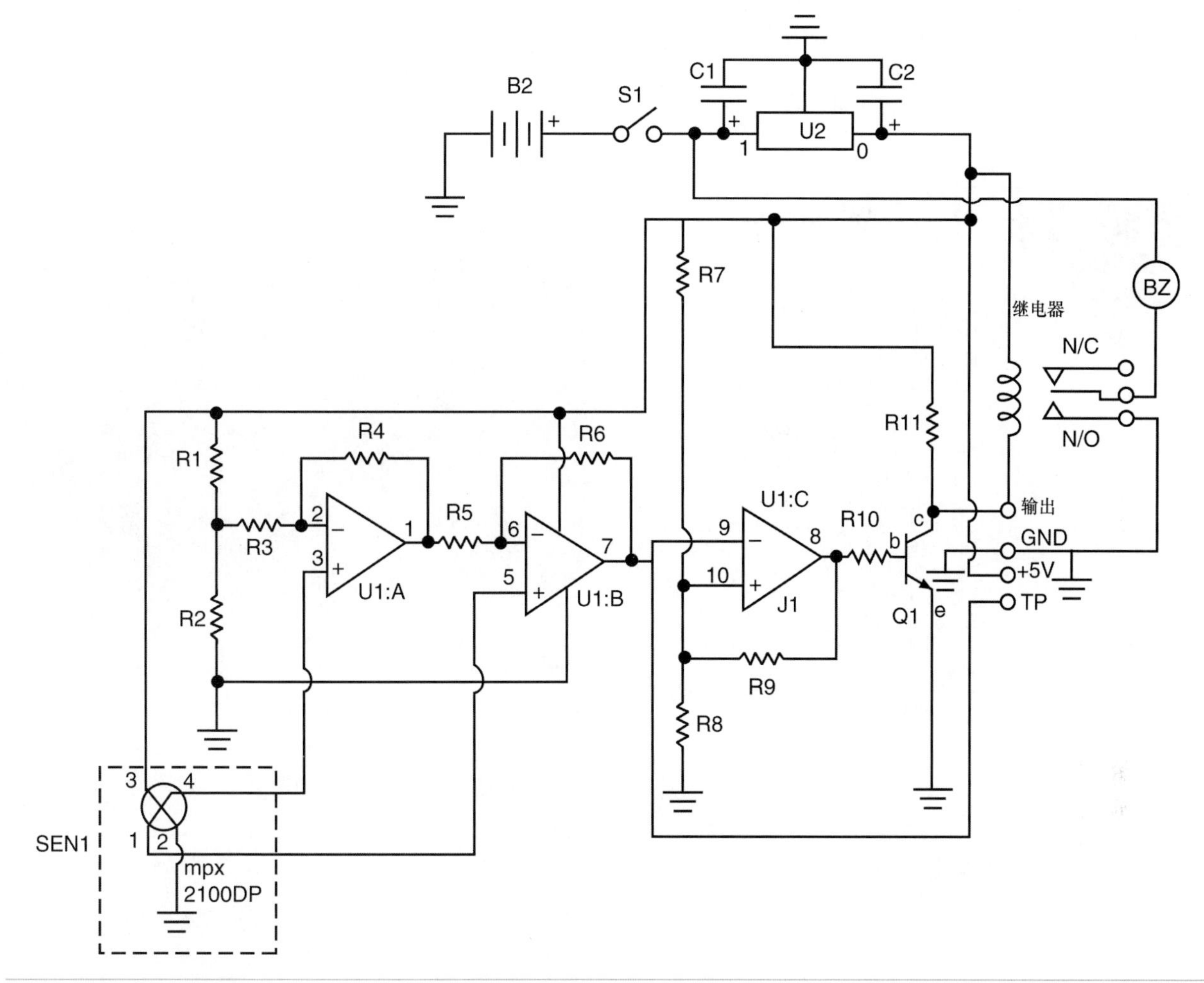

图5-2　气体压力开关电路

板上。布局时应该尽量将传感器和继电器分别放置在电路板的两边。为方便维修和更替，运放U1和三极管Q1都应尽量采用插座式安装。电路中有一部分电阻需要指定采用1%精度的元件，除此以外对其他器件并没有特殊要求。此电路的电源部分用到了少数电解电容，安装时应仔细确认其极性。LM324四路运放和稳压器U2安装起来相对方便。在安装运放或三极管等半导体器件时，应仔细确认其极性。三极管有3个引脚：基极、集电极和发射极。安装前要先阅读三极管的数据手册，牢记引脚顺序。通用型运放的表面通常有方形小缺口或圆圈标记。如果芯片有缺角，那么缺角的左侧的引脚应该是引脚1。

完成电路的焊接后，应仔细检查电路板上的焊点，排除虚焊和连锡现象，剔除电路板背面残留的金属引脚，防止短路。

至此，空气压力开关就组装完成了，读者可以按照喜好将其安装在合适的外壳里。本例采用$5^1/_2$英寸 ×7英寸 ×$2^1/_2$英寸的金属盒子作为空气压力传感器样机的外壳。电路板通过1英寸机械螺丝固定在外壳底部。若选用电池供电，则需要在外壳底部或侧面安装3个C型电池盒。若使用外接电源，则需要在外壳侧面安装同轴电源接口。在外壳靠近压力传感器的位置开一个小孔，使聚乙烯管可以从外部连接到压力传感器中。不同应用中压力传感器的接法不同。在本例中，聚乙烯管应该连接到压力端P1。

如果使用电源开关和扬声器的话，可以将它们安装在外壳的顶端，以方便使用。如果用户希望将扬声器更换成汽笛、马达或其他发声设备。那么要记住一点，若负载为高电压/电流设备，那么最好使用单独的电源供电。

至此，压力开关已经组装完成，接下来可以进入测试环节了。给设备装上电池或插上电源，并打开电源开关S1。将聚乙烯管的末端放在低于设备的高度，蜂鸣器将会响起。压力开关的灵敏度极高，其分辨率高达1psi。

使用压力开关可以做很多有趣的实验。例如读者可以将聚乙烯管埋在地毯或任何车辆可能经过的位置，以演示其功能。另外还可以使用它来检测真空状态，或者将聚乙烯管伸入水中，测量水位的高低。开动脑筋，更多有趣的用途在等着大家。

气体压力开关器件清单

元器件

R1 12.1kΩ，1%，1/4W 电阻
R2 15kΩ，1%，1/4W 电阻
R3 20kΩ，1%，1/4W 电阻
R4，R5 100Ω，1/4W 电阻
R6 20kΩ，1/4W 电阻
R7，R8 10kΩ，1/4W 电阻
R9 121Ω，1/4W 电阻
R10 24.3kΩ，1%，1/4W 电阻
R11 4.75kΩ，1%，1/4W 电阻
C1 1 μF，35V 电解电容
C2 10 μF，35V 电解电容
Q1 MMBT3904LT1晶体管
U1 LM324四路运放
U2 LM7805 5V稳压器
SEN1 MPX2100DP Motorola差分压强传感器
RLY 5V迷你SPDT继电器（Radio Shack）
BZ 9V 压电蜂鸣器
B1 6节C型电池
管子1/4英寸外径，5/16英寸内径聚乙烯管
杂项 PCB、导线、连接器、螺丝、支架，等等。

5.2 电子嗅探器

电子嗅探器项目是非常有趣并且有用的项目。它可以测量空气中的不同气体含量，进而判断该区域的安全性。通过使用不同的传感器，电子嗅探器可以测量可燃气体、有毒气体、有机溶剂含氯氟烃（CFCs）等不同的气体。图5-3是Figaro Sensors公司出品的多种气体传感器照片。

Figaro TGS传感器是一种低成本厚膜金属氧化物，厚膜金属氧化物制成的半导体器件具有寿命长、对特定气体的检测灵敏度高、电路结构简单的特点。Figaro传感器的材料为高温烧结后的微颗粒二氧化锡（SnO_2）。烧结后的氧原子被吸收到晶格内，分子之间具有正电荷存在。当丙酮、酒精、丙烷、二氧化碳等气体出现在传感器周围时，传感器的电阻会下降。在数百万分之一（PPM）到1 000PPM之间的浓度范围内，传感器的电阻变化与气体浓度呈线性对数关系。图5-4中的电子嗅探器电路基于Figaro TGS826型有毒气体传感器（SEN-1）制成，此电路对二氧化碳敏感。

大部分Figaro气体传感器都有加热线圈，其工作电流约为130mA，需要由5V稳压源供电。本项目中用到的六引脚有毒气体传感器由National LP3850降压稳压器供电。稳压器需要依靠4节D型电池供电。稳压器可以给气体传感器提供稳定可靠的电流和电压，以保证传感器的正常工作。

图5-3 Figaro公司出品的传感器

如上文所述，电路的角度看，气体敏感半导体材料可以等效为阻值受有毒气体影响的可变电阻，因此当传感器表面出现气态毒素时，其电阻将会减小。电路中采用25 000Ω的变阻器R2和传感器一起组成负载分压器，R2同时还可以起灵敏度控制用途，其中央滑块连接到D1的门极。当有毒气体接触到传感器时，传感器的电阻减小，变阻器R2上流过的电流增加。受R2滑块上的电压变化影响，硅控整流器（SCR）导通。这时D2位置上的LED将会亮起，对外指示有毒气体的存在。

SCR导通后，DC4071的门极将向LM555定时器/振荡器提供触发电压。一但有毒气体被检测到，并且触发信号出现，LM555振荡器将会驱动扬声器SPK向人们提供有毒气体报警信息。电路中的复位开关可以用来关闭电子嗅探器的报警信号。

由于刚上电时，传感器的电阻通常会出现短暂的降低现象。一但加热器启动正常后，传感器的电阻也将会恢复正常。因此传感器上电后有一定的启动时间。Figaro公司的气体传感器可靠性很高，但是要注意不能让传感器接触到液体。如果传感器表面潮湿了，一定不能让液体结冰，否则将会损坏传感器。

电子嗅探器样机可以安装在小型电路板或Radio Shack公司的样机板上。进行电路布局时，尽量将稳压器和传感器放置在一起，以减少导线中的电流损耗。另外还要将传感器放置在电路板边缘，以方便与外壳外面的连

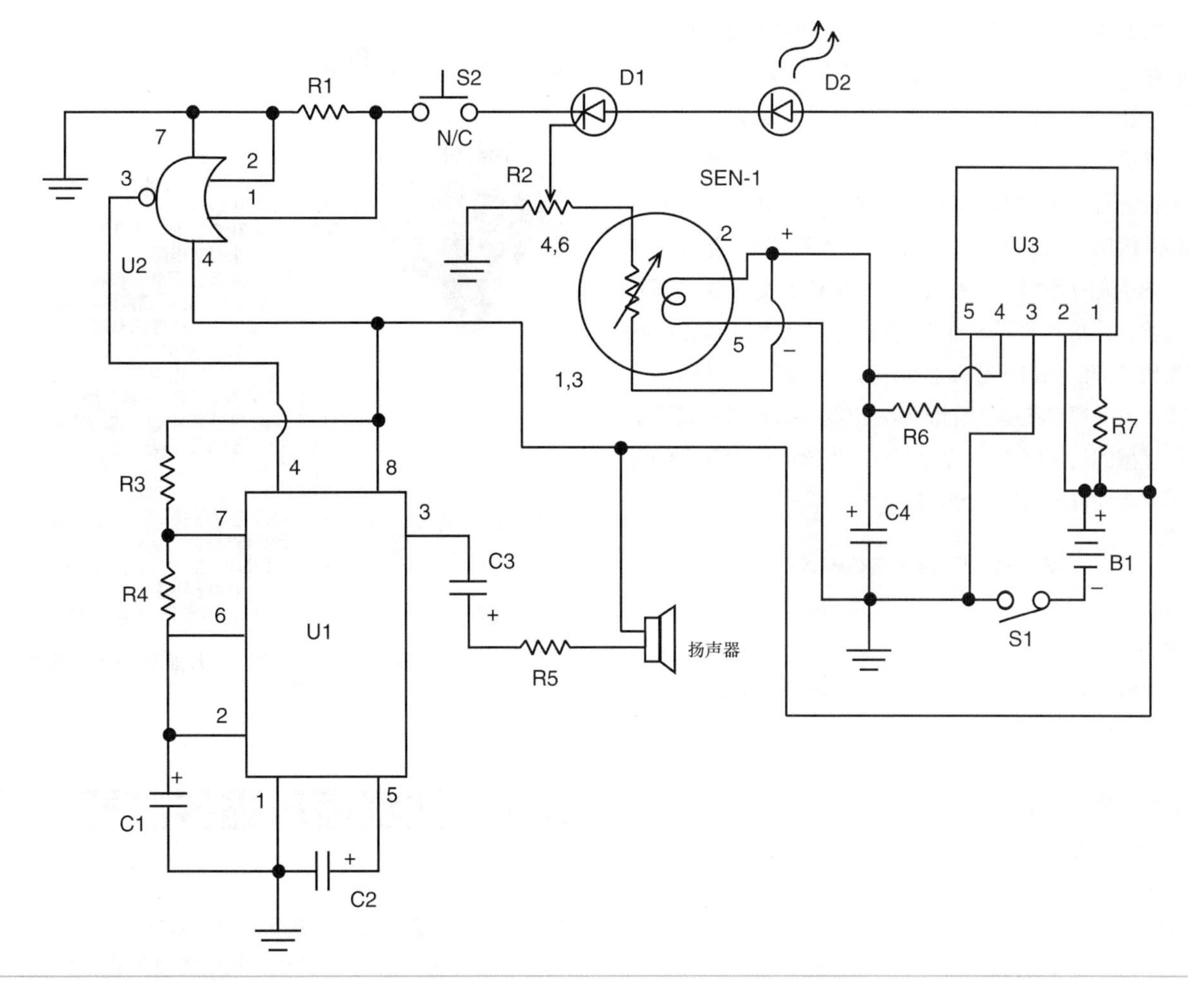

图5-4 有毒气体检测电路

接气体导管相连。稳压器输出的电源连接到传感器加热单元的引脚2和引脚5。由于电路中使用了传感器的传感端，因此引脚1和引脚3也连接到稳压源的正电源端。引脚4和引脚6接到变阻器R2。在设计CD4071电路时，应该注意将不用的输入引脚全部接地，以防止误触发现象产生。LM555振荡器输出频率由R4和C1决定，用户可以选择在R4的位置上安装变阻器，实现频率可调功能。

在组装电子嗅探器时，焊接人员需要特别注意重要器件的方向性，例如二极管、SCR、芯片和电容。二极管表面通常有箭头和直线，箭头指向的引脚一般为阴极，具有极性的电容外壳上一般标有正负号。借助芯片插座来安装芯片可以方便日后的调试和维修。在安装芯片时，焊接人员需要仔细留意芯片表面的方向性记号，例如小缺口或小圆圈。通常小缺口或圆圈的左侧为引脚1的方向。

完成电路的焊接后，还需要仔细检查一遍，排除错焊和漏焊和电路板上残留的金属断脚，以保证电路在上电后可以正常工作。

接下来是装壳工作，本例采用尺寸为4英寸×5英寸×6英寸的金属盒作为嗅探器的外壳。电源开关S1，复位开关S2、LED D2和扬声器全部安装在外壳的上面板上。样机电路中采用的面板安装式变阻器同样也安装在上面板上。电路板在外壳中靠边放置，以便使有毒气体传感器可以方便的从外壳的孔洞中伸出。读者也可以在外壳上安装传感器插座，以便根据应用选择不同的传感器类型。电路板借助长度为1/4英寸的4-40号机械螺丝固定在外壳内。两个D型电池和安装在外壳底部，以方便用户更换电池。

成品电子嗅探器还要经过测试和校准才可以投入使用。首先在电池盒中装上D型电池，打开电源开关S1。将电位器的滑块位置调整到最低（通常为逆时针方向旋转到底）。在电源刚刚接通的瞬间，扬声器会发出吱吱的声音。上电后给电子嗅探器预留两分钟的预热时间（由于传感器中有加热线圈）。两分钟以后传感器将进入稳定状态，这时可以慢慢将变阻器R2的值调大，通常为顺时针旋转变阻器，直到到达阈值点。调整过程中可能需要反复按下复位按钮，以找到最佳灵敏度工作点。完成以上工作后，电子嗅探器就可以用来检测有毒气体了。如前文所述，电子嗅探器还可以检测表5-1以外的其他气体。不同的气体传感器售价大约在14.5美元到50美元之间。最便宜的传感器为LP/丙烷、自然气体、一氧化碳传感器，CFC传感器的售价较贵，一般接近24美元。氢气、硫化氢和氨气传感器的售价一般高达50美元。大部分气体传感器的工作原理都差不多，因此仅需对电路稍作改动即可适配其他类型的气体传感器。因此用户可以通过更替不同的传感器来实现各种气体的检测。

表5-1　Figaro气体传感器

气体	传感器	
可燃气体		
LP气体/丙烷（500 ~ 10 000 ppm）	TGS813	TGS2610*
自然气体/甲烷（500 ~ 10 000 ppm）	TGS842	TGS2611*
常见可燃气体（500 ~ 10 000 ppm）	TGS813	TGS2610*
有毒气体		
一氧化碳（50 ~ 1 000 ppm）	TGS826	
氨气（30 ~ 300 ppm）	TGS825	
硫化氢（5 ~ 100 ppm）	TGS825	
有机溶剂		
酒精、甲苯、二甲苯（50 ~ 5 000 ppm）	TGS822	TGS2620*
其他挥发有机蒸汽	TGS822	TGS2622*
室内污染物		
二氧化碳	TGS4160	TGS4161*
空气污染物（<10 ppm）	TGS800	
CFCs（HCFCs，HFCs）		
R22、R112（100 ~ 3 000 ppm）	TGS830	
R21、R22（100 ~ 3 000 ppm）	TGS831	
R134a、R22（100 ~ 3 000 ppm）	TGS832	

使用气体传感器时有很多禁忌需要注意（例如将TGS传感器暴露在发胶或粘合剂等硅树脂蒸汽中）。要避免将传感器暴露在高腐蚀性环境下，例如高密度的H_2S、SO_X、C_{12}、HCL蒸汽，这些蒸汽会腐蚀传感器内的金属导线和加热材料。另外还要避免传感器接触液体后温度降到冰点以下，否则将导致传感器衬底撕裂。

电子嗅探器器件清单

元器件

R1 470Ω，1/4W 电阻
R2 25kΩ 变阻器
R3、R4 47kΩ，1/4W 电阻
R5 10Ω，1/4W 电阻
R6、R7 10kΩ，1/4W 电阻
C1 0.006 μF，35V 陶瓷碟片电容
C2 0.01 μF，35V 陶瓷电容
C3 2 μF，35V 钽电容
C4 10 μF，35V 钽电容
U1 LM555定时器振荡器芯片
U2 CD4071四路双输入或门芯片
U3 LP3875 5V稳压器
D1 SCR
D2 LED
S1 SPST电源开关
S2常闭按键开关
B1 4节D型电池
SPK 8Ω 迷你扬声器
SEN-1 TGS826 Figaro有毒气体传感器
杂项 PCB、芯片插座、导线、电池盒、五金件。

5.3　柱状表压强传感器

压强传感器在人们日常生活中的应用非常广泛。普通人可能并不知道家庭、公司和工场里的很多设备里都有压强传感器的身影。压强传感的原理比较复杂，测量中还涉及到3个基本的压强定义类型（见表5-2）。

表5-2　压强测量的类型

压强类型	描述
绝对压强	绝对压强传感器测量到的压强值以内部空腔中的0压强（真空）为参考点。相当于膜片有15psi或1个大气压的偏移。通过在传感器压强面施加相对负压来测量压强
相对压强	差分压强传感器可以测量振膜两侧的压强差。在压强面施加正压强相当于在真空面施加负压强
计示压强	计示压强示数是特殊的相对压强，其大小等于压强面的压力与大气压之差，因为测量计示压强时，真空面必须通过孔洞连接到大气

通过柱状表压强传感器项目，读者可以学习到组建和使用压强计的方法，另外还可以用它来测量周围的压强。柱状表压强计可以用在敏感诊断装置上，用来测量气压、真空压强或差分压强（见表5-3中的潜在压力传感器应用）。

表5-3 柱状表压力传感器应用	
监测应用	范例
监测工业液体过滤器内的压降	食品加工厂，化工处理厂，污水处理厂
监测工业气体过滤器内的压降	空气状况，气体分离，真空系统中的气流监测
其他监测应用	过滤设备，计算机过滤系统，室内清洁，医疗机械

此项目的核心是敏感型低成本差分压电压强传感器，这种传感器可以输出与外部压强成正比的电压信号。差分压强传感器含有两个压强检测端口，分别接到隔膜的两侧，因此可以工作在差分模式和计示模式。SenSym系列（来自Honeywell公司）压强传感器芯片是一种不带信号调理的4引脚压强传感器，其照片如图5-5所示。其中P1和P2是两个压强检测口。P1是高压端口。此传感器属于压电类传感器，内含由4个500Ω电阻单元搭建成的惠斯通电桥电路。传感器的输出端通过两个550Ω电阻与电桥相连。

图5-6是柱状表压强传感器的框图。压强传感器的一侧是压强校准电路，而另一侧是传感器温度补偿电路。待测压强直接作用在传感器表面。传感器的输出信号经放大器电路放大，然后输送到显示驱动电路中，最后转化为LED柱状表。

图5-7中的柱状表压强传感器电路的核心是SenSym公司的SPX50D型传感器，其测量范围为0 ~ 7psi。此压强传感器由5V稳压源供电，连接到引脚3的3个串联二极管起温度补偿作用。传感器的引脚1接地，传感器的正级（+）输出端引脚2连接到基准变阻器（R8和）第二级运放U1：B的第5脚输入端。压力传感器的负级（-）输出端引脚4接到第一级运放的引脚3。第一级运放的增益由增益电阻R6和Rp（见表5-4）决定。通过调整输入电阻，可以将压力传感器的量程在0 ~ 1psi和0 ~ 10psi之间调整。电阻R3为第一级运放和第二级运放的耦合电阻。U1：B的输出引脚7连接到显示驱动芯片LM3914N的输入引脚5。驱动芯片可以同时驱动10

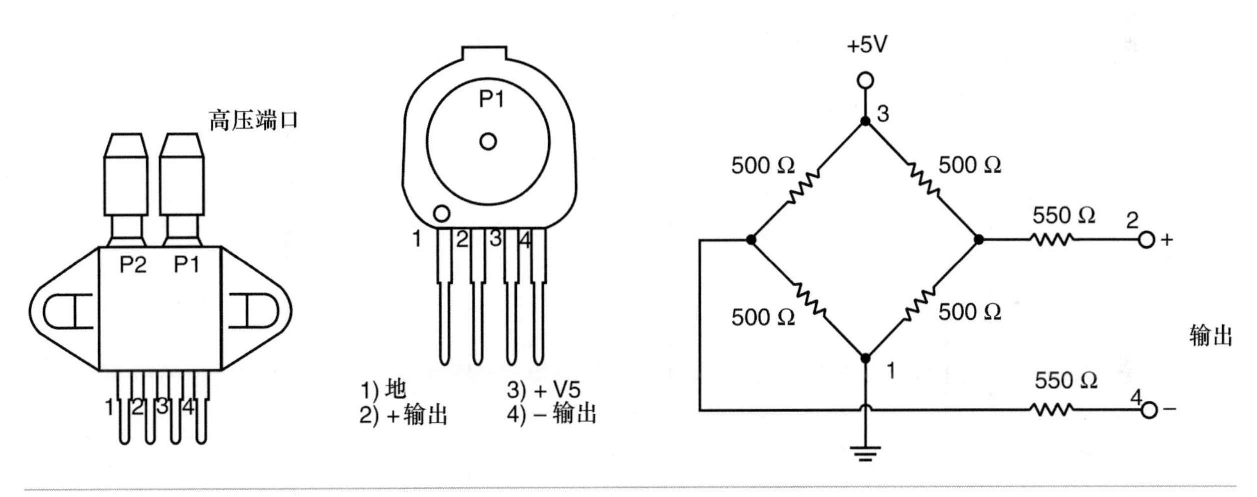

图5-5 Honeywell SenSym SPX 50D压强传感器

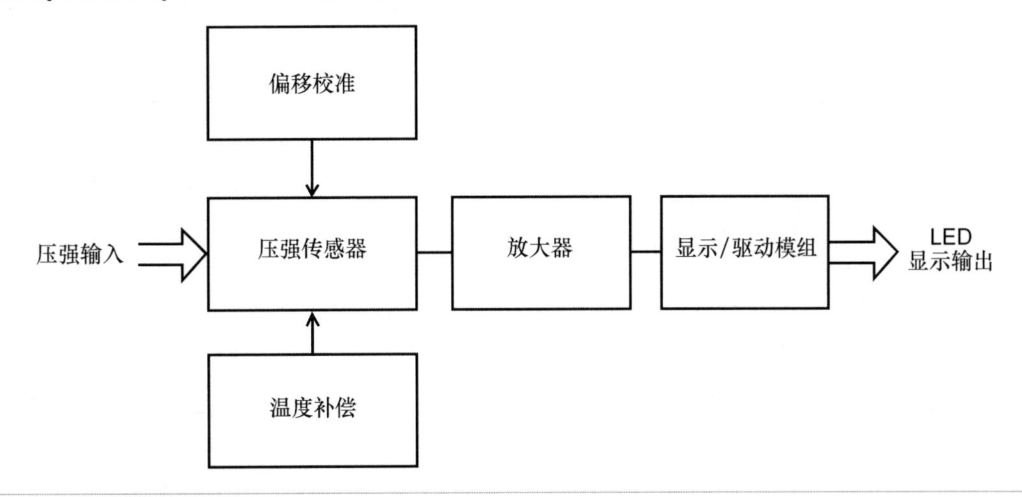

图5-6 SPX50D压强传感器框图

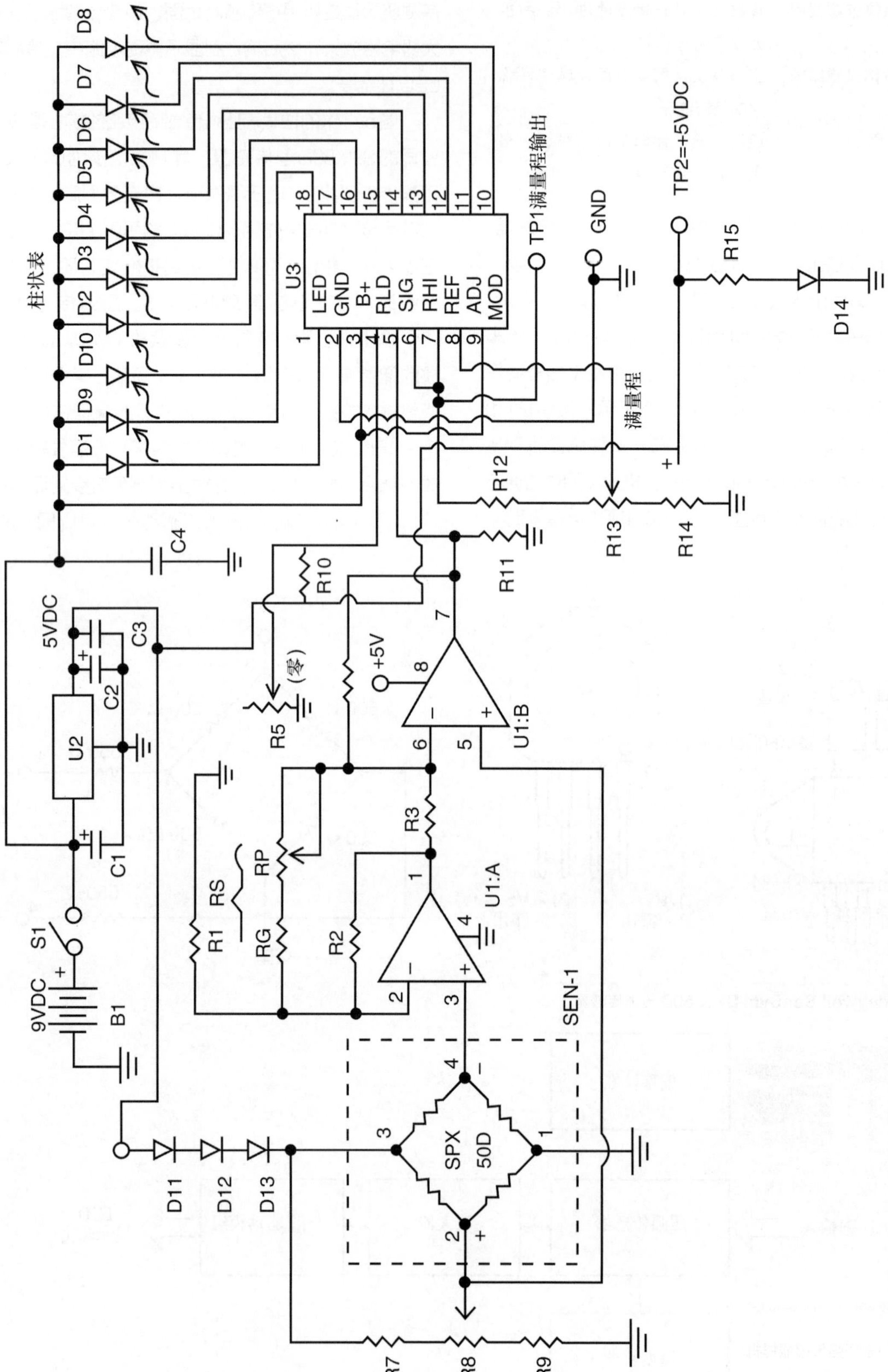

图5-7 柱状表压力传感器电路

个LED，用来表示0 ~ 1psi或0 ~ 10psi量程。通过变阻器R13可以调整驱动芯片输出的显示信号范围。变阻器R5的作用是为显示器校零。电路中有两个测试点TP1和TP2。测试点1上的电压为满量程输出电压，而测试点2上的电压为5V。LED D14为系统的电源指示灯。10个LED信号灯分别连接在显示驱动芯片的10 ~ 18脚和1脚上。

柱状表压强传感器的稳压源为U2。U2同时为LM358运放芯片、LM3914N显示驱动芯片和传感器芯片供电。为稳压源提供供电的是9V电池，S1是电源开关。读者也可以用其他电源来替代9V电池。

如图5-8所示，柱状表压力传感器样机焊接在小型PCB上。在进行电路布局时，需要优先保证压强传感器的位置在PCB边缘，以方便外壳外的压强导管与传感器连接。传感器偏置电阻R7、R8和R9选用与放大器增益电阻相同的1%精度电阻。电路中的其他电阻精度都为5%。电路中只用了3个电容。电容C1和C2位电解电容，C2为陶瓷碟片电容。柱状表压强传感器电路中采用的变阻器都是绕线型电阻器。

表5-4 气压柱状表

压强范围	设备	Rs	
		R6	Rp
0 ~ 1psi	SPX50DN	909Ω	2kΩ
0 ~ 10psi	SPX50DN	909kΩ	20kΩ
0 ~ 15psi	SPX100	6.9kΩ	20kΩ
0 ~ 30psi	SPX200	6.9kΩ	20kΩ

在安装压强传感器时，应该仔细确认引脚方向，并且尽量借助芯片插座安装，以方便日后维修。芯片方向焊错会导致电路板损坏。集成电路表面一般有标示引脚1的小圆圈或者缺角。引脚1通常在小圆圈的左侧。

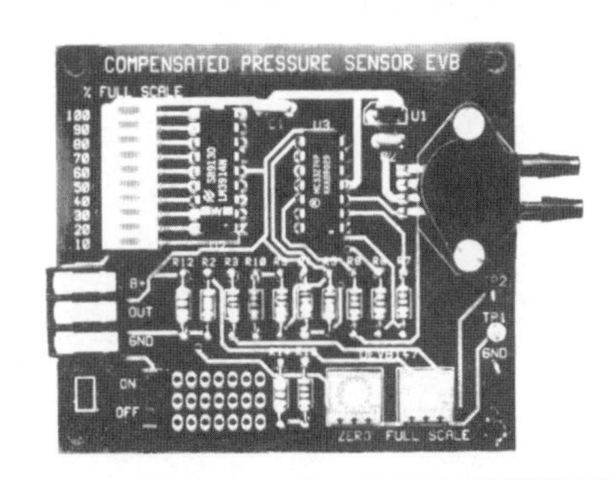

图5-8 柱状表压强传感器样机电路板

安装LED时也要注意器件极性，压强传感器样机采用了10段LED显示器，相比于分立LED，10段LED焊接起来更为方便。读者可以借助芯片插座来安装10段LED。电路中的3个二极管D11、D12和D13都为小信号二极管，二极管的极性可以通过封装上的线条分辨，有线条的一端表示二极管的负极。安装稳压器之前，必须仔细查看相应的器件手册，正确区分其输入端和输出端。

完成电路的焊接后，还要仔细进目测一遍焊点，防止虚焊和短路。某些虚焊问题很难从现象上排查。另外还要检查电路板的背面，去除背面的金属断脚。

在目检完电路板后，就可以将电路板安装在外壳中了。读者可以根据自己的喜好选用金属或塑料外壳。为了更方便地将压强传感器与外界相连，电路板在外壳内应该靠边安装。电路板可以采用支架式安装，以便于将LED从外壳上面板上伸出。电源开关和电源指示灯同样也安装在外壳上方。如果采用电池供电，可以将电池盒安装在外壳底部。若采用外接电源，应该在外壳背部增加电源插孔。

由于压强传感器属于差值传感器，因此有两个输入端口。读者需要准备外径1/4英寸、内径5/16英寸的聚乙烯管，用来搭配压强传感器使用。压强传感器的P1口为压强口。使用时应该根据应用场景选择聚乙烯管具体连接的端口。如果需要测量外界气压的压强，可以将聚乙烯管连接到P1。如果需要测量真空压强，可以将聚乙烯管连接到端口P2。

柱状表压强传感器的校准过程仅有非交互的两步：调整初始偏移和量程。调整偏移时，先保证压强传感器上的差分电压为0，然后调整变阻器R8的值，直到Vd端的电压为0V为止（例如芯片SPX50DN的引脚4和引脚2）。调整量程时，应该在传感器上市价10psi的压强，然后调整Rp的阻值，直到10个LED全部亮起。这样柱状表压强传感器就可以精确测量大气压和真空压了。表5-5是不同压强传感器输出数据的转换表。现在，尽情发掘压强传感器的功能吧。

表5-5 压强转换表

转换前	转换系数	转换后
psi-VG	2.3	英尺水深
英尺水深	0.434	psi-SG
psi	0.068 95	巴或千帕
kPa	0.145 032 6	Psi
kPa	4.014 7	英寸H_2O
kPa	0.295 3	英寸Hg
kPa	10.000	毫巴
kPa	10.197 3	厘米H_2O
kPa	7.500 6	毫米Hg
英寸H_2O	0.036 127	Psi

续表

表5-5 压强转换表

转换前	转换系数	转换后
英寸H_2O	0.073554	英寸Hg
英寸H_2O	0.2491	巴或kPa
英寸H_2O	2.419	毫巴
英寸H_2O	2.5400	厘米H_2O
英寸H_2O	1.8683	毫米Hg
英寸Hg	0.4912	Psi
英寸Hg	13.596	英寸H_2O
英寸Hg	3.3864	巴或kPa
英寸Hg	33.864	毫巴
英寸Hg	34.532	厘米H_2O
英寸Hg	25.400	毫米Hg

柱状表压强传感器器件清单

元器件

R1、R2、R3、R4 100kΩ，1/4W，1%电阻
R5 200Ω 变阻器（微调）
R6（见表5-4）
Rp（见表5-4）
R7 24kΩ，1/4W，1% 电阻
R8 10kΩ 变阻器（微调）
R9 15kΩ，1/4W，1% 电阻
R10、R11 1kΩ，1/4W，5% 电阻
R12 1.2kΩ，1/4W，1% 电阻
R13 1K变阻器（微调）
R14 2.7kΩ，1/4W，1% 电阻
R15 470Ω，1/4W，5% 电阻
C1 1 μF，35V，电解电容
C2 10 μF，35V 电解电容
C3 0.1 μF，35V 陶瓷碟片电容
U1 LM358运放（National）
U2 LM7805稳压器（National）
U3 LM3914N显示驱动芯片（National）
D1 ~ D10红色LED灯
D11，D12，D13 1N914硅二极管
D14红色LED灯
SES-1 SPX50DN SenSym压强传感器
B1 9V电池
S1 SPST拨动开关
杂项 PCB、导线、插座、公头连接器、电池盒、外壳，等等。

5.4 催化可燃气体传感器

在20世纪60年代催化球状电阻（载体催化电阻）被发明后，催化燃烧法就被广泛应用在需要进行可燃气体检测的工业场合。

载体催化单元的基本材料是涂有惰性基材（例如氧化铝）或金属催化无的的铂金线圈，又称为敏感单元。其中催化剂的配比至关重要，决定了传感器的性能。图5-9是典型催化单元的剖面图。

除敏感单元以外，传感器中还有非敏感单元。非敏感单元的种类有两种。第一种用在大功率设备上，这时催化液被玻璃替代，以防止在可燃气体中被氧化。第二种用在低功耗设备上，这种设备上的非敏感单元寿命与敏感单元相仿。出于抗氧化性考虑，催化剂是在类似氢氧化钾的“有毒”环境中生产的。

催化剂通常成对生产。活跃的催化元素在电学中都对应着非活跃催化元素，这些元素必须与可燃气体隔离，以防止表面被氧化。这种互补元素在传感器中通常用作参考电阻，用来实现差分输出信号计算，以便将环境因素从待测可燃气体中隔离出来（见图5-10）。催化器对催化传感器可方便地安装在TO4集管或完整的隔爆气体检测头中，用作固定气体检测系统中的现场设备。这种测量可燃气体的方法具有直接有效的优点。

工作时，催化传感器需要搭配一对磁珠使用，磁珠分别接到传感器的敏感单元和非敏感单元上。在生产过程中，制造商已经对成对使用的器件单元进行了电压和电流的参数校准，因此使用时不需要额外进行补偿（例如通过微调电阻）。如图5-11所示，在传感器电路中，敏感单元和非敏感单元搭接成惠斯通电桥电路，其工作温度高达400 ~ 500℃。当外界没有可燃气体时，惠斯通电桥处于平衡状态，对外输出稳定的基准电压信号。当可燃气体

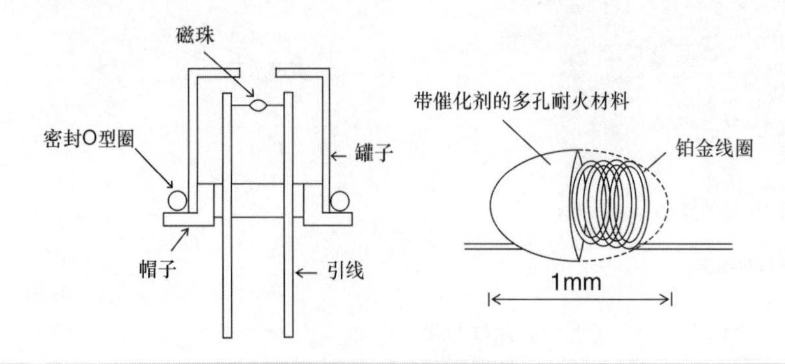

图5-9 催化气体传感器

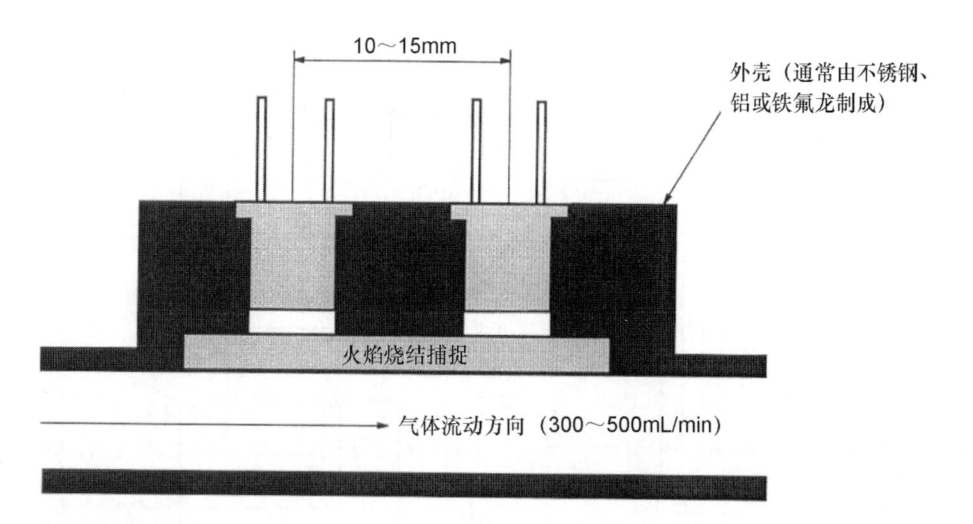

图5-10　双路催化传感器的安装方式

出现，检测单元表面被氧化时，检测单元温度会升高，其电阻值也会增加，进而导致惠斯通电桥对外输出非平衡信号。

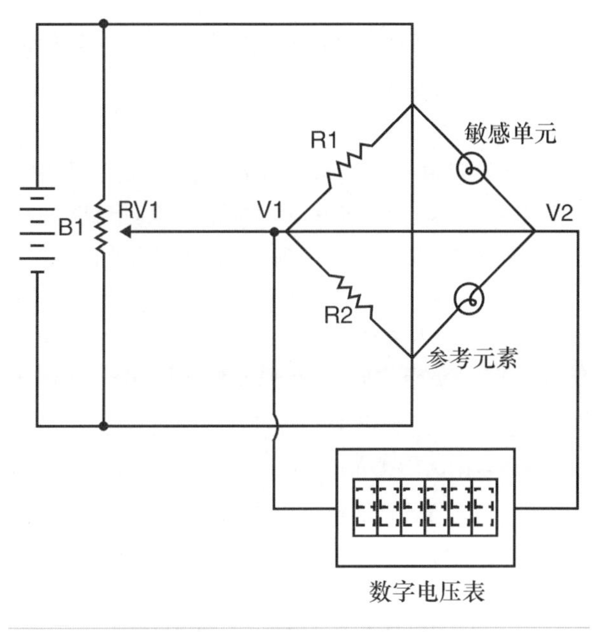

图5-11　电阻气体传感器桥接电路

根据传感器的种类，电桥的供电电压通常为2 ~ 3.5V。电压V1由敏感单元和非敏感单元组成的分压器决定。电压V2为固定电压，电压由由固定分压电阻R1和R2决定，大小约为供电电压的一半。RV1为校零电阻，保证在无可燃气体的情况下V1和V2之间无压差。当可燃气体出现时，敏感单元的阻值增加，从而导致V1增加，整个电路的输出电压（V1和V2的差值）也增加。非敏感单元的作用是消除由其他环境因素导致的共模干扰。当敏感单元和非敏感单元共同变化时，电压V1不会变化。

在设计催化电阻时，制造商同时考虑了恒压和恒流两种工作模式。恒流模式主要用在大功率固定设备中，这时催化单元的供电比较稳定。在需要考虑功耗的电池供电场合，传感单元通常工作在恒压模式。

图5-12是基于催化传感器设计的可燃气体传感器电路。图左侧热电源的作用是给催化传感器所在的惠斯通电桥供电。热电源部分由3 ~ 4.5V电池和可调稳压器U1、开关S1：A组成。变阻器R2的作用是将输出电压调整为3V。热电源的正极（+）接到惠斯通电桥的V2端，负极（-）接到惠斯通电桥的V1端。惠斯通电桥由4个电阻组成。电阻R3和R4为阻值1kΩ的固定电阻，R5是催化传感器的参考单元，R6是催化传感器SEN1的传感单元。

惠斯通电桥的输出信号由E1和E2引出，当传感单元检测到可燃气体时，E1和E2间的电压平衡将被打破。电桥的E1输出端连接电路中的地点，E2输出端连接到LM393比较器的负极（-）输入端。比较器的正极（+）输入端引脚5连接R9和R10组成的反馈电阻。同时还连接变阻器R8，R8的作用是调整比较器电路的工作点。比较器的输出端引脚7通过电阻R12连接到PNP三极管Q1，Q1的作用是驱动小型SPDT继电器，以提高输出端的驱动能力。在本例中，继电器用来驱动压电扬声器，当惠斯通电桥处于非平衡状态时，扬声器发出报警信号。继电器的常开触点连接9V电源，触发状态下可以为扬声器供电。读者也可以用继电器来驱动水泵或汽笛等其他重负载。比较器电路由9V电池和稳压器U3供电。开关S1：B的作用是控制稳压源和比较器的供电。需要注意的是负载

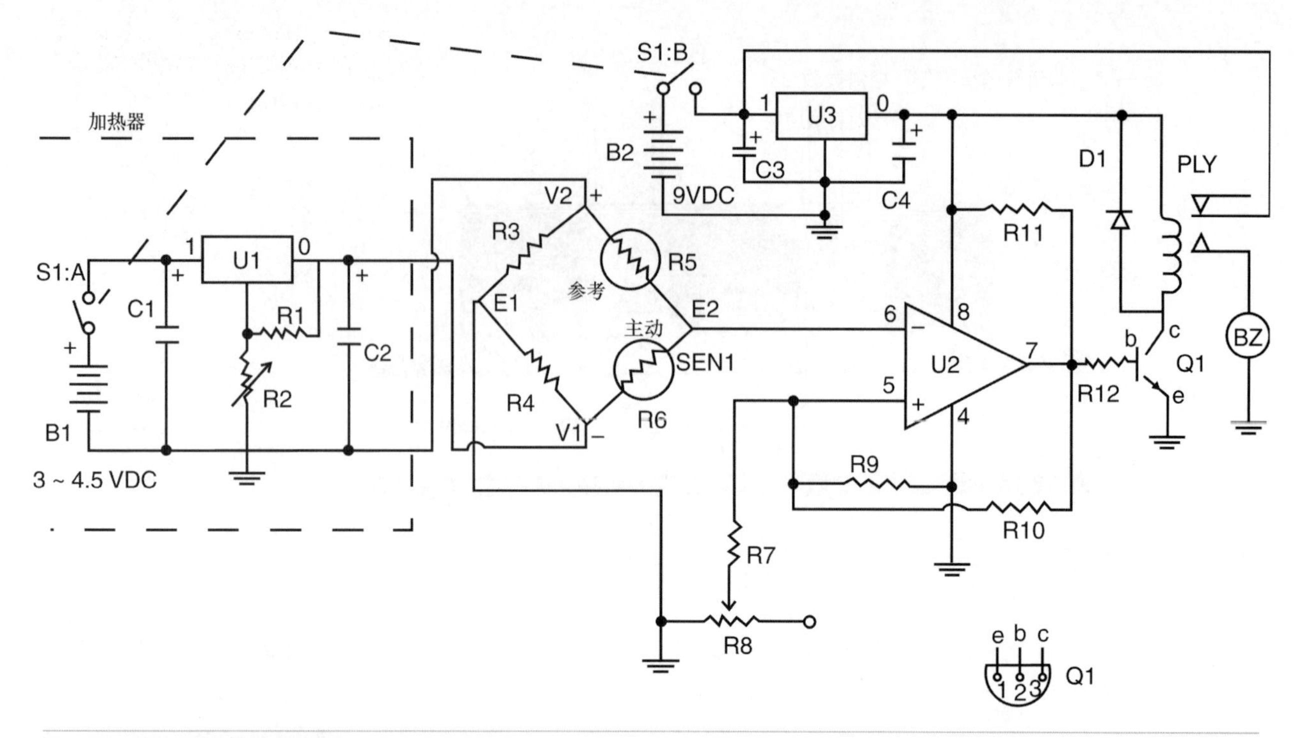

图5-12 催化可燃气体传感器电路

直接由9V电源供电，而比较器则采用5V电源。

可燃气体传感器项目焊接在3英寸 ×4英寸的PCB上。除催化传感器以外，电路中并没有特别敏感的器件。包括稳压器、芯片、三极管、继电器在内的所有器件都焊接在电路板上。稳压器上需要安装散热片。催化传感器要安放在散热片上，以便维持工作温度。布局时应该尽量将催化传感器安装在电路板的边缘，以便与外界接触。电路中的芯片最好借助芯片插座安装，以方便调试和维修。安装芯片时应该仔细检查芯片方向，芯片表面一般有小圆圈或缺口等方向性记号，小圆圈或缺角的左侧通常为1脚的位置。电路中的C1、C2、C3和C4都为有极性电解电容，其中有标记的引脚为正极引脚。安装稳压器前应该仔细检查器件手册，确保型号和安装方向全部正确。如图5-12所示，三极管Q1有1，2，3三个引脚。引脚1表示发射极，引脚2表示基极，引脚3表示集电极。

完成焊接工作后，需要仔细目检一遍PCB，以排除短路和虚焊现象。最后还要将电路板的背面清理干净，防止有金属断脚残留，否则有可能导致电路板在上电时损坏。仔细检查完电路板后，就可以将其安装在外壳里了。

外壳的大小应该比电路板稍大。本例采用$5^3/_4$英寸 × 7英寸 ×$2^1/_2$英寸的金属盒作为外壳。金属盒上开有直径为3/8英寸的小洞。小洞的位置与电路板上气体传感器的位置平齐。电路板借助塑料支架安装在外壳中。如果选择电池供电方案，那么需要在外壳底部安装3节C型电池盒，此外还可以采用6V500mA外接电源作为供电方案。B2处为3节AA型电池或3节C型电池组成的第二电源。电池盒可以装在外壳的底部。

DPDT电源与压电蜂鸣器安装在一起。若R8采用贴片变阻器，那么也必须安装在外壳顶部，以便于调整。

可燃气体检测器组装完毕后，就可以进行电路校准工作了。可燃气体检测器对多种可燃气体敏感（见表5-6）。读者可能已经注意到传感器对甲烷、氢气、乙烯和甲醇的敏感性较强。为了校准某种气体的灵敏度，首先要使可燃气体传感器进入工作模式，然后将其放置在目标气体环境中，调整变阻器R8的值，直到灵敏度达到最佳值。每种气体对应的最佳工作的略有不同。SixthSense公司有两种催化气体传感器：CAT16和CAT25（见图5-7）。

表5-6 催化气体传感器 - 相对灵敏度

气体/蒸汽	相对灵敏度%
甲烷	100
氢气	107
乙烷	82
丙烷	63
丁烷	51
戊烷	50
己烷	46
庚烷	44

续表

表5-6 催化气体传感器-相对灵敏度

气体/蒸汽	相对灵敏度%
辛烷	38
乙烯	81
甲醇	84
乙醇	64
二甲氧基丙烷	49
丙酮	50
甲基乙基酮（MEK）	48
MIBK	–
环己烷	–
二乙醚	40
乙酸乙酯	46
甲苯	44
二甲苯	31
乙炔	–47

表5-7 催化传感器工作条件

属性	CAT16传感器	CAT25传感器
型号	2111B2016	2111B2125
工作原理	恒流式	恒压式
目标气体	大部分可燃气体	大部分可燃气体
测量范围	0 ~ 100%低爆炸极限（LEL）	0 ~ 100%LEL
工作电压	2.7V+/–0.2V	3.3V+/–0.02V
工作电流	200mA	70mA
最大功耗	580mW	230mW
输出灵敏度	>12mV%甲烷	>25mV%甲烷
响应时间	<10秒	<10秒
线性度	+/–110%LEL到100%LEL	+/–110%LEL到100%LEL

相比CAT16型传感器，CAT25型传感器的工作电流更低。另外需要注意这两种传感器都不能暴露在硫化氢和二甲基二硅醚中。

催化可燃气体传感器器件清单

元器件

R1 240Ω，1/4W 电阻
R2 5kΩ 变阻器（微调）
R3、R4 1kΩ，1/4W，1% 电阻
R5基准载体催化单元CAT25 #2111 B2125（Sixth-Sense）
R6主动载体催化单元CAT25 #2111 B2125（Sixth-Sense）
R7、R9，R10 1MΩ，1/4W 电阻
R8 50kΩ 变阻器（桶状或面板安装）
R11 3.3kΩ，1/4W 电阻
R12 1kΩ，1/4W 电阻
C1、C3 1 μF，35V 电解电容
C2、C4 10 μF，35V 电解电容
Q1 2N2222三极管（PNP）
U1 LM117T 可调稳压器芯片
U2 LM393比较器 运放芯片
U3 LM7809 9V 稳压器芯片
RLY 6V 迷你继电器SPDT（Radio Shack）
BZ 压电蜂鸣器
B1 3节C类电池，4 ~ 5V直流
B2 6节AA电池，9V
S1 DPDT拨动开关
杂项 PCB、导线、芯片插座、支架、螺丝、螺母，等等。

5.5 电子气压计

天气是每个人都关注的话题。人们经常在天气预报中听到气压这个神秘的参数，气压到底是什么呢？

组成大气层的气体是有重量的，这个重量直接施加在地球表面，人们称之为气压。一般来说，水平面上的大气层越厚，气压越大，即气压随海拔高度的变化而变化。例如海平面的气压要高于山顶的气压。为了补偿和便于比较不同高度的气压值，气压通常统一折算为海平面气压。折算后的气压简称大气压。事实上气象站测量到的气压为周边的空气压强。

大气压也会随当地的天气变化而变化，因此大气压也是一种非常有效的气象预测指标。高压通常预示着晴朗的天气，而低压则预示着恶劣的天气。从气象预报的角度看，相对气压比绝对气压重要得多。一般来说气压升高预示着天气转好，气压降低则预示着天气变差。

制作图5-13中的电子气压计可以帮助大家跟踪气压的变化，这种气压计甚至比昂贵的无液气压计效果更好。其测量精度为0.01英寸汞柱，优于传统模拟气压计。

气压计可以测量以英寸汞柱为单位的绝对气压。根据世界气象组织的定义，海平面的绝对气压微29.91216英寸汞柱，相当于14.696磅每平方英寸（PSIA）。实际气压是一个变动的值，其变动趋势可以用来预测天气情况。正常情况下，气压值一般在29 ~ 31英寸汞柱之间。

对于气象领域来说，人们关注气压的变化趋势，即上升还是下降。本节介绍的电子气压计具有保持功能，用户可以将显示屏的示数冻结为当前示数，然后与最新气压对比，判断气压的变动趋势，如此往复。

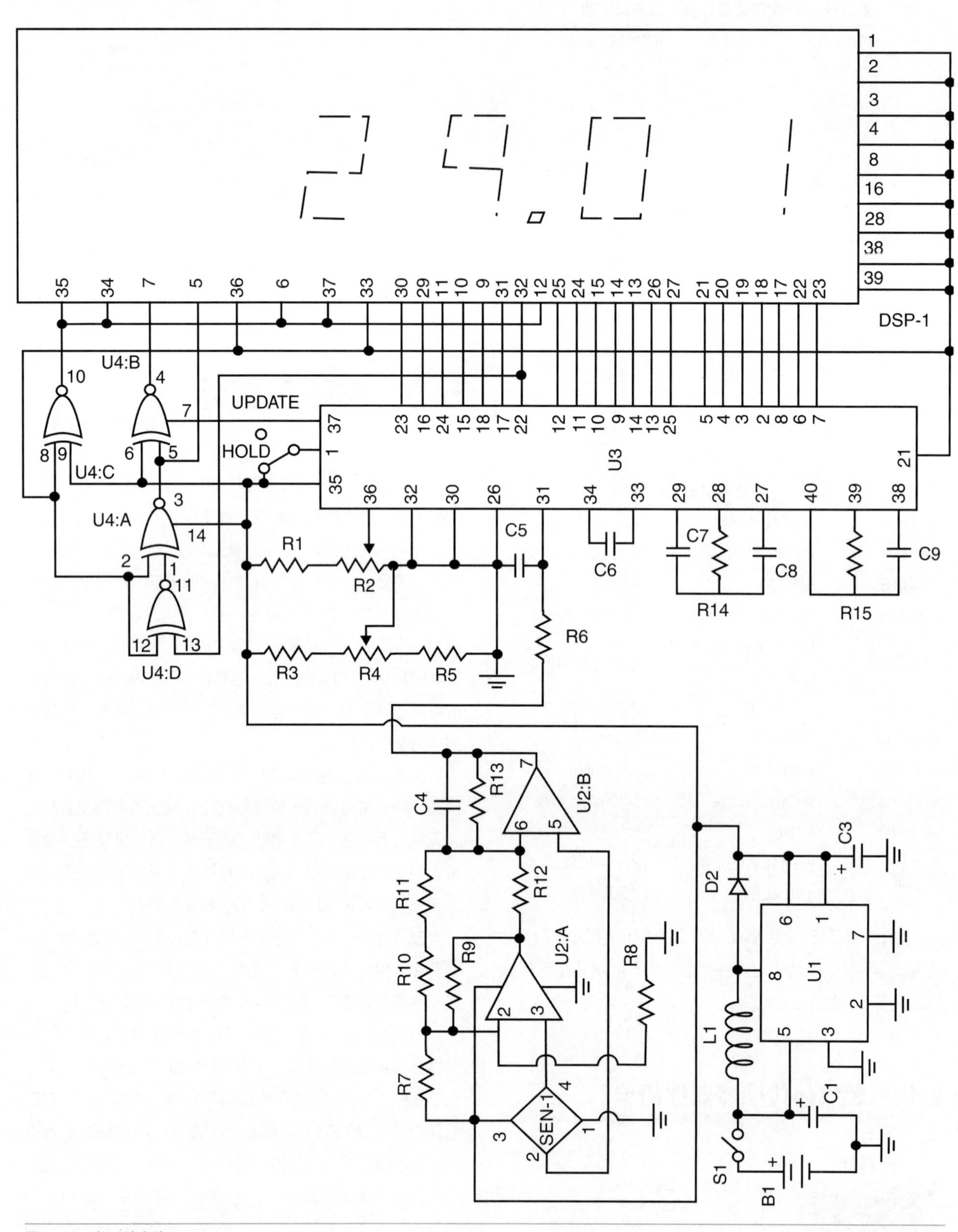
DSP-1
U4:B
U4:C
U4:A
U4:D
UPDATE
HOLD
U3
R1
R2
R3
R4
R5
R6
C5
C6
C7
C8
C9
R14
R15
C4
R13
U2:B
R11
R12
R10
R9
U2:A
R8
R7
SEN-1
D2
C3
U1
L1
C1
S1
B1

图5-13　气压计电路

5.5.1 电路分析

电子气压计的核心是测量范围在0 ~ 15 PSIA之间的绝对压力传感器。压电设备由硅基座隔膜和4个电阻组成。基座的一侧为真空空腔，另外一侧暴露在大气压下。

当隔膜两侧有压差时，其中两个电阻的阻值会增加，而另外两个电阻的阻值会降低。这时传感器的引脚2和引脚4之间将出现电压差，压差的大小与绝对气压有关（即气压计的示数）。

压强传感器属于线性设备，传感器在电路中采用5V电源供电。在常规气压下，传感器引脚2和引脚4之间的电压差约为20mV。其灵敏度为0.678mV每英寸汞柱。

5.5.2 模拟放大器

压强传感器电桥电路由5V稳压源供电，正常情况下输出20mV的电压，外界压强每变动1英寸汞柱，其输出电压变化0.678mV。因此传感器的输出信号需要经放大器放大后才可使用。在电路中，对偶运算放大器U2用来放大传感器输出信号。

U2A和U2B组成差分信号放大器。放大器的增益由电阻R7和R13决定：

增益 = 2×{ 1 + 100*K*/*R* }

式中，100kΩ是R9、R12、R13的阻值，*R*是R10和R11串联的阻值。此外R7和R8组成的分压器可以向放大器提供1.5V直流偏压，并且可以戴维宁等效为与R9、R12和R13相同阻值的平衡电阻。

根据电压增益公式和电路图上的阻值可以算出，放大器的增益为1.48。由于传感器的输出灵敏度为0.678mV每英寸汞柱，因此放大器输出的信号灵敏度为10mV每英寸汞柱。放大器的静态输出电压为1.5V，由R7、R8和放大器增益与电桥差分信号有关。U2引脚7的输出电压为1.8V。

5.5.3 模拟数字转换器

芯片U3及其周边电路的作用是实现$3^1/_2$位液晶显示屏（LCD）电压显示。电路中只用了LCD屏的低三位。LCD上可以显示0或1的最高半位无法使用，因为气压计最高位有可能是2，3或更大的数。驱动芯片（U4）的作用是LCD段码解析。

芯片U3的模拟电压通过隔离电阻R6从引脚31输入，U3的负极模拟输入引脚30的信号由变阻器R4决定，R4起校准偏移的作用。通过调整R4可以补偿掉压力传感器的偏差，使压强计的示数与实际压强精确对应。

A/D转换器的灵敏度由引脚32和引脚36之间的参考电压决定。本例需要将A/D转换器调整为满幅（1999）灵敏度199.9（200）mV，具体做法是调整变阻器R2的值，使参考电压为100mV（0.100V）即可。

当参考电压为100mV，模拟差分输入电压为100mV时，U3输出的数值应该为1000。当气压增减1英寸汞柱时，模拟电压会变动10mV，显示示数将变为1100或900。

气压计的量程为28 ~ 31英寸汞柱，步进为1英寸汞柱，对应示数的最低位为8.00，9.00和0.00。如果硬件上使能十进制信号（引脚12），那么显示分辨率将变为0.01英寸汞柱。

气压计的显示范围涵盖28.0 ~ 31.99英寸汞柱。因此最高位示数应该为2或3。电路中使用了四路异或门芯片（U4）来产生最高位竖直。当两路输入电平相反时，异或门的输出为逻辑1。

显示屏上的每一位数字都由7段组成，依次以a到g命名。区分数字2或3的关键是检查第二位数字的g段位。如果数字为g段位使能的8或9，那么最高位应该为2；如果第二位为0或1，那么g段位熄灭，最高位应该是3。

LCD工作时依赖方波信号，芯片U3的21引脚产生的方波背板信号接到LCD的公共引脚1上。段位上的信号如果为与背板信号同向的方波，那么字段不发光，如果段位上的信号为与背板方波相位差180度的反向方波，那么对应的字段发光。芯片U4：C为反相器，用来激活最高位的2或3。即a、b、d、g段位。U4C引脚10发出的反向背光信号连接到LCD的引脚34，35，36和37，作用是使这些段位常亮，其中包括小数点。

最高位数字的f段位永远保持熄灭，因此LCD的引脚36直接接到背光源。U4D同时检查次高位的g段位和背光源。若g段位使能（例如数字8），那么U4：D的引脚11输出高电平。否则输出低。

芯片U4：A为条件反相器，当次高位数字为0或1时，输出与背光源相同的信号，当次高位数字为8或9时，输出与背光源反向的信号。U4：A的输出信号连接到LCD最高位的引脚5（用来显示数字2）和U4：B的输入引脚。最高位的c段位状态由U4：B决定，与e段位始终相反。总之逻辑电路U4的作用是控制LCD显示数字的最高位。但只能产生2和3两种数字。

5.5.4 电子气压计记忆模组

U3的作用是以每秒钟3次的频率将引脚31的差分模拟输入电压在LCD屏上显示出来。此外它还有保持功能，可以冻结当前示数。使用户可以随时保存点前示数，并随时判断气压变化的趋势：上升、平稳、下降。这一切都是通过保持开关S1实现的。

本例采用3节AA电池串联的方式为电路提供4.5V直流电源。U1是开关稳压源，它具有0.8 ~ 5V的宽输入电压范围；它的引脚6可以输出5V电压，此电压为电子气压计电路提供了稳定的电源保障。

气压计电路分为模拟板和显示板两部分电路。模拟板包含了压强传感器、放大器、ADC和电压。显示板则包含了LCD模组。两部分电路共同安装在具有方形LCD显示窗的外壳中，电池也固定在外壳内，唯一的控制器件为保持开关。

电路的布局并没有很严格的讲究。在电路板上走线时应注意保持机械强度。在焊接有极性器件时，应仔细判断器件极性。只要有一个器件焊接错误，就有可能导致其他器件被烧毁。装芯片U2、U3、U4和显示模组时，尽量要借助芯片插座安装。显示模组的芯片插座可以用40引脚DIP芯片插座裁剪得到。使用芯片插座的优点是维护工作更为容易，在安装芯片时，应该根据芯片表面的小圆圈来判断芯片方向，防止接反。

完成电路板的焊接后，应仔细检查两块电路板的焊接情况，排除短路和虚焊。任何不良焊点都需要进行除锡，重焊操作。仔细的目检可以预先排除很多问题。

为保证系统的测量精度和稳定性，模拟部分电路中使用了1%精度的金属膜电阻。常规的碳电阻的温度稳定性较差，因此不能用于替代金属膜电阻。在焊接压强传感器时应十分小心，压强传感器表面有标识引脚1的小缺口。

选用体积稍大的外壳，以便将包括太阳能电池板在内的所有电路部件都放置进去。根据LCD的大小在外壳上开孔，并将电路板用螺丝、螺柱和隔板等机械件固定在外壳内。保持开关可以根据个人喜好安装在外壳的任何位置。

完成气压计的组装后，应仔细检查各路接线，排除短路和虚焊后再上电。组装好的气压计需要借助万用表或DVM来校准。在安装电池之前，首先应测试模拟板电源、+2.4V和地之间的电阻，以排除短路现象。正常情况下，将DVM的正极连接到电容C1的正极，将测到高阻态（例如10kΩ）。如果测量到的电阻为0或过低，则表示电路有焊接问题，应仔细排查。

确认电路无误后，根据原理图判断电池极性并安装电池。检查电池两端电压是否为4.5V或以上。确认电容C3两端的电压是否为5V，否则应切断电压并检查U1、D2、C1和C3的极性，另外还要检查L1是否有虚焊现象。排除问题并再次上电后，检查U2引脚7的电压是否为1.8V，以确认传感器和放大器部分是否工作正常，若电压不为1.8V，则应该依次检查传感器芯片U2的焊接方向、R7 ~ R13的阻值，排除电路板上的虚焊和短路现象，最后更换传感器芯片。

测量U3引脚32和36之间的电压。调整变阻器R2，直到电压为100mV（0.1V），固定R2滑块的位置。这时LCD上应该显示四位示数（包括小数点）。缓慢调整变阻器R4，LCD上的数字应该在29.00 ~ 31.00之间变动。最后将LCD上的数字调整为当地气象预报或其他压强计测出的气压值。如果周边有机场，也可以从机场控制台处获得准确的气压值。

检查保持开关的工作状况。在非保持模式下，LCD示数应该随气压变化而变化。气压变化的速度较慢，因此测试时请耐心等待。注意：LCD示数在0.01英寸或0.02英寸汞柱之间跳变属于正常波动范围。当S1设置到保持状态时，LCD的示数将保持恒定，不随气压的变化而变化。

在调整好R4的位置并确认S1工作正常后，气压计的测试和校准工作就结束了。若LCD显示乱码，应重点检查显示屏和模拟板之间的接线，检查时应以错误的段码作为线索，断开电路，并根据原理图和万用表顺藤摸瓜找到故障点。

若显示屏完全无法显示，那么应检查芯片U3的焊接方向，并检查U3周围元器件。有条件的话可以用示波器检查U3引脚1和引脚21上的方波，检查U3引脚36（正极）和引脚32（负极）间的参考电压是否为正常值0.1V。若参考电压不正常，则检查电阻R1和R2。若显示屏的最高位不为2或3，则检查U4和周边电路，直至更换新的U4芯片。

开关S1默认为非保持状态，这时气压计可以实时显示气压。在需要暂停更新的时候，用户可以随时用S1冻结显示屏上的示数，直到开关S1恢复到非保持状态。利用这种特性可以很方便地跟踪气压变动趋势。

5.5.5 电子气压计器件清单

元器件

R1 22.1kΩ，1/4W，1% 金属膜 电阻
R2 1kΩ 金属膜变阻器（贴片安装）
R3 10kΩ，1/4W，1% 金属膜 电阻
R4 500Ω 金属陶瓷变阻器（贴片安装）
R5 3.74kΩ，1/4W，1% 金属膜 电阻
R6 1MΩ，1/4W，碳膜电阻
R7 332kΩ，14W，1% 金属膜 电阻
R8 143kΩ，1/4W，1%金属膜 电阻
R9、R12、R13 100kΩ，1/4W，1% 金属膜 电阻
R10 15.4Ω，1/4W，1% 金属膜 电阻
R11 220Ω，1/4W 碳膜 电阻
R14 100kΩ，1/4W 碳膜 电阻
C1，C3 68 μF，25V电解电容
C2，C6 0.1 μF，50V 陶瓷碟片电容
C4 1000 pF，50V 陶瓷碟片电容
C5 0.001 μF，50V 陶瓷碟片电容
C7 0.47 μF，50V 陶瓷碟片电容
C8 0.22 μF，50V 陶瓷碟片电容
D1、D2 1N5817 肖特基二极管
U1 MAX856CSA稳压器IC
U2 LM358N 运放
U3 CD4030BE 两输入异或门
U4 ICL7116 CPL 模拟数字转换器/LCD驱动器
L1 47 μH电感（Digi-key M7833-ND）
S1、S2 SPST拨动开关
SEN-1 MPX2100A Motorola 15 psi 绝对压强传感器
B1 2节AA电池
DSP-1 3位半LCD显示器（Digi-key 153-1025）
杂项 芯片插座、PCB、导线、五金件、电池盒，等等。

第六章

振动检测

Chapter 6

振动检测主要用在解决工业问题和检测地壳运动等用途。通过检测电机和引擎的振动，有助于帮助开发和解决机械问题。本章的第一个项目为振动时计。这是一种简单但独特的设备，使用商用小时计可以检测一段机械或自然事件的持续时间。只要振动事件持续产生，时计就会不停记录。

本章第二个项目是振动报警器，用来报警人或动物的入侵事件。此项目使用音频扬声器作为振动检测器。振动报警器可以安装在花园中，用来驱赶各种动物，或者为主人产生入侵报警信号。第三个项目是压电地表振动报警传感器，科研人员可以用压电地表振动报警器来进行科学研究工作。本章较为复杂的一个项目是AS-1型地震仪，它可以检测全球范围内的地震活动。这种地震仪可以用在专业科研观测场合。目前很多学校也采用AS-1型地震仪来完成教学工作。正规学校甚至可以免费索取AS-1样机（详见本章结尾部分内容）。

6.1 振动时计

振动时计是一种可以记录机械或系统振动时间的电路，它具有结构简单，功能独特的特点，很适合用于业余科研用途。另外它还有很多衍生功能。

图6-1是振动时计电路的原理图，其核心为压电传感器X1。压电传感器可以从废旧家电（如燃气烤架）中得到。压电传感器单元的信号直接连接到CD4069UB型CMOS HEX反相器电路的引脚3上。通过降低电阻R1阻值可以减小时计的灵敏度。U1的输出信号耦合到二极管D1。R2和C1为脉冲整形电路，输入的脉冲信号经过整形后传输给反相器U1：B中。

当振动事件发生时，时计M1将收到下降沿脉冲。只要振动不停止，那么时计就会持续计时，起到计量振动事件持续时间的效果。通过按钮S1可以复位时计的状态。注意芯片CD4069UB的所有未使用输入引脚都应该连接到3V电源，以防止误触发事件产生。

两节AA电池串联组成的3V电源用来给时计电路供电。电池旁边有10μF滤波电容。S1为时计电路的电源开关。

时计电路可以焊接在小型面包板或PCB上。电路的布局并没有很严格的要求，然而有一些细节需要特别注意。根据具体应用场合，用户可以选择将传感器与其他电路安装在同一块电路板上，或者将传感器作为探针的形式单独放置在电路板外面，与电路板通过同轴线连接。

在组装电路时，某些器件需要特别注意极性，例如电路中的硅二极管。大部分二极管都有黑色或红色色带，色带一端表示二极管的阴极。在电路图中，带有垂直线段并面向U1：B输入端的二极管引脚为阴极。一部分电容具有极性，安装时应该特别小心。此电路中只有电容C2为有极性电解电容。安装时应该注意将电容的正极引脚连接到电池的正极。U1为集成芯片时计电路，安装时应该尽量使用芯片插座，以方便日后的维修和调试。此外芯片的方向性也很重要，芯片表面通常有小圆圈或方形缺口等标记方向性的记号。圆圈和缺口的左侧一般为引脚1的位置。时计模组有两个安装端子，用作机械固定用途，其引脚数量为4个，红线和白线分别为电源和地线，复位线为蓝色和黑色。

时计电路可以安装在小型金属外壳内。时计表和电路里的两个开关可以安装在外壳的上方。两节AA电池盒可以安装在外壳底部。如果需要的话，可以将压电传感器

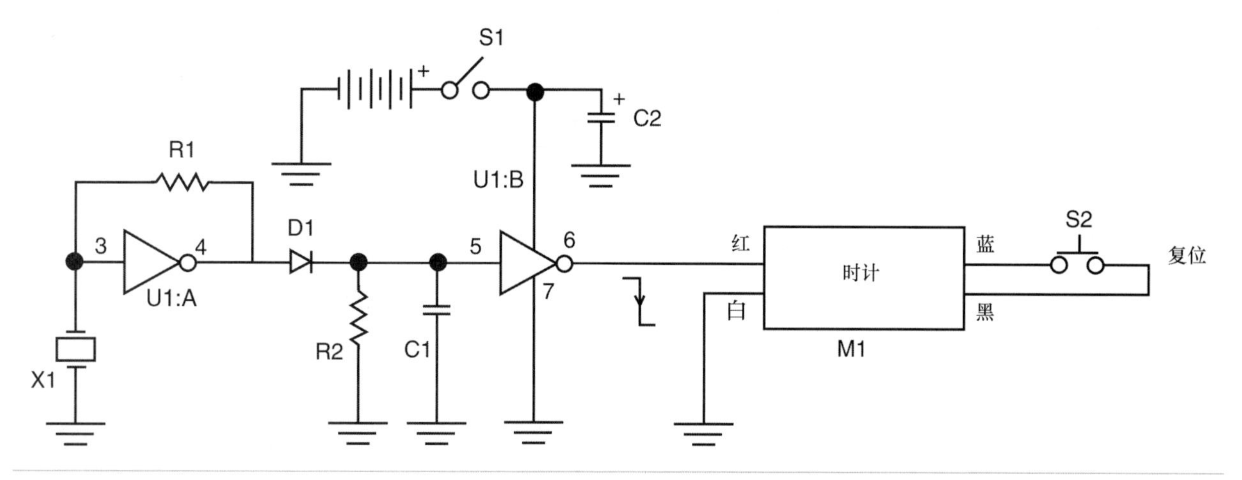

图6-1　振动激活时计

做成分离式探针。探针引脚应该带有小直径同轴线缆，例如RG174/U。探针引线应该限制在10 ~ 12英尺以内，以防止信号衰减过大。主机和探针之间用RCA板对板接口对接，RCA接头应安装在探针的末端。

完成电路板组装后，就可以将其固定在外壳里了，本例采用1/4英寸支架和1/2英寸4-40螺丝作为机械部件。一但电路安装完毕，确认好电源开关处于关闭状态，就可以安装电池和振动探针了。接下来打开电源开关，并通过按键S2复位电路，振动时计就可以工作了。用户可以将探针附着在坚硬的表面上，轻轻敲击传感器，时计显示的数据就会发生跳变。

振动时计器件清单

元器件

R1 22MΩ，1/4W，5% 电阻
R2 4.7MΩ，1/4W，5% 电阻
C1 0.1 μF，35V 陶瓷碟片电容
C2 10 μF，35V 电解电容
D1 1N4148硅二极管
U1 CD4069UB CMOS反相器IC
M1时计，Red Lion CUB3，TR-01/A
X1压电传感器
S1 SPST轻触电源开关
S2 N/O常开按键开关（复位）
B1、B2 AA手电筒电池
杂项 PCB、芯片插座、电池盒、五金件，等等。

6.2 地表振动报警器

借助于低成本地表振动传感器，我们可以实现很多有趣的功能。使用本节介绍的这种独特的振动报警器，不但可以检测房间周围出现的不速之客，还可以安装在花园里，检测鹿等大型动物并发出驱赶噪声。这种报警器的功耗很低，可以放置在PVC管道中并很方便的运输。

如图6-2所示，地表振动报警器的核心就是地震传感器、2英寸定制扬声器和运放。扬声器和比较冷门的CA3094运放是本例的关键点。CA3094运放芯片内含可编程放大器和达林顿三极管。在电路中，达林顿管与PNP三极管组成单稳态定时器，用来控制报警时间。当大地发生振动时，振动传感器会发出微弱电压，此信号经

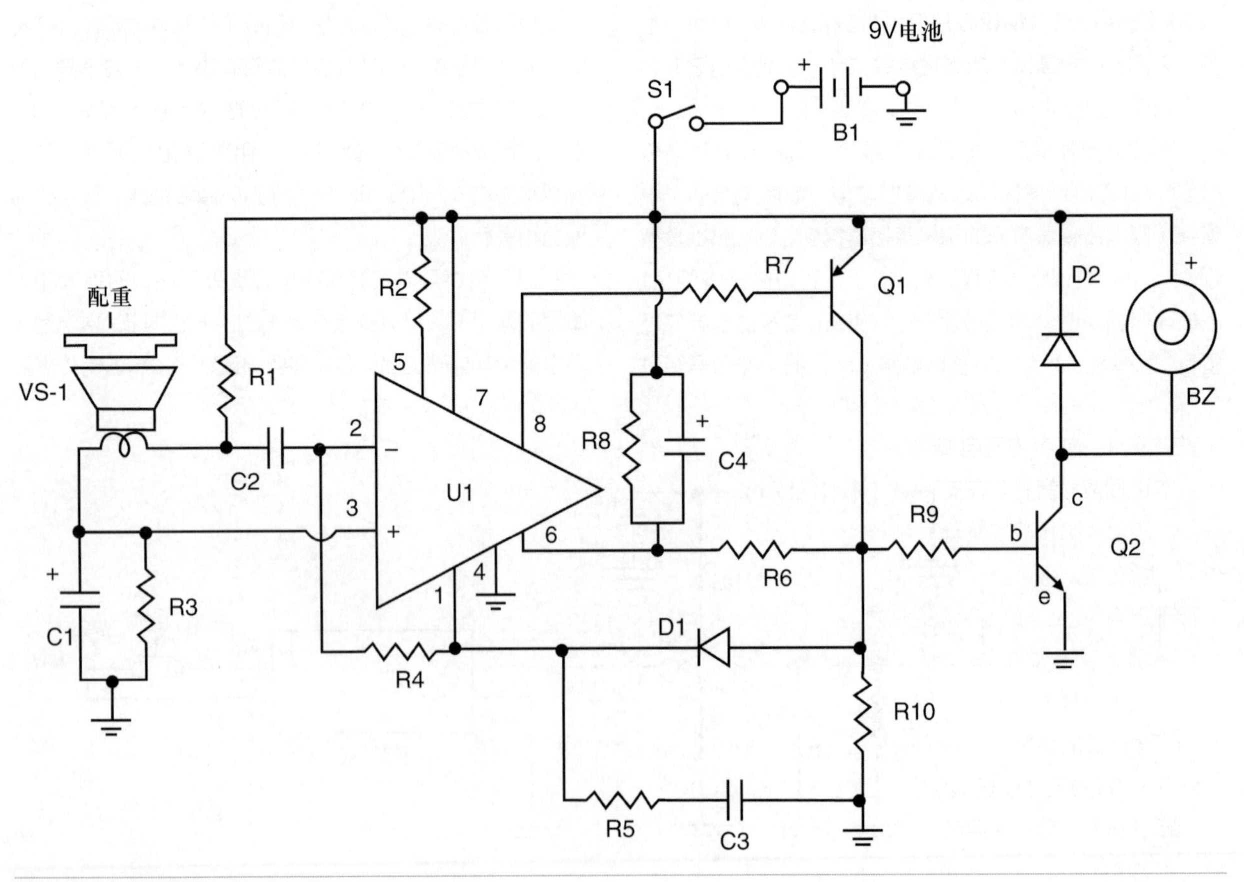

图6-2 地表振动报警电路

放大器放大后传输到达林顿管和2N4403三极管，激活二极管D1引入的正反馈回路。2N4401三极管打开后会向扬声器BZ供电，直到单稳态定时器计时完毕。

地表振动报警电路可选6 ~ 9V范围内的电压供电。使用9V电池的缺点是待机时间不长，因此最好采用6节C型电池或外接电源。

振动报警电路的功能是驱动压电扬声器，用户也可以将扬声器替换为大电流继电器或其他报警设备，也可以用继电器控制无限发射器，向用户手中的遥控报警器提供报警信号。

如上文所说，地表振动报警器的核心是2英寸扬声器和传感器。为了将扬声器谐振频率调整到人和动物发生的振动频率范围内，应该在扬声器的椎体内额外增加配重。例如将婴儿食品盒等物体粘在扬声器中。配重越大，扬声器的谐振频率越低，根据这种方法可以使扬声器的检测范围落在人或动物移动产生的信号上。

地表振动传感器电路可以焊接在面包板或者PCB上。本例中电路板的尺寸为$2^1/_2$英寸 ×2英寸。为防止电路发生震荡现象，运放的周边器件应该安装在尽量靠近运放的位置。芯片和三极管应尽量采用插座式安装方式，以便日后的调试和检修。在电路焊接时，应仔细核对二极管、电容、三极管和芯片的极性。三极管的引脚数量为3个，分别为基极、发射极、集电极（或EBC）。在老式金属罐封装的三极管中，离金属盖最近的引脚一般为发射极引脚。新型树脂封装三极管上一般为半圆半平外形。焊接时应该仔细确认引脚顺序。芯片表面一般有小圆圈或小缺口等标示方向的引脚，记号通常在靠近引脚1的地方。

除压电蜂鸣器和传感扬声器外，其他元件都直接焊在电路板上。振动报警电路板可以集成进一段PCB管中（见图6-3），用户可以选择将压电蜂鸣器单独做好防水并安装在管外，或者将压电蜂鸣器固定在PVC管内，但管子上应该预留导音孔。在安装蜂鸣器前，应使用薄膜胶带保护其表面，防止被其他元器件刺破。三节装C型电池盒也可以装在PVC管上，但应将其固定在靠近开口的地方，以便于更换电池。如果将地表振动报警器当作野营用便携设备，那么不需要考虑防水工作。如果用在常规家用领域，那么就要考虑PVC管和蜂鸣器的防水工作了，尤其是扬声器外置的情况。

PVC管的尺寸以长12英寸、直径3英寸为佳。其一端用帽子封死，另一端用可拆卸帽子封住，电路板和电池从可拆卸帽子中装入。当电路装入PVC管后，使用特氟龙胶带将封口处封死，以起到防水的作用。

如果需要扩大检测范围，可以用长杆或长PVC管插埋在地表下面，在掩埋范围内的任何脚步振动都将传导至传感器内。这时振动报警器就可以有效地检测各种人畜入侵了。

地表振动报警器件清单

元器件

R1、R3、R4 22MΩ，1/4W 电阻
R2 1MΩ，1/4W 电阻
R5 100Ω，1/4W 电阻
R6、R7、R8 680kΩ，1/4W 电阻
R9、R10 4.7kΩ，1/4W 电阻
C1 1 μF，35V 电解电容
C2 0.1 μF，35V 陶瓷碟片电容
C3 220 pF，35V 电容
C4 22 μF，35V 电解电容
D1 1N914硅二极管
D2 1N4001硅二极管
Q12N4403三极管
Q2 2N4401三极管
U1 CA3094夸导运放
BZ压电蜂鸣器
VS-1 2英寸直径，8Ω 扬声器
S1 SPST拨动开关
B1 6节C型电池或一节9V电池
杂项 PCB、芯片和三极管插座、导线、PVC管、PVC帽 子、PVC清 洁 套 件、PVC胶、电池盒、扬声器配重，等等。

6.3 压电振动检测器

压电振动检测器 / 演示器是稍微专业一点的一个低成本科研用项目。读者可以将常见的压电扬声器改装为振动检测器的核心部件。

图6-4到图6-6都是压电振动检测器的照片。此设备由改装后的Radio Shack低成本压电扬声器和低成本运放制成。本项目采用压电扬声器内部的压电晶体作为主传感器。在扬声器中，压电晶体的作用是将电压转换为机械振动。压电晶体属于双向器件（既可以将电压转换成声音，也可以将声音转换成电压）。压电晶体的特性与石英晶体类似。使用振荡器可以驱动晶体产生声音或产生电压，也可以通过向石英晶体施加机械力来使其产生电压。在本项目中，我们使用压电晶体来检测机械振动，当有机械振动发生时，压电晶体两端会产生微弱的电压。

制作振动检测器的第一步是改装Radio Shack公司的273-060-A型压电扬声器，在振动检测器中，它将被

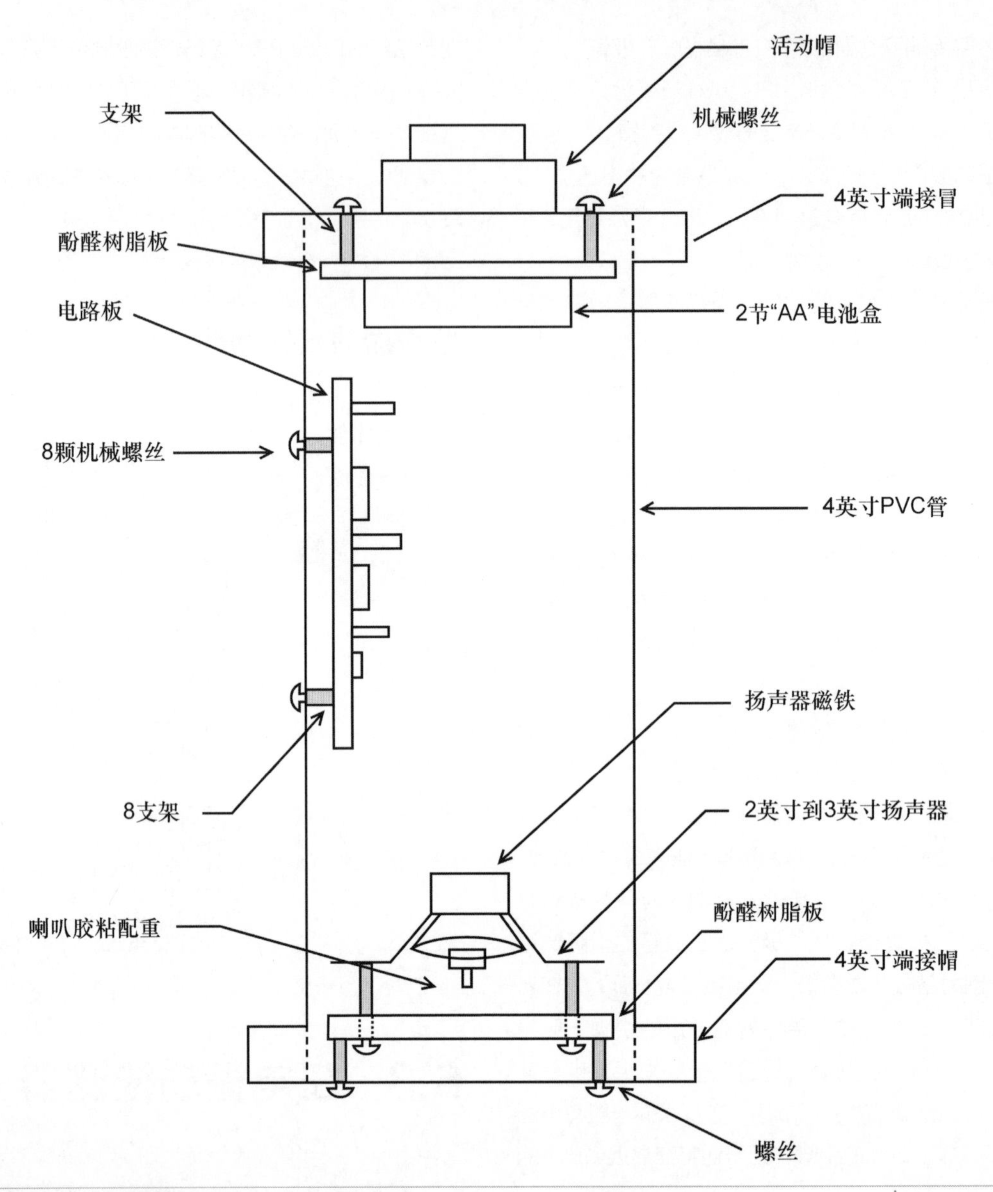

图6-3　地表振动报警器的结构图

图6-4　压电传感器和安装杆

图6-5　压电传感器和固定元件

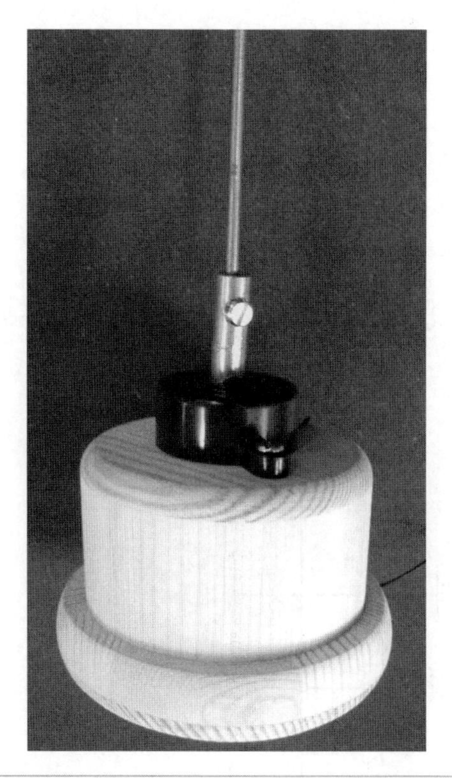

图6-6　组装好的压电传感器

改成振动传感器。压电扬声器的背面有两个缺口和凹式底盖。使用小螺丝刀可以撬开底盖，撬开后，压电扬声器内的铜盘状压电元件和电路将会暴露出来。将黑色和红色的线剪断，并将压电单元的三根线断开。将断开的红色线连接到压电盘的中央，将黑色线焊接在铜盘外圈。注意不要破坏压电盘背面的白色橡胶圈。在黑色压电外壳内还可以找连接白色橡胶圈的圆柱状物体。此圆柱体为参考压力点，其用途是向压电单元施加压力。因此在拆装过程中一定要保护好橡胶圈。改装好接线后，将后壳复原并用电工胶带固定。胶带用量应以覆盖整个电路板为宜。

接下来找一个直径5/16英寸、长2英寸的双轴耦合器。用环氧树脂胶水将铜制双轴耦合器粘在压电盘带有胶圈的一侧（见图6-4）。在粘合之前应该做好表面清洁工作，粘合后应静置一晚，使胶水粘合牢靠。

当胶水完全干燥后，从工艺店找一些廉价的2 ~ 3英寸木盒。将黑色塑料压电扬声器安装在小木盒里（见图6-5）。根据圆盘尺寸，在盒子里做上记号。找一根直径与旋转耦合器内径相同（例如1/8 ~ 5/32英寸）的不锈钢柱作为探针。探针的一头削尖，另外一头应打磨成和双轴耦合器匹配的直径。当胶水干燥后，将转轴耦合器的螺丝拧松，把准备好的不锈钢探针插入转轴中。根据铜制耦合器的直径调整压电盘塑料外壳的孔径，并将外壳装好。在组装好压电扬声器后，检查探针是否从外壳的孔中穿过。然后将压电盘和橡胶圈恢复原位，将压电扬声器的外壳完全装好，和垫板一起恢复到原来的形状。

接下来将压电扬声器固定在圆柱形小木块上（见图6-6）。选一条20英尺长的话筒屏蔽线或同轴线，将其焊接在压电板的导线上。每根导线的焊接处用热缩管做好绝缘和防潮工作。

压电晶体可以将振动转换为微弱的电压值，此电压由运算放大器U1放大（见图6-7）。压电晶体周边有电阻和电容组成的信号调理电路，经过调理电路后的信号输入到OPA124P运放，运放的输出端连接表计电路和LED。表计电路的作用是将交流振动信号转换成直流电压，供直流毫安表检测。表计电路后端是10kΩ变阻器，为外部预留供Onset mini HOBO数据记录仪或电脑ADC采集卡等接口。

压电振动检测器可以焊接在面包板或PCB上，组装时需要读者有一定的动手能力，引脚间的引线必须尽可能短。压电传感器、运放电路等器件全部焊接在电路板的正面，并且用屏蔽罩屏蔽。

应借助芯片插座来组装运放芯片，以方便日后的调试和维修。组装时应特别注意芯片的极性。芯片表面一般有小圆圈或缺角等方向性标记，标记的左侧一般是引脚1的方向。另外焊接时还要注意电容、二极管和电表的方向。如果二极管的方向接反，那么电路将无法工作。二极管原理图符号上的箭头方向一般为阴极方向，对应耳机实物上有黑条的引脚。LED指示灯为对称器件，因此方向可以随意焊接。焊接毫安表时应仔细区分正极（+）和负极（-）。

在完成电路组装后，应仔细检查电路背面，清除残留的锡渣和断脚，排查电路上的短路和虚焊现象，防止上电时电路因焊接问题烧毁。压电振动检测器电路需要±12V双直流电源供电。双电源的供电方式如图6-8所示。电路中78L12芯片的作用是产生+12V电压，而79L12芯片的作用是提供负12V电压。初级电源由两节12V电池组成，S1为总电源开关，此电路也可以用市电双12V电压或双路壁挂式电源取代。如果需要保持便携性，也可以用两节12V lantern电池作为长待机电源方案。

压电振动检测电路需要安装在金属盒内，以屏蔽外部的射频信号和噪声。表计、指示灯和LED安装在外壳的前面板。压电传感器通过外壳底部的RCA接口J1与主机保持电气连接。数据记录仪则通过底部的RCA接口J2连接到主机。外壳底部的三头话筒J3用来连接两节外挂的12V lantern电池。按照图6-9中的方法安装压电振动传感器，可以保证较高的检测灵敏度。

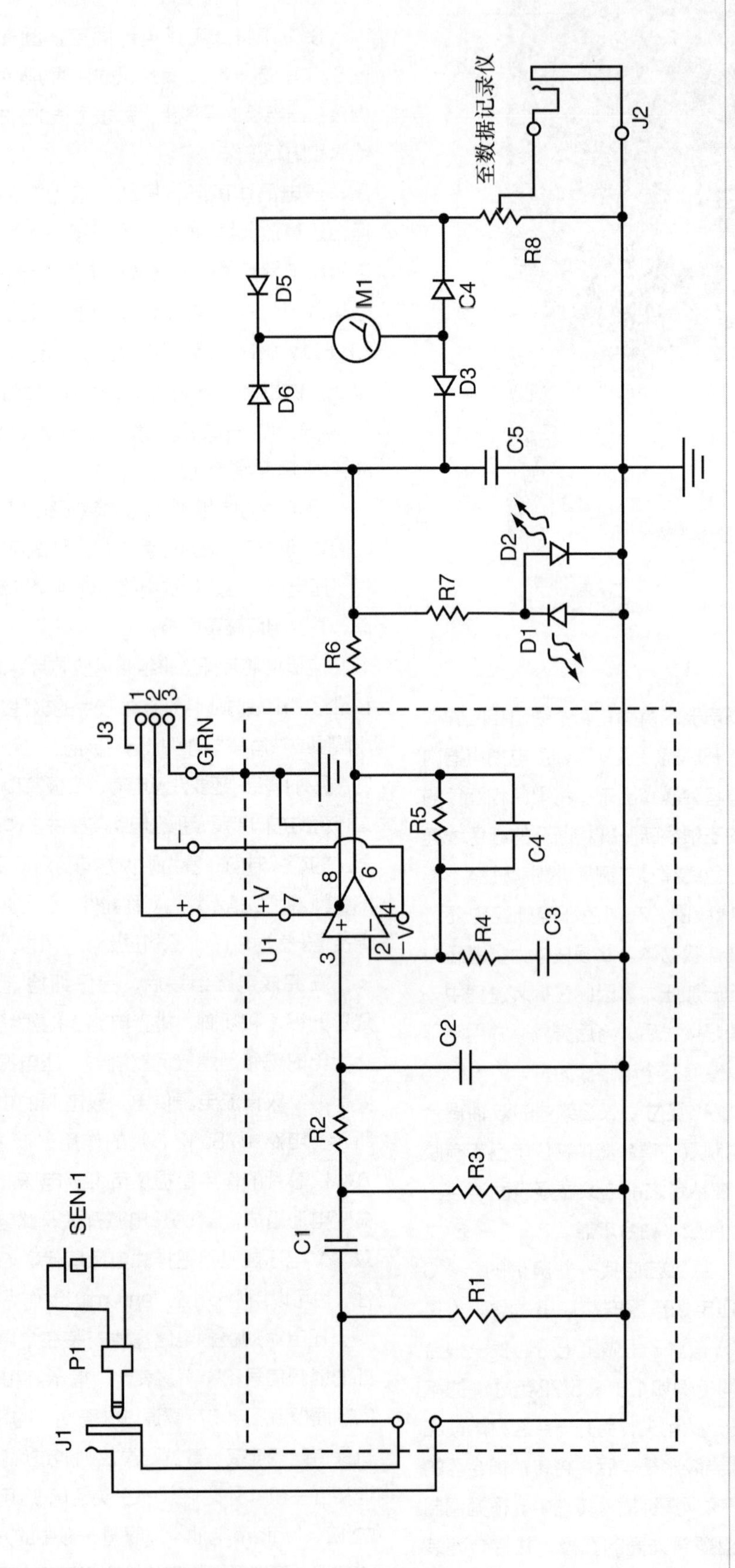

图6-7 高频压电振动传感器电路

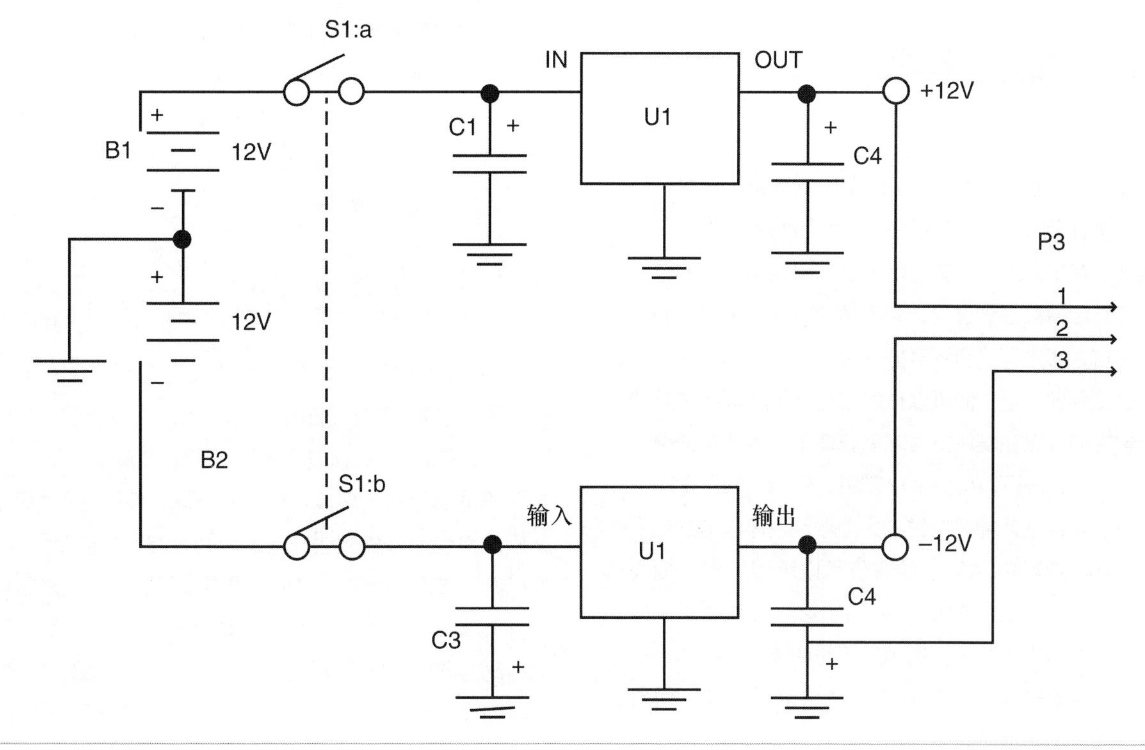

图6-8 +/−12V电源

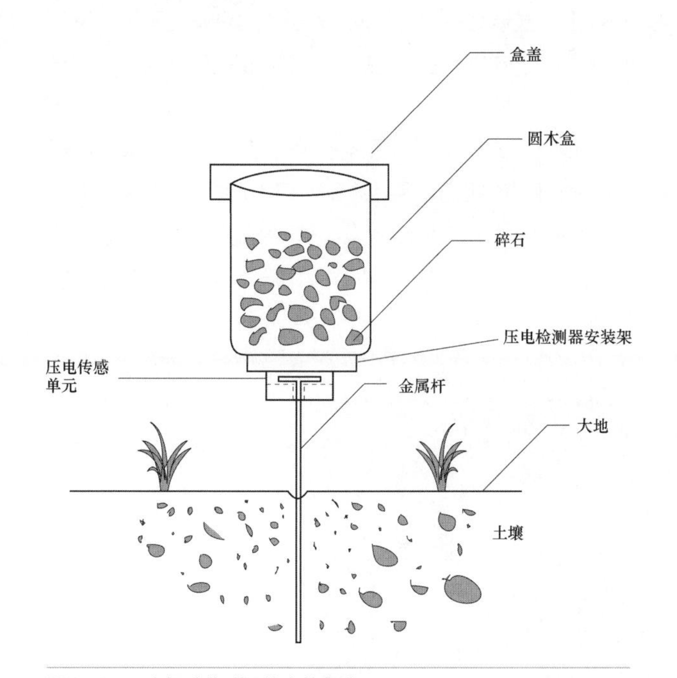

图6-9 压电振动传感器的安装方法

至此，振动传感器已经可以使用了，接下来要做的就是安装工作。读者可以选择住址周围人流比较少的地方安装传感器。安装前要先在地上钻一个10英寸深的小洞，然后将金属传感器探针插入洞中。然后回填泥土，将传感器探针牢牢固定在土地中。传感器的高度控制在1 ~ 2英寸即可。接下来在小盒里装入砂石，以增加设备重量。将话筒导线拉到监测端，利用合适的接口将其连接在电子监测电路中。

用话筒导线将压电振动传感器和压电放大器电路接好，将模拟数字转换器连接在振动放大器的输出端。最后为系统接入电源，这时整个系统就可以工作了。

压电振动检测器器件清单

元器件

R1、R3、R5 100MΩ，1/4W 电阻
R2 3.3MΩ，1/4W 电阻
R4 56kΩ，1/4W 电阻
R6 2.2kΩ，1/4W 电阻
R7 6.8kΩ，1/4W 电阻
R8 10kΩ 变阻器
C1 10 nF，630V 薄膜电容
C2 22 pF，100V 薄膜电容
C3、C4 100 pF，50V 薄膜电容
C5 6.8 μF，50V 电解电容
D1、D2红色LED
D3、D4、D5、D6 SB140肖特基二极管
U1 OPA124R运放
M1 0 ~ 1 mA直流电流表
J1、J2 RCA插头
J3 3脚话筒转接器
SEN-1压电扬声器（Radio Shack，273-060）
杂项 PCB、芯片插座、导线、五金件、螺丝、螺母、2.5英寸直径圆木盒，双轴耦合器，等等。

6.4 探索地震仪

图6-10是AS-1型科研地震检测系统，它具有使用方便、操作简单、成本低廉的优点，适合用在科研和教学领域。有了AS-1，使用者可以方便地在个人电脑上记录、分析和模拟地震过程，整套解决方法的成本只有500美元左右，如果可以自制某些部件的话，成本会更低。通过AS-1系统，学生们可以在教室里直观获取各种地震数据。学生们可以在媒体报导之前获取第一手地震信息。

AS-1系统可以检测最小震级3.5、最大距离150km的地震。全球任何地区发生的大型振动也可以捕捉到。搭配AmaSeis软件，AS-1地震仪可以给用户提供地震实时记录和简单的数据分析功能。AmaSeis软件可以自动存储地震仪传来的数据，供用户随时阅读和分析用。

虽然AS-1是一种相对简单廉价的地震仪，但是它却能以很高的精度和效率测量地震和其他环境振动。目前科学家和地震监测站用的高性能地震仪都具有精准校时特性、低噪声特性和宽频特性，高性能地震仪一般可以同时记录三个方向的振动（纵向和两个水平方向）。这些性能是AS-1所达不到的。

当世界某个地方发生大规模地震时（或者距离地震监测站距离近的地区发生小型地震时），AS-1地震仪就可以检测到从震源传来的微小地面震动。地震仪首先将微弱的振动转换成微弱的电流，然后用放大器将电流放大，经过滤波等方法处理，最后通过ADC转换为数字信号，生成供个人电脑使用的数字信号，用户可以配合AmaSeis软件来对地震进行分析和研究。

6.4.1 综述

地壳的突发运动是导致地震发生的原因。突发运动的起因一般为刚性岩石断裂，这种运动生成断层。当地震发生时，震源会以波动的形式向外辐射能量。

不同类型的能量波振动方式不同，传播速度也不同。速度最快也是最先到达异地的波为P波（或称首浪），也称纵波。与声波一样，这种波通过在行进方向上挤压和拉伸介质来传播。第二个到达的是S波（或称次浪）。S波的振动方向与传播方向垂直。最晚到达的是表面波，这种波沿地表传播（类似海浪），其传播速度要低于P和S波。地震波的传播方式非常重要，因为不同传播方式的波在地震仪上会显示为不同的数据。AS-1为纵向地震仪，只能检测振动方向与地面垂直的波。因此我们可以用它来记录P、S和雷利波。

根据P或S等不同振波的相位差，可以推算出从观测点到震源的距离。利用AS-1和AmaSeis软件可以很方便地进行地震数据的展示和简单的分析，例如可以将地震图放大、过滤、显示和保存，用户还可以将地震图打印

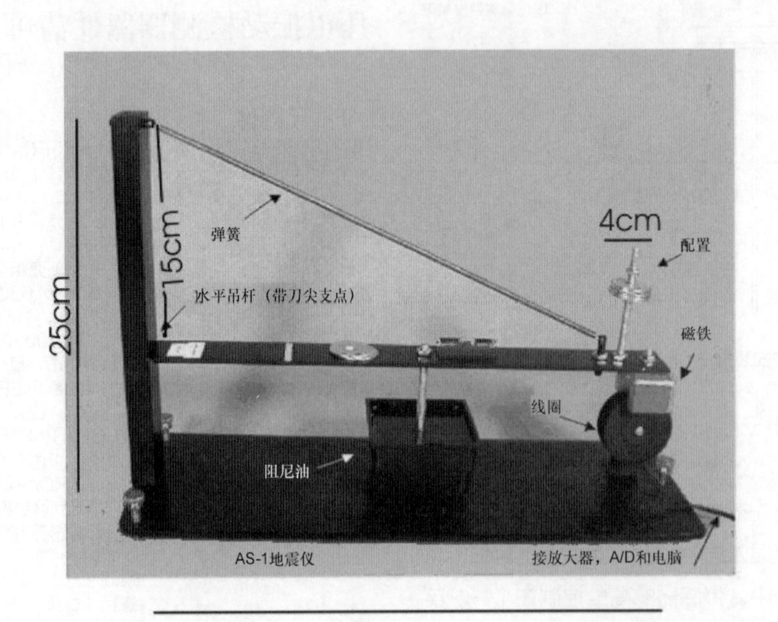

图6-10 AS-1科研地震仪系统

出来。使用以上方法，借助简单的公式就可以大致推算出地震等级。

图6-11是教学用AS-1地震仪的示意图。AS-1属于纵向敏感元件，即纵向速度换能地震仪。其固有周期为1.5s。当大地上下振动时，AS-1的基座和框架也会上下振动，导致线圈与弹簧上的磁铁产生相对位移。地震仪的质量主要集中在磁铁上，由于惯性的原因，当基座振动时，吊杆和线圈将趋向于静止。当线圈相对磁铁产生运动时，线圈上将产生微弱的电流，此电流被放大器放大并转换为数字信号，供计算机记录和分析使用。弹簧系统上的阻尼会防止线圈长时间振动，以保证输出信号与地震波同步。阻尼是由容器内的油脂和螺栓上的垫圈实现的。

6.4.2 地震仪的组装

1. 如果读者使用AS-1地震仪套件，那么首先要拆开外包装，核对器件清单。

2. 将地震仪基座放在水平表面，基座有三颗调整螺丝。使用气泡水平仪测量并调整螺丝位置，使基座达到水平，从前后左右反复核查基座是否水平。图6-12是安装好$10^1/_2$英寸垂直柱和线圈的照片。垂直柱的顶端与$13^1/_2$英寸弹簧向量。如果读者没有现成套件，那么需要自制17英寸长、6英寸宽的金属或木头基板。另外还要准备长$10^1/_2$英寸长、2英寸宽和1英寸厚的铝制垂直柱。铝柱4英寸长的位置上需要开一个2英寸宽的缺口，通过螺丝将垂直杆与基座固定在一起，在垂直柱顶端2英寸的缺口处装上环钩。

图6-12 底座立柱和弹簧

3. 如果读者使用AS-1地震仪套件，那么首先揭开吊杆刃口处的胶带。弹簧的一端已经预先与支杆正上方的螺栓连接好了，这时只需要将弹簧的另外一侧连接到吊杆即可。安装吊杆时必须保持一定的角度。注意：在移动地震仪之前，应该先取下吊杆，以防止刀刃处损坏。图6-13是吊杆和磁铁的照片。从图中可以看到吊杆中央的垂直平衡螺栓和垫圈、阻尼螺栓和垫圈。另外读者应该还能看到垂直平衡螺栓旁边的小支杆，支杆上有小洞，用来连接弹簧的自由端。

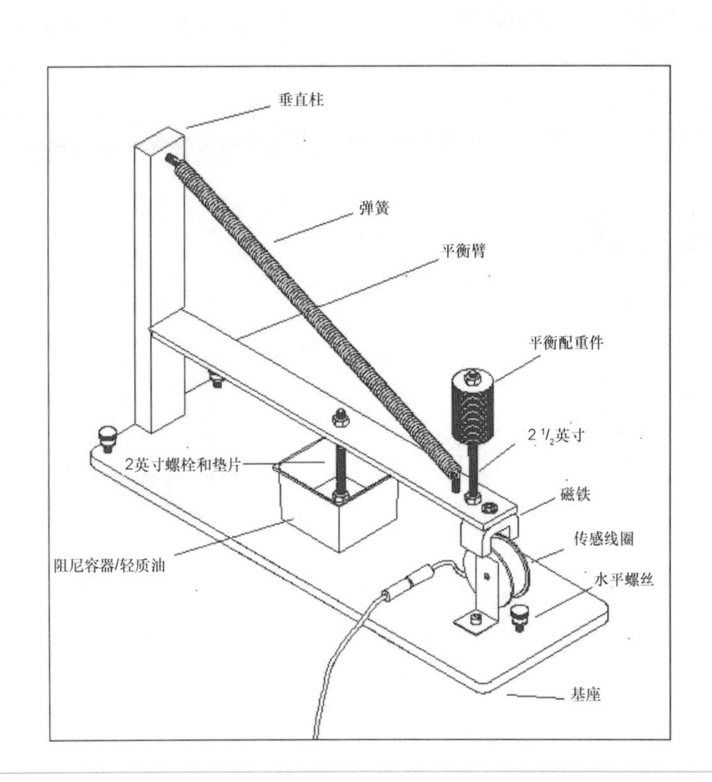

图6-11 AS-1教学用地震仪的主要部件

如果没有套件，那么需要找一个14$^1/_2$英寸长、2英寸宽的铝条作为吊杆。铝条上需要钻3个小洞。首先在吊杆中央位置钻5/16英寸的小洞，用来安装2英寸长的10-32机械螺丝。接下来再钻一个5/16英寸的小洞，用来安装垂直平衡螺栓。洞的位置应该在磁铁的旁边，或者在距离平衡杆边缘约1$^3/_8$英寸的位置。最后钻一个1/4英寸的洞，用来安装弹簧支杆。支杆的中央也有一个小洞，用来连接弹簧的自由端。弹簧支杆的位置距离磁铁约1$^7/_8$英寸。最后用树脂胶水将U型磁铁（见器件清单）粘贴在吊杆的底部。吊杆背面有刃口点，在这一侧将吊杆打磨成刀口。现在将2英寸长的螺栓安装到吊杆中央小孔中，并在背面用螺母固定。在螺栓距离自由端约1/2英寸的地方，也安装一个螺母。将2英寸直径的垫圈套在螺栓上并用螺母固定。这里的螺栓和垫圈起阻尼作用，后续安装时需要浸泡在油中。

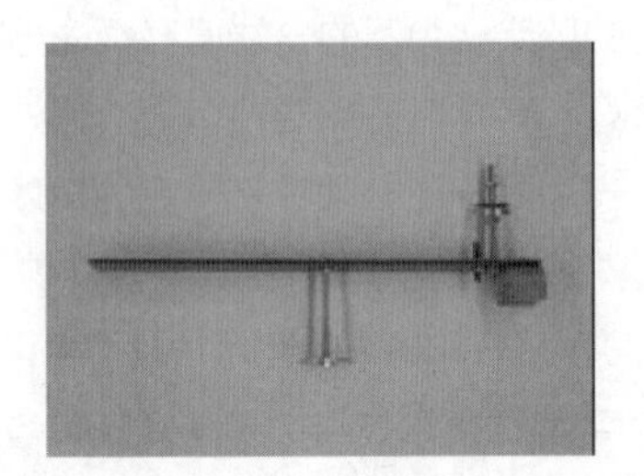

图6-13　支轴和磁铁

4. 吊杆右上角的螺栓（见图6-14）需要叠加1 ~ 10个垫片（根据弹簧的松紧程度决定），安装位置距离顶部的2$^1/_2$英寸10-32螺栓大约2.5cm（1英寸）。使用六角螺对其进行帽固定。

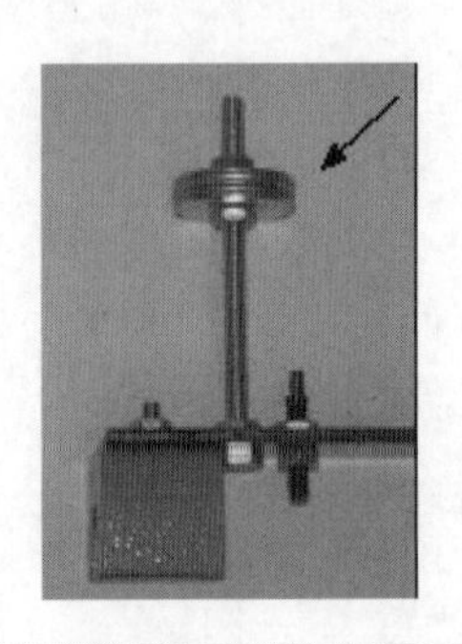

图6-14　吊臂正上方的螺栓

5. 将线圈固定在地震仪的基座上。线圈的方向应该与基座垂直，必要时需要进行绷紧。将吊杆臂上的贴螺栓拧紧。由于垫片的存在，吊杆臂此时应该选在线圈上方。根据图6-15中的示意，通过调整刀口部分的位置（见图6-16），将磁铁固定在线圈的正上方，但是要注意不能让线圈和磁铁接触，这会导致弹簧再次弯曲。

图6-15　线圈和磁铁的安装

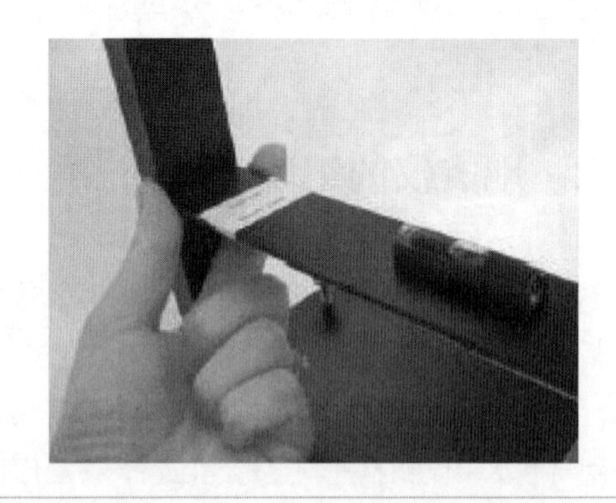

图6-16　吊臂

6. 将弹簧连接在垂直吊杆螺栓和10$^1/_2$英寸垂直支杆上。

7. 仔细摆动吊杆，使阻尼片刚好处在储液罐的正上方（见图6-17）。在固定好位置之前，不要在储液罐里放置液体。注意：不要突然松开吊臂，也不能让磁铁触碰到线圈，设备非常敏感，因此移动或者调整部件时应该加倍小心。

图6-17　组装好的地震传感器

8. 吊臂必须尽量保持水平，以便更好地检测竖直振动。首先在吊臂上放置一个气泡水平仪，在吊臂下通过增减垫片来微调吊臂的水平程度。垫片的位置根据气泡水平仪的测量结果来定。调平后，气泡水平仪和平衡垫片就固定在吊臂上。

9. 将吊臂上的气泡水平仪旋转90°。调整基座水平螺丝，使气泡水平仪再次进入水平状态。然后将气泡水平仪再次旋转90°，恢复初始位置。

10. 检查磁铁是否还在线圈的正下方，若磁铁与线圈的相对位置发生偏差，可以在支杆处推动吊臂，上下左右调整线圈的位置。

11. 将储液罐内注入矿物油或10-40合成润滑油。油面应该离罐口1cm（3/8英寸）以上。

6.4.3 地震仪前置放大器和滤波器

当检测到振动时，传感线圈上会产生微弱的信号，此信号必须先经过放大才能供数据记录仪和电脑接口设备使用。传感器线圈可以从废弃的220V交流继电器上得到，也可以购买成品线圈（见器件清单）。传感线圈应该与磁铁保持1cm的距离。当振动发生时，地震仪基座和线圈将会与磁铁产生相对位移（从而导致传感线圈上感应出信号）。但是这种相对移动的幅度特别小，频率也很慢，线圈上感应出的电压只有毫伏级别，非常容易受外界干扰，因此必须通过运放放大和滤波，才能用来驱动数据记录仪和其他仪器。前置放大器的位置应该尽可能地靠近地震仪，而且前置放大器和线圈之间必须用屏蔽线缆传输信号，以减少噪声。

前置放大器采用Maxim公司的轮换自动校零运放（CAZ）MAX420CPA（见图6-18）。CAZ放大器的特点是可以根据内部的偏置电压自动校准偏移，因此可以消除由于热噪声和1/f噪声导致的长周期电压漂移。放大器工作在单端（非平衡）反向放大模式，其正向输入端连接到地。放大器的增益为1000（30dB），由10MΩ反馈电阻决定。为抑制可能通过传感线圈耦合到的工频噪声，反馈电阻两端还并联了0.01μF电容。虽然CAZ运放的售价高达7.3美元，但却是地震仪中最不可或缺的一个元件。

放大器的增益与线圈内阻的大小成比例，计算公式为：

g = 10 000 000 /（10 000 + 线圈直流电阻）

除线圈内阻以外，放大器的增益还可以通过改变10kΩ输入电阻的大小来调整。

对业余地震仪测量精度影响最大的电子噪声主要分两种：（1）60Hz市电电流频率噪声及其谐波；（2）前置运放产生的极低频噪声。除这两种噪声以外，还有一种纯机械非电子噪声，即人为扰动，例如周围车辆和机械导致的地面振动。这种噪声有非常独特的周期性，因此可以用合适的方法将其过滤掉。

CAZ放大器易受后端影响，因此后端最好搭配阻抗大于10kΩ的负载。电路中的第二级运放TL-081（A）的作用就是隔离初级放大器和真正的负载。同时它还作为四阶滤波器的第一阶，用来滤除人为振动，例如脚步或者机车带来的振动，或者由电脑、电机、荧光灯等电子设备带来的电子干扰。因此50Hz工频信号的衰减幅度保持在1000（31dB）以上。由于真正的地震信号周期都在1s以上，因此低通滤波器不会对地震信号有所影响。

如前文所述，次级放大器和滤波器一起组成了四阶滤波器。由于它的频响曲线非常陡峭（20dB每十倍频

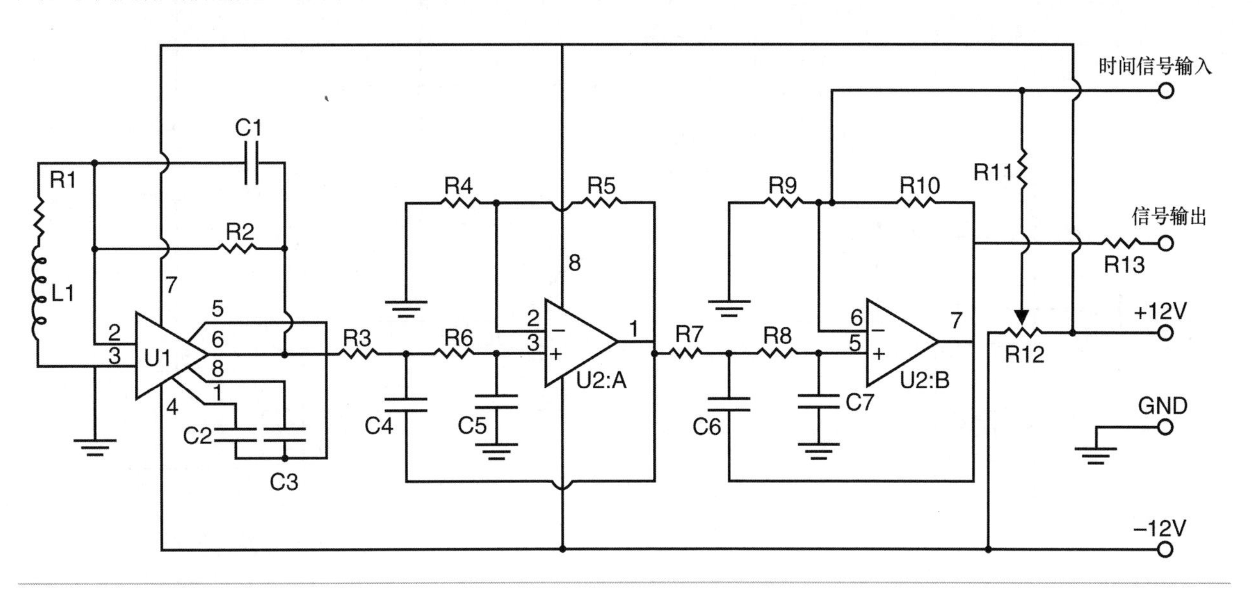

图6-18 地震前置放大器和1Hz低通滤波器

程），因此四阶滤波器的截止频率可以设置在1Hz左右，只有周期极长的信号才可以从滤波器中通过，但是任何频率高于3Hz的干扰信号都将被滤除。

第三级反向输入放大器的作用是引入电压偏移，以满足某些特殊的图片记录器或采集系统不能识别负电压信号的特点（例如某些设备必须将固定的直流电压作为信号零点）。在正常电路中，偏置调整电路的作用都是将0信号点调整到0V，但也有调整到+/-5V的功能。第三级反向放大器的另外一个功能是接收并解析时间编解码器产生的时钟脉冲信号。

6.4.4 时间信号解码器

地震仪的另外一个非常有用的功能是在地震数据中增加时间戳功能。利用时间戳，人们可以精确地判断地震事件发生的时间。有时人们需要利用多个地震站的数据进行三角定位法判断震中心，这时时间戳的功能就尤为重要了。不幸的是，记录器甚至高性能电脑的计时功能都不能满足时间精度要求。就连奔腾四3GHz电脑也无法将计时精度控制在每月1 ~ 2分钟。为了得到精准的时间，人们设计了以下系统。

美国国家标准协会（NIST）长期通过短波频段对外提供精确的时间信号，此信号借助Colorado州的Fort Collins WWV无线电台对外发送。时间信号中包括了很多不同的频率信号，可以直接用来标记在地震图上，以达到同时记录地震数据和当前时间的效果。

任何可以调谐到2.5，5.0，10.0，15.0，或20.0MHz的短波收音机都可以用来接收WWV信号。用户可以从中选择效果最好的频段进行接收。接收机的音频输出或耳机输出端口用来连接下一级电路。第一级时间戳解码器（见图6-19）是一个简单的运放电路，其作用是为解码电路提供200mV峰峰值（PP）的音频信号。此放大器的增益动态可调，以补偿不同波段信号幅度的差异。

运放输出信号同时传输给3个NE-567型音调接码芯片。第一个解码芯片调谐到440Hz（用于在除第一个小时外的任何整点后2分钟，产生45秒时间戳）。第二个芯片在每个整点时解析1.5kHz音调。第三个解码IC在除第一分钟外的每个整分钟点解析1.0kHz音调。这种芯片的抗干扰能力极强。大部分时候，只要你可以听到收音机内的音调，那么芯片就能对其进行正确解析。要注意的是从音调解析出来的时间为世界协调时间（UTC），旧名格林威治标准时间（GMT）。440Hz音调通常在每个小时的第2分钟发送，每天的第一个小时除外，因此缺少440Hz的那个小时就代表第二天的开始。

3个解码器输出通过逻辑或电路并联到一起，再由变阻器调幅，即可产生三路音调混合脉冲信号。合并后的脉冲连接到地震检测仪的前置放大器输出点上。一般情况下，时间脉冲的幅度通常调整为满幅地震信号的3%。

图6-20是可以给地震仪和时间解码电路共地的三路

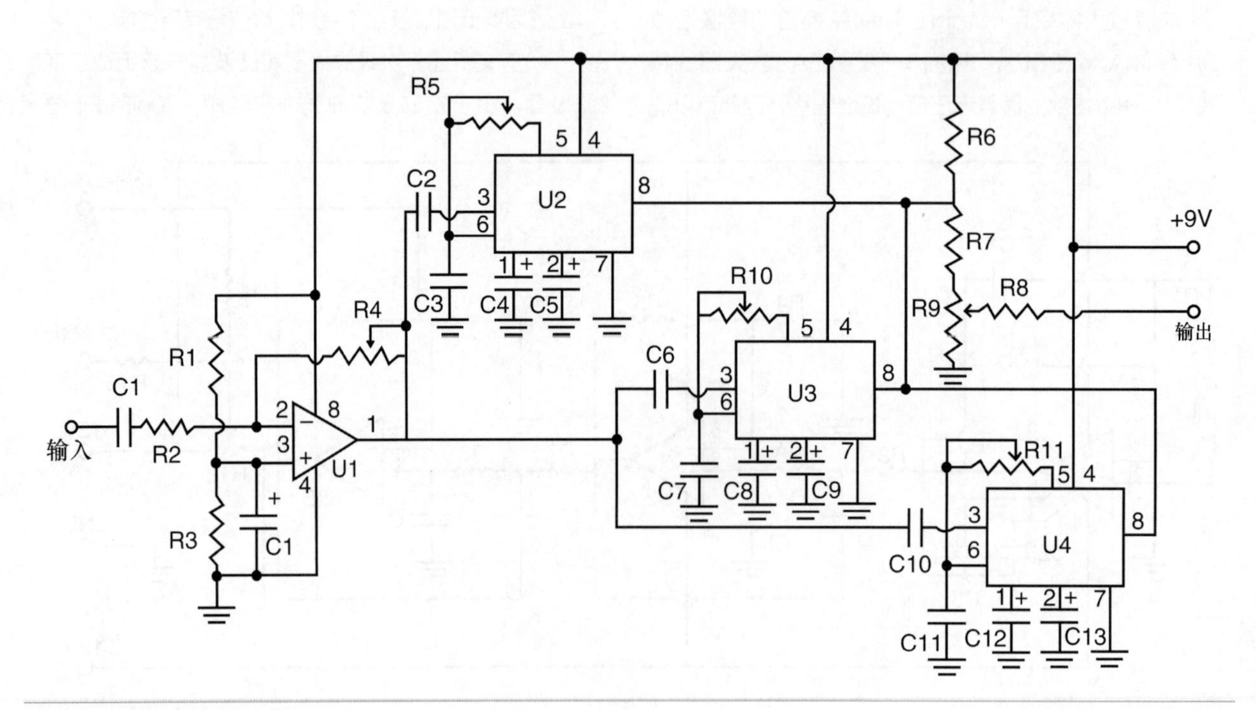

图6-19 地震仪时钟同步电路

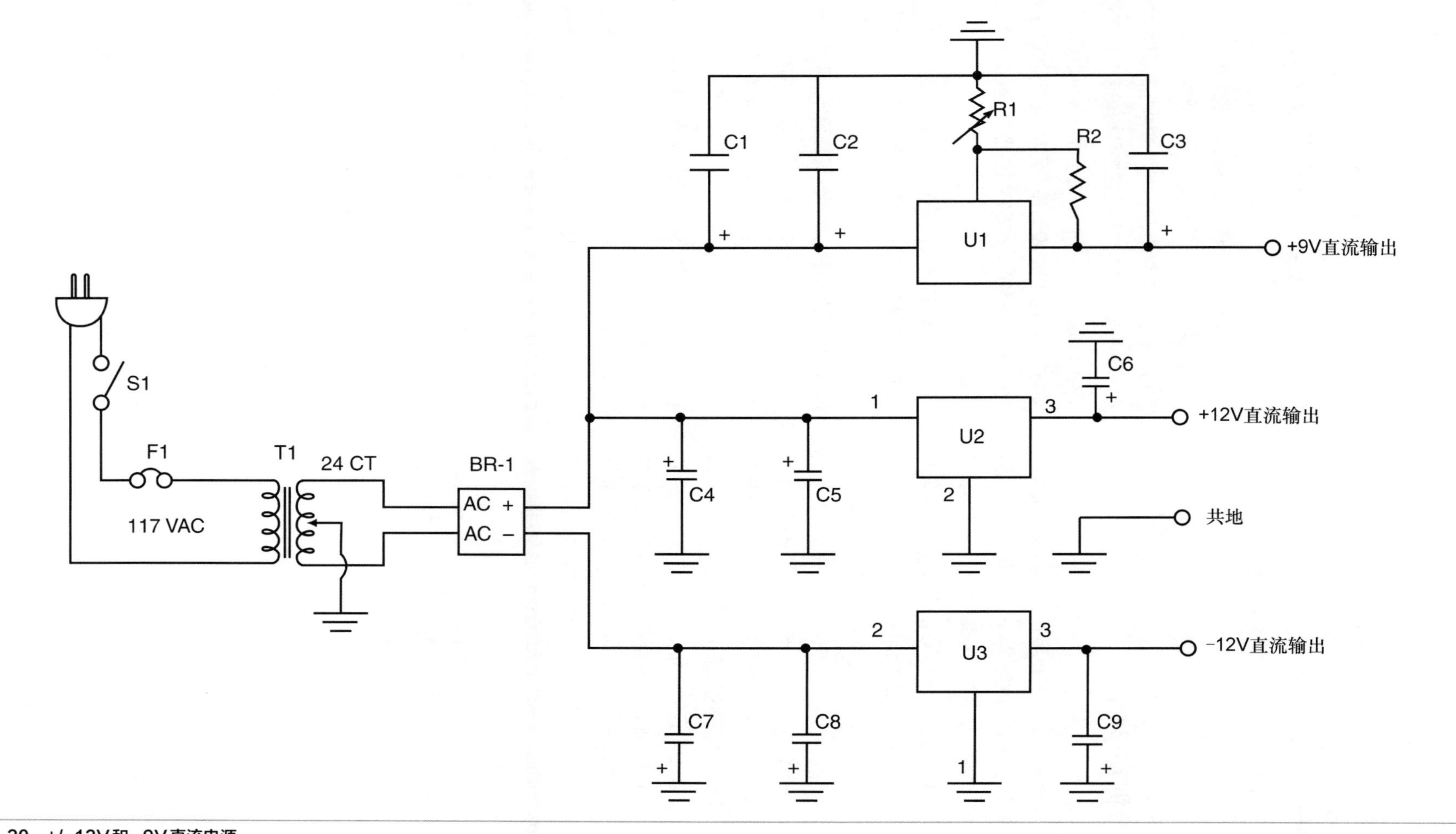

图6−20 +/−12V和−9V直流电源

电源。电路中含有降压变压器T1，它的作用是配合全桥二极管整流器将220V交流电源转换为24V直流电压。变压器的中央抽头连接到地，这样变压器可以同时对外产生供稳压器使用的正负两路直流电压。稳压器U1的作用是为时间解码器电路提供正（+）9V直流电压，稳压器U2的作用是为地震仪前置运放提供正（+）12V直流电压，稳压器U3的作用是为图6-18中的运放放提供负（-）12V直流电压。

6.4.5 数据记录器

在地震仪电路中，信号一旦经过前置放大器放大，就可以直接供图表记录器或传统的鼓式记录器使用了。另外一种方法是将地震仪采集到的信号输出到计算机数字记录系统中。与前两种方法相比，借助计算机系统可以实现无纸化操作，并且存储容量也接近无限大。此外，用户还可以在电脑上利用合适的算法和软件对数据进行平滑、滤波分析等处理。

下文列出了一部分（增加中）地震仪相关软/硬件清单。市面上有很多数字记录和数据分析软件，售价一般在数百美元左右。为保证地震仪的家用性和经济性，本文仅列出了售价不超过100美元的产品。

- Radio-Sky Publishing：含有3通道模拟数字转换器，而且可以从官网（www.radiosky.com/）下载免费软件。整个系统成本不超过30美元。如果你有能力自制地震仪前置运放电路，那么组装此套件一定没问题！模拟数字转换器接口可以直接连接到电脑并口。
- DATAQ Instruments：最好的商用套件之一，其内部为DATAQ Instruments提供的四通道12位A/D转换器。套件名称为DI-158U，套件中包含数据分析能力非常强的软件系统。其软硬件价格都为99美元。它通过串口与电脑通信。目前还有4通道10位A/D转换器和图表记录仪的DI-194RS型入门套件可供选择，价格仅为24.95美元！

6.4.6 地震仪的安装场地

地震仪的安装地点以远离各种振动干扰为佳。振动的来源包括空调设备、交通工具、建筑施工、气候等。这种振动称为地震噪声，其大小足以淹没微弱的真实地震信号。最好的地震仪安装平台为温差较小的混凝土或石头类地基。储藏室是最理想的数据记录场地。地震仪也可以安装在视野良好的公共场所，以获取学生们的注意，提高他们的兴趣，但缺点是振动干扰较多。

6.4.7 AS-1型地震仪的安装

1. AS-1的组装可以依照说明书进行。地震仪必须工作在安静的环境下才能达到好的监测效果。最重要的是保持安装平台的稳定性，例如贴地水泥基板。但是地震仪在低灵敏度工况下几乎可以在任何场合使用，包括高层或桌面（供演示和测试）。由于地震仪可以自动过滤高频振动，因此数米外的走动并不会对其监测效果造成影响。因此监测电脑和显示器最好应放置在与地震仪距离两米以外的地方。

2. 通过调平螺丝将基座调整到水平状态，通过吊杆上的垫片调整吊杆的水平状态（借助气泡水平仪完成）。在吊杆的机械结合部位滴一滴润滑油（要注意不能损坏刀口）。检查磁铁和线圈的位置是否与说明书一致，保证当吊杆（磁铁）上下抖动时，线圈和磁铁不会触碰。在将放大器信号接入电脑时，作者建议大家不要使用AS-1地震仪自带的分析软件，而是使用AmaSeis软件（见器件清单）。仔细用透明塑料外壳将地震仪罩住，以减少空气流通导致的干扰。

3. 在测试仪器时，首先确认输出信号处于中间电平。然后在地震仪的周围走动或者跳跃，检查屏幕上是否出现小脉冲信号，增益是否在20 ~ 60之间（混凝土或地板安装）。在这种增益等级下，仪器可以测量到以下几种事件：（1）有时信号会若隐若现，而且幅度很难测量；（2）有时波形非常清晰，而且幅度清晰可测。

4. 经验主要来源于环境、增益等级、地理位置（例如美国的西部或东部），地震的特性，地震的传播路径。

注意：制作此设备有很多可选方法。首先你要决定应该花275美元购买成品套件还是完全自制。自制过程中最难寻找的配件一般为弹簧、传感线圈、磁铁。磁铁和传感线圈都可以从Larry Cochrane（见附录）购得。还要决定是否愿意花275美元购买成品地震仪放大器和模拟数字转换器来制作前置放大器（见图6-18）。接下来还要面对A/D转换器的厂家选择，例如Radio-Sky或DATAQ。AmaSeis软件可以从Alan Jones博士的网站上免费下载（见附录）。

AmaSeis地震显示/记录仪被广泛用在中学和大学

教育领域。此软件有很多优秀的功能，由Alan Jones负责日常维护（见附录里的联系信息）。

AmaSeis软件的帮助文档AmaSeis软件（见www.geol.binghamton.edu/faculty/jones/）有一份非常完备的入门帮助文档，可以向初学者展示数据分析和显示的用法。读者可以点击屏幕上方的帮助按钮（菜单）进入帮助主题，选择内容，双击感兴趣的主题并在次级主题下选择问题。利用双向箭头控制（帮助对话框里的左右箭头）可以找到其他相关主题。如果要学习特定主题、特性或设置方法，可以选择帮助主题里的索引按钮，并双击感兴趣的章节。另外互联网上还有一些专门介绍AmaSeis用法的网站可供读者参考。

以下设置项可以从：设置菜单 → 振动图 中找到。

每小时行数：通常设为1。这样24小时内刚好可以记录满一屏数据，适合监测周期刚好为1天的用户，通过屏幕上的数据，用户可以立刻发现今天是否有地震发生。利用屏幕右侧的滚动栏可以检测一天前的数据。每小时行数最大可以设置到20（最新的AmaSeis软件甚至可以设置到60），这时屏幕上光标的移动速度将会很快，波形的细节可以看得更清楚，适合用在实验室测试、演示和监测人工振动（跺脚测试等）。当每小时行数大于1时，其他很多参数都默认为1。

增益：软件的信号放大幅度。当校准信号偏移时，此项设置应该为1，然后用户可以根据噪声等级，相应提高此项设置。在相对安静的场合，增益可以设为50或更高。

低通滤波器截止频率：振动图显示屏的低通滤波效果。通常设为3Hz，如果屏幕上有明显的高频噪声，则可以将其降低到1或0.5Hz。真正的地震信号频率通常不会超过低通滤波器截止频率。

记录保留天数：设置屏幕上地震数据的保留天数。如果要滚动观察多天数据，应尽量使用鼠标而不是键盘来滚动屏幕边缘的滑块。将此项设置为365，可以实现1年的数据备份功能。理论上说，此项配置可以设置为更大，但是通常的做法是单独保留事发当天的记录（单独保存为.sac文件，以防止数据库过于庞大），日后可以通过文件菜单来单独打开某段记录。

采样密度：通常设置为10。这时既可以保持足够高的数据精度，又可以保证滚动速度。采样密度为10表示每隔10个点记录其中1点的数据，如果此项配置设置不当，将会导致波形失真，因此当每小时行数较高时，应亲自做实验，根据效果选择此项参数值。采样密度不会影响到从地震仪中提取出来的数据精度，只会改变显示在屏幕上的精度而已。

利用数据值对话框可以将光标移动到表示整点的0点位置（即蓝线位置）。为了对齐曲线，最好先将增益设为一个较小的值（例如1）。然后旋转AS-地震仪附带的小黑盒上的黑色旋钮。这个旋钮的灵敏度非常高，因此调整前应先小幅转动，然后根据光标移动的方向慢慢调整。调整的宗旨是让光标慢慢接近0刻度。显示数字也应该接近0。当数字为0时，调高增益，这时校零的误差将会在屏幕上被放大，因此应再进行微调校零，如此往复，最后将增益调整到最高等级，这时屏幕上的0刻度附近将显示很明显的背景噪声（幅度在+/-1 ~ 2mm的连续波动）。当增益为较高值时（例如超过10），可以用铅笔轻轻敲动旋钮，以达到微调的目的。此过程可能会耗费大量的时间，必须有足够的耐心和正确的方法才行。

在进行数据采集之前，还需要进行如下设置。使用AmaSeis软件记录AS-1地震仪时，每天会产生1MB的数据。如果你的电脑没有足够大的磁盘空间来保存成年累月的数据，可以选择将数据拷贝在磁盘或光盘（CD）中。此外还可以对数据进行人工筛选，定期删除没有信息量的数据。

一定要定期为地震仪同步时间并进行日志管理工作。为自己的地震监测站维护数据是很专业并且优秀的习惯。数据条目是随着周期一两天的数据记录自动生成的。时间校准的原理是将电脑的时间与标准时间作比对，标准时间来源于arctime.com或WWWV电台的5，10或15MHz短波信号，如果电脑已经连接到因特网，那么也可以用www.arachnoid.com/网站提供的AboutTime软件进行校时工作。条目里还包含到达时间、地震的幅度和震级（由地震仪记录）等信息，另外还有天气、背景噪声、地震仪的工况等。

SkyScan墙或字体非常大的“座钟”（由Sam俱乐部以20美元的价格有偿提供）是两种非常方便的无线电同步时钟。这种钟可以显示GMT时间，用户可以根据它来手工校准运行AmaSeis软件的电脑时钟。定期将电脑时钟与GMT时间校准（同步）可以提高AmaSeis软件的精度。时间校准数据可以写入AmaSeis保存的地震数据中。原子钟的时间可以与GMT时间精确吻合，而且比通过互联网定期校准的电脑时间更准确。SkyScan公司出品的原子钟仅售30美元，销售链接为http://eggshop.net/skysatcloc.html和http://homestore3.com/skysatcloc.html。除此以外作者还推荐La Crosse

Technology公司出品的WS-8001U型壁挂式原子钟（数字较大），这种钟的售价为40美元，读者可以在www.weathermeter.com/ 网站购得。

AS-1地震仪的相对较准工作可以通过渐进法完成。渐进法（每次将线圈配置增加或减少一点点）的具体过程为逐渐减少（或移除）仪器吊杆上的配重量。减小配重可以导致地震仪输入信号的变化。由于地震仪的灵敏度极高，因此相对校准过程虽然听起来简单，但是实践起来需要非常小心和谨慎。校准时，可以用一下片胶带或者记事贴来标记吊杆上距离垂直接触点10cm处的位置。将保护罩盖在仪器上，在吊杆标记的正上方钻一个小孔（直径约4cm或1/8英寸）。将海报裁剪成1cm × 2cm的长方形，用作配重，其重量约为0.063g。将裁剪好的海报折叠成锥形，并用胶带在顶端固定一根3m长单股尼龙丝（质量非常轻，可以从纺织店购得）。将尼龙线穿过小洞（从内往外），使配重悬挂在吊杆上方。由于地震仪对周边的环境非常敏感，因此操作人员应该手持尼龙线站在3m以外的位置。为便于操作，可以在线的手持端缠上一片胶带，将配重放置在吊杆上可以产生一个校准脉冲，但是更好的脉冲（幅度为1400 ~ 1500个最小单位）是将配重放置在吊杆上，等待系统稳定，然后突然拉起配重。这种方法的多次测量误差仅在 ± 10%左右。这种测试的最大幅度可以根据不同仪器的线性区间决定。关于AS-1地震仪的更详细校准信息见http://quake.eas.gatech.edu/MagWeb/CalReptAS-1.htm。相对校准法的用途有如下几种。

- 通过校准判断地震仪是否可以正常工作（校准脉冲数据应该与图6-21相仿；使用拉起配重脉冲测量模式；校准脉冲就可以从AmaSeis软件中提取出来）。反复校准时，测量数据应该满足（近似）：第一个波谷（负）= -1420 ± 150幅度竖直，第一个波峰（正）=480 ± 50计数，校准起始脉冲到第一个跨零点的时间为3.0 ± 0.5s。

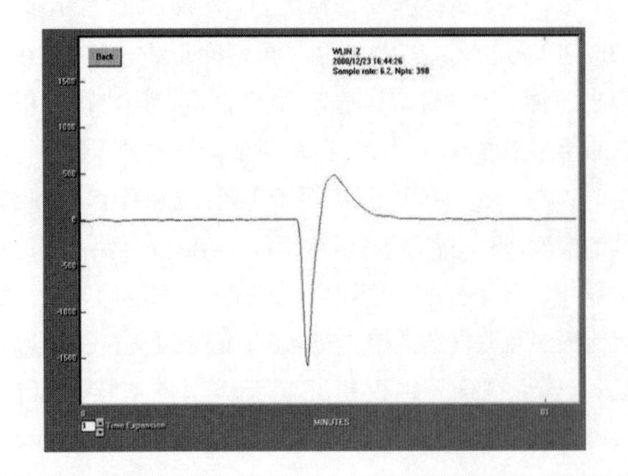

图6-21 校准脉冲

- 相对校准可以用来对比不同的仪器。AS-1地震仪的校准脉冲如图6-21所示，根据此数据可以推算出幅度比例。如果另外一台AS-1地震仪的校准脉冲与图6-21中类似（参数也类似），但是最大测量幅度却不一样，那么可以根据两台AS-1的幅度差调整放大系数。
- 通过校准可以检查地震仪的极性。举起配重时，吊杆会相对线圈向上移动，输出曲线的初始移动方向（校准脉冲）应该向下或者为负值。当地震波来临时，地壳向上的振动将会使地震仪的基座和线圈相对磁铁向上移动（效果等同于吊杆向下移动），由于地震仪弹簧配重的惯性。地壳向上运动会导致测量曲线中出现正向脉冲。如果校准脉冲（对应升起配重的动作）的初始运动趋势为向上，那么地震仪的极性就反了。这时只需将放大器的两个输入端反接即可。

6.4.8 地震仪滤波电路器件清单

元器件

R1 10kΩ，1/4W 电阻
R2 10MΩ，1/4W 电阻
R3、R6、R7、R8 1MΩ，1/4W 电阻
R4、R9 130Ω，1/4W 电阻
R5 20kΩ，1/4W 电阻
R10 160kΩ，1/4W 电阻
R11 220kΩ，1/4W 电阻
R12 100kΩ 偏移变阻器
C1 0.01 μF，50V 陶瓷碟片电容
C2、C3、C4、C5、C6、C7 0.1 μF，50V 陶瓷电容
U1 MAX420CPA CAZ自校零仪表放大器
U2 TL082运放
L1拆机继电器线圈（见正文）
杂项 PCB、导线、芯片插座、连接器、隔板，等等。

6.4.9 地震时钟同步电路器件清单（选配）

元器件

R1、R2、R3、R6、R8 10kΩ，1/4W 电阻
R4 100kΩ 变阻器（PCB）
R5、R10、R11 20kΩ 变阻器（PCB）
R7 150kΩ，1/4W 电阻
R9 10kΩ 变阻器（PCB）
C1、C5、C9、C13 4.7 μF，50V 电解电容
C2、C6、C7、C10、C11 0.1 μF，50V 陶瓷碟片电容
C4 47 μF，50V 电解电容
C8、C12 22 μF，50V 电解电容
杂项PCB，芯片插座，导线，五金件

6.4.10 电源器件清单

元器件

R1 5kΩ 变阻器（PCB）
R2 240Ω，1/4W 电阻
C1、C4、C7 4 700 μF，50V 陶瓷碟片电容
C2、C5、C8 0.1 μF，50V 电解电容
C3、C6、C9 10 μF，50V 电解电容
BR-1桥式整流器，3A，100V
U1 LM7812正电压（+12 V）DC稳压器
U2 LM7912负电压（-12 V）DC稳压器
U3 LM7809正电压（+9 V）稳压器
T1 24V/3A中央抽头变压器
S1 SPST轻触电源开关
杂项 PCB、导线、连接器，等等。

AS-1的设计初衷是为IRIS地震组织提供教学用低成本地震检测系统。如果您是知名学校组织，您可以申请免费的AS-1产品。详见IRIS网站www.iris.edu/edu/ASI.htm for more information。您也可以选择与Jeff Batten和业余地震协会联系，付费购买AS-1产品。业余地震协会的联系方式为：

2155 Verdugo Boulevard，PMB 528
Montrose，CA 91020
（818）249-1759
info@amateurseismologist.com

6.5 AS-1性能参数

地震仪种类：带有油质阻尼的垂直速度换能器

自然周期：1.5s（滤波器的带宽为20s）

放大器：增益100dB不可调节，带有低通滤波器和校零功能。

数字化：12位模拟数字转换器

带宽：0.1 ~ 20s

尺寸：长17英寸，宽6英寸，高12英寸

计算机接口：PC串口

数据格式：ASCII数字0 ~ 2085

数据采样率：6.2帧每秒

全套系统售价：550美元含税包邮

地震仪单件售价：275美元

地震仪电子部分售价：275美元

地震仪塑料外壳和塑料油盘：40美元，由E&A International出品

AmaSeis软件获取：www.geol.binghamton.edu/faculty/jones/AmaSeis.html。关于如何用AmaSeis读取DATAQ AD数据，请参阅www.dataq.com/support/techinfo/dataform.htm。

6.5.1 传感线圈

220VAC交流继电器上可以拆出5英尺长，一端带有RCA接口的屏蔽线圈。此配件用作传感线圈刚好合适。线圈的匝数为10 000圈，直流阻抗约为9 000Ω。线圈直径为23mm（15/16英寸），宽度为17mm（11/16英寸），售价为15美元。

6.5.2 磁铁

磁铁的规格为22磅拉力，尺寸为25mm（1英寸）高，40mm（$1^9/_{16}$英寸）宽。磁铁开口端的宽度为21mm（13/16）。售价20美元。联系方式lcochrane@webtronics.com。

AS-1地震仪的震级判断可以参考：www.eas.purdue.edu/？ braile/edumod/as1mag/as1mag3.htm。

AmaSeis软件的安装方法可以参考：www.iris.washington.edu/about/ENO/AS1AmaSeis_v3.pdf。

第七章

磁场检测

Chapter 7

本章将向读者介绍多种不同的磁场传感器，从用作电话侦听和检测掩埋金属导管的小型电感采集线圈，到可以检测汽车和火车磁场的大型线圈检测器。本章还将介绍电子罗盘和ELF辐射监测器的制作方法，后者可以起到监测有害辐射的效果。本章还有射频爱好者们感兴趣的电离层扰动接收机的知识，这种设备主要用在射频传播实验室中。专业实验员还可以通过研究地磁场的变动趋势来判断太阳磁风暴的信息。

7.1 历史

截止1821年之前，人类已知的磁性物质还局限于磁铁一种。此后丹麦科学家Hans Christian Oersted在向朋友演示导线中的电流时，发现了电流可以使磁针偏转的现象。后来法国科学家André-Marie Ampére对这种现象进行了深入研究，并总结出一套与大家认知完全不同的磁场规律。他的规律以导线间作用力的方式表述：当两根平行导线中的电流方向相同时，两跟导线互相吸引，当两根平行导线中的电流方向相反是，两根导线互相排斥。磁铁是磁场的一种特例，Ampére另有一套方法去解释。

Michael Faraday被公认为研究电和磁的先驱者。他也有一套著名的方法来演示磁场。首先用纸片将磁铁盖住，然后在纸上散落一些磁屑，磁屑就会自动依照磁场的方向排列。与磁铁相同，地球本身的磁场是从地理南极发出，绕地球表面一圈后，再汇集到地理北极。法拉第为磁场的方向起名为力场线，这个名称也沿用至今。

在自然界中，稀薄的空间、炽热的太阳黑子，地核岩浆都是产生磁场的源泉。在地球的磁层中，电流也在动态变化中：在面向太阳的一侧，场线向地球一侧压缩，而在背对太阳的一侧，场线会拉出很长的尾巴，形状与彗星类似。然而在近地侧，场线的形状与条状磁铁的偶极型场线类似，偶极型场线的名称来源于磁铁的两个磁极。

法拉第认为，场线是表征磁场方向的记号，但是在真空中情况会大不一样，因为电子和离子很容易影响场线，就像线上的珠子一样，特定状态下甚至会引起缠绕。因此在稀薄空间中，人们定义了简单方向这个指标。与木头的纹理一样，简单方向是离子、电子和电流（无线电波）可以自由移动的方向。而向其他方向移动则相对困难。

法拉第的思想后来演变成了磁场的概念——空间中的磁场在某种程度上是一种力。法拉第还展示了随时间变化的磁场与交流电（AC）类似，都可以产生电流，例如将铜线放置在磁场中合适的角度。这种现象被后人称为电磁感应现象，变压器就是基于这种原理制成的器件。

综上，磁场可以产生电流，而我们已经知道电流也可以产生磁场。有没有一种既包含磁场又包含电场的空间波存在?

磁场→电流→磁场→电流

此环节有一个问题，即这种混合波无法在真空中传播，因为真空中并没有导线介质可供电流传播。

聪明的苏格兰年轻人James Clerk Maxwell在1861年解决了这个问题，他提出了麦克斯韦方程组，在方程中，电以另外一种可以在真空中传播的形式存在，但是仅适合高速交变场景。由于公式中增加了新的元素（位移电流），因此可以描述电场和磁场在真空中以光速传播的现象。图7-1是这种波的示意图，其中（H）为磁场部分，（E）为电场部分。这种波只能沿直线传播。事实上电场和磁场在真空中的范围非常广，但是很难精确绘制出来。电磁波由两部分组成：磁场（H）和电池（E）。因此电磁波会向真空中辐射两种场。

麦克斯韦预测电磁波的实质就是光。如上文所说，利用公式推算出的电磁波速度刚好等于光速，后续的研究也证明了这一点。例如一束光线照射到玻璃上，一部分光线将透射出去，而另一部分光线将反射回来，麦克斯韦方程组可以精确地描述反射波的参数。

再后来，德国科学家Heinrich Hertz给出了电流在导线中来回反射时（如今我们称之为天线）可以产生电磁波。电火花可以往复的电流，激发电子产生能量级跳变并对外辐射，类似AM收音机中听到的闪电声。1886年，Hertz第一次在实验室中成功利用电火花传播了一段信号。后来的意大利人Marconi借助更先进的接收机，扩展了无线电接收范围，并在1903年实现了欧洲到美国的无线电通信。

电磁波的利用最终导致了收音机、电视机及一大批电子产品的问世，但是也在太空中产生了很多电磁场噪声。

7.2 变压器的工作原理

当电感上有交变的电流时，电感中将产生电动势（EMF），电动势以磁场的形式存在。如果第二个电感在电动势范围内，那么也会感应到相同趋势的电动势。如果有合适的回路，第二个电感就可以将电动势转换为电流。

利用这种方法可以将两个线圈耦合在一起，一对耦合线圈就是一个变压器。连接输入端（例如220V交流市电）的线圈称为初级线圈，另外一个线圈称为次级线圈。

变压器可以将在没有直接接触的情况下将电能从一个电路（初级线圈）传输到另外一个电路（次级线圈）。其背后的原理是线圈感应（稍后讨论）原理，感应线圈相当于变压器的次级，探针一侧则为变压器的初级。慢慢我们还会学到电话、交流电机、电视机中都会用到变压器。

很显然，变压器只能用在交流电路中，因为如果磁场不发生变化，那么就无法实现能量的耦合。如果将电池等直流电源接在初级线圈的两端，那么次级线圈只会在电源接通或断开的瞬间耦合到能量。当初级线圈上的电压恒定时，次级线圈将耦合不到电压。当然，如果初级线圈两端没有电压时，次级线圈也不会耦合到任何电压信号。

7.3 辐射场和感应场

简单来说，磁场是电磁场的一部分，通过不断变换天线导体上的电磁场，可以实现辐射电磁场的目的。另外我们已经知道交变的电磁场可以以光速向远处传播。

移动场是由感应场和辐射场组成的。感应场一直围绕在天线四周，其能量交替地在天线上储存和释放。感应场的可检测距离通常不超过天线距离的两个波长。对于VHF频段TV信号来说，感应场的范围在10 ~ 30英寸，只占传输路径中的一小段范围。接下来我们将仔细研究导线周围的场，探索电场和磁场的区别。

7.4 磁场

磁场由两个同相位的参数组成，即两个参数同时达到最大值或同时达到最小值。其中一个参数反比与天线距离 $1/r$，另外一个参数反比于天线距离的平方 $1/r^2$。

7.5 电场

电场包含3个参数，其中一个参数反比与天线距离 $1/r$，另外一个参数反比于天线距离的平方 $1/r^2$，第三个参数反比于天线距离的三次方 $1/r^3$。与磁场不同，电场的三元素并非同相位。其中与距离成三次方（$1/r^3$）的元素与其他另外两个元素呈90° 相位关系。因此其周围会产生两个电磁场。第一个电磁场为辐射场，其辐射距离最远，电场和磁场在空间中呈90° 夹角，如图7-1所示。第二个电磁场为感应场，其中电场和磁场的夹角为90°，但却有90° 的相位差，如图7-2所示。

由于感应场中的电场强度与距离成三次方反比关系，因此其强度随距离快速衰减，当距离r超过几个波长后，其大小就可以忽略不计了。因此我们从AM收音机中收听到的信号都属于辐射场信号，而非感应场信号。但是当距

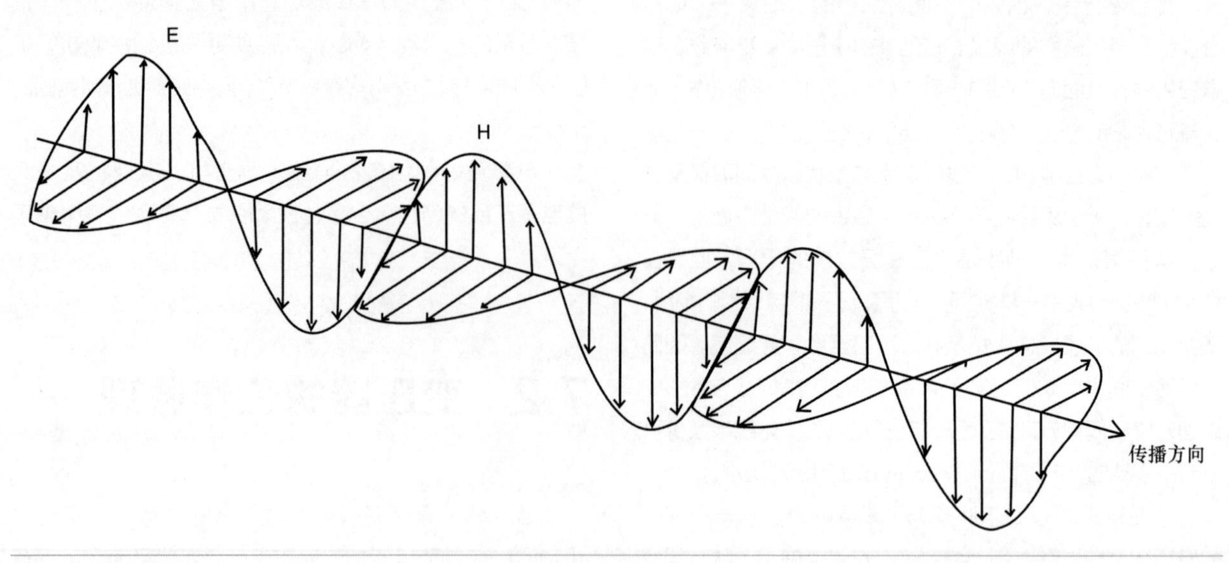

图7-1 辐射场的传播

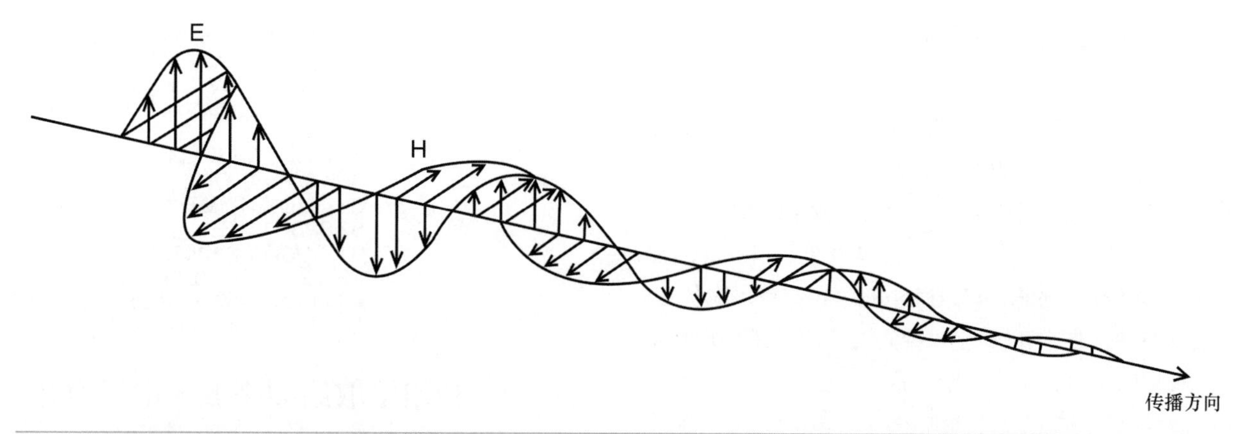

图7-2　感应场的传播

离很近的的时候，系数$1/r^3$不会衰减的特别快，这时感应场就很明显了。使用磁场探头近距离探测电机或收音机扬声器可以探测到感应场。由于感应场的磁场和电场之前有90° 相位差，因此无法向外传播能量。所有传播进感应场的能量都将在下一个循环释放回来。

如上文所说，距离天线数个波长范围内，感应场是不可忽视的。因此在高频领域，由于波长非常短，只有在天线周围几英寸的地方才能检测到感应场的存在。但是在低频领域就不同了，感应场可以覆盖相当远的距离。本章中的磁力耳项目就是通过利用拾取环来检测感应场来实现的。

7.6　磁检测器

最简单的磁场检测设备为电感拾取线圈。这种电感线圈与高增益放大器结合使用，可以侦听很多磁场。电感拾取线圈可以直接从无线电/电子商店买到，售价一般只有几美元。

图7-3是一种电感拾取线圈的照片。它由电感线圈和小吸盘组成，吸盘的作用是将传感部分固定在待测电话或耳机上。探针的输出信号通过3 ~ 4英尺长的屏蔽线缆引出，接头使用迷你3½mm公头。

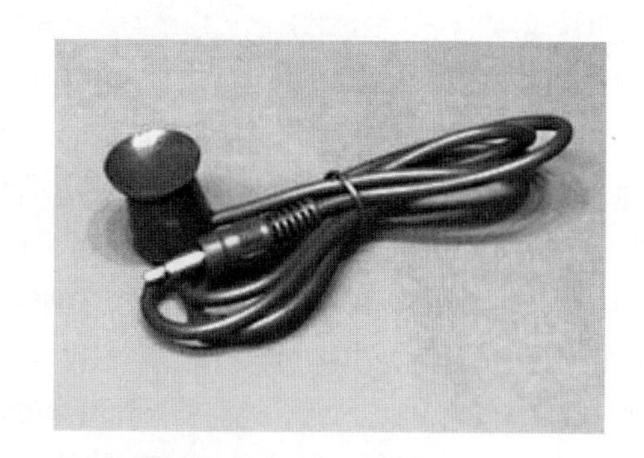

图7-3　电感拾取线圈

拾取线圈的匝数很多，线径非常细，直流电阻高达400 ~ 500Ω。工作时，线圈相当于变压器的次级绕组，待侦听信号源则相当于变压器的初级绕组。有些线圈带有软金属芯，其作用是集中电力线。图7-4是电感拾取线圈的电路图。

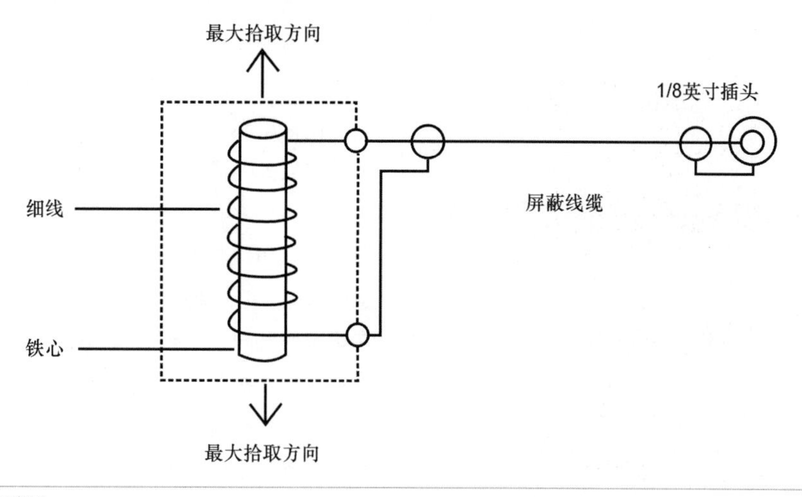

图7-4　电感拾取线圈电路图

电感线圈或电话拾取器可以和高增益放大器组成一个称为磁力耳的电子设备，它可以用来监测很多种与磁场有关的现象。图7-5中的高增益放大器就可以用来放大磁拾取线圈的信号。此电路由两级放大器组成。第一级运放采用TL082放大器芯片，第二级运放采用LM386大功率音频放大器芯片。输入端J1首先连接到C1和R1，运放TL082（U1）的增益可以通过开关S1调整，S1为三位旋转开关，专门用作增益选择。C2、R5和R6组成的电路连接到U1的引脚3，为U3提供电压偏置。此网络同时也连接到9V电源。U1的输出端通过电容C3和声音控制电阻R8连接到次级音频放大器。LM386音频放大器（U2）的输出信号通过C6连接到8Ω扬声器负载。

1/8英寸音频接口起迷你开关的作用，当J2中插入耳机时，扬声器将自动关闭。磁力耳放大器电路由9V收音机电池供电，电源开关是S2。磁力耳放大器电路可以组装在面包板或PCB上。安装芯片时应尽量使用芯片插座，以方便日后的检修和更替。电路中含有几个电解电容器，安装时应注意其极性，防止接反。另外还要仔细确认芯片的方向，防止因芯片接反导致电路烧毁。大部分芯片表面都有小圆圈或缺角等标示引脚方向的记号，引脚1通常在记号的左侧。在完成磁力耳电路的组装后，应仔细检查走线，防止焊接错误。另外还要排查虚焊或漏焊等状况。

在磁力耳电路焊接完成后，还需要为高增益放大器电路选择一个合适的金属盒子。在盒子前面板上钻几个小孔，用来安装耳机接口和扬声器。电源开关和增益选择开关S1都安装在前面板上。接下来还要安装9V电池盒，最后用塑料支架和1/2英寸长的4-40机械螺丝将整个电路板固定在外壳内。

组装好外壳后，磁力耳电电路就可以进入测试阶段了。在输入端口J1上插入拾取线圈，并用控制开关S2打开电源。这时就可以将传感线圈放置在打开的电视机旁了。如果磁力耳扬声器中出现哼哼声，那么就表示电路工作正常，用户可以用它来进行各种磁场检测了。

7.6.1 磁力耳电路器件清单

元器件

R1 1kΩ，1/4W 电阻
R2 10kΩ，1/4W 电阻
R3 100kΩ，1/4W 电阻
R4 1MΩ，1/4W 电阻
R5、R6 47kΩ，1/4W 电阻
R7、R9 10Ω，1/4W 电阻
R8 10kΩ 变阻器
C1、C2、C7 0.1 μF陶瓷电容
C3、C5 10 μF，50V 电解电容
C4 100 μF，50V 电解电容
C6 220 μF，50V 电解电容
U1 TL082双运放芯片（只使用其中一路）
U2 LM386音频放大器
SPK 8Ω 迷你扬声器
S1 三挡位旋转增益开关
S2 SPST电源开关
B1 9V 晶体管收音机电池
J1、J2 1 / 8英寸 迷你插头
杂项 PCB、导线、芯片插座、外壳、支架、螺丝、螺母，等等。

7.6.2 利用拾取线圈来放大电话声音

有了磁力耳放大器后，读者可以用它来放大电话机中接收到的声音，还可以用来远程检测电话振铃。为了保证拾取效果，首先应在电话机上选择合适的线圈附着位置。第一个位置一般在电话主机上的电感线圈附近，另一个位置在听筒附近。不同电话的主机线圈位置可能更难确定。一般来说，直接从听筒处感应到的信号强度应该最大，因此磁力耳探针吸盘可以选择吸附在耳机听筒附近。吸附位置可以选在听筒的背面，这样不会影响电话机的正常使用。使用时应该根据效果动态调整磁力耳的音量，以收听清晰但没有回声为优。用户也可以将拾取线圈粘贴在电话机内部振铃线圈附近的位置，以起到远程侦听来电的效果。利用这种方法，在花园里工作的园丁也可以远程收听到电话响铃了。

7.6.3 侦听磁化线

磁化线的声音非常独特。读者可以选择电吉他上的弦线作为测试对象。电吉他与普通吉他类似，都是利用手工拨动绷紧的钢丝，通过钢丝的振动来发出声音的。电吉他里有很多配对的磁铁和线圈，每个线圈都相当于一个拾音探针。当导线振动时，拾取线圈内的磁场将会发生变化，从而导致拾取线圈内的电压发生变化，电吉他内部的放大器会进一步放大感应电压并将其转换成声音信号。

我们可以将磁力耳的探针吸附在吉他拨弦周围的任意位置上。但必须在拨弦上配磁性物质，这样磁力耳才能在拨弦振动时侦听到声音。不管将磁铁粘贴在拨弦的哪一段，整个拨弦都将被磁化。测量时可以不断移动探针的位置，以确保最好的测量结果。在20世纪30年代后期，钢丝记录仪是唯一一种可以快速记录和回放声音的

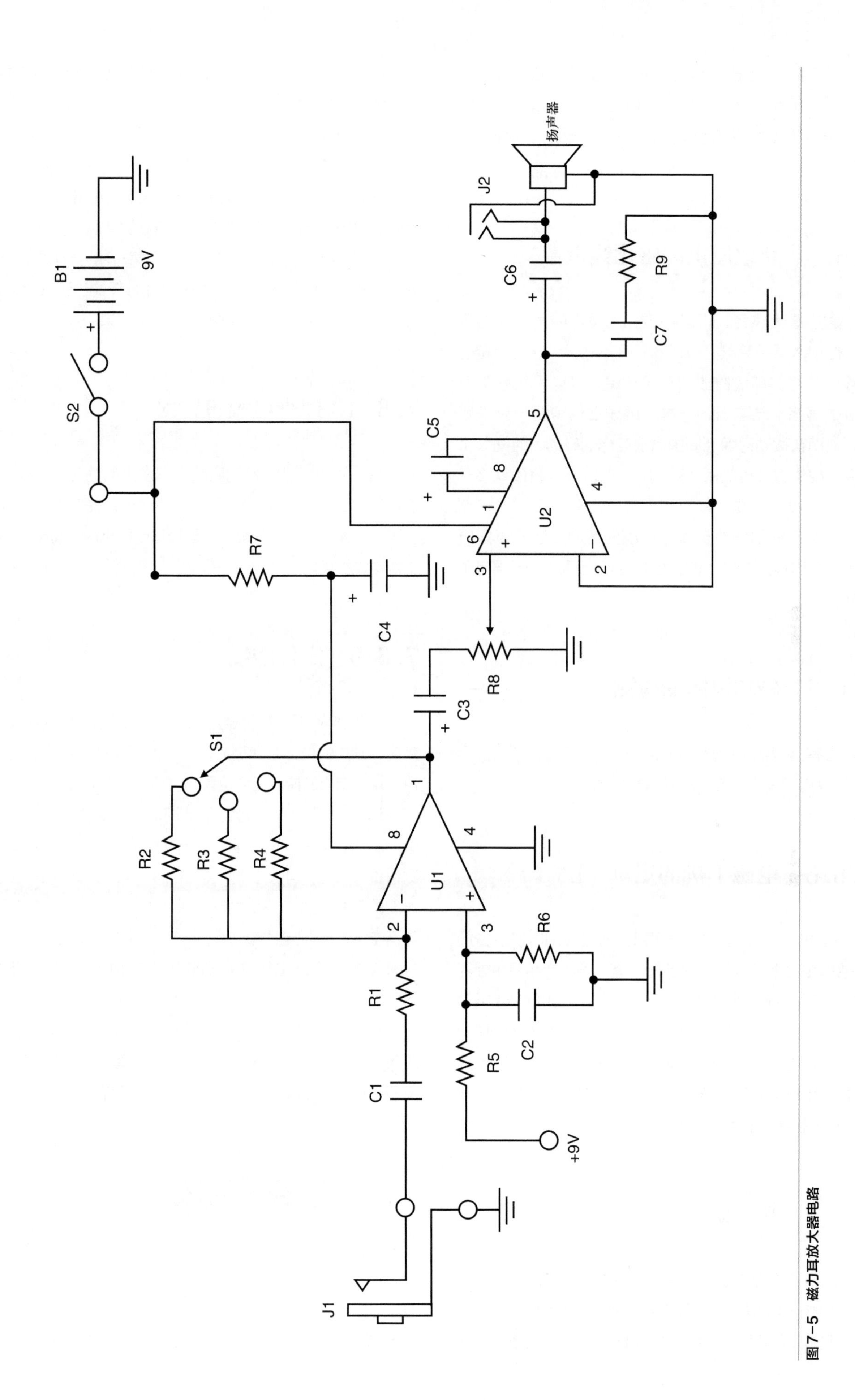

图7-5 磁力耳放大器电路

设备。直到20世纪50年代，人们才发明了磁带式记录仪。20世纪60年代人们又发明了盒式磁带记录仪，此后VCR等设备也相继流行起来。现在几乎每个家庭都有VCR机。

7.6.4 获取厚重的磁化线声音

通过增大线径，可以使磁化线发出的声音较为沉重。使用木质铅笔敲打一段6 ~ 8英寸长、单端固定的硬线，并将传感线圈放置在振动端，可以采集到类似座钟的声音。与电吉他一样，硬线上也需要与磁铁触碰，从而在拨动时保证周围出现变化的磁场。时间久了以后，硬线将被磁铁永久磁化，此时就可以将磁铁移开了。这时拨动弦线，磁力耳中将发出非常真实的嘣嘣声。通过裁剪弦线的长度可以改变音调。这些声音听起来像是弦线直接发出的，但其中已经经过了一层电子转换。

7.6.5 磁场泄露的检测

带有拾取线圈的磁力耳是一种非常便携的磁场检测设备，可以用来检测电磁干扰等异常磁场。

7.6.6 电磁干扰的定位（EMI）

借助磁力耳设备，用户可以全方位检测电子设备周围的磁场状况。磁场可能来源于设备本身，或者是由外界发出并可能会对设备的正常工作造成影响。大部分表征金属屏蔽（包括焊缝质量）效果的测试数据都集中在50Hz到20kHz之间。由于磁力耳几乎可以完全覆盖这段频率范围，因此可以直接用来检测各种合金材料的磁场屏蔽效果，或者检测电子电力设备的电磁干扰程度。

7.6.7 探查磁场

如果将磁力耳放置在电子设备附近，其拾取线圈将会像天线一样收集各种电磁信号，利用耳机可以有效减少噪声干扰。人们可以利用磁力耳检测电子表、电子钟、马达、便携计算器、电视机、通信设备、电力线和各种电力管道中发出的磁场，在闪光灯开关的瞬间，磁力耳中还可以听到轻微的咔咔声。

在集成系统中，利用磁力耳和探头可以很方便地确认模块间的干扰，因为磁力耳完全依靠电池供电，完全不受交流电源本身的影响，因此不存在因为电源原因造成的电磁串扰。电磁场仅能通过天线（拾取线圈）一条路径进入磁力耳，这使得磁力耳非常适合检测其他设备的磁场和方向，还可以用来评估各种屏蔽措施的效果。

7.6.8 探查电视机辐射

磁力耳可以轻松检测到电视机发出的强磁场。电视机每秒钟可以生成30帧的图片，为了保证使电子束可以按照要求逐行照射到屏幕上，显像管电视机内偏转电路的工作电流极高。

7.6.9 定位线缆

当工作人员和掩埋线缆打交道时，经常要找到线缆、接头、开关的位置。即使人们只是想要悬挂窗帘、盆栽，也要知道墙内的掩埋线缆位置，以防止钻孔时误伤线缆。

这时电感拾取线圈就派上用场了。依照检测到的50Hz工频声音，磁力耳可以准确地探测到电线的位置，测量精度高达1/4英寸。人们甚至可以检测到每根电线对应的开关位置。只要拨动开关，并用磁力耳探索工频声音最大的一根电线就可以了。很多情况下甚至不需要打开电源，仅靠电线耦合到的工频辐射就可以进行测量了。

根据工频噪声，人们不但可以准确地定位室内的电源走线，还可以找到埋藏在水泥墙、走道、庭院里的金属管道，有了磁力耳，钻孔时再也不用担惊受怕了。

7.7 巴克豪森效应

巴克豪森效应是指人们观测到的磁畴跳变现象。磁畴是磁场中一块原子整齐排列的区域。人们对磁场中高度对齐或磁化的区域非常感兴趣。巴克豪森首先发现，改变线圈中的电流时，线圈周围的铁磁性物质将会发出噪声，利用高倍放大器和扬声器可以侦听到这种噪声，即使磁化力的变化非常缓慢，噪声也可能会出现。通过以上实验，巴克豪森总结出铁磁性物质的磁化过程并非完全连续，而是以一些随机、微小且非连续的步进跳变的。这种跳变称为巴克豪森跳变。产生跳变的原因是磁性物质在不同磁域间的跨越。

7.7.1 研究

1919年，巴克豪森通过技术文献向大家展示了他的磁域研究成果。从那时起，人们就开始慢慢研究巴克豪森噪声跳变的实用性和有效性。最近，位于美国德克萨斯州，圣安东尼奥的西南研究院率先实现了一种简单易行并无损的剩余应力检测方法，这种方法的核心正是巴克豪森噪声分析法，适用于大部分铁磁性材料。这种方法首先要在待测物体周围施加一个磁场，然后用小型检测探针检测待测物体中产生的巴克豪森噪声。人们已经通过各种实验证明了大振幅与拉伸力对应，而低振幅与压缩力对应，中等振幅与无应力对应。

7.7.2 巴克豪森噪声的应用

很多工业和个人应用都可以用到巴克豪森噪声检测法。巴克豪森噪声分析法的商业用途包括检测涡轮发动机叶片、磁盘和压缩机的轴承缺陷，或者可以将探针在潜艇表面探查，检查潜艇外壳上的金属缺陷。另外人们还可以在大坝上增加金属梁，然后不断监测其巴克豪森噪声，已提早发现移位。利用巴克豪森原理，人们还可以发明数不清的应用。

由于信号强度足够，测量时传感器探针甚至可以放置在距离待测金属物品2 ~ 3英寸的地方。由于传感器检测的是磁场跳变，因此检测时完全没有必要接触待测物体。

7.7.3 侦听巴克豪森噪声

巴克豪森现象的产生原因是磁化过程中磁畴产生的突发位移。巴克豪森噪声听起来像是嘶嘶声或者白噪声。利用巴克豪森效应，人们可以“听到”金属在磁化过程中发出的磁畴跳变声音，只要有磁畴边界跳变，就会有磁化噪声产生。

7.7.4 掩埋金属的定位

借助巴克豪森噪声技术，人们可以检测埋藏在木头或水泥中的铁钉或者螺丝。从图7-6中可以看出，磁铁如何磁化掩埋的金属螺丝或钉子，然后再被拾取线圈检测到的过程。检测过程中，螺丝和钉子会发出拾取线圈可以检测到的巴克豪森噪声，线圈检测到的信号噪声经过磁力耳中的放大器放大，人们就可以根据噪声定位出钉子的位置了。

7.8 直径两英寸的拾取线圈及其应用

读者可以自制直径两英寸的磁场拾取线圈和磁力耳，用来检测地下埋藏的管道，水泥和墙壁里的导线、避雷棒，甚至地面下驶过的地铁。如图7-7所示，2英寸直径拾取线圈可以通过在2 ~ 3英寸直径的硬纸盒上缠绕50 ~ 100匝细漆包线来制成。使用美国线规（AWG）中的28和32号漆包线缠绕出的拾取线圈厚度约1/2英寸。拾取线圈和放大器的连接方法可以参考图7-6。带着2英寸线圈和磁力耳电路，读者就可以出门探索前所未知的磁场世界了。

7.8.1 定位掩埋水管

城市郊区的地面下一般都有大量的供电线缆。这些线缆承载了大量的市区用电，电压高达138kV，供电输入到小区以后，电压会降低到4 300V，入户后的电压最终降低到220V。另外我们脚下还有数不清的供水管道。单户供水管道的直径约为1英寸。最有意思的在这里：电力网会将50Hz工频信号感应到供水网络中。如果想要找到掩埋水管的位置，也可以通过侦听50Hz信号的方法实现。对于水管来说，侦听到的最强信号应该为120Hz，另外还有高达1 200Hz的多次谐波。

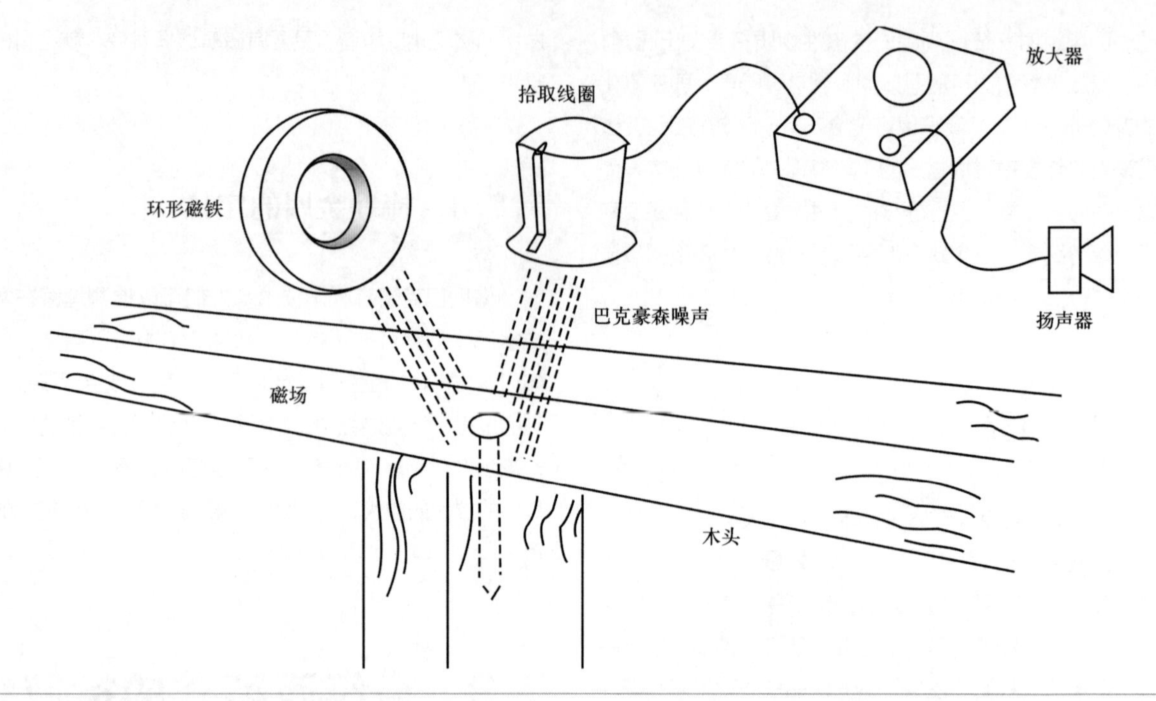

图7-6　定位铁磁性物体

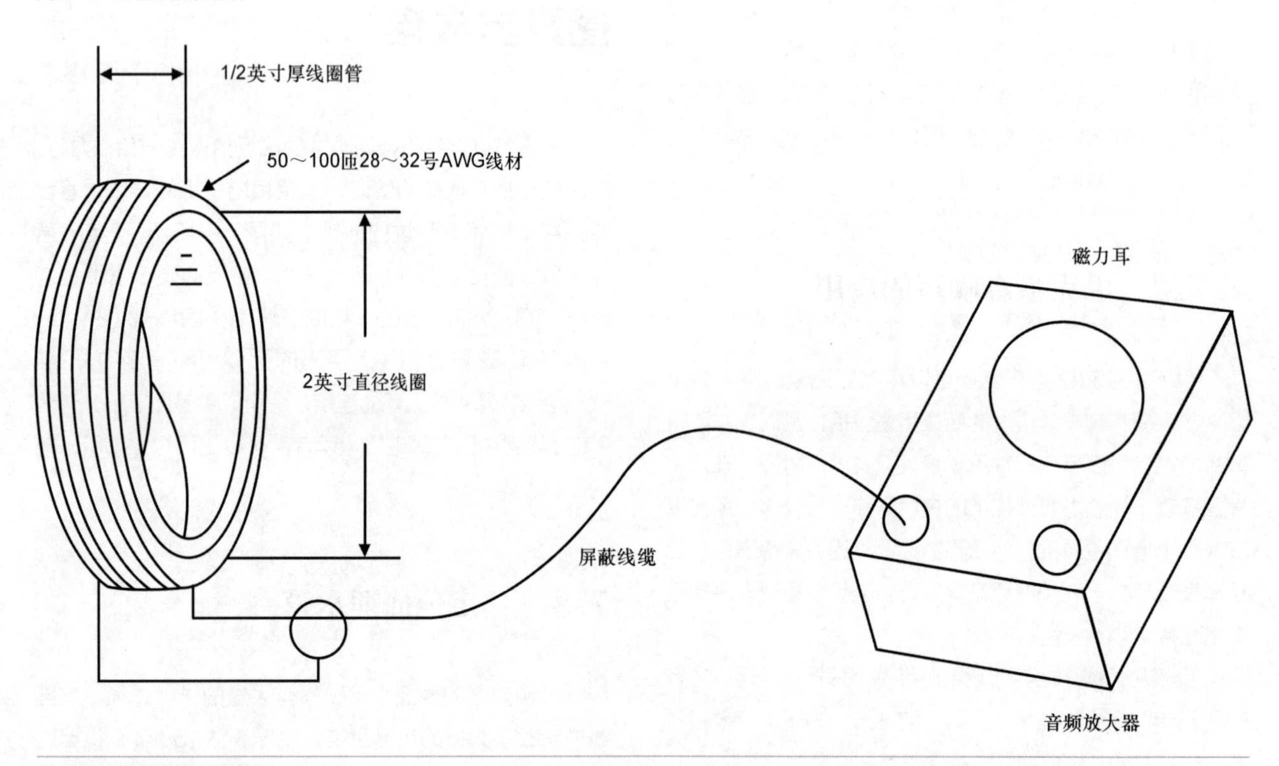

图7-7　两英寸线圈探头

7.8.2　定位住宅水管管道

为了找到院前屋后的铜或镀锌铁水管，应该先从水龙头或水表处开始探索。如果只想要寻找可以挖坑的位置，那么只需要摸清管道的走向即可。在房屋建造后，水阀很快就会被泥土和植物掩盖。人们经常需要手忙脚乱寻找水阀位置。借助本书的方法，人们可以轻易摸出周围的水管脉路，准确找到水阀。

如果你的房屋前有总供水管道，那么可以从门前开始寻找。沿着院子边缘开始，将2英寸拾取线圈的离地距离控制在2 ~ 6英寸之间。线圈的平面必须对准行走的方向，最终找到120Hz声音最强的位置。站在这个位置向街道上走，左右摆动拾取线圈，依照声音的指引慢慢走向街道。不出意外的话，很快就会找到水表的位置。水阀一般在离水表数英寸的位置。有兴趣的话也可以用这种方法帮助邻居找找水阀的位置。只要找到水管的走向，就不难找到水阀的位置。

塑料水管无法传播电磁场，因此本例中的方法无法用来检测塑料供水管道，即使水表和水阀都是金属材质的也不行。

7.8.3　定位总供水管道

一旦掌握了小型1～2英寸民用水管的定位方法，就可以在街道附近探索5～10英寸直径的总管道了。总管道发出的声音与家里的管道类似。但是你会惊奇地发现，总管道的可探测距离竟然高达100英尺以上。一但开启探索过程，能依靠的就只有经验和手里的环状天线了。

使用2英寸环状探针探索总管道的方法有两种：（1）不断寻找哼哼声更强的位置；（2）改变探索面的倾角。宗旨和小水管相同，都是不断寻找声音最强的位置。找到水阀和水表以后，可以小心翼翼地进一步往街道上探索。边走边左右变动拾取线圈的位置，确保哼哼声一直为最大值，如果不小心跟丢了位置，可以后退几步，向其他方向重新跟踪。同时还要不断观察头顶电力线的位置，以防止错误地跟到电力线的位置。最终一定会跟踪到主供水管道。

通过不断改变拾取线圈的角度，检测人员可以发现声音的强度与拾取线圈和水管的夹角成比例变化。当拾取线圈与待测水管垂直时，扬声器中耦合到的声音最小。当检测位置逐渐靠近主管道时，出现最大声音时拾取线圈的倾角将越小，最终与地面平行。跨过管道后，拾取线圈将倾斜为另外一个方向。

拾取线圈的最小信号倾角与检测点和水管掩埋点的距离有关。你可能已经注意到，最强声音方向应该是指向远处的水管方向，而不是垂直地面的方向。因此当水管刚好在脚下时，拾取线圈应该刚好垂直指向地面。如果水管的掩埋深度为5英尺，而检测位置与水管的距离为10英尺，那么拾取线圈的最大声音倾角应为45度。如果检测点变更外距离水管10英寸的另外一侧，那么拾取线圈的倾角应该还是45°。

7.8.4　定位墙壁内的电线和铁棒

在不清楚知晓电线走向的墙壁上打孔是非常危险的事情。利用2英寸拾取线圈不断扫描墙壁内的工频噪声点，可以检测墙壁内的电线位置。为了提高信号强度，检测时应将与掩埋电线相关的电器全部打开。此外如果室内的电灯有调光功能，应将调光器设为最低值，以减少电磁干扰，突出墙壁内的辐射信号。用户可以根据此信号来摸清墙壁内的线缆。

手持2英寸拾取线圈并使用与检测供水管道相同的方法，可以检测地下和人行道下掩埋的电缆。在探测6英寸厚混凝土中的线缆时，拾取线圈的悬空距离应该保持在1/2英寸左右，以保证探测效果。经过不断的实验，每个人都可以成为检测高手。但是如上文所说，这种方法无法检测由绝缘材质构成的水管，例如塑料或PVC水管，但是可以检测走道或者马路上的各种掩埋钢筋。有了这种方法，我们就随时都能给脚下的道路或者自己墙壁做一次“X射线”体检了。

7.8.5　侦听地铁信号

地下飞速驶过的地铁会产生极大的电磁噪声。使用我们的2英寸环状天线和磁力耳可以侦听到地铁的噪声。地铁的信号听起来非常独特，含有特殊的爆裂声。听起来像导线短路产生的电火花声音一样。而事实正是这样，因为每节车厢都有单独的电源系统，都要分别从第三条轨道取电。当车辆开起来的时候，供电系统将频繁在不同电网上切换，同一时刻可能只有一半数量的车厢处在接通电源的状态。由于电源切换非常频繁，因此产生的电磁噪声也非常巨大，甚至可以传到数百英尺以外的地表上。

7.9　ELF辐射计

随着生活水平的提高，人们越来越关心低频电磁场对健康的潜在危害。最新的研究结果都表明低频电磁场会对人类健康造成影响，但是很多人担心家用电器和显示屏产生的极低频（ELF）电磁场可能会对健康产生潜在的威胁。如果你非常在意家里的辐射情况，可以跟随本节的指引，自己制作一个ELF监听器，以它的测量结果为准绳，优化室内环境。ELF监听器的制作过程非常简单，而且成本不会超过25美元。

读者可能对ELF辐射是否会影响健康有所顾忌，为什么人们一直在担心它的危害呢？想要解答这个问题，我们不妨先看一看科学家一开始是如何看待低频电磁场的。一开始，科学家们认为微弱的低频场不会对健康产生影响。因为ELF在生物组织内产生的热量及其微弱，甚至不如细胞自身新陈代谢过程发出的能量。此外，不管从化学上还是原子能上看，这些微弱的能量都无法对生物体产生任何影响。因此科学家断定ELF不会对包括DNA在内的所有生物体特征产生影响。此外人体自身的电场也要强于感应到的ELF辐射。这就是为什么科学界一直认为ELF辐射对生物体没有影响的原因。

结果是科学界的结论被误解为为政府和电力公司开脱责任。人们不相信科学家的结论。虽然有极少数科学家会为了雇主的利益故意歪曲事实，但这毕竟是少数，整个科学界不能因为一两件丑闻就失去公信力。

人们对于电视和计算机显示屏（由于操作上的原因，计算机显示屏离我们的距离更近）的有害性关注已经不是新鲜事了。很多年以前，人们就有过彩色电视是否会伤害健康的担心。这种担心主要是由于电离辐射（或者低等级X射线）的存在，但是店里辐射的衰减速度非常快，通常只能传播到数英寸之内的距离，而且屏幕发出电离辐射也只是小概率事件。但是更危险的论调如今也流行起来了：从阴极射线管（CRT）电视辐射出的低频电磁场会损害健康。

计算机显示器或视频显示终端（VDT）在工作时会向四面八方发出低频电磁场。由于操作距离较近，因此它比电视机的危害更大。事实上很多报告里都有女性电脑操作者流产率高的结论。此处的高表示比平均水平高。

最近一项研究涵盖了1583名孕妇和流产妇女。此研究由凯撒永久性健康组织的Marilyn Goldhaber、Michael Polen、Robert Hiat博士共同发起，此组织位于California州的奥克兰。研究结论是每周使用电脑20小时以上的孕妇比不接触电脑的孕妇流产率高一倍。研究中并没有统计两类孕妇中生产畸形儿童和其他病症儿童的比例。显示器发出的过量ELF辐射也是很严重的工业问题，几乎所有CRT电脑显示器都会发出过量的ELF辐射。在最近一项针对10种最流行显示器的研究中，几乎所有显示器都会在短距离内产生过量ELF辐射。根据以上结论，目前我们唯一能做的就是与显示器尽量保持距离。使用电脑时，身体与显示器最好保持2英尺以上的距离。

显示器几乎从四面八方辐射ELF场，坐在多电脑拥挤的办公室里的读者应该多加小心。因为在这种场合下，每个人都暴露在多个显示器的电磁辐射下，要记住每个显示器都会向四周发出辐射。

7.10 屏蔽

如果能给显示器戴上屏蔽罩，那就再好不过了，就好像市场上的遮阳罩一样，但可惜这种屏蔽罩是不存在的。市场上有很多用防眩屏伪装成的所谓防辐射屏，这种屏蔽层根本没有任何屏蔽效果。首先，迄今为止没有任何科学证据证明显示屏发出的电磁辐射对人体有害。其次，市面上的所谓防辐射屏只能阻隔CRT发出的某些可见光。隔离掉的光波辐射对人体本身就没有影响，至于本文讨论的工频（50Hz）辐射，防辐射屏则根本无法阻隔。

目前没有很好的方法可以屏蔽掉显示器发出的ELF场。如果读者对ELF辐射比较在意，可以将CRT显示器换成液晶显示器（LCD）和等离子显示器等不会产生ELF辐射的产品。但是后两种屏幕的缺点是售价较高，但是分辨率却很差。

7.10.1 室内辐射

除显示器以外，家庭中还有很多常见的ELF辐射源。如果某样电器会产生很强烈的ELF辐射，但其工作时间却非常有限，那么这种短期辐射应该可以忽略不计，例如电子刮胡刀就是这种产品。有源（必须插在市电插座上才能工作，不用电池供电）剃须刀工作时会发出非常强烈的ELF辐射，而且与人体的距离很近，但是由于其工作时间较短，因此总辐射量非常小，属于相对安全的设备。电热毯则是另外一种完全不同的例子，电热毯的辐射量非常小，但是其工作时间却很长。

从事流行性疾病研究的Nancy Wertheimer博士曾经研究了50Hz工频辐射与幼儿癌症间的联系、电热毯对人体的危害等课题。她曾经对比了经常使用电热毯的孕期妇女和不经常使用电热毯的孕期妇女的流产比率。对于经常使用电热毯的人，Nancy博士给出了以下建议：第一，最好不要用电热毯。如果特别喜欢用电热毯的话，可以在入睡前打开电热毯，上床入睡时将电热毯关闭并将插头拔下。仅仅关闭电热毯是不够的，因为只要插头还连接到市电，那么电热毯就会对外发出ELF辐射。

与白炽灯相比，荧光灯是更节能的光源（每消耗1W电能可以发出更多的光）。因此现在大部分家庭、工场、办公室等室内场合都采用荧光灯作为光源。然而荧光灯必须搭配镇流器和变压器等电子部件，这些部件也会辐射大量的LEF电磁场。如果你的桌上有小型荧光灯，那么最好将它换成几乎没有ELF辐射的白炽灯，或者将传统荧光灯换成最新的节能荧光灯泡。普通的荧光灯用作室内顶灯是没问题的，但是近距离使用时应该认真考虑辐射问题。

电视机和电脑显示器类似，工作时也会向四周发散电磁波。ELF电磁波可以轻易穿透常见的木头或塑料。因此如果电视机靠墙摆放的话，ELF辐射将会穿过墙壁，到达隔壁房间。所以出于健康方面的考虑，作者不建议大家在靠近床头的另一侧墙壁上安装电视机。与显示器一样，也可以将常规电视机改成无ELF辐射的LCD电视机。

采用交流电源的时钟内部都有小型电机，这种电机也会对外辐射ELF电磁波。如果挂钟的位置靠近床头，那么睡眠时人们将会持续的受到辐射影响，最好的方法是将钟移到其他地方，还可以用电池供电的挂钟或者数字钟来替代它。

吹风机与剃须刀属于同类电器。由于使用的时间非常短，因此即便属于高辐射设备，对人体来讲也是相对安全的。但是某些职业的从业人员需要特别注意，例如长期使用吹风机的发型师。电动壁炉加热器也是常见的辐射源，作者建议使用时应该与人体保持4英尺以上的距离。

需要声明的是，什么样的辐射属于可以长期暴露且无害的，其大小目前并没有统一的定义。一种说法是1.2 ~ 3毫高斯剂量的辐射是无害的。而还有一些人对此标准有异议，试图将长期安全辐射剂量设定在1毫高斯以下。当然，只有借助专业的高斯计才可以准确获取当前位置的辐射剂量。如果有高斯计的话，人们就可以随意测量家庭、公寓、办公地点的ELF辐射强度了，并且可以根据测量结果做相应改善。

图7-8是一种低成本ELF辐射计的电路图。此电路具有灵敏度高，可以通过模拟表计和音频输出两种渠道输出结果的优点。电路中的1mH电感起感应线圈的作用，U1为LF351型运算放大器，在电路中作为低噪声放大器使用。电容C3和电阻R2连接在运放的引脚2和引脚6两端，作用是增益控制和滤波。U1的输出引脚6连接到电容C4。J1为音频输出接口。C4处的输出信号同时接入到三极管Q1中，Q1的作用是驱动显示表M1。二极管D1和D2起保护作用。ELF辐射计由单节9V晶体管电池供电，S1为电源开关。

ELF辐射计可以检测频率在50Hz到100kHz之间的任何磁场，借助耳机，人们甚至可以估算出磁场的大致

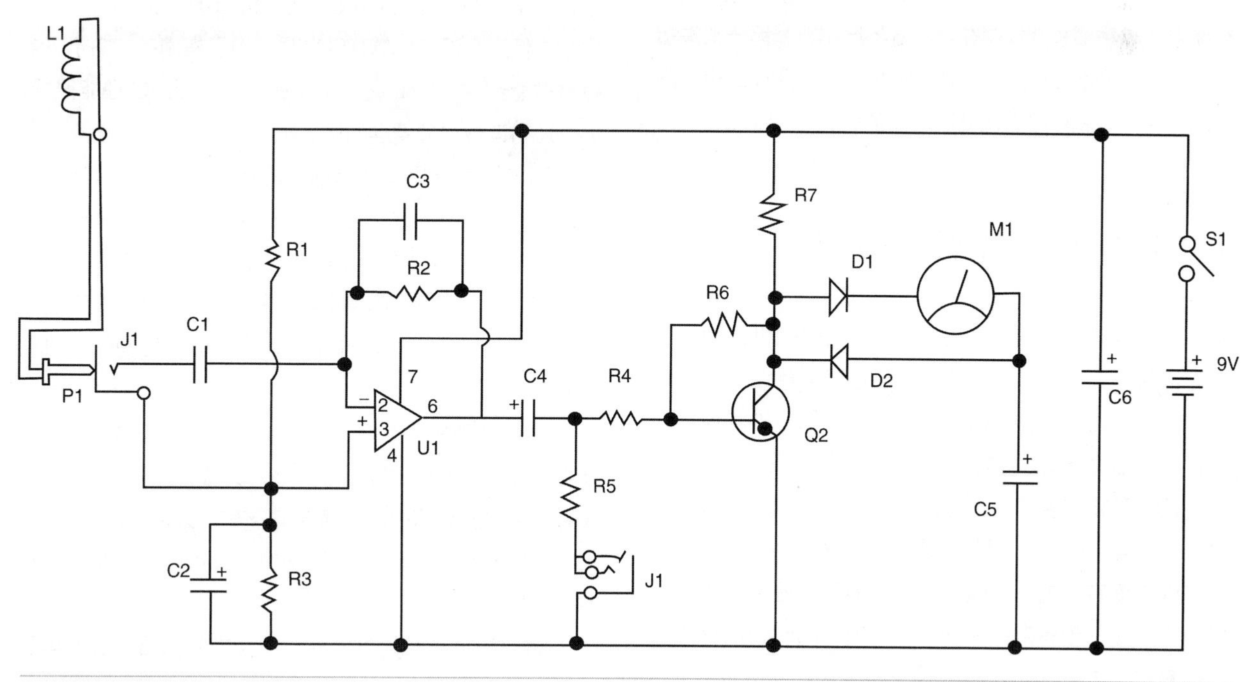

图7-8 电磁场检测电路

频率。只要操作得当，这种低成本的辐射计可以完成很多功能。

ELF辐射计电路可以焊接在面包板或PCB上。布局时应该注意尽量缩短各种引线的长度。另外还要注意二极管和电容的极性。芯片最好借助芯片插座安装，以方便后续的调试与维修。安装芯片前也要仔细观察引脚顺序。芯片上标记引脚顺序的记号一般有两种：小缺角或者小圆圈。引脚1通常在缺角或圆圈记号的左侧。在完成电路板的焊接工作后，应仔细检查焊接情况，排除虚焊、漏焊、短路等焊接错误。目检完成后就可以将整个电路安装在外壳中了。

传感器输入接口J1、耳机接口J2和电源开关S1都可以固定在外壳前面板上。如果已经选好表头的话，也可以将其安装在外壳前面板上。装壳工作是整个项目的难点。除非有尺寸完全一致的盒子，否则就需要在外壳上仔细标记表头的位置，并且在表头开窗处反复钻孔，将钻孔处的金属切除，然后根据表头的尺寸慢慢打磨外壳上的窗口，使窗口与表头直径相匹配。接下来应该在外壳底部安装9V电池盒，并在外壳内选择电路板的安装位置。当开关、表头和插头安装完毕后，就可以将整个电路板放到外壳内了，电路板可以通过塑料支架和1/2英寸4-40机械螺丝来固定。

最后还要制作传感器探头线缆。找一个塑料胶卷盒，在胶卷盒的底部钻一个小孔。将传感线圈（L1）塞进塑料胶卷盒中，可以利用胶水或者泡沫填充物固定线圈的形状，并将其塞进胶卷盒中。将线圈的接头焊接到迷你音频线缆上，将线缆长度控制在4 ~ 6英尺左右，另一头焊接与ELF电路匹配的1/8英寸迷你耳机接口。完成主机和附件的安装后，就可以进入测试环节了。

7.10.2 ELF辐射计的使用

测试辐射计之前，首先打开家里的电视机，使ELF辐射计从距离电视机2英尺外的地方缓慢靠近。这时表头上的指针将会慢慢偏转。通过反复测量各种辐射，你将很快找到降低辐射的方法，例如电脑的辐射非常强，那么只需要将电源移动到远离工作台的位置，就可以有效地降低电脑辐射。另外，通过把荧光灯换成白炽灯，也可以降低室内的辐射强度。ELF辐射计还可以用来测量静态磁场，当辐射计在静态磁场内运动时，指针也会出现偏转。

7.10.3 电磁场检测器器件清单

R1、R3、R7 10kΩ，1/4W 电阻
R2 2.2MΩ，1/4W 电阻
R4 2.2kΩ，1/4W 电阻
R5 10Ω，1/4W 电阻
R6 1MΩ，1/4W 电阻
C1 100 nF，35V 电容
C2 10 μF，35V 电解电容
C3 150 pF，35V 电容
C4、C5220 μF，35V 电解电容
C6 100 μF，35V 电解电容
D1、D2 1N4148硅二极管
L1 1 mH线圈（见正文）
U1 LF351运放
Q1 2N3904 NPN三极管
M1模拟电表
S1 SPST电源开关
J1、J2 1/8英寸迷你耳机插头
P1 1/8英寸 迷你耳机插头
B1 9V 晶体管收音机电池
杂项 PCB、电池夹、导线、传感器线缆、外壳、插座，等等。

7.11 电子指南针

很多人都用过磁针式指南针，这种指南针里有一个可以自由旋转的轻质磁针。受地磁场的影响，磁针的指北箭头将会自动指向北方。以美国为例，地磁北极和地理南极之间会有10° 或15° 的磁偏角。

大部分廉价指南针的精度都会受倾斜或摩擦等影响。随着霍尔传感器等固态次检测设备的出现，人们可以制造出成本低廉、没有机械移动部件的电子指南针。由于不含机械敏感部件，因此这种指南针的抗机械冲击性能很好，另外还有读数快捷精准的优点。

固态指南针具有非常独特的检测系统，可以精确地测量出北极的方向并通过LED输出。它具有检测速度快，读数精准的优点。本例中的电子指南针采用小而轻的塑料外壳封装，由9V电池供电。由于指南针电路仅在读数时工作，因此待机时间非常长，几乎接近电池的自放电时间。

固态电子指南针的原理是Edwin Hall在1879年首次提出的霍尔效应。Hall在实验中发现了当导电的金箔处于磁场中时，金箔中产生横向电势差的现象。依照固态技术，人们制作出来可以精确地检测微弱地磁场的低成本霍尔效应指南针。

霍尔效应传感器其实是一小片带有偏置电流的半导体材料。霍尔效应传感器对外输出横向电压信号，当外界磁场为0时，输出电压值几乎可以忽略不计。当霍尔效应传感器周围的磁场与偏置电流方向垂直时，其输出电压与磁场强度成正比。此外，电压还和磁力线方向和传感器平面有关。当磁力线方向与传感器方向成直角时，霍尔效应的输出电压最大，而当磁力线方向与传感器方向平行时，霍尔效应的输出电压最小。在电子指南针中，霍尔效应传感器的输出信号由集成在芯片内的高品质直流放大器放大，进而输出可以表示地磁场大小的线性输出电压（约为1/2高斯）。

图7-9是霍尔效应电子指南针的原理图。其中U3和U4是两个基于霍尔效应的三端线性芯片，它们由5V稳压源U1供电。每个传感器输出以2.5V为基准的线性直流电压，电压的大小随周围磁场大小变化而变化。典型的传感器输出电压灵敏度为1.3mV/Gs。

电路中使用了两个霍尔效应传感器，目的是将检测灵敏度提高一倍。两个传感器的放置方向相反，因此当一个传感器的输出电压为正时，另外一个输出电压为负。电路将两个传感器输出电压之差作为反映磁场强度和方向的指标。在电路中，霍尔效应传感器输出的差分电压输入到差分放大器U2：A的输入端。因此当指南针指向北极时，U2：A的输出（引脚1）的输出电压为最小值，当指南针指向南极时，输出电压为最大值。

U2：A输出电压的变化幅度非常小，用常规的方法很难检测0电压，因此电路中加入了一个放大倍数为100倍的反向运放U2：B。直流偏压由灵敏度控制变阻器R9和电压跟随器U2：C决定，具有合适偏压的U2：B输出信号可以直接用来驱动下一级电路。

运放U2：D为电压比较器，它的输出端接3.4V固定参考电压。因此当U2：B的输出电压超过3.4V时，U2：D的输出电平（引脚14）为高，进而导致三极管Q1导通，LED1点亮，以提示U2：B（引脚7）的输出电压超过了参考电压。比较器的作用是将U2：B的输出电压（引脚7）离散化，以确保精确的磁北极测量结果。

指南针旋转一圈时，LED只会在一小段角度点亮，在其他大部分角度都保持熄灭状态。通过灵敏度控制（R9）变阻器可以调整点亮部分的弧度大小。当两个LED的切换点被标定后，磁北极就在这段弧的中间位置。整个电路由9V电池供电，工作电流约为25mA。但是由于指南针的工作时间极短，因此一节电池可以用很长一段时间，也可以坚持连续工作几小时。由于电路中有5V稳压器U5，因此稳定性不受电池电压影响。当电池电量耗尽时，LED指示灯将会变暗或者完全熄灭。

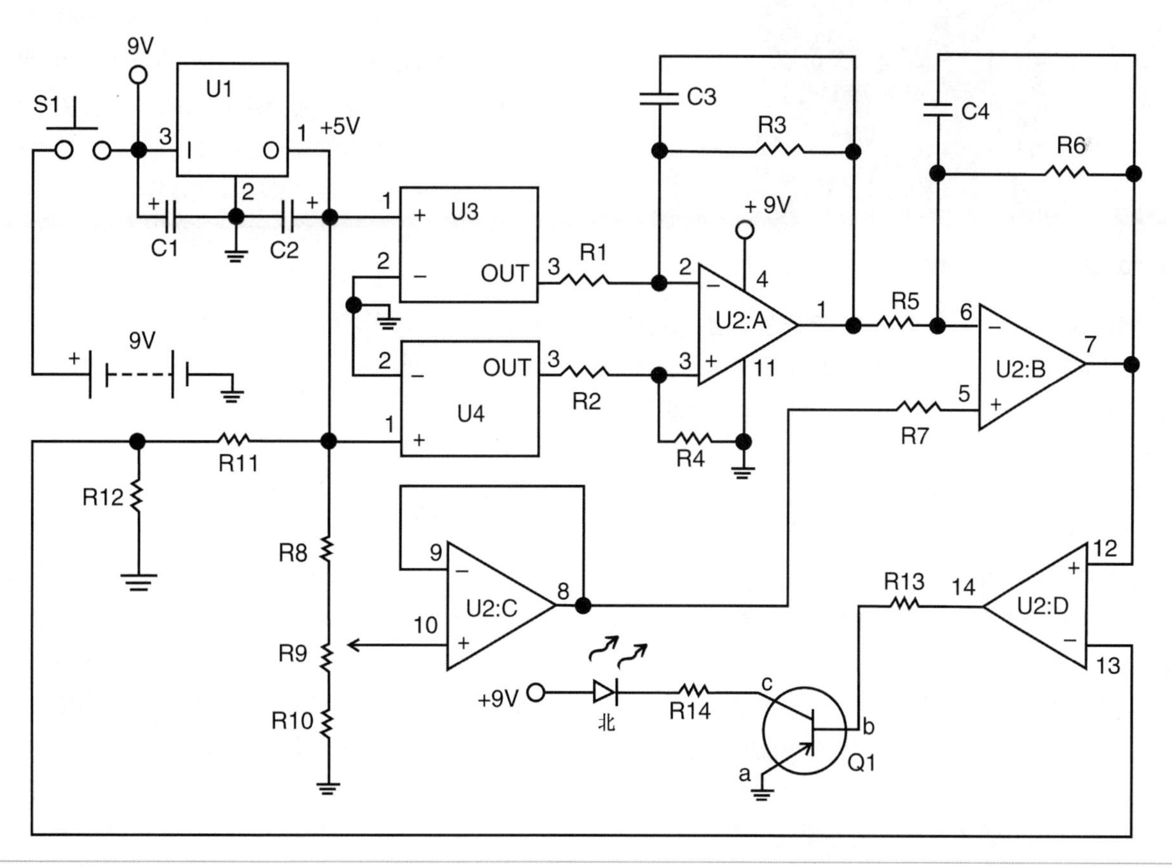

图7-9　电子指南针电路

7.11.1 构造

指南针电路可以焊接在PCB上，以保证电路的紧凑性，本例选择边长$2^1/_2$英寸、高1英寸的塑料外壳作为电子指南针的外壳，此外壳的内部空间足够把电路板和9V电池放进去。不可以用金属外壳作为指南针的外壳，因为金属外壳会屏蔽微弱的地磁场。电源开关和灵敏度控制旋钮可以安装在外壳侧面，以方便用户操作。

如图7-10所示，焊接电子指南针时，应当保证两个霍尔传感器完全平行反向摆放，以保证指南针的性能。霍尔效应传感器的方向应当依靠丝印文字识别，当丝印文字正向放置时，引脚1在芯片的左侧。传感器的方向应当与方形外壳的方向平行，以便装壳后标定方向。

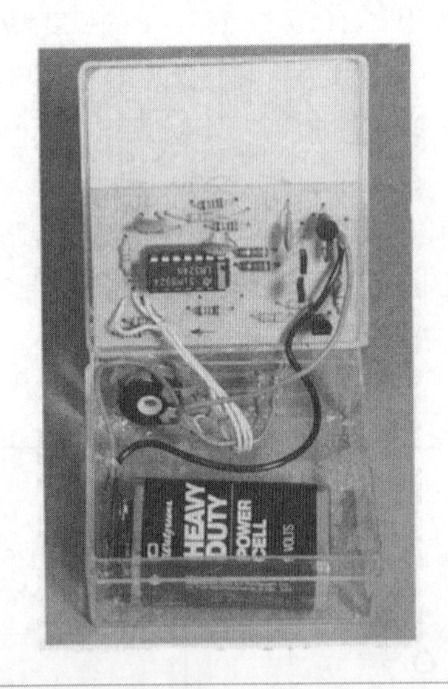

图7-10 霍尔效应传感器的摆放

器件清单中的大多数电阻都为金属膜电阻。这种电阻具有精度高的优点，可以最大限度的保证电路的温度稳定性，减少频繁校准灵敏度的烦恼。常规的碳膜电阻的温度稳定性不高，因此不能用于替代金属膜电阻。此外，芯片U2应当借助芯片插座安装。

作者建议大家在S1的位置上使用轻触开关。这可以避免因忘记关机带来的电池消耗。灵敏度控制变阻器R9应当安放在电路侧面，以方便用户随时调整。B1可以选择电池夹的方式连接，连接前应当仔细确认极性。

当电路板组装完成后，请仔细检查电路板上是否有漏焊、虚焊、短路等现象。毕竟在上电前提前发现问题的成本是最低的。

读者可以采用图7-11中的贴纸来美化指南针。在外壳上字母N一侧钻一个小孔，用来安装指示灯LED1。由于塑料外壳的机械强度有限，因此钻孔时应当特别小心注意。另外还需要仔细对其电路板和外壳的方向。

图7-11 指南针表盘

7.11.2 电子指南针的测试

检查完整个电路后，就可以进入测试程序了。检查手边的9V电池是否为全新电池。为电路上电，并利用电压表测量U1输出端的电压是否在+4.75 ~ +5.25V之间。测量5V回路和地之间的等效电阻：正常情况下应该为600Ω。测量电池负载状态下的电压是否在7V以上。如果电池电量较弱，则需要更换新电池。

接下来根据变阻器R9的位置测量芯片U2的输出引脚1。（这时不用考虑指南针的指向。）引脚1的电压应当在2 ~ 3V之间。测量并记录U2：a中引脚1的电压值。

旋转变阻器R9，测量并记录U2：C引脚8的电压范围。正常范围应该在0.45V左右。理想情况下，引脚8的电压中间值应该与U2引脚1的电压值相同。

视情况改变电阻R8和R10的值，使U2：C引脚8的中间电压与U2：A引脚1的电压相同。这样才能保证灵敏度调整变阻器R9的调整区间最优。当灵敏度校准完成后，旋转R9，使LED变亮。将R9旋转到两个极端，LED应该分别变亮和变暗。若LED无法正常改变状态，则需要检查LED1和三极管Q1的摆放。旋转R9并测试U2：d引脚14上的电压，确保电压在0V上下摆动。检查U2：d引脚13上的电压是否为3.4V，若不是，则需要检查电阻R11和R12。这部分电路出现问题，也可以尝试更替芯片U2。当其他功能都正常时，也可以先检查电路的焊接情况。

在LED可以正常显示后，整机就可以进行实地测试了。测试前应当先排除周围的磁干扰。将设备水平放置，然后打开电源开关，仔细调整变阻器R9的值，使LED处在亮和灭的交替点；调整R9后应等待10秒钟，使电路进入稳定状态。LED不断闪烁表示指南针内部电路不断往复切换。当R9固定后，将电子指南针旋转一圈，这时会发现LED只在一小段角度内会变亮。轻微调整R9的大小，可以看到LED变亮的角度也会跟着变化。继续调整，使LED变亮的角度达到最小为止。

记下LED灯变化的两个方向，这两个方向的中间值即为北极的指向，将指南针指向北极，根据指南针面板上的其他刻度即可读出剩下的方向。

7.11.3 电子指南针的使用

要时关注电池的电量，外出时记得多带一节备用电池。当电池点亮不足时，指南针的指示灯将会变暗甚至完全不亮。使用指南针前，请确认周围没有其他干扰磁场或者大型磁场屏蔽物体。

将指南针水平放置并旋转一周，观察LED的状态。如果LED完全不亮，或者点亮的角度太大，则要调整灵敏度旋钮。每次调整后需要给电路预留10秒钟稳定时间。除非温度发生很大的变化，否则短期内一般不需要重新调整灵敏度。

除简单的方向识别以外，指南针还有其他用途。例如可以将指南针嵌入到其他需要方向识别的设备中，例如机器人。

7.11.4 电子指南针器件清单

元器件

R1、R2 4.75kΩ，1%，1/4W 电阻（金属膜）
R3、R4、R12 100kΩ，1%，1/4W 电阻（金属膜）
R5、R7、R11 47.5kΩ，1%，1/4W 电阻（金属膜）
R6 475kΩ，1%，1/4W 电阻（金属膜）
R8、R10 249kΩ，1%，1/4W 电阻（金属膜）
R9 50kΩ 变阻器
R13 47kΩ，1/4W 电阻
R14 560Ω，1/4W 电阻
C1、C2、C3 0.1 μF，50V 陶瓷电容
C4 0.01 μF，50V 陶瓷电容
U1 AN7805 5V 稳压器IC
U2、U3 UGN3503U霍尔效应传感器（Allegro）
U4 LM324四路运放芯片
LED1红色LED
Q1 2N3904 NPN三极管
B1 9V晶体管收音机电池
S1 SPST开关
杂项 PCB、导线、芯片插座、电池夹，等等。

7.12 电离层突发扰动接收机

电离层突发扰动（SID）是由太阳风暴引起的电离层等离子数量突然激增的现象，这种现象会影响无线通信系统。SID会导致电离层对中波波段（MF）高频（HF）波段的吸收率突然增加。

当太阳发生太阳耀斑时，大量的紫外线和X射线会在8分钟内抵达地表。这些高能辐射会被大气颗粒吸收，导致离子进入激发态并在电离过程中释放出大量自由电子。地球上面对阳光一侧的低空电离层（D区域和E区域）密度将会增加。电子爱好者们已经知道D电离层是高度最低的电离层，在白天会被太阳光吸收。E电离层则在F层之下，可以用于短波传输。

在太阳耀斑发生时，地球上面对太阳一侧的电离层在强烈的紫外线和X射线照射下，会进入消隐状态，因此无法传播短波信号。

当低空电离层中的离子数增加并导致消隐情况出现时，短波无线电波（HF频段）将被电离层吸收，因此短波通信效果将大打折扣。这种情况称为短波消隐。短波消隐一般持续数分钟或者数小时之久，这种情况在近赤道地区最为明显。

电离层扰动可以增强长波（VLF）无线电传播效果，因此通过监测VLF发射器的传输距离，就可以发现SID事件。

读者可以通过构建特殊的接收机和低成本数据记录仪来研究SID现象。除观测并采集太阳耀斑现象外，还需要在电脑上收集和分析数据。SID接收机是非常好的太阳活动监测设备，利用它可以预测即将到来的无线电消隐现象，这些信息对业余无线电爱好者非常有用。

7.12.1 VLF信号传播

为什么VLF信号在夜晚的传播效果要比白天更强

呢？如果信号传播基于波导效应，那么为什么当夜晚来临，D电离层的波导效果消失后，VLF信号不会衰减呢？是不是夜晚有某些因素会增强VLF传播呢。这一切背后的原理是什么呢？是什么导致夜晚无线电波的传输效果不稳定呢，变化趋势是随机的吗？

接收机接收到的无线电强度取决于地球和电离层之间的多层反射系数。在白天，反射区域的高度较低，空气密度较高，而且电离层中的自由电子密度与太阳密切相关。而到了夜晚，反射区域的高度较高，空气敏度较低，电离层中的自由电子密度由包括电子沉降在内的很多因素决定。正午时分，40km高空中的电子密度约为10电子/cm^3。60km高空中的电子密度约为100电子/cm^3。80km高空中的电子密度约为1 000电子/cm^3，到了85km高空，电子密度增加到10 000电子/cm^3。

到了晚上，85km高空中的电子密度降为10电子/cm^3，88km高空中的电子密度为100电子/cm^3，95 ~ 140km高空中的电子密度为1 000电子/cm^3。在夜晚，D电离层内的电子密度几乎为0。在高40m处，电子碰撞频率约为十亿次每秒。到了80km的高空，电子碰撞频率降低到一百万次每秒。反射系数取决于（除其他因素以外）自由电子的密度、自由电子碰撞频率和无线电信号的强度。从数学上可以推算出24小时内D电离层区域的电子密度分布。根据American Association of Variable Star Observers（www.aavso.org）组织的论文VLF Signal Propagation:A Discussion by SID Observers，电离层夜晚的反射系数为0.6，而正午时分的系数则为0.4。论文中计算出了日出时VLF信号强度的理论特征，并且与实际特征做了对比，结果显示吻合度非常好。

我们可以认为E电离层是夜晚传播无线电信号的主要媒介。而太阳升起后，随着D电离层的出现，D电离层变成了无线电信号的主要传输媒介。波导传播模式有一个非常有趣的特征，就是一路信号将会分成两个部分，形成互相干涉的图样。

读者可以自制SID接收机并用它来探索太阳耀斑及其对无线电波传播的影响。SID接收机是一个带有内置或外置环形天线的VLF接收机。接收机可以接收来自美国海军电台NAA发出的24 kHz信号。

图7-12是SID的电路图，其中SID接收机的核心是两颗集成电路芯片：Texas Instruments的RM4136和National的LF353运放。SID接收机的信号来源为环状天线，天线连接到小型600Ω到600Ω匹配变压器T1。T1次级绕组的输出端连接到两个保护二极管D1和D2。信号经过保护二极管后，通过100pF电容C1耦合到第一级运放U2：B的输入端。电容C2接在C1和地两端。运放芯片U2：A和U2：B组成了放大/滤波和调谐电路。调谐控制电阻为R5，为避免自激振荡，R5由废弃电路板拼成的屏蔽盒保护起来。U2：A的输出端接到由U2：D和U2：C组成的放大/积分器中。U1部分的末级缓冲运放用来驱动0 ~ 1mA的表计。电路中（A）点处的输出信号可以直接接到低成本数据记录仪中。

自制SID接收机时，最好设计专用的PCB，另外还需要一些射频方面的布局和走线技巧。接收机的组装过程并不复杂，需要注意的是变阻器R5应该单独用屏蔽罩保护。屏蔽罩可以用废弃电路板拼凑而成。在焊接大片焊盘时，可以借助高温烙铁或者热风枪。SID接收机内含硅二极管，焊接时应当注意其极性。二级管表面上的白色或黑色条带表示阴极的方向。另外焊接电解电容时也应注意极性。电解电容表面通常有表示极性的正负号标记。对于有极性器件，一定要认真确认方向，避免因焊接错误导致电路损坏。SID接收机中有两颗集成电路芯片。芯片表面一般有标记引脚方向的方形缺角或者小圆圈。记号左侧通常为引脚1的方向。安装芯片时应当借助芯片插座，以方便日后的调试和维修。

由于硬件方案的原因，SID接收机需要正负双路电源供电。为了保证工作时间，作者建议大家使用外接电源供电。图7-13是一种可以为SID供电的双路电压源。其中9V、500mA的中央抽头变压器用来驱动桥式整流器，以产生正负两路电压，其中正电压引脚输入到5V正稳压器（7805芯片），而负电压引脚输入到5V负稳压器（7905芯片）。电源电路可以搭建在印制电路板上。

SID接收机和电源可以全部集成在一个金属外壳中。如图7-14所示，接收机原型电路可以安装在倾斜的支架上。电源与SID接收机安装在同一侧。电源开关、调谐控制器和电表全部安装在前面板上。电源引线从后面板引入。后面板上还装有保险丝盒。双盲接头（常见的香蕉头）安装在后面板上，用来连接SID接收机的天线。天线的体积很大，可以固定在楼顶或者大型金属框架上。图7-15是环形天线的照片。

环形天线由50匝#24号固态漆包线或塑料包皮线缆绕成，天线的形状为菱形。天线的材质并没有严格要求。环形天线围绕的面积约为9平方英尺。天线引线部分需要拧成双绞形状。双绞线接到600Ω到600Ω变压器上，走

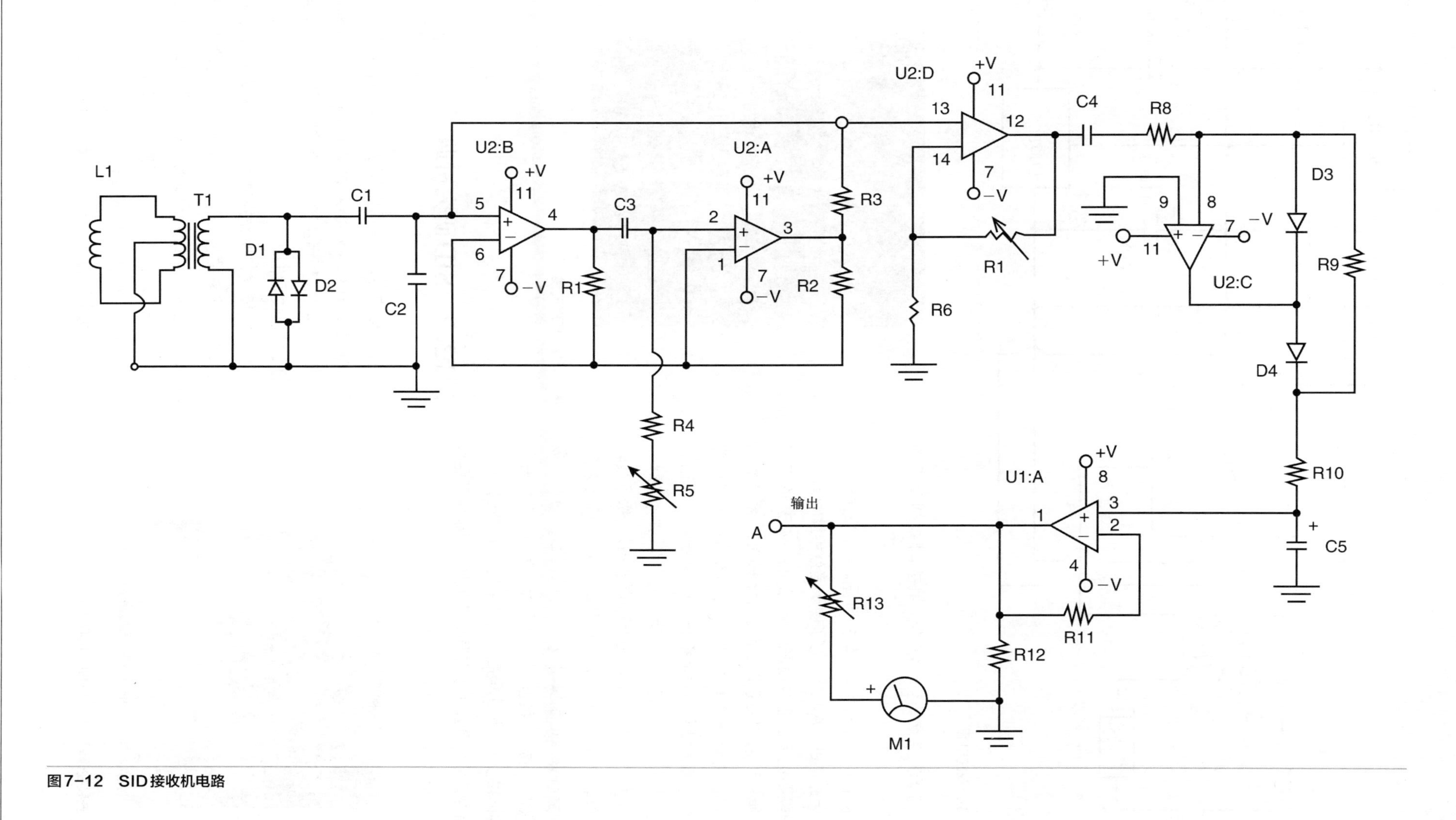

图7-12 SID接收机电路

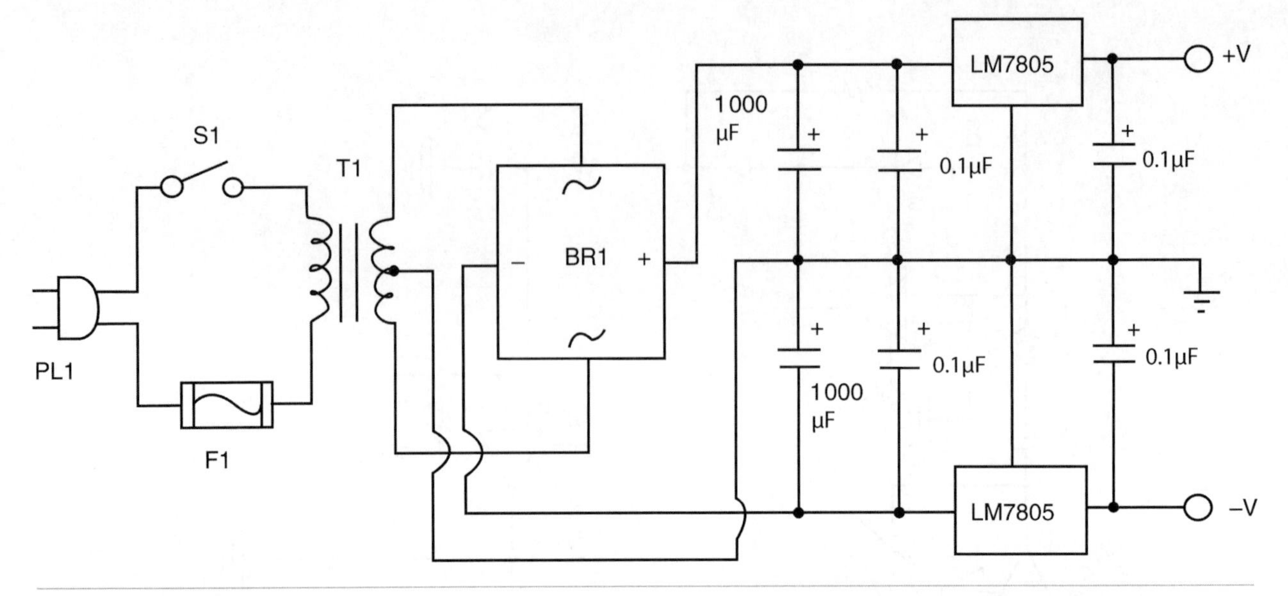

图7-13 SID双路电源

线时应尽量远离金属。变压器的作用是消除50Hz工频噪声。

SID接收机的输出数据可以接到固态数据记录仪上，接入点为电路中的（A）点。为了便于储存和查阅记录数据，用户需要选择合适的数据记录仪。保存数据的方法有三种。第一种是ONSET Computer HOBO系列数据记录仪（详见附录部分）。ONSET公司提供了从8位到12位一系列产品型号，价格都在60美元左右。数据记录仪由小型纽扣电池供电，一节电池的工作时间非常长。ONSET公司还提供了一套价格低廉的记录仪升级下载软件。利用配套软件，用户可以预设开始时间、电压参数等值。另外一种数据记录仪是DATAQ公司出品的入门级DI-194RS 10位PC数据记录仪套件，售价为24.95美元。这种记录仪的性价比极高，套件中包含了软硬件全套方案。另外DATAQ公司还有很多其他数据记录仪产品可供选择，详见官网www.dataq.com。

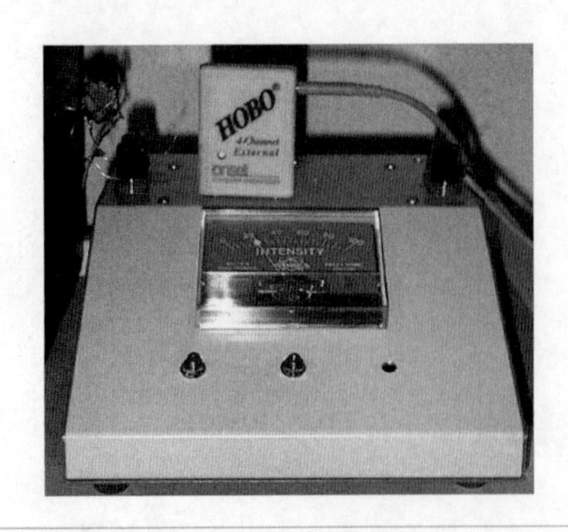

图7-14 安装在倾斜支架上的SID接收样机

图7-15 环形天线

7.12.2 SID研究机遇

有兴趣的话，读者可以考虑加入最前沿的SID研究机构。American Association of Variable Start Observers（AAVSO）SID项目由致力于追踪VLF电台信号强度的太阳爱好者共同维护。

如上文所述，地球的电离层对太阳耀斑发出的X射线和紫外线非常敏感。而且电离层的扰动会影响VLF的传播。因此通过监测VLF发射机的信号强度，即可推算出太阳耀斑事件。整个SID监测系统都可以通过自制完成。大部分时间中，SID设备都处在无人值守状态，测试人员仅在每个月的月底检查一下数据即可。测试人员可以一次分析一整月内发生的太阳耀斑事件。

读者可以联系AAVSO主席，索取关于VLF接收机专用模数转换器的信息。SID观测人员可以将检测到的带状图或电脑点阵图公开到社区内，供其他会员交流参考。很多观测者都具有分析条状图或点阵图的能力。爱好者们可以将自己的分析结果通过电邮上传到AAVSO SID分析平台，与其他人的结果比对。AAVSO SID协调者们会综合大家的分析结果，生成最终的SID报告。最终的SID测试结果会按月提交到National Geophysical Data Center（NGDC）并发布到Solar-Geophysical Data Report，供全球读者参阅。AAVSO Solar Bulletin会整理出简化版SID数据和某些特征图，然后通过邮件发送给所有参加研究的成员。

7.12.3 SID接收器器件清单

元器件

R1、R2、R3、R4 3.3kΩ，1/4W 电阻
R5 10kΩ 变阻器（基座安装型）
R6 1kΩ，1/4W 电阻
R7 100K变阻器（贴片安装）
R8 100Ω，1/4W 电阻
R9 10kΩ，1/4W 电阻
R10 470kΩ，1/4W 电阻
R11 56kΩ，1/4W 电阻
R12 22kΩ，1/4W 电阻
R13 5kΩ 变阻器（贴片安装）
C1 100 pF，35V 陶瓷电容
C2 1500 pF，35V 薄膜电容
C3 0.001 μF，35V 陶瓷电容
C4 1 μF，35V 钽电容
C5 10 μF，35V 钽电容
C6、C7 1 μF，35V 电解电容
C8、C9 0.1 μF，35V 陶瓷电容
D1、D2 1N914硅二极管
D3、D4 1N34锗二极管
U1 LM353运放（National Semiconductor）
U2 RM4136运放（Texas Instruments）
U3 79L05 5V 稳压器（正电压）
U4 78L05 5V 稳压器（负电压）
T1 600Ω-600Ω 级间/匹配变压器
L1环状天线（见正文）
S1 DPST拨动开关（电源）
B1、B2 9V 晶体管收音机电池
杂项 PCB、芯片插座、导线、焊料、焊接柄、外壳及五金件、螺丝、支架，等等。

7.13 地磁计

磁场充斥着我们的生活环境。地球本身也会产生磁场，指南针就是基于地球磁场来辨别方向的。只要导体中有电流流过，导体的周围就会产生磁场。变压器、电感、收音机天线都是利用电磁感应工作的例子。感应磁场的设备有很多种，电子爱好者们最熟悉的莫过于霍尔效应器件了。但是本节我们要关注的是灵敏度更强、线性度更高、温度稳定性更好的磁传感器。磁传感器可以用在各种设备中，包括磁力计和梯度计等。

磁力计主要用在科学和工程领域，例如海军飞机就利用高性能磁力计来搜寻潜艇，无线电科学家们也用磁力计来追踪太阳活动，考古学家借助磁力计可以找到埋在地下的各种古董，海洋考古学家和寻宝者则用磁力计来定位各种沉船宝藏。

本节我们要关注的地磁计主要依赖磁通门式磁传感器。从本质上来说，这种传感器属于饱和磁心变压器，它的换能目标是饱和的磁性物质。这种设备可以在非常小的体积内实现足够高的测量精度。

图7-16是一种最简单的磁通门式磁传感器。它采用镍铁棒作为磁心，上面缠绕着两种线圈，其中一个线圈是激励线圈，另外一个是感应线圈。激励线圈由方波信号驱动，方波信号的幅度足够使磁心进入饱和状态。当磁心未饱和时，输出线圈将输出线性电流信号。当磁心达到饱和点时，感应线圈的电感值骤降，电流大小由回路中的其他电阻决定。

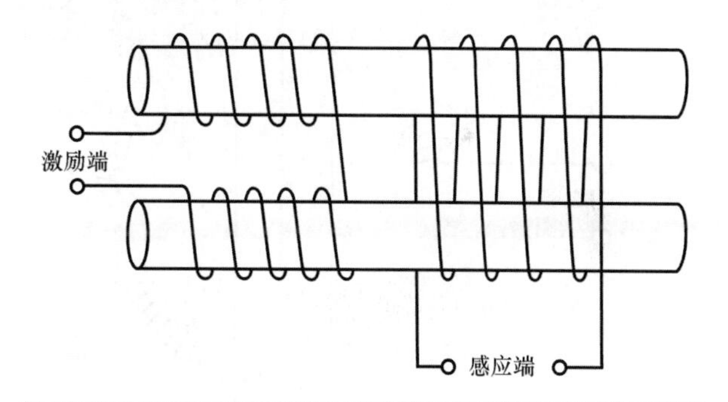

图7-16　流量们磁传感器

如果电磁环境相对简单，那么磁通门传感器的原理很容易解释。但是真实磁场环境通常较为复杂，激励线圈上最终感应到的磁场是好多外部磁场叠加的结果。方向与磁心平行的磁场对磁传感器的影响最大。在真实环境中，磁传感器饱和的时间点要比实验环境下略有不同。饱和点的具体位置与外界磁场的方向和大小有关。

接下来我们将以上方法稍做改进，在磁通门传感器中集成两个独立的磁心，每个磁心都有自己的激励绕组，两个磁心共享一个感应线圈。两个激励线圈的缠绕方向相反，因此两个磁心中的磁场方向也相反，感应线圈中的电压刚好为零。然而当外界磁场存在时，感应线圈上将产生脉冲电压。通过低通滤波器可以将脉冲电压转换为大小与外部磁场成正比的直流电压。

7.14 环形磁通门传感器

内含条状磁心的磁通门传感器主要由两个缺陷。第一，外界磁场通常比激励磁场弱很多，因此分辨率不高。第二，磁芯和激励线圈必须完美匹配。虽然这些问题都可以克服，但这会导致传感器的成本居高不下，影响芯片的市场前景。

一种比较好的改进方法是将磁心换成环形。这种磁心规避了偏置磁场过大的问题，同时也减小了激励源的功率。在环形心磁通门传感器里，激励线圈可以缠绕在整个磁心上（图7-17）。传感线圈则缠绕在磁心的外圈。环形磁心的另外一个优点是可以同时在磁心上缠绕一对正交创安线圈。以达到零偏移的效果。当磁场的H域（或者磁场的强度）与感应线圈成正交方向时，传感器的灵敏度最高，当H域与感应线圈平行时，传感器的灵敏度最低。当使用两条正交感应线圈时，始终有一条感应线圈的灵敏度会处在合适的范围。

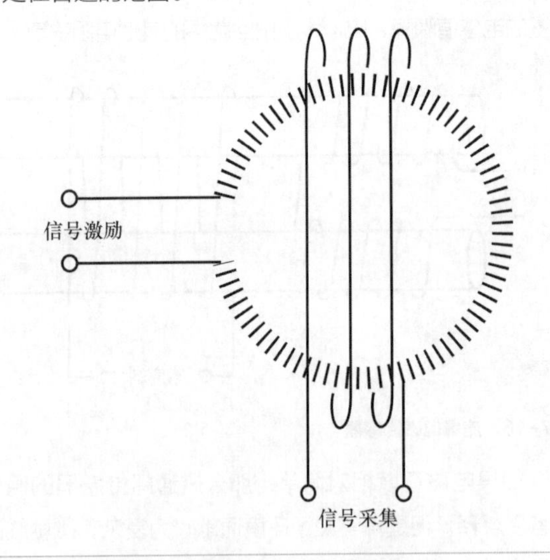

图7-17 环形磁通门传感器

7.15 磁通门传感器

Speake &Co.公司出品的FGM-X系列传感器是体积很小，成本较低的磁通门传感器芯片。在美国的分销商为Fat Quarters Software（联系方式见附录）。本例采用FGM-3型传感器芯片，芯片长62mm，直径16mm（2.44英寸×0.63英寸）。与其他同类设备一样，它可以将磁场强度转换为频率。FGM-3传感器只有3个引脚：红色引脚为+5V直流电源；黑色引脚为0V地；白色为输出信号（输出方波信号，信号的频率与场强有关）。输出信号为TTL电平，周期在8 ~ 25ms之间，即频率在40 ~ 125kHz之间。FGM-3的检测灵敏度为±0.5奥斯特（+50微特斯拉）。此范围已经完全涵盖了地磁场的大小，因此可以用来制作地磁计。同时使用两到三个传感器可以实现指南针、三轴磁场检测系统、三轴仿真等功能（例如虚拟现实头盔），也可以用于黑色金属检测和水下沉船探测等功能。工厂可以利用这种传感器来进行流水线计数功能。总之，任何需要检测微小磁场变动的应用场景都可以用磁通门传感器来实现。

FGM系列传感器还有两个常见的类型FGM-2和FGM-3h。FGM-2是内含两个FGM-1的正交两轴传感器，利用它可以方便地实现方向检测功能、指南针功能和其他功能。FGM-3h的尺寸与FGM-3相同，但是灵敏度提高了2.5倍。场强每变动1伽马，其输出频率变动2 ~ 3Hz，动态范围为±0.15奥斯特（大约是地球磁场大小的1/3）。

FGM系列传感器输出电压脉冲的高电平都为+5V（TTL信号），其脉冲周期随磁场强度变化而变化。因此通过判断输出信号的频率，即可推算出待测磁场强度。脉冲周期的变化范围在8.5μs到25μs之间，对应频率为120kHz到50kHz。对于FGM-3型传感器来说，±0.5奥斯特量程内的线性度为5.5%。

图7-18是FGM-X系列传感器的响应曲线。其形状类似阿拉伯数字8，具有主波瓣（与传感器轴平行）和零波瓣（与传感器轴垂直）。从图中可以看出，传感器对轴向磁场的测量效果最好。因此测量时，传感器的长轴应该尽量指向待测目标。在进行传感器校准时，一般需要将长轴沿东西方向放置，以减小地磁场的影响。

7.16 磁通门磁力计

图7-19和图7-20是两种地磁计的照片，它们内部都采用了FGM-3型磁通门传感器。

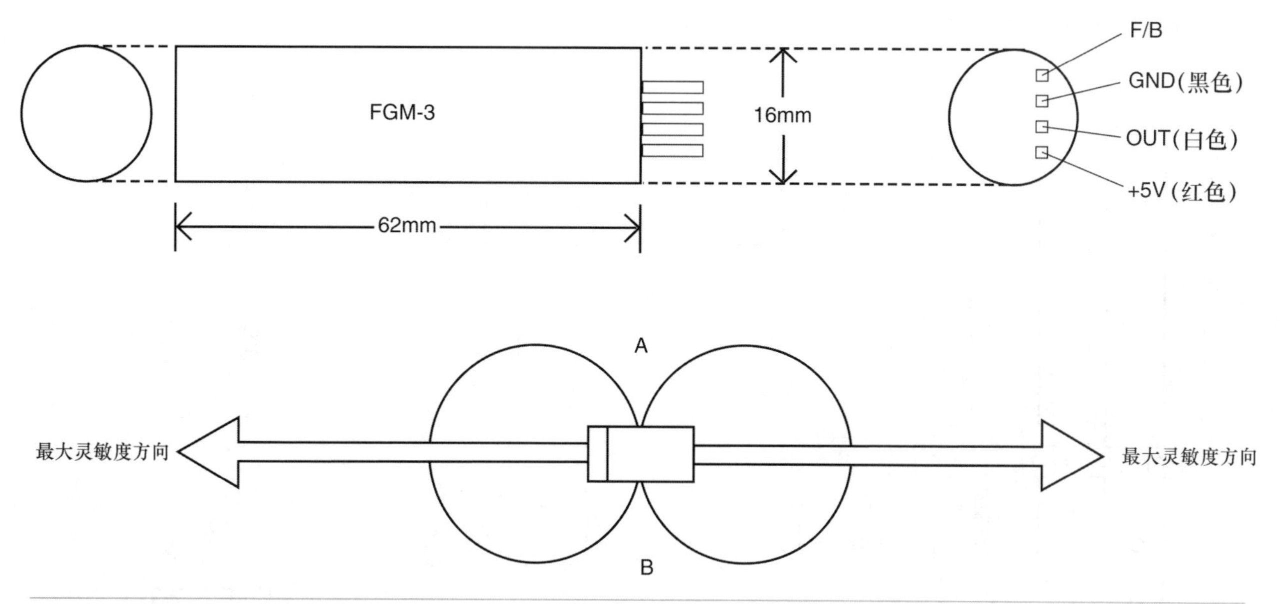

图7-18　FGM-3型磁场传感器

图7-19　磁力计控制盒

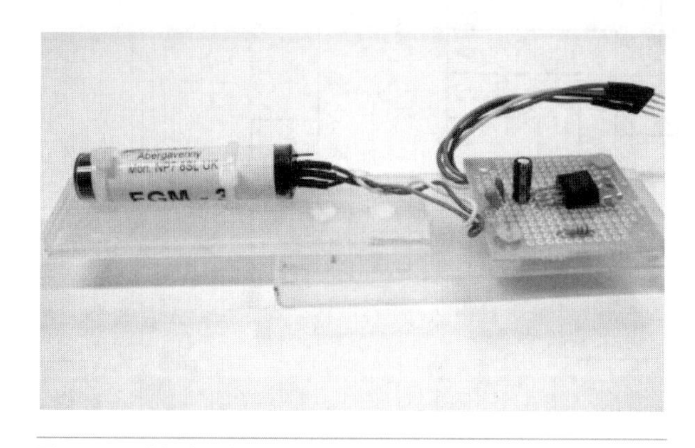

图7-20　磁力计传感器和稳压器电路

图7-21是磁通门磁力计电路，其核心器件为Speaks公司的SCL006A芯片。它可以测量地球磁场的大小。工作时，它以1秒钟为间隔对采集到的磁通量进行积分，对外输出非常灵敏的电压信号。这种磁力计可以用来辅助无线电传播的研究和太阳耀斑的检测工作，也可以在实验室内用作其他用途。SCL006A芯片采用18脚DIP封装。芯片U1的引脚17为FGM-3磁通门传感器的输入引脚。SCL006A的参考振荡源由X1、C1、C2和R2组成，通过切换开关S1可以在4挡灵敏度之间调整。开关S2是SCL006A的复位开关，按压S2超过2秒即可复位传感器电路。

电路中的第二个运放U2是Analog Devices公司出品的AD557型数字模拟转换器。磁力计电路可以采用9 ~ 15V电池供电。S3是整个电路的电源开关，它控制着9V稳压器的电源。在进行静态研究时，磁力计应当由220VAC电源供电。稳压器U3的作用是将9V直流电压降低到5V，供磁力计电路使用。电路的输出信号为直流电压，可以由条形图或X-Y轴记录仪记录；借助模拟数字转换器，可以将输出信号导入到电脑中保存。本例在输出端接入了ONSET公司的HOBO H08-002-02型迷你数据记录仪，搭配其他类似的2.5V记录仪也可以。读者还可以选用RS-232接口的数字万用表，通过串口将输出数据传送到电脑中储存。

7.16.1　电路构建

地磁计项目应当焊接在两片PCB上。如图7-21所示，主电路板的尺寸为$3^1/_2$英寸 ×$4^1/_2$英寸，另外如图7-22所示，FGM-3型传感器还要搭配另外一对5V稳压源。稳压源U4安装在2英寸 ×3英寸PCB上，电路板借

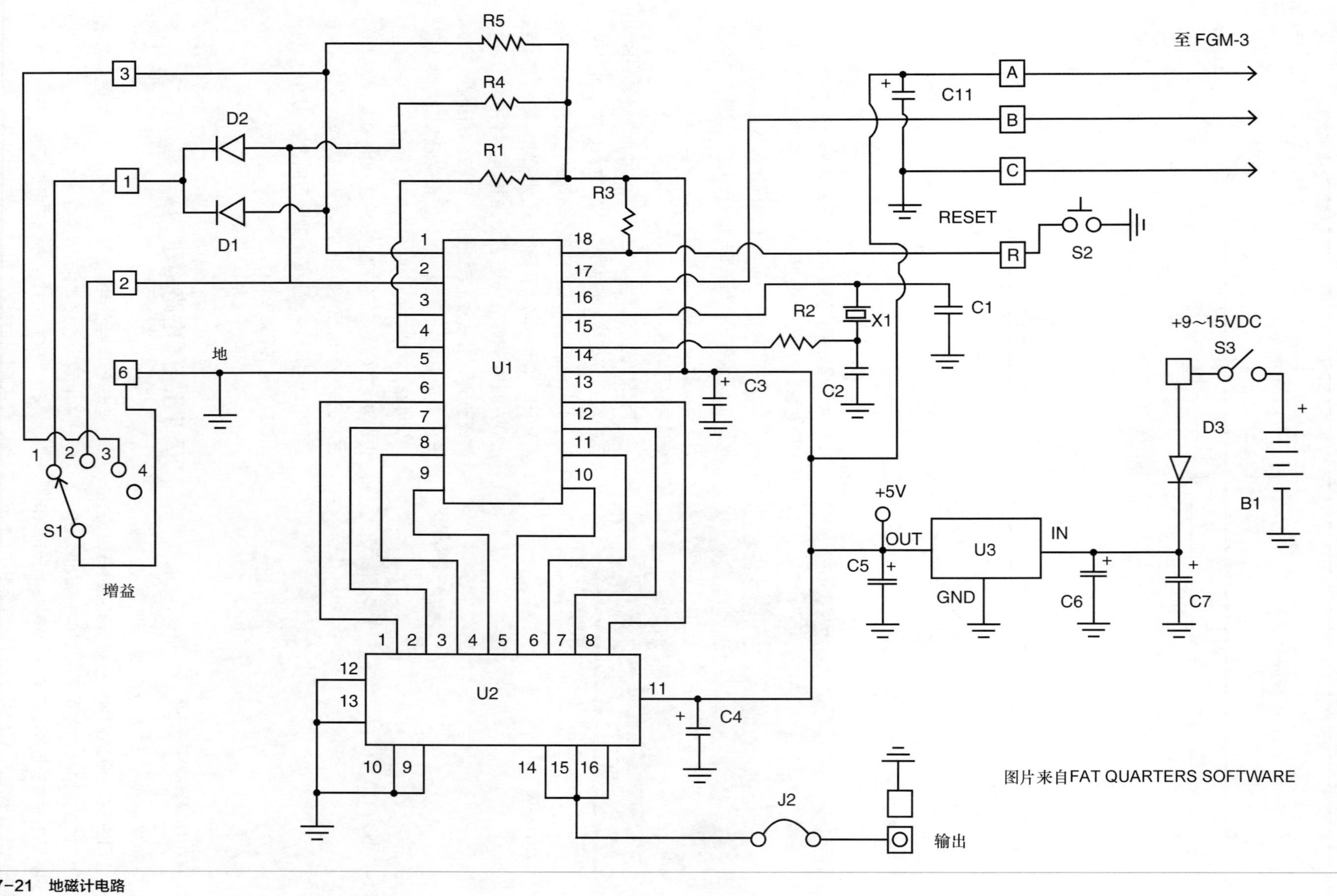
至 FGM-3
A
B
C
R
RESET
S2
C11
C1
X1
C2
R2
C3
R3
R1
R4
R5
D1
D2
U1
U2
U3
IN
GND
OUT
+5V
C5
C6
C7
D3
S3
+9~15VDC
B1
C4
J2
输出
地
S1
增益
图片来自FAT QUARTERS SOFTWARE

图7-21　地磁计电路

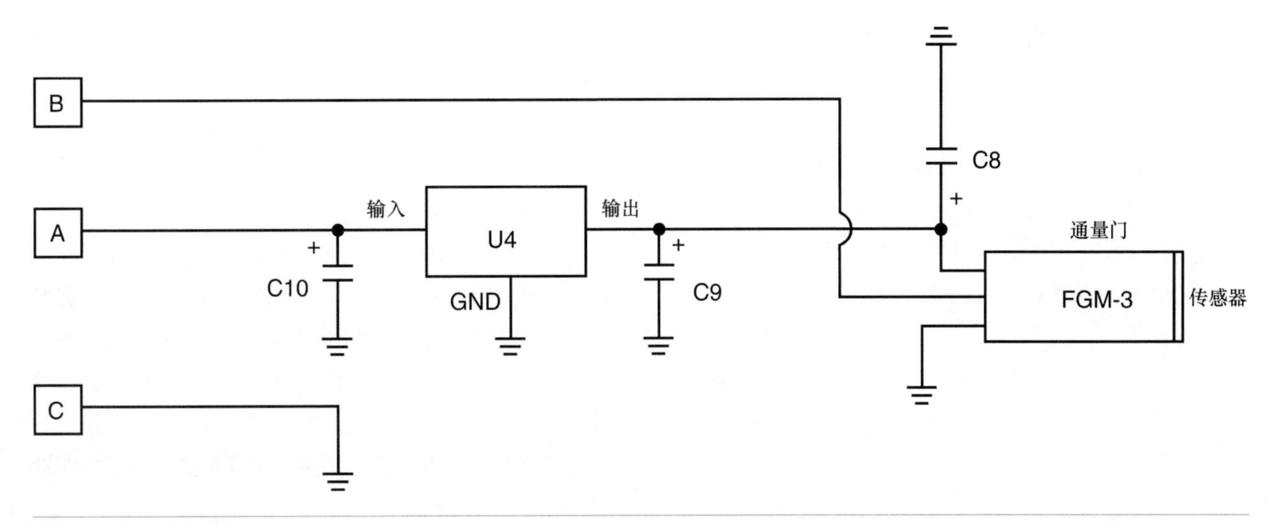

图7-22　磁通门探针电路

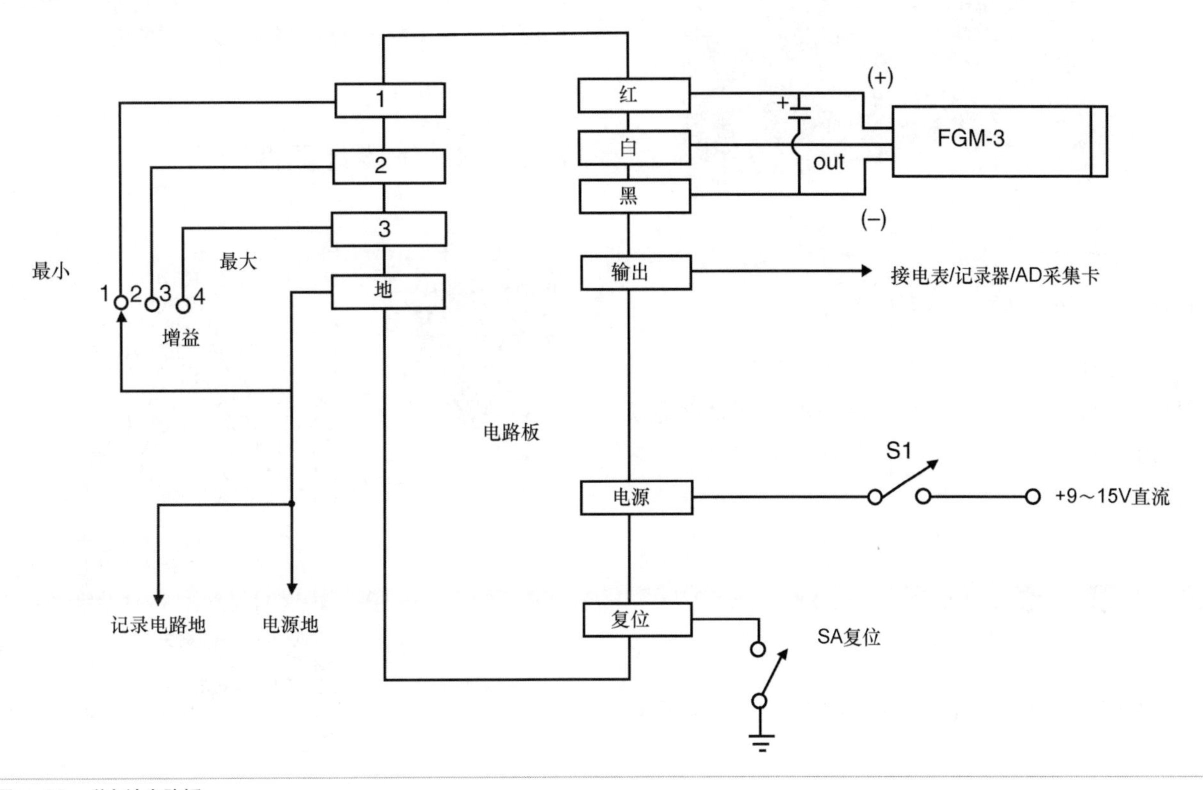

图7-23　磁力计电路板

助塑料螺丝固定在一片塑料板上。FGM-3型传感器的探针安装在2英寸 × $4^{1}/_{2}$英寸的塑料板上。将探针固定在塑料板上的优点是可以远离电路上的金属部件。磁通门探针的安装方向与PVC管平行。本例将FGM-3传感器和分离式稳压器安装在长$2^{1}/_{2}$英寸、直径12英寸的PVC管中，PVC管内部由三芯电缆分隔。

在搭建磁力计电路主板时，应当尽量采用芯片插座来安装芯片，以便日后的调试与维修。在安装两颗芯片时，应当仔细分辨芯片引脚顺序，防止因方向反接而烧毁电路。大部分芯片表面都有标记方向的方形缺角或者小圆圈记号，记号的左侧一般是引脚1的方向。

磁力计电路中含有电解电容和二极管。电解电容属于有极性器件，极性接反将会导致爆炸事故发生。二极管表面有黑色或白色竖条的一端为阴极。完成电路的焊接后，应当仔细目检一遍电路，排除虚焊和漏焊等问题。还要将电路板的背面打扫干净，防止残留的金属断脚导致电路短路，否则极有可能在上电时烧毁芯片。读者也可以选择购买现成的磁通门磁力计套件，套件包括现成的

PCB、FGM-3传感器芯片、运放芯片和除增益开关外的大部分元器件，磁通门磁力计套件可以从Fat Quarters Software处以75美元的价格购得。图7-23是Fat Quarters Software公司出品的电路板引脚图。

完成磁力计电路的焊接后，应当找一个大小合适的金属盒子将它封装起来。本例采用图7-24中的6英寸 × 3英寸 × 3英寸金属盒作为地磁计样机的外壳。增益、电源和复位开关和电源指示灯一起安装在外壳的前面板上。磁力计的输出引脚通过前面板的黑色和红色的接线柱引出。外壳的侧面装有螺丝接线端子，作为主机连接探针的接口。

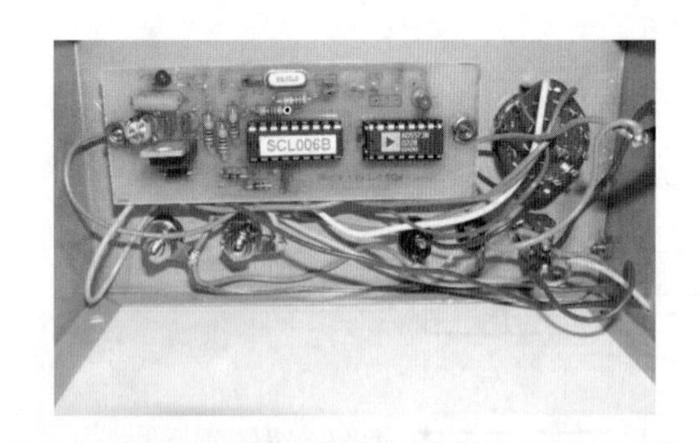

图7-24 安装在金属外壳内的地磁计电路

如前文所述，磁通门探针的探针安装在$2^1/_2$英寸 × 12英寸长的PVC管中。PVC管内粘有导轨，使电路板可以自由滑入滑出。准备一个$2^1/_2$英寸端接帽，用作PVC管的盖子。

7.16.2 测试

地磁计的测试比较简单，首先将探针通过三芯屏蔽线缆连接到主板上，然后将数字万用表调到2V直流电压挡位，并连接到磁力计电路的输出端。连接前应该仔细确认万用表的极性。给磁力计电路供电并打开电源开关。把探针放在非金属表面，并缓慢旋转探针一周。当探针执行北极时，电压表的示数应该达到最大值。要注意电路中的芯片U1具有高达7 ~ 8s的响应时间，因此测量时动作一定要缓慢。确认电路工作无误后，就可以用盖子将PVC管完全封闭起来了。

当检测太阳风暴时，磁力计探针需要安装在房屋外面，以避免各种金属干扰。由于磁通门探针并没有温度补偿功能，因此为保证测量精度，安装时应离地3英尺以上。最好用外接直流或交流电源对磁力计供电，以延长工作时间。如前文所述，用户可以选择性价比较高的HOBO数据记录仪、串口万用表或模拟数字卡来将测量到的数据导入到电脑中。

现在，我们的地磁计就可以开始收集太阳风暴的相关数据了。尽情发挥你的想象力，开始探索吧。

7.16.3 地磁计器件清单

元器件

R1、R3、R4、R5 4.7kΩ，1/4W 电阻
R2 100Ω，1/4W 电阻
C1、C2 15 pF，35V 电容
C3、C4 47 nF，35V 电解电容
C5、C10 2.2 μF，35V 电容
C6、C9 0.1 μF，35V 电容
C7 100 μF，35V 电解电容
C8、C11 10 μF，35V 电解电容
D1、D2 1N914硅二极管
D3 1N4001硅二极管
X1 10 MHz晶体
U1 SCL006A磁力计输出芯片
U2 AD-557数字模拟转换器芯片
U3、U4 LM7805，5V 稳压器
J1、J2导线跳帽
S1四位旋转增益开关
S2常开 按键开关
S3 SPST轻触电源开关
HOBO H08-002-02（ONSET） 记录仪
杂项 PCB、导线、芯片插座、外壳、等等。

第八章

电场检测

Chapter 8

静电感应对人们来讲曾经是非常神秘的现象。早期的观测者们利用动物毛发和玻璃石头等物体互相摩擦来产生和观察静电。人们从静电开始，慢慢探索到静电吸引、电波，以及如今一整套的电子学基础架构。本章将向读者介绍静电、电场和电磁场的基本原理。通过本章可以学到所有的电磁波都有的一些共性。将电和磁紧密联合起来，并组成了电磁波的关键点是要有正交的交变电场和交变磁场，电磁波的传播方向与电场和磁场的方向也正交，而且随传播距离的增加，电磁场的强度逐渐下降。

通过本章读者可以学习到验电器、莱顿瓶、静电管和云雾室的用法。本章的实验内容包括离子检测、电子显微镜、大气电荷检测器等。本章也为初级研发人员准备了很多进阶项目，包括高级电子显微镜、可以检测云层带电情况的云电荷监控器。本章最后一个项目是电场扰动监测器，可以用来检测人体内部的电场情况，并在需要时发出警报。电场扰动监测器可以用在研发领域，也可以当做室内或野外报警系统。

8.1 静电基础

过去很长一段时间内，人们都不清楚闪电、磁石、静电等现象的成因，当时的人们并没有基本的电学基础。如今科技高度发展，人们很容易理解闪电背后的原理。但是因为电毕竟是不能看又不能摸的东西，研究时还要依靠各种设备。幸好我们并不缺少各种实验设备。如今只要花很小的代价就能获取很多性能优良的实验设备，这在几十年前是无法想象的。而且我们周围的电子垃圾堆积如山，人们很容易获取各种电子配件。

电子与电子间的规律非常简单，电模型中的一些规则与现实世界惊奇的一致。大家都知道电子有最小单位——一个不能再细分电荷量。这就是一个电子和质子所带的电荷量。人们用字母e来表示这个最小的电荷量，电荷分为正极和负极两种极性（正极电荷和负极电荷）。所有的电荷都是由最小电荷积累起来的。两个带有同种电荷的物体会互相排斥，带有异种电荷的物体会互相吸引。

我们将电子所带的电荷种类起名为负电荷。1库伦电量等于6.24×10^{18}个电子所带的电量之和。电流的单位为安培，1安培表示每秒钟移动的电量为1库伦。很明显，一个电子所带的电荷量微乎其微。如果将一个电子所带的电荷看作一滴水，那么一库伦电荷相当于直径30英里、深100英尺的湖。1安培闪光灯中每秒钟流过的电量等于湖里全部的水量！尽管流速非常惊人，但是电池中的电子需要花费几分钟的时间才能到达灯泡。这表明导线中存储了数量巨大的电子，相比之下单个电子的作用就微乎其微了。

因为每库伦电量等价与6.24×10^{18}个电子所带的电量，因此每个电子的电量为$1/(6.24 \times 10^{18})$库伦，或1.6×10^{-19}库伦。R.A.Millikan和他的助手非常巧妙的通过Millikan油滴实验测出了电荷的电量，Millikan也被认为是第一个精确测出电荷电量的科学家。在实验中，Millikan利用喷雾剂将油滴喷到两个带电金属极板之间，当电压合适时，电场力刚好与油滴的重力相等，油滴可以漂浮在两个极板之间。这时，所有油滴的重量之和等于所有油滴电场力之和。通过多次实验，Millikan发现了最小电量步进为1.6×10^{-19}库伦。

读者不妨先试试简单的实验。找一个干净的有机玻璃棒或者黑色塑料梳子，用它来摩擦头发、毛皮或者丝绸。然后将玻璃棒或梳子靠近碎纸屑，观察接下来会发生什么！

不出意外的话，你将会看到中性粒子被带电塑料吸附的场景。细心的读者还将看到，一两分钟后，碎屑会从玻璃棒或梳子上弹开——就像突然被排斥了一样。如果纸屑足够小的话，这种转变几乎是瞬间完成的。接下来尝试将一片潮湿的纸或者铝箔片滴在带电塑料板上。它们也会被塑料棒吸引，但是在接触塑料棒后立刻会被弹开。整个过程非常短暂，因此需要仔细观察。首先，塑料棒上的电荷会吸引碎屑，但是一旦碎屑与塑料棒产生接触，潮湿的碎屑就会被传导到同种电荷，此时由于同种电荷相斥的原理，碎屑随即被弹开。干燥的碎屑是不良导体，不会很快传导到电荷，因此可以长期附着在塑料棒上。

如果你对静电还比较陌生，可以将本章的几个项目依次实验一遍。Millikan的实验必须有强大的科学背景和扎实的工程基础才可能完成。作为初学者，我们不妨先尝试将气球吸附在墙壁上，以观察静电现象。但是你有没有想过，气球上的电荷和梳子上的电荷是同一种极性吗？如果将玻璃棒换成丝绸制品，效果又会如何呢？读者不妨亲自做实验，搞清楚其中的奥秘。这里有一些小提示：同性电荷相斥，异性电荷相吸。另外一个提示：玻璃和丝绸容易带正电荷，而廉价的塑料和皮毛则容易带负电荷。

两个电荷量分别为Q_1和Q_2的轻质物体之间的作用力可以由库仑定律计算得到：两个带电物体之间的静电力与两个物体电荷的乘积成正比，与距离的平方成反比：

$$F_{elec} = KQ_1Q_2/r^2$$

式中，Q_1为其中一个物体的电荷量，Q_2是另外一个物体的电荷量，r是两个物体之间的距离，e_0等于$8.85 \times 10^{12} Nm^3/C$。C是单位库伦的缩写，即电荷的单位。

静电力是矢量元素，其方向与两个物体连线方向平行。看到静电力的公式，读者可能会问：既然静电力与两个物体电荷的乘积有关，为什么带电塑料棒可以吸引不带电的物体呢？依照公式，其中一个物体的电荷为0，静电力应该也是0才对。答案很难用公式解释，这可能会使读者怀疑这个公式的正确性。

当带电棒靠近小物体时，物体表面也会感应出电荷。如果物体为导体，那么同种电荷将会感应到远离带电棒的一侧，异种电荷会感应到靠近带电棒的一侧。由于两种电荷距离带电棒的距离不同，因此他们产生的静电力也不同（注意公式中的$1/r_2$项）。绝缘物体内的电荷虽然不能像导体一样自由移动，但是从微观上看，绝缘物体内的电荷也会产生两种倾向，导致整个物体与带电棒之间产生微弱的吸引力。当导电物体与其他导电物体接触后，电荷的移动空间加大，吸引力会增强。

为了找到库仑定律在现实生活中的用途，我们可以做另外一个实验。此实验需要组装一个差分验电仪（见图8-1）。传统的验电仪由两个挂在晾衣杆上并可以自由飘动的金属带组成。为减少外界风力影响，整个装置需要安装在玻璃罐中。导线的一端必须裸露在外，以感应待测电荷。差分验电仪有两个绝缘的支架，使两片金属叶片可以分别感应电荷。为了达到实验目的，可以用一小块泡沫塑料和两个大钉子作为支架，两条长4英寸、宽1/2英寸的铝箔作为金属条，分别将两个铝箔条的一端固定在钉子上，使铝箔可以自由垂落。

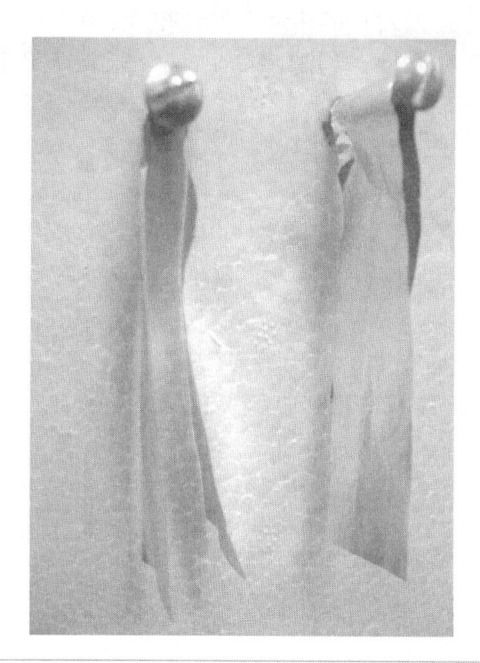

图8-1　差分验电化

测试前，将塑料棒或小梳子上感应出一些电荷，并用他们触碰其中一个钉子，使相应的铝箔条感应到电荷。注意不要碰到另外一个钉子。这时两个铝箔条将会有轻度的相吸或相斥，用手指触碰不带电铝箔条上的钉子，两个铝箔条将会互相吸在一起。因为铝箔条的厚度与铝箔条之间的距离可以忽略不计。铝箔条正反两面的电荷与另一个铝箔条的距离可以近似认为相等。由于两根铝箔条上的净电荷为0，因此它们之间的静电力也为0。当触碰其中一个钉子时，静电力将会使同种电荷远离铝箔条（到身体上），铝箔条上剩下大量的异种电荷。

通过以上实验可以证明，库伦定律可以精确地描述静电力，塑料梳之所以可以吸引小物体，不是因为两个物体带有不同的电荷，而是因为塑料梳使小物体本身产生电极化现象。

1库伦电量等于1安培每秒，从数值上看非常小，但实际对应着巨量的电荷移动。根据库仑定律，两个相隔1码的金属盘，每个金属盘上带有1库伦电量，那么两个金属盘之间的相吸或相斥静电力将高达数十亿磅！因此大多数带电体的电量都小于1库伦。

8.1.1　电场

作为生活在地球表面的人类，我们对场的概念非常熟悉，因为我们时刻生活在重力场下。重力的力线显然是向下的，也就是当瓷器从手中滑下时下落的方向。我们可以将力线想象为场对物体施加影响的方向。在场图中，人们用场线的密和疏来表示场强的大和小。一个站在月球上的人，他受到的重力场线应当比站在地球上人受到的重力场稀疏。换句话说场线之间的距离越近，场强越大；场线之间的距离越远，场强越小。但实际应用中很少用这种方法判断场强大小，因为人们在绘图时一般仅绘制少数几根场线。

场线还可以表示场的形状，仅在特定的点以疏密表示场强大小。例如可以将一段区域绘制很密的场线，使之成为一片模糊的灰色，以表示此处的场强非常大，但这样的话就很难分辨出场的方向。图8-2是两种场的画法，第一种画法利用少数几根场线来展示出场的方向，而第二种则使用密密麻麻的场线突出场的强度。当物体随场力方向移动时，它周围场的大小可能在不断变化。相比之下第一种画法更为清晰直观，通过图8-3我们就可以清晰地看出磁场的走向。

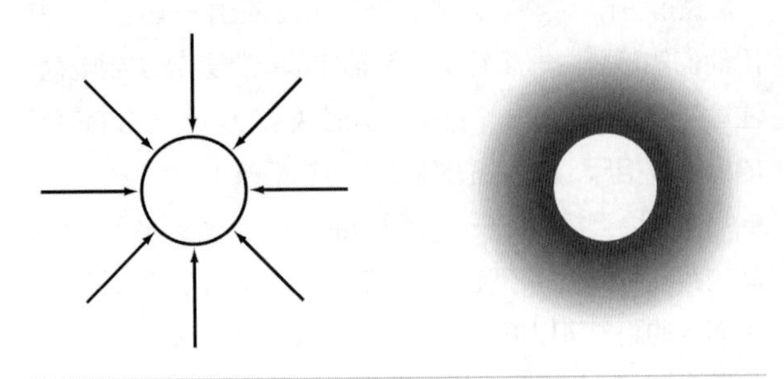

图8-2　两种场的画法

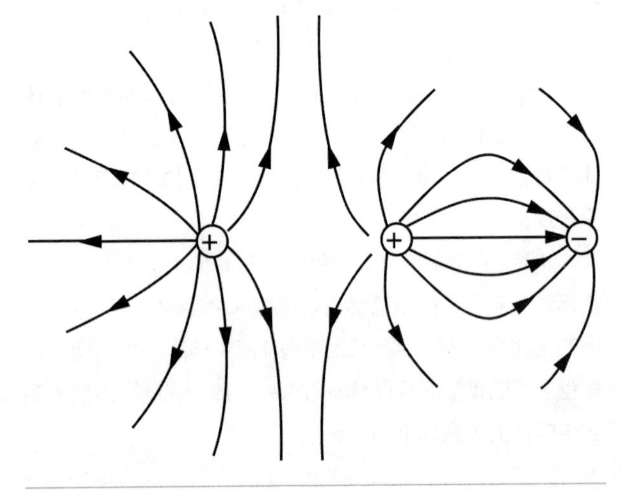

图8-3　磁场走向

电场力的方向为自由正电荷在电场中的移动方向，因此电子的电场力指向自身，而质子的电场方向则向外发散。当一块空间内有多种电荷时，电场的方向为多个场方向的矢量和。

与重力场不同，电场有正负两种极性。如果将一个正电荷放在两个大小相同的正电场中间位置，那么正电荷受到的电场力为0。但是如果正电荷的位置稍微变动，那就会像瀑布一样加速离开。与重力场一样，电场也属于力场，电场中某点的场强的大小等于1库伦电荷在此处受到的电场力大小。电场强度的单位为牛顿每库伦。带电塑料棒周围的场强可以通过在带电棒周围放置验电器的方法来测得。验电器并不需要接触带电体，仅通过静电感应的方式就可以测量出场强。

8.1.2　电磁波

在Herschel发现红外线以后，丹麦物理学家Hans Christian Oersted发现了电流可以导致磁针偏转。André-Marie Ampère也发现了不同方向的电流之间有互斥或互吸的现象。到了1865年，James Clerk Maxwell首次提出了电磁场的概念。他认为电场和磁场是密不可分的，如果将电流的大小不断变换，那么周围将会产生电磁波，电磁波的传播速度等同于光速。Maxwell继而大胆设想光其实也是一种电磁波。

电场和磁场可以以很多种形式互相影响。当电场在真空中传播时，它会产生伴随磁场。电场中的能量将会向磁场传播，因此我们会看到能量在两种场里不断转换，但是电磁波的总能量不变。因此可以说，变化的磁场产生变化的电场，电场和磁场通过不断交替能量的方式在空中传播。

静态的电场会产生静态的磁场，变化的电场会产生变化的磁场。反之亦然。静态磁场可以产生静态的电场，变化的磁场也可以产生变化的电场。

当电场和磁场的强度随时间不断变化时，它们就形成了电磁波。电流也可以产生相应的磁场。当电流大小恒定不变时，它产生的磁场也恒定不变，因此无法对外辐射电磁波。变动或处于振荡状态的电流会产生变化的磁场，从而对外辐射电磁波。这就是通过无线电传播信号的理论基础。

红外线、可见光和紫外线并不是仅有的波。在低频领域还有红外微波、雷达波、电视波和无线电波。早期的微波被认为是宇宙大爆炸产生的。微波炉就使用这些慢波来打乱水分子的排列，进而起到加热食物的作用。雷达是无线电测距仪的缩写。雷达扫面仪可以对外发出短波信号，通过检测回声来定位物体的位置。接下来是电视波，电视波内涵盖了图片和音频信号。最慢的波是无线电波。除无线电台以外，恒星等各种天体也会对外发射无线电波。

紫外线频谱外，也有三种更高频段的波，比紫外线频率稍高的是X射线。X射线可以穿透柔软的生物体，但是不能穿过骨头，因此人们可以利用它来发现骨折病情。伽马射线属于放射性射线，由特定的原子核反应产生。伽马射线的能量很高，可以穿透金属和水泥，并轻而易举的杀死生命体。核弹爆炸时会释放出大量的伽马射线，并对生物体造成毁灭性的伤害。

频率最高，同时也是能量最高的射线为宇宙射线。它由原子、电子和伽马射线组合而成。地球的大气层可以阻挡来自外太空的宇宙射线（见电磁辐射图8-4）。以上所有的电磁辐射都存在于宇宙里。它们都由各种电磁波产生，宇宙中充斥着各种电磁波。

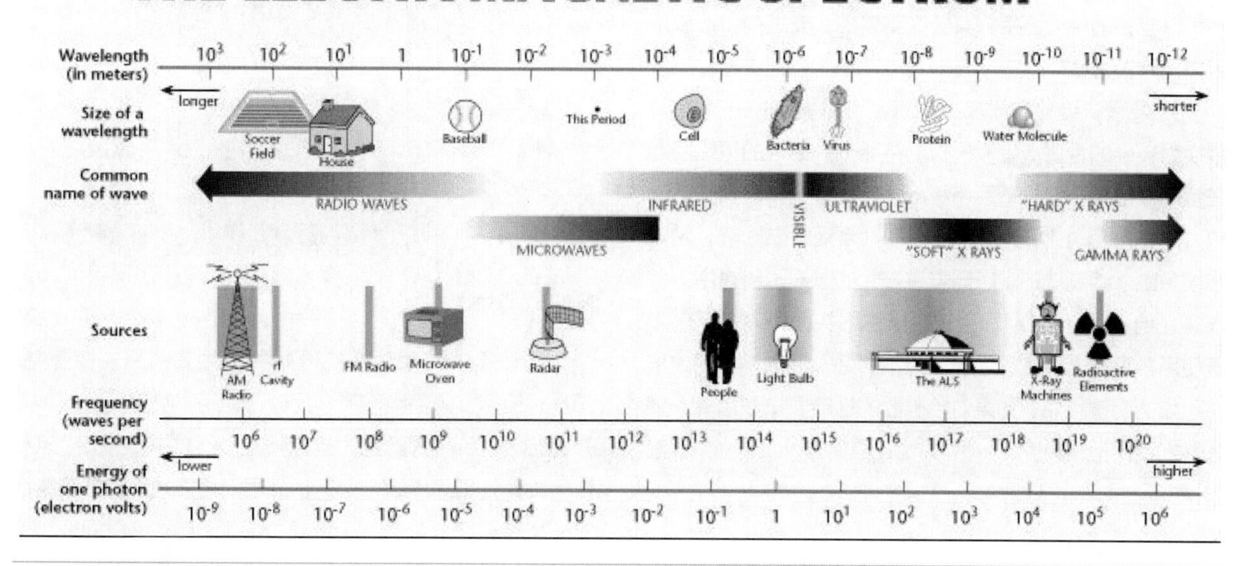

图8-4 电磁频谱图

人们通过波长来辨识各种波，以不同的频率段来区分波的类型。波长的单位一般为米。频率是每秒钟行进的波长数。频率为1Hz的波，每秒钟行进一个波长。波的波长越短，其频率越高。频率越高的波，携带的能量越高。

电磁辐射在真空中的传播速度与光速相同，在介质中的传播速度接近于光速。光的速度为300 000 000m/s（300 000km/s）。在精度要求不高的场合，我们可以认为无线电波的速度就等于光速。

虽然无线电波的波长和频率可以自由变化，但是其传播速度确是一个恒定的值。波长、频率和速度三要素可以用一个公式概括。当知道其他两个参数时，可以通过以下公式计算出第3个参数：

波长 = 300 / 频率（MHz）

8.2 传统验电器的制作

虽然验电器已经慢慢被淘汰，但是它还是有其独有的特性，而且它确实非常有用。传统验电器由一个透明的管子组成，中间用铜丝悬挂两片金属箔，罐顶有一个铜制电极（见图8-5）。实验室等级的验电器对金箔的要求非常高，因此具有非常高的灵敏度。如果用铝箔作为材料，则需要保持较长的长度才能实现较高灵敏度。但这伴随着寄生电容的增加，测量时验电器需要更大的电荷量。总体来讲电压灵敏度也在可接受范围内。

图8-5 验电器

很多化学烧杯都可以用作验电器的瓶子，因为烧杯的瓶口较窄，易于封口，内部又有大量的空间可以放置铂片。一般来说，烧杯的效果比酒瓶的效果好很多。使用烧杯作为验电器瓶子时，张开的箔片不容易触碰到瓶壁。当铂片较短时，安装起来可能会稍有难度。将其中一片铂片制作成双臂状，另外一片制作成单臂状，这样两个铂片运动时，它们的支点不容易互相触碰。图中的铂片较长，因此可以省去转轴，直接将其挂在支架上。安装前，应该用手指抚平铂片。

如果想要给验电器加上刻度，可以将其中一个铂片替换为较硬的金属或者覆铜板。将另一片铂片的顶端固定在金属板上。在铂片背后用小纸条标记好刻度。如果活动铂片的宽度超过1/2英寸，那么就不会受静电影响，粘贴在纸条上。将制成的验电器安装在大的方形塑料盒中（装饰盒尤佳），还可以用彩色塑料棒和木头把柄来搭配刻度纸使用。事实上，由于绝缘性能不够好，玻璃烧杯的效果并不如透明塑料瓶。如果对验电器的性能要求非常高，那么最好使用塑料外壳。

8.3 制作莱顿瓶

在探索完塑料梳和验电器后，读者可能会发现验电器可以分多次充电：每次触碰电极，铂片上都会积累更多的电荷，并因此张开更大的角度。铂片越大，其充放电面积越大，相同电压下需要的电荷量就更大。如果将瓶内壁贴满铝箔，那么验电器需要的充放电电荷量将会更大。

Leyden大学的物理学家Pieter van Musschenbroek在18世纪中期发明了莱顿瓶。一开始人们只是用它来存储电能。很多人认为电也是一种流体，可以被冷冻，因此有时人们也会称之为电力冷凝器。如今我们称这种可以暂存电量的设备为电容。

莱顿瓶其实是一个充满电介质的圆柱形瓶子（例如塑料或玻璃等绝缘体），其内部和外部装有金属铂片。外部的金属箔面接地，当内部的金属箔面存储电荷时，外部的金属铂片上将会感应出等量反向的电荷，如图8-6和图8-7所示。当内外两个铂片由导体短路时，砰！一阵电火花过后，一切都恢复原样。莱顿瓶的电荷储量等于激励电压乘以电容大小。简单来说电容值的大小取决于（1）金属铂片的面积；（2）两层金属薄面之间的填充物类型；（3）金属铂片的厚度（通常越薄越好）。

更为先进的莱顿瓶是直接将瓶子的内外两侧用铝箔敷满，两层铝箔相当于两个电容板。异性电荷相吸的特性使得莱顿瓶两层铝箔上可以存储大量的电荷。外层铝箔通常为接地极板，而内层铝箔则称为热极板。罐子顶端有电极，电极和铝箔之间由金属线连接。

图8-6 莱顿瓶

图8-7中的莱顿瓶的原始材料为酱料瓶、橡胶塞、螺丝、铝箔、黑色电胶带。另外还使用了喷雾粘合剂，用来将铝箔粘贴在瓶子表面，电极连接线由裸线和铝箔制成，接头处用绝缘胶带固定。外层铝箔接地，其外侧缠绕了一层玻璃纤维胶带。罐顶部分留了1英寸绝缘间隙。为了保证绝缘性，绝缘部分罐体应该用酒精仔细擦拭，并缠上电胶带。

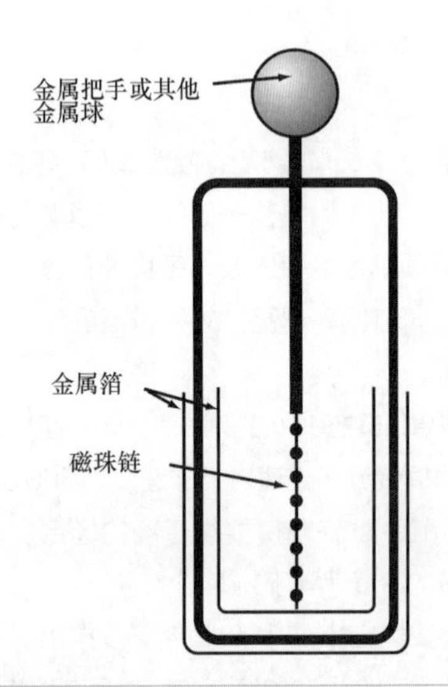

图8-7 莱顿瓶的内部构造

测试莱顿瓶时，可以将验电器接在莱顿瓶的电极上。验电器事先由塑料棒或塑料梳充进一定的电荷。当验电器与莱顿瓶电极接触时，如果验电器的铂片明显闭合，那就说明莱顿瓶的绝缘性能不够好，通常原因是玻璃罐体不够干净，或者空气较为潮湿。与验电器一样，也可以利用绝缘性能更好的塑料瓶子作为莱顿瓶的罐体（例如花生酱的瓶子）。另外静电类实验最好在气候干燥的时候进行。当莱顿瓶绝缘性能优良时，可以利用塑料梳子反复给莱顿瓶充电，然后用两只手分别触碰莱顿瓶的两个电极。你将会看到电极处有电火花产生，同时验电器测量到的电量也会突然降低。

8.4 制作静电管

静电管可以用来给莱顿瓶充电（见图8-8和图8-9）。静电管是一段缠有皮毛、木屑、纸团的PVC管。制作方法是先找到一条长4英尺、直径3/4英寸的PVC管和一段棉纤布。将棉纤布物绕在PVC管上，并且用手握紧。用力推拉PVC管以产生电荷，然后用PVC管触碰细线尖端。最后将收集到电荷的细线触碰莱顿瓶或静电马达，也可以手持棉纤布和一段接地金属。金属作为参考电压。摩擦后，用手触碰接地物体时也会产生电火花。放电距离可以控制在1/4英寸左右，这样产生电火花的成功率非常高。

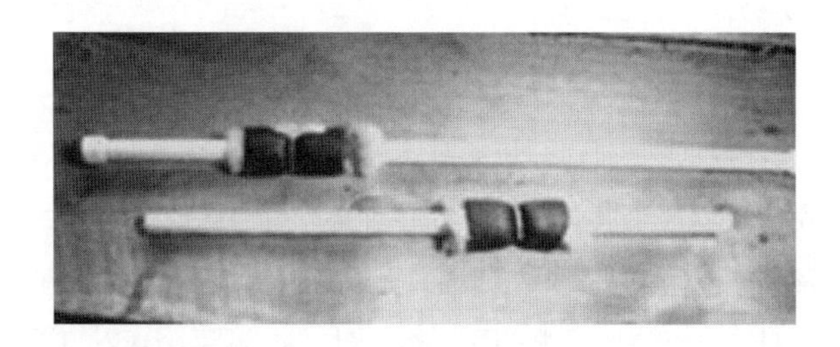

图8-8　静电管

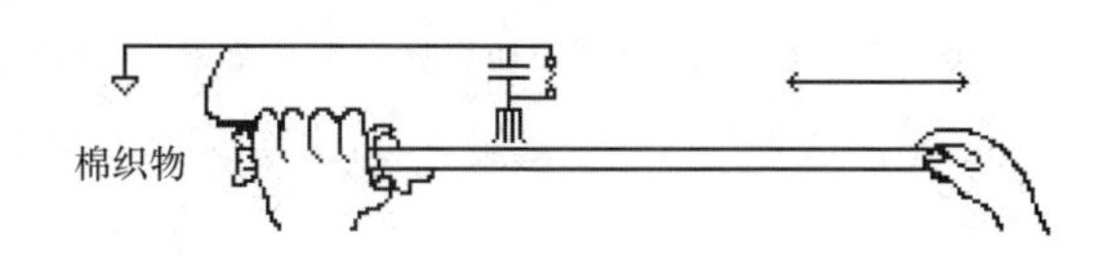

图8-9　产生静电的方法

8.4.1 利用静电管给莱顿瓶充电

将莱顿瓶的外表面接地（例如放置在非塑料和非玻璃台面上），或者请人手持莱顿瓶（效果更好）。将静电管放在莱顿瓶电极的上方并尽量靠近，握静电管的手尽量保持不动。作者建议大家将手肘放在桌子上，以固定位置。另一只手往复抽动管子。此过程有一点需要注意：抽动管子时，管子应当间歇着与莱顿瓶的电极接触，以及时将电荷导入到莱顿瓶中。在黑暗和僻静的环境下，你甚至可以听到微小的声音和火光（人眼可能需要一段时间来适应暗环境）。PVC管偶尔触碰一下瓶子没关系，只要不将瓶子打翻就行。充电若干次以后，莱顿瓶内存储的电荷就足够产生电火花了。图8-10是利用静电管给莱顿瓶充电的示意图。

8.4.2 静电管的其他实验

静电管很适合用来演示各种静电力现象。如果给静电管充电，并用它靠近小纸屑或者其他碎屑，碎屑将会被静电管吸引。如果将充电后的静电管放在手臂上方，手臂上的毛发都将直立起来。以下方式可以演示静电斥力：找一个气球（橡胶材质，非聚酯材料），用手捏着气球的引线，用皮毛摩擦气球，使之感应到静电。然后用带电的静电管靠近气球，气球将会弹开。将实验材料换成乒乓球、泡沫板或者塑料瓶子也可以。有兴趣的读者可以参阅以下网站，获取更多的静电实验方法：

www.amasci.com/emotor/statelec.html

www.alaska.net/？ natnkell/staticgen.htm

www.stevespanglerscience.com/category/10/

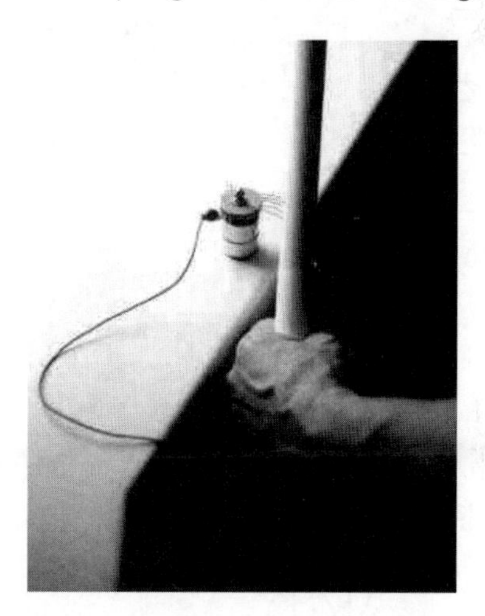

图8-10　利用静电管给莱顿瓶充电

8.5 简易电子验电器

图8-11中的电路为传统验电器的简易版本，利用它可以很方便地检验电荷。这种验电器使用一个环状天线或鞭状天线作为感应器。感应器的信号通过RCA连接器馈入到电路里的1MΩ电阻。电容C1的作用是抑制AC噪声，但是会轻微降低一点灵敏度。MPF102 FET晶体管和电阻R1组成了分压器。当FET的门极接地时，

分压器输出电压约为4.5V，对应电表M1的读数为半刻度。传感器的表头为200μA电流表。测量带正电荷的物体时（例如与玻璃摩擦后的棉织物）时，表头将向正向摆动，当测量带负电荷的物体时（例如塑料梳子），表头将会向反向摆动。电路可以搭建在面包板或PCB上，只需几分钟即可组装完毕。整个电路和9V电池可以安装在小金属盒内。为了保证测量精度，金属外壳最好进行接地处理。

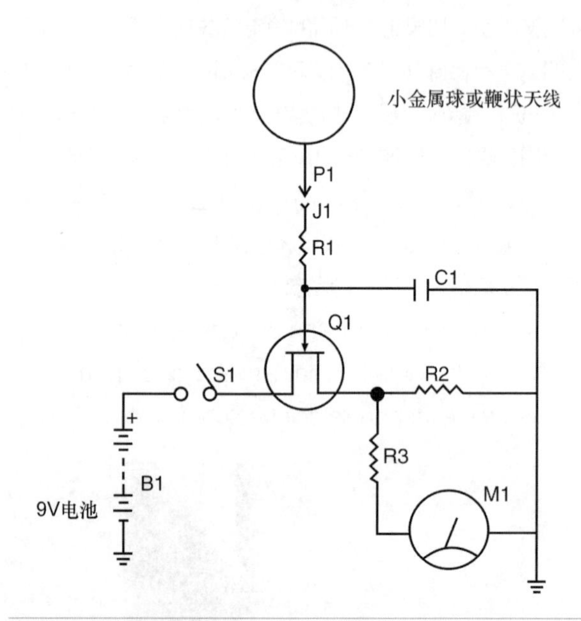

图8-11　电子验电器电路

简易电子验电器器件清单

元器件

R1 1MΩ，1/4W，5% 电阻
R2 150kΩ，1/4W，5% 电阻
R3 33kΩ，1/4W，5% 电阻
C1 220 pF，100V 电容
Q1 MPF102 FET晶体管
M1 200 μA电流表
S1 SPST拨动开关
B1 9V 晶体管收音机电池
P1 RCA插座
J1 RCA外壳插头
天线 小型金属环或鞭状天线
杂项 导线、电池夹、面包板

8.6　离子检测器

离子检测器可以检测空气中的静电荷和自由离子（图8-12是离子检测器的电路图）。利用这种设备，人们可以实时检测异常的离子逸出现象。健康爱好者可以用离子检测器来检测瀑布或暴风雨过后的负离子密度。离子检测器可以用来检测供电电路的高压泄露和电路辐射，还可以用来检测家庭或工作室周围的静电和静电场强度。离子检测器内的天线或电荷采集器可以由#12号或#14号铜线制成。天线感应到的信号直接传输到电路中的100Ω电阻上，然后馈入到第一个三极管Q1上，Q1的型号为

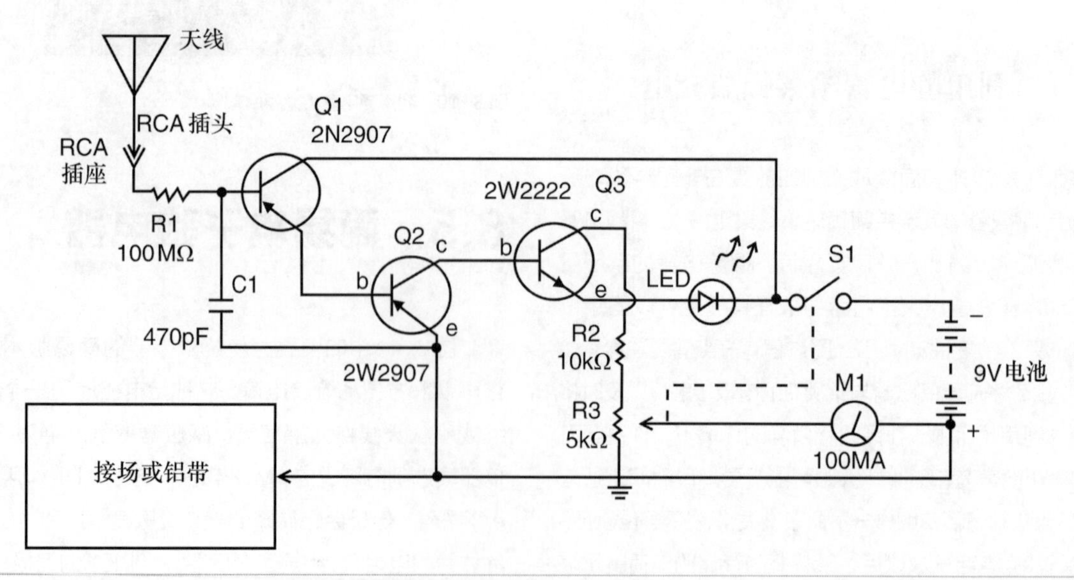

图8-12　离子检测器电路

2N2907。Q1发射极接到第二个三极管Q2的基极。第二级放大器的信号从集电极输出，接到三极管Q3的基极，Q3的型号为2N2222。三极管Q3的发射极接到LED指示灯。整个电路的灵敏度由变阻器R3控制。100μA电表M1用来指示附近的离子密度。

离子检测电路由9V晶体管电池供电。开关S1是整个电路的电源开关。离子检测器电路可以焊接在面包板或PCB上，整个组装过程不到1小时。为了保证检测灵敏度，最好给离子检测器搭配一个铝制外壳。天线的一端焊有RCA接口，可以直接插在主机上的RCA插座上。电源开关、LED、表头等器件安装在铝壳的前面板上。电路必须和铝壳一起接地，接地的方法包括用手工触碰或者将外壳连接到大地。

离子检测器器件清单

元器件

R1 1MΩ，1/4W，5% 电阻
R2 10kΩ，1/4W，5% 电阻
R3 5kΩ 变阻器（基座安装型）
C1 470 pF，35V，电容
Q1、Q2 2N2907三极管
Q3 2N2222三极管
D1红光LED
M1 100 μA面板电流表
S1 SPST拨动开关
B1 9V 晶体管收音机电池
P1 RCA插头
J1 RCA外壳插头
天线6英寸 鞭状天线
接地 铝盘或接地线
杂项 PCB、导线、电池夹，等等。

8.7 大气电荷检测器

大家应该对闪电都不陌生，闪电是大气层内的剧烈放电现象。闪电和云层中的其他小型静电活动是主要的无线电静电源。图8-13中的大气电荷检测器可以用来检测大气层内的电荷。

如果将一根金属针固定在10m绝缘杆的顶部，那么电荷将通过针尖在地球和大气间移动。在晴朗天气时，针尖处不会有电流产生，因为此时产生“电晕”的电压需要几千伏。但如果在金属针的位置安装放射性钋等空气电离设备，那么针尖的周围将会产生一小块电离区，使针尖和大气间可以自由的传输电子。配合灵敏度高达0.01mA的超高灵敏度微安计，我们就可以测量出针尖对大气的放电电流。其大小等同于晴朗天气下+60 ~ +100V/m电压梯度下产生的电流大小。

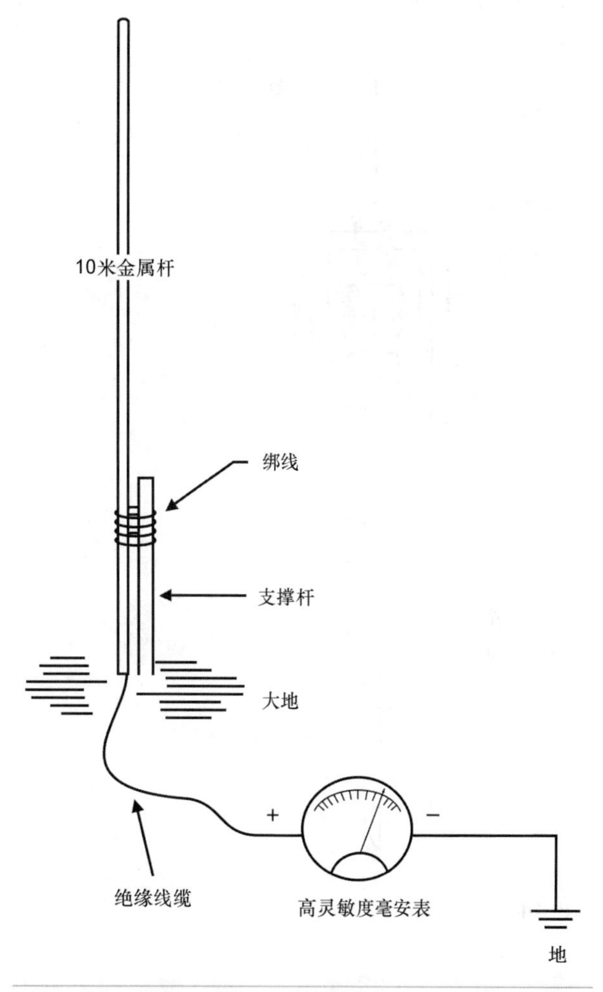

图8-13 大气电荷检测器

阴雨天时，电晕电流会增大到5 ~ 10mA。这也是为什么阴雨天容易发生雷电现象的原因。雷电发生区域的电压梯度为5 000 ~ 10 000V/m。

很多设备都能观测大气层中的电荷情况，其中专用仪器的复杂度较高，价格也非常昂贵。本节将带领读者制作一种结构简单、容易携带、用途非常广的大气电荷检测器。大气电荷检测器的核心是天线系统。本项目采用4个铝制可伸缩管（4个2m长）作为检测天线。绝缘体可以安装在杆子的顶端，信号用单导聚苯乙烯绝缘线缆引到传感器中（见图8-14）。为了提高系统的工作效率，大气电荷检测器的外壳需要接地。读者可以选用4 ~ 6英寸长的铜柱作为接地电极，安装时将其插在泥土里。当天气比较恶劣时，应当为微安计做好屏蔽工作。需要注意的是，高高在上的天线同时还能起到避雷针的作用，因此在雷电天气使用时应当做好防雷工作。当系统闲置时，应当做好天线的接地工作。表显模块采用灵敏度极高的微安计，读者可以从Newark Electronics处购得。空气电离辐射筒可以从Newark Electronics公司购得（联系方式见附录）。

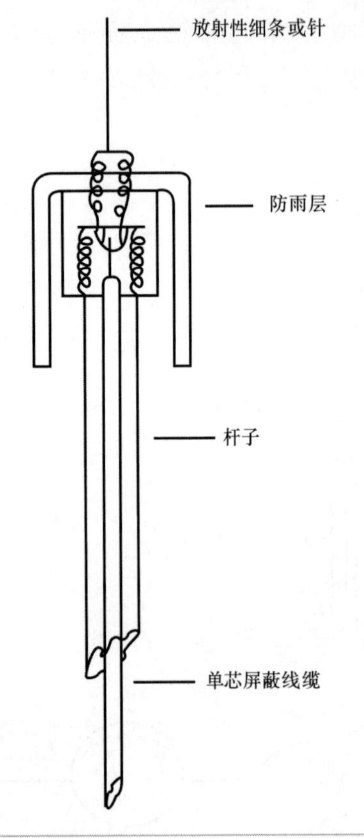

图8-14　天线探测器

8.8　高级静电计

静电学涵盖电荷、电势、电场力等知识领域，18世纪末和19世纪初是静电学飞速发展的时期。如今电机工程的主要研究领域是电动力。日常生活中很多新奇的用途都是基于静电力发展出来的，例如静电复印技术或复印技术。

实验人员可以使用老式验电器来探索各种大型静电现象。但是如果要更为直观地观察静电现象或者进行更精密的实验，就必须用到静电计了。静电计的核心其实就是一个电压表（VOM）。普通数字VOM和静电计的其中一个区别是输入电阻不同，即目标电路的阻抗不同。很多性能优秀的静电计，输入阻抗甚至高达200TΩ。相当于普通VOM输入阻抗（1 ~ 10MΩ）的1万倍。静电计可以测量到常规仪器无法检测到的电学参数，大大拓展实验人员的视野。

现代电力计的价格非常昂贵，花费五千美元只能买到较为普通的静电计。将预算提高到一万美元才能买到性能较好的静电计。Keithley Instruments和Victoreen是两家专门生产静电计的公司。本节将向读者展示一种静电计的电路和组装方法，读者可以以相对低廉的价格制作出属于自己的高性能静电计。严格来说，图8-15中的静电计电路只是一种零增益阻抗变换器，或称静电放大器。使用时读者需要在后端加入自己的数据展示系统（例如VOM或者示波器）。此项目针对有中等动手能力和电路基础的读者。

高级电力计的频响范围在10Hz左右，频率范围由低通滤波器决定，因此对PCB没有很严格的要求。电路组装时只需要借助点对点或绕线式连接器。读者也可以将电路搭建在2英寸×3英寸的面包板上（可以从Radio Shack商店购得）。电路的关键是屏蔽和绝缘。电路的前端系统使用National Semiconductor公司出品的高精度CMOS FET芯片LMC6081，此芯片可以从Digikey电子网站购得。除此以外还需要一颗LM-324N型运放芯片，读者也可以从Radio Shack商店购得。应尽量借助芯片插座来安装芯片，还可以直接从Radio Shack公司购买电路所需的屏蔽盒。输入连接器为特氟龙绝缘的面板安装式PL-259 UHF母头连接器。

电路对输出连接头并没有很严格的要求，可以采用常见的RCA型耳机接头。本例采用BNC型输出接头。整个系统由两节普通的9V晶体管收音机电池供电。输入芯片（LMC6081）周边的电路需要仔细布局，尽量缩减输入芯片和输入连接器之间的距离。其中芯片的关键输入接口（引脚3）应当用镊子小心翘起，安装时做悬空处理。包括电源线在内的所有飞线都要注意远离悬空引脚，最好将飞线集中固定在电路板的背面。除此以外，电路中并没有其他布局要求了。

8.8.1　组装

首先将芯片插座焊接在电路板上。接下来用导线连接所有的飞线点，然后安装电池引线。为保证屏蔽质量，外壳必须选用全金属材质。将输入连接器和输出连接器分

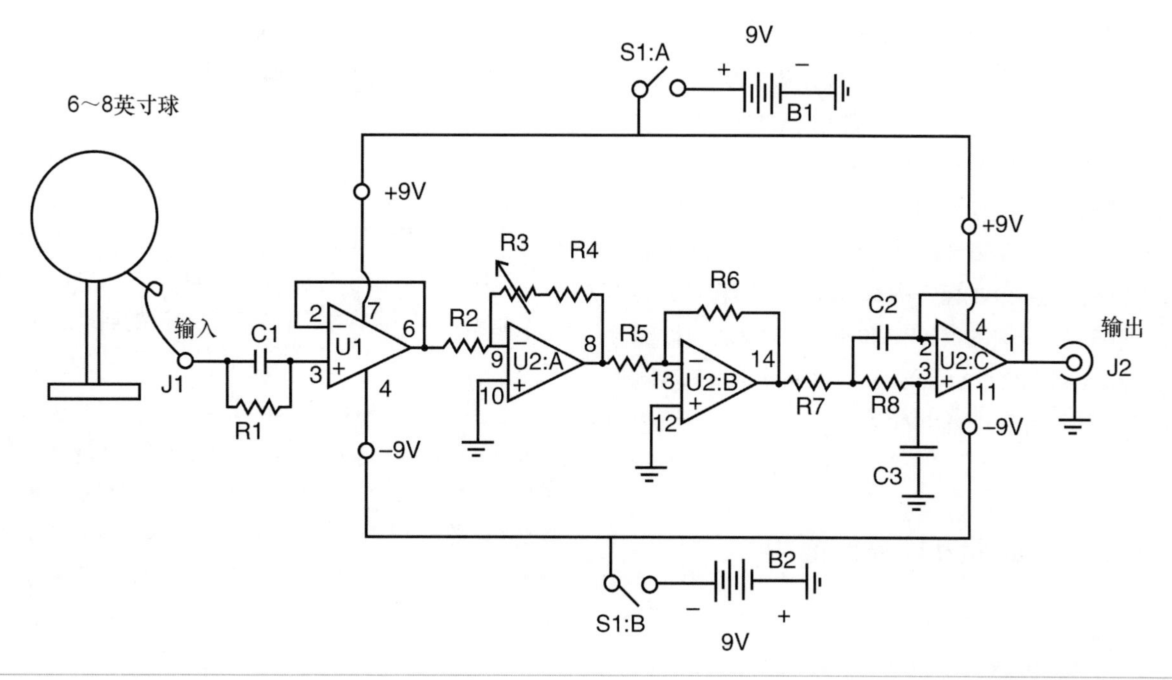

图8-15　高级电力计电路

别安装在外壳的两侧。作者选择将输入接口安装在外壳的顶部。在外壳上钻一些支架钻孔，利用塑料支架或长螺丝将电路板固定在外壳靠上的位置，以便将输入接口连接到电路板上。电池盒最好安装在外壳另一侧靠近输出接口的位置。钻孔时应当仔细确认安装位置，防止不同元件间互相触碰。电源开关也安装在输出接口一侧。记住，电路的输入端非常重要！除输入芯片和超短输入接口以外，这部分尽量不要安装其他部件。

8.8.2　测试与校准

在安装屏蔽罩之前，先将1.5V电池接到输入端。打开设备电源，通过VOM测量电池的电压并记录。然后用VOM测量输出端的电压，慢慢调整增益变阻器的阻值，使输出电压等于输入电压。这是因为电路的增益应该为零，完成电压校准后，整个电路的校准就完成了。

接下来检查整个系统并装壳。因此输入接口在上方，作者选用内接24号金属棒的香蕉接口作为鞭状天线。如果输入接口在侧面，可以用一小段柔软导线连接香蕉头和主机，香蕉头可以安装在不锈钢盘上，并放置在玻璃杯上。关键在于天线部分对地不能有明显的电阻通路。设备主机需要良好接地。将输出端连接到示波器或VOM。将示波器屏幕的扫描周期设置到10s以上。如果没有示波器的话，应当将电压表设置到10V挡位。打开仪器，然后拿金属在天线旁拂过，观察天线端感应到的电压变化。由于设备的输入阻抗极高（T欧级），因此可以测量到其他电压表测不到的极小电压。如果系统工作异常，那么一定是组装环节出了问题。依次检查电池是否有电，所有走线是否正确。芯片安装是否正常。如果人体不小心触碰到输入芯片的引脚，很容易导致输入芯片被静电打坏。

我们用静电敏感元件来进行静电实验，这看起来好像很奇怪。此电路可以获得较高阻抗是收益与精巧的FET结构。高阻抗绝缘层非常容易被静电打坏，一但被静电击穿，芯片将会发生永久损坏，设备也将不能工作。因此在设备断电时，应当注意保护输入端电路，防止任何物体触碰输入接口。

隔离电容的大小（连接天线和电路输入端）关系到天线采集到的电荷量，因此也会影响输入端的电压值。设备的响应电压范围为-7 ~ +7V。Van DeGraf发生器、Wimhurs、特斯拉线圈等设备都可以产生数百伏的电压，因此不能搭配本机使用。输入端采集到的电压大小还与感应距离有关。如果不信的话，可以将采集器和天线换成较小尺寸。然后轻触输入采集器或连接器，产生的静电电压将高达数千伏。因此操作设备时，应时刻不要忘记保持身体接地状态。另外设备本身也要维持接地状态。

制作好的静电计可以用来检测绝缘体的带电极性，例如塑料通常带负电荷。干净的玻璃通常带正电荷，就算在毛毯上抖抖脚丫都能在5英尺外的罐头上感应出±10V的电压。也可以用静电计来研究空气中的电荷，可以用它来开发出人体距离检测器。利用静电计我们可以发现，几乎现实生活中的任何物体都会在摩擦过程中产生电荷。静电简直无处不在。关于静电更详细的知识可以参阅A.D.Moore的Electrostatics一书，书中有很多例子，可以带电子爱好者们探索静电的世界。

8.8.3 高级静电计器件清单

元器件

R1 10MΩ，1/4W 薄膜5%，电阻
R2、R6 10kΩ，1/4W 5%，电阻
R3 10kΩ 线性变阻器（PC型）
R4 3.9kΩ，1/4W薄膜5%，电阻
R7、R8 100kΩ，1/4W薄膜5%，电阻
C1 10 pF 600V，碟片电容
C2、C3 0.22 μF，50V，10% 薄膜电容
UI LMC 6081集成电路（Digikey）
U2 LM 324集成电路（Digikey）
SP-1 8英寸 金属球
S1 DPST拨动开关
J1 UHF插头
J2 BNC插头
B1、B2 9V 晶体管收音机电池
杂项 PCB、芯片插座、隔板、电池夹。

8.9 云电荷监测器

大家有没有好奇过，雷雨时云层中的电荷分布究竟是怎样的呢？雷电发生之前，云层中的电压会有异常变动的预兆吗，电荷在云层间的运动速度究竟是快是慢？利用本节的云电荷监控器，你就可以自己找到以上问题的答案。

云电荷监测器属于灵敏度极高的设备，可以检测空中电荷的微小变化。云电荷监测器中带有电荷敏感天线、50Hz陷波滤波器、自校零积分器、信号限制器、零泄漏调整电路等（见图8-16）。云电荷监测器的复杂度较高，搭建时有一些特别的注意事项。初学者可能需要在帮助下才能完成设备组装。对于有经验的读者，本节提供了电路子模块的功能分析和改进建议。

高空云电荷监测器的感应天线为大型铝箔盘或者其他金属盘制成。天线和电路之间以漆包线连接。线的制作方法如下：首先将线头几英寸处的绝缘层剥掉，并将金属盘边缘数英寸的外皮剥开，将线头裹进金属盘边缘并再将金属盘的外皮重新贴好。用钳子在金属盘边缘捏出几处形变，确保导线和金属盘接触良好。最后在金属盘中央钻一个刚好可以塞进1/2英寸PVC管的小孔，将金属盘固定在一小段1/2英寸的导电PVC管末端。金属盘的位置可以用1/4英寸长的小垫片或螺母来固定。将一个垫片粘贴在PVC管上长度为1/3英寸的位置处，将金属盘套在管

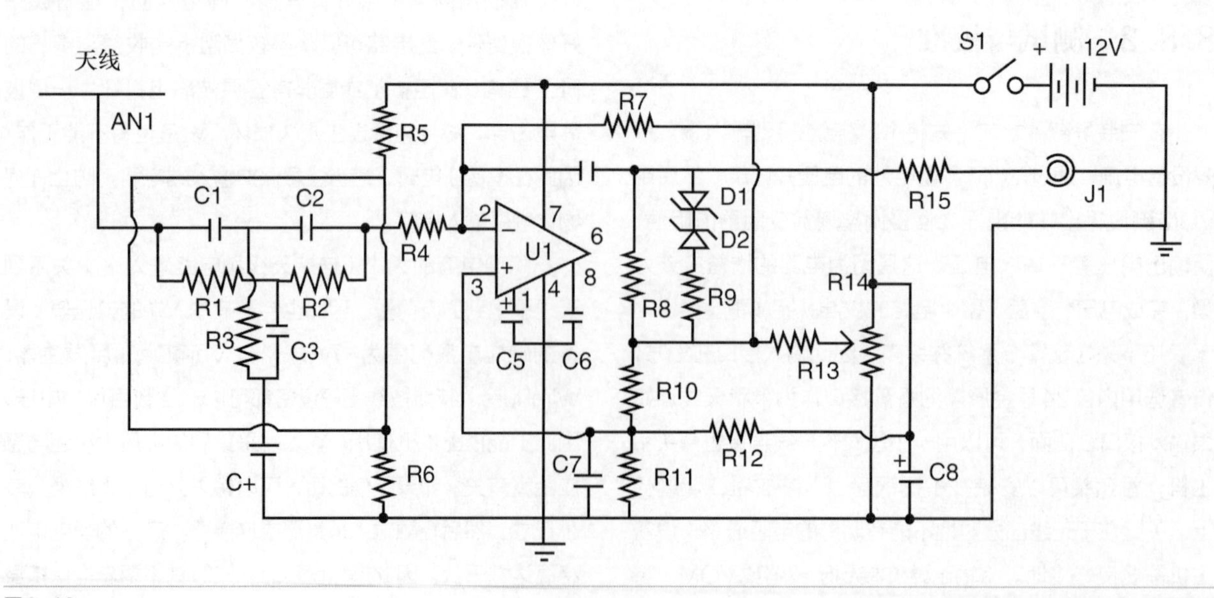

图8-16

子中（金属盘的中央有直径与管外壁相似的小孔），然后在金属盘的另一侧粘贴第二个垫片。将两个垫片压紧，使金属盘的位置完全固定。接下来在管子内穿进一根绝缘线。将两片直径略大于金属盘的塑料纸，并将其贴在金属盘上，使金属盘表面呈绝缘态。其中下层塑料纸上需要额外钻一个小孔，用来引出导线（如果严格按照要求操作，也可以省去绝缘工作）。PVC管的另外一端用类似的方法固定在金属外壳上。读者可以选用中间带有小孔的普通金属电源盒作为金属外壳。这种外壳内带有固定夹，可以用来固定电路板，其内部空间也足够用来安装放大器。另外外壳的底部需要加装盖子。

8.9.1 构造

云电荷监测电路样机搭建在带有“死虫”技术的覆铜板上。名称死虫来源于运放芯片的反向安装方式，运放芯片的引脚从下往上穿过电路板，就像一只死虫子。焊接时，将运放的引脚4弯折并直接焊在电路板的地铜皮上。其他引脚采用悬空的方式焊接，也可以将电路板上的铜皮挖掉一部分，用来固定其他元件。应当注意选用合适的工具尺寸挖空铜皮。如果电路板为双面覆铜板，可以用焊接的方式将器件固定在电路板上，否则可以用胶水将器件粘在电路板上。注意检查覆铜板的铜皮边缘，剔除毛刺，防止引线与地之间短路。

其他焊接方式也可以采用，但是要保证电路中几个关键点的焊接。R6、R7和引脚2必须以悬空的方式焊接在一起，而且不能触碰到其他任何物体。芯片的基座必须保持干净，不能有残留的助焊剂。必要时可以用酒精或稀释剂来清洗电路板。（将芯片反向放置时，目检更为方便了！）输入滤波器单独焊接在一块子电路板上，子电路板安装在主板上，子电路板的铜皮电压为6V。R4和R5直接连接到铜皮上，电路中以虚线表示。采用这种方法的优势是可以减少输入端到地的泄露电流。如果输入端使用了特氟龙绝缘端子，那么就不需要在电路板上考虑绝缘问题了。另外，最好将电路板的地直接连接到外壳上，并且对信号线和电源线做应力释放处理。

电路的输出端可以接很多读取设备，例如接5.6kΩ和1mA电流表。当输入端没有检测到电荷时，输出电压约为6V。R14的作用是调整因泄露导致的信号偏移。R14的位置也可以移动到表头和电源一侧。但是R13必须安装在外壳里。要记住此电路的校零时间非常非常长，对电路进行的任何调整都要等待几分钟稳定时间才能生效。

R7可以为单电阻或若干串联起来的小阻值电阻。R7的作用是为电路提供自动校零（输出6V电压）功能，免去频繁的手工调整。自动校零的速率由电阻R7、积分电容CS、天线等效电容共同决定。由于自举电路R8和R10的影响，R7的有效值大于220MΩ。当R10增加时，自举电路的效果会提高，反馈电阻变大。除非实验人员非常有经验，否则作者建议R10的值不要低于10kΩ。反馈电阻越大，电路的自校零时间常数越大。通过增加电容C5的值也可以提高电路的自校零时间，但却有降低灵敏度的副作用。降低C5可以提高电路的检测灵敏度，本例中的C5大小已经足够检测各种雷暴天气了。

自举电路会导致运放的偏移和漂移指标恶化，但本例中采用的斩波稳定芯片ICL7650具有几乎零偏移的特性。也可以使用其他过载恢复性能更好的CMOS运放芯片。如果读者手头有超高阻值的电阻，可以将R10的阻值继续增大，甚至和二极管一起直接移除，使电路对运放漂移的敏感度进一步降低，并且提高过载恢复性能。有兴趣的读者可以尝试CA3160或同系列最新型运放。

初学者很难正确使用时间常数高达几分钟并且阻抗极高的电路，但是可以从中学到很多经验。为了将过载后的电路恢复到0状态，可以用一只手指头触碰地信号或者+12V信号（取决于电路的恢复方向），用另一只手拿着10MΩ电阻触碰芯片的引脚2。若想测试电路是否正常工作，可以用CD或其他塑料片摩擦头发，然后将其放在天线附近。这时表头将会上下摆动，然后慢慢恢复到中间位置。整个电路使用12V电池供电。

作者鼓励大家进行天线实验，但是要注意做好避雷措施。可以将设备放在大窗户旁边，或者悬挂在天花板下，以避免被雨水淋湿。也可以使用铝箔作为天线，将其粘贴在干净的玻璃窗上。铝箔的边缘应当与窗框保持几英尺以上的距离，以防止静电泄漏。一般屋子的顶部绝缘性能都不好，因此很难将天线直接安装在这种阁楼上，但是楼顶如果有塑料或玻璃温室或者阳光房，也可以将天线安装在里面。熟悉防雷工作的读者可以在天线外面搭建一层有机玻璃伞，但是要保证在阴雨天时，天线周围的对地阻抗不能显著增加。图8-17是一个安装在小型三脚架上的云电荷检测器照片，设备外面有一层有机玻璃保护壳。

8.9.2 云电荷监测器器件清单

元器件

R1、R2、R4、R8 10MΩ，1/4W 电阻
R3 5MΩ，1/4W 电阻
R5、R6、R11、R12 100kΩ，1/4W 电阻
R7 220MΩ，1/4W 电阻
R9、R13 1MΩ，1/4W 电阻
R10 47kΩ，1/4W电阻
R14 100kΩ 变阻器
R15 470Ω，1/4W 电阻
C1、C2 250 pF，35V 薄膜电容
C3 500 pF，35V 薄膜电容
C4 10 nF，35V 薄膜电容
C5、C6 220 nF，35V 薄膜电容
C7 100 nF，35V 薄膜电容
C8 10 μF，35V 电解电容
D1、D2 1N750齐纳二极管
U1 ICL7650斩波稳压芯片（或CA3160）
AN-1盘状天线
J1 RCA耳机插头
S1 SPST拨动开关
B1 12V 野营电池
杂项 PCB、芯片插座、导线、接线端子、隔板，等等。

图8-17 安装在三脚架上的云电荷监测器

8.10 电场扰动监测器

利用电场扰动监测器项目，读者可以学到如何组建一个可以监测周边电压波动的设备，当周围有导体移动时，空气中会产生电压波动。利用电压幅度和频率的变化趋势，也可以判断物体种类。举例来说，卡车等大型移动物体将会导致大幅度的低频电压波动，而小型物体产生的电压波动频率则较高。人体移动时产生的电压频率跟手脚移动的频率有关，因此检测到的频率是不断变化的。

与其他专用设备不同，此设备几乎可以用来检测任何移动的物体。例如，在完备的信号分析处理能力的支撑下，电场扰动监测器不但能检测到人的移动，还能判断出到底是哪个人在移动。本项目的目标是让读者借助电场扰动监测器学习到自然界电场的研究分析方法。

作者希望本例可以激发大家的兴趣，让越来越多的人参与到电的研究中来。在介绍具体电路之前，让我们先梳理一下基本知识——地球电场的梯度。Richard Feynman曾在他的著作Lectures on Physics中提出了，当人在地球上走动时，将在周围产生100V/m的电压变动，即周围空气中的垂直电场梯度为100V/m。

通俗来说，假设有一个非常灵敏的电压表，可以测量空气的电压。将电压表的负极探针插在泥土里，将正极探针固定在离地面1m高的位置，那么电压表上的示数将是100V。如果将正极探针的高度提高到2m，那么电压表上的示数将为200V。当高度变化时电压表的示数与高度成正比变化。当高度升高到大气层顶端的150 000英尺（46 000m）时，理论上应该可以测到4百万伏的电压值。

自然界的100V/m电场梯度无处不在，甚至可以穿越各种建筑。读者可能有疑虑：如果空气中真的有这么高的电场梯度，那么为什么身高2m的人不会被从头到脚的200V电压击伤呢？这是由于空气是非常差的电导体，不能产生足够高的电流。而且因为人体中的大部分物质都是可以导电的盐水，因此当人体在电场中移动时，可以引起电场的扭曲，降低身体范围内的电势差。

为了演示这个效应，首先想象用电压表测量高度2m处的电压值。电压表的示数应该为200V。接下来导电的人体走到电压表探针处，这时电压表两个探针之间的大部分区域都被人体短路，电压表的示数将降到的接近0V。当人体从检测区域内走开时，电压表将恢复200V示数。在人体移动的时候，由于手和脚间歇着进入测量区域，因此会在测量区域产生高频电压扰动。仪器正是根据这个电压扰动的特征来判断人体出现的。

图8-18和图8-19是两种电场扰动监测器的照片。它们采用安装在金属外壳顶端的可伸缩鞭状天线来检测电场变化。通过提高或降低天线的长度，可以起到调整检测灵敏度的作用。本例采用现成的金属盒子作为监测器的外壳。电路由标准9V电池供电。3个LED指示灯用来指示电路的工作状态。其中一个指示灯表示检测到正电场，另外一个表示检测到负电场，第三个为电源指示灯。如果第3个灯熄灭，表示电池点亮不足。报警灵敏度转盘可以用来设置报警功能对应的最低电压扰动等级。电路中的压电蜂鸣器起报警作用。用户可以控制开关来关闭报警功能。监测器背面有输出接口，用来连接远程报警设备（可选）。另外设备上还预留了一个数据输出接口，可以将电压扰动的数据远程传输给记录设备。另外设备上还有一个接地信号口。通过接地信号口将设备接到大地，可以提高检测灵敏度。

8.10.1 电路结构

包括人体在内的大部分移动物体都会在空气周围产生0.1 ~ 15Hz的电场扰动。然而当在室内使用电场扰动监测器时，扰动信号会与电力线产生的50Hz工频信号混杂在一起。有时扰动信号的强度甚至不到工频电场信号的千分之一。因此监测器中的很大一部分电路功能是滤除工频信号干扰。如果监测器主要用在室外，那么就可以降低一部分50Hz滤波电路的负荷。

整个监测器电路可以分为若干部分。其中前端电路是整个电路的核心。有很多久经考验的前端电路方案可供选择。本例采用的方案具有结构简单，效率较高的特点。电路中的运放U1工作在互阻放大器模式。电路的输入阻抗极高，而输出阻抗较低。当监测器周围有物体移动时，可伸缩鞭状天线将会采集到微弱的信号，此信号将被输入到放大器电路中。放大器的直流反馈回路由1GΩ反馈电阻组成，而在R2旁并联电容C1的作用是降低电路的高频增益。如果没有C1，那么放大器的输出信号里将充斥着各种50Hz电力线信号。天线和放大器中间的100kΩ电阻R1起保护作用，防止天线感应到异常高压，导致放大器损坏。当反馈电阻阻值为1GΩ时，监测器可以较好地采集人体移动信号。当反馈电阻增大到100GΩ时，监测器的频率响范围将会急剧缩减。当反馈电阻阻值较高

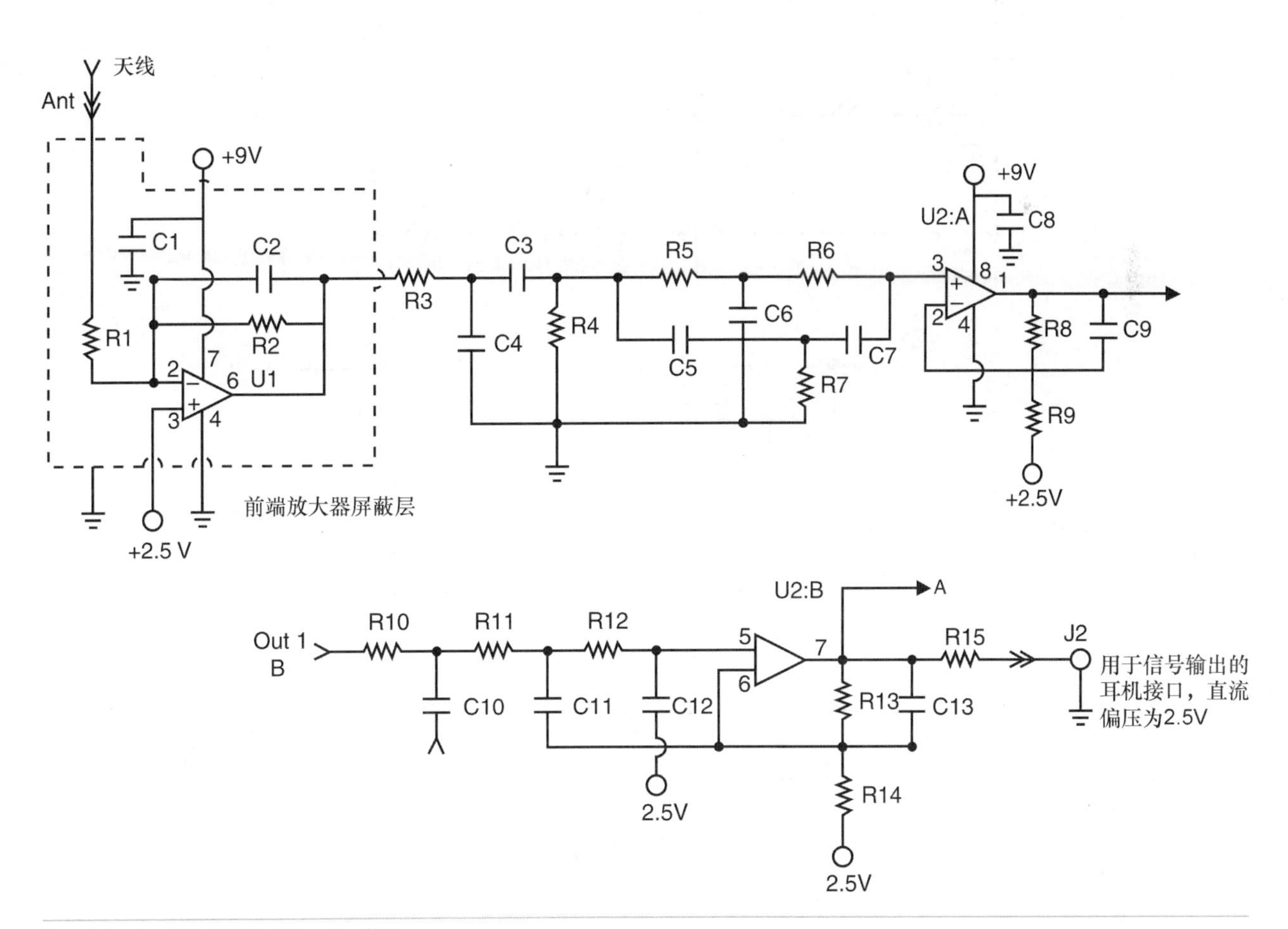

图8-18 电场扰动监测器电路，第一部分

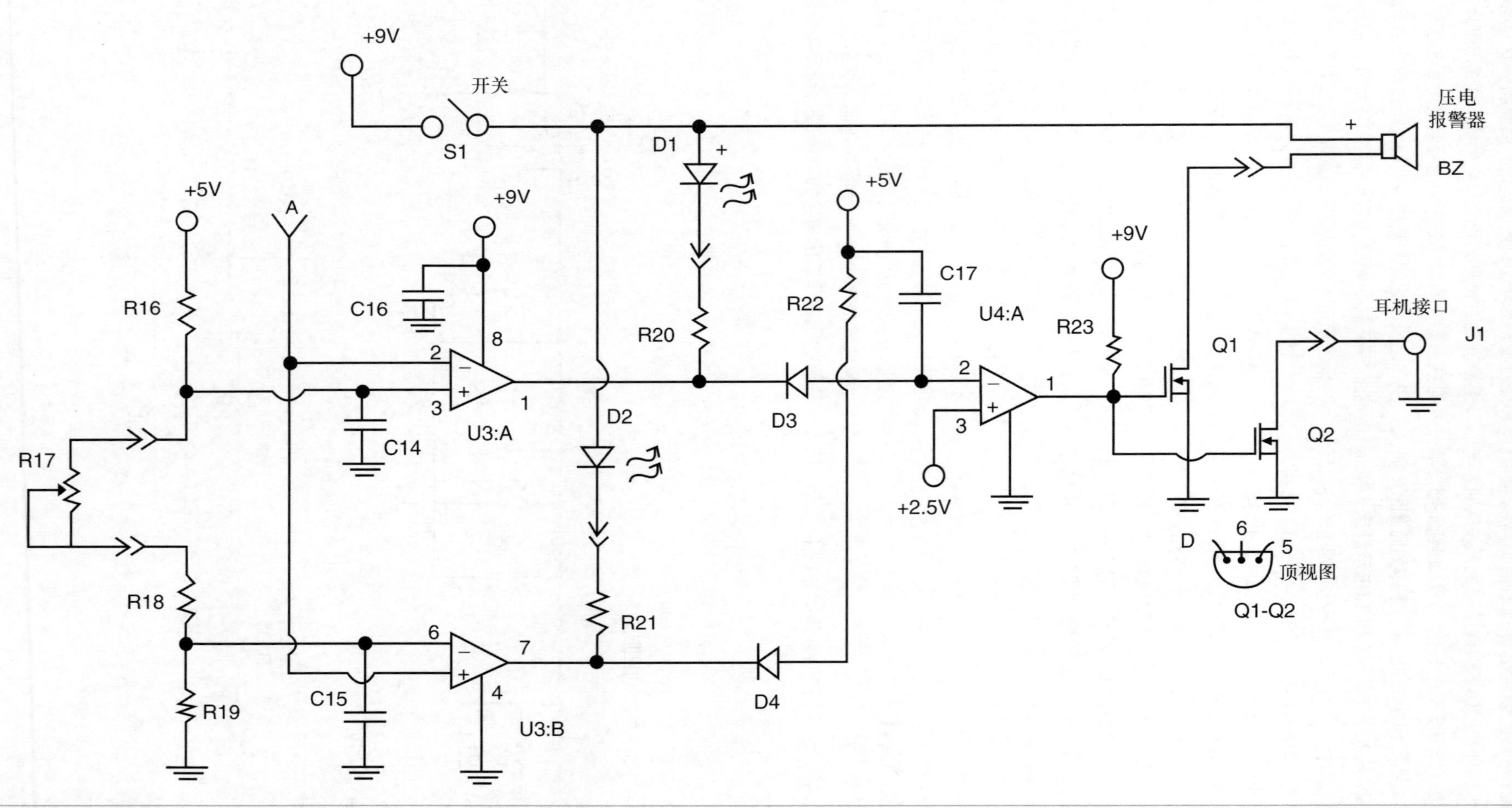

图8-19 电场扰动监测电路，第二部分

时，监测器更适合用来监听雷电天气导致的电压波动，如果想测量高频电压波动，可以将反馈电阻降低到1GΩ以下。

进入前端电路的信号中一般会混有大量的工频噪声。即便是在远离供电线缆的室外工作环境，天线依然会耦合到一些工频噪声。前端电路后面的无源滤波器电路由三部分组成：（1）一个用来滤除高频信号的低通滤波器；（2）一个用来滤除前端电路直流偏移的高通滤波器；（3）50Hz陷波滤波器电路。如电路图所示，陷波电路的中心频点选在了55Hz。这是为了兼顾全球范围内的50Hz和60Hz工频频点。陷波电路对工频噪声的衰减系数为1/50（-34dB）。

陷波电路的输出连接到第一个缓冲级的运放（U2：A）正向输入端。运放的放大倍数为6，同时可以滤除一部分高频信号。

第一个缓冲级的输出信号接到三极有源低通滤波器和第二级缓冲运放中。第二级缓冲级放大器（A2：B）的放大倍数也是6，同时可以滤除一部分残留的高频信号。两级放大器的共同增益为36（+31dB）。注意三个运放电路的偏置电压都为2.5V。因此信号的基准电压也应该是2.5V。

第二个缓冲级的输出信号接到监测器背面的耳机接口上。利用屏蔽线缆，输出信号可以导入到条形图记录仪或者电脑数字记录仪上。辅以数字处理技术，电脑可以从监测器采集到的信号中分析出很多有用的信息。如前文所说，通过仔细对比每个人走路时四肢对应的特征信号，监测器甚至可以分辨出谁在走动。同理也可以用监测器来监测特定昆虫和动物的移动。

有些实验人员想要知道信号是否超出某个门限。这可以通过启动报警功能来实现。从信号处理电路输出的信号连接到两个比较器上（U3：A和U3：B）。这两个比较器的作用是判断当前信号是否达到报警阈值。比较器U3：A负责高于2.5V的阈值检测，而U3：B则负责低于2.5V的阈值检测。当信号波动超出上阈值时，第一个比较器进入触发状态，当信号波动超出下阈值时，第二个比较器进入触发状态。可变电阻R17的作用是同时设置两个比较器的阈值，使用户通过一个旋钮就可以轻松调整阈值。利用旋钮，用户可以实现从±0.05V到±1.5V之间的报警阈值设定。通过观察连接两个比较器的LED灯，可以获取报警信息类型。两个LED都安装在外壳的前金属面板上。二极管D3和D4的作用是将两个比较器的输出信号加在一起，利用另外一个比较器U4：A，驱动三极管Q1和Q2。三极管Q1和Q2可以驱动监测器或外部报警器上的压电报警器。外部报警器可以通过屏蔽线缆连接到机器后面的报警接口。外部报警接口可以用来驱动远程报警器，或者远程控制继电器的状态。如果需要的话，用户可以通过报警选择开关来关闭监测器自带的蜂鸣报警器。当选择开关处在关闭状态时，电路中9V电源和蜂鸣器、LED之间的回路将被切断。这时整个电路的工作电流将变小，系统的待机时间将大大延长。

如图8-20所示，为了从9V电池电源里产生两路电压，电路中使用了两个稳压器，其中稳压器U5的作用是产生5V电压，而U6的作用是产生2.5V电压。2.5V电压用作放大器和信号处理电路的参考电压。由于两路电压的负荷都不大，因此电路中选用了低功耗稳压器。

另外一个电压比较器U4：B起电池电压监测功能。当电池电压低于6.8V时，电源指示灯将会变亮，提示用户及时更换电池。

8.10.2 电路组装

本例采用金属盒子作为整机的外壳。可伸缩鞭状天线可以有效的收集周围的电场变化。通过拉伸或者缩短天线的长度，监测器的灵敏度也将随之变化。鞭状天线和主机之间用香蕉头连接。金属外壳相当于整个电路的屏蔽罩，同时还相当于为电路引入了一个大的接地电容。如前文所说，金属壳和鞭状天线相当于电场待测区域的两个测量点。

本例选用侧面为两个U型的金属盒作为外壳。所有面板安全元件都安装在上方。电路板反向安装在外壳里，并利用4个1英寸长的金属支架固定在上面板上。

前端放大器电路有专门的屏蔽罩保护，屏蔽罩通过焊接的方式与电路板上的地网络相连。读者可以选择镀锡钢板作为屏蔽罩的材料。屏蔽罩可以保护敏感的前端电路不受外部噪声影响。屏蔽罩的高度约为1英寸，安装完毕后几乎与金属外壳接触在一起。其安装位置应当覆盖天线香蕉接头的区域。香蕉接头与前端电路板可以用飞线的方式连接。

信号输出接口和地接口应当安装在外壳的背面。9V电池盒安装在外壳的内部。虽然更换电池比较麻烦，但是好在一节电池可以维持几天的工作时间。三个LED灯、压电蜂鸣器、报警等级控制旋钮、两个开关都安装在前面板上。报警LED、蜂鸣器、安装在外壳后面板上的信号插头等器件都通过屏蔽线缆与主电路板连接。组装完毕后

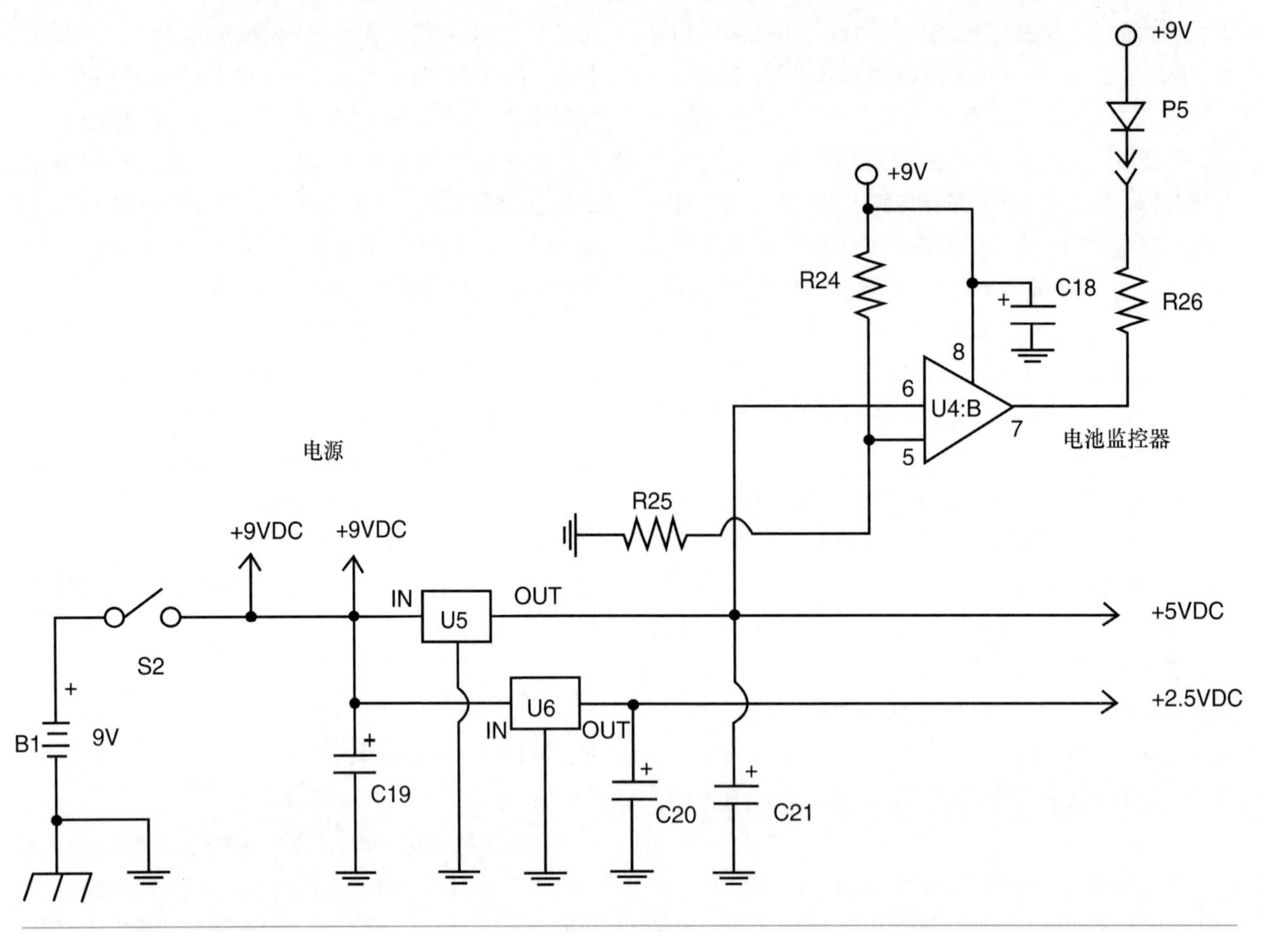

图8-20 电场扰动监测器电源电路

的静电干扰监测仪与便携式收音机非常相像，它和收音机一样，顶端都有一根大的伸缩天线。如果在外壳的底部粘贴几个1/4-20型螺母，那么就可以将整个设备架设在摄像用三脚架上了。

8.10.3 操作

搭配金属三脚架使用时，静电扰动监测器的使用效果最好，如果用塑料或木制三脚架固定监测器，那么要额外使用一根接地线，将金属外壳与大地相连。可以将接地线缠绕在废旧螺丝刀上，并将螺丝刀插在泥土里，以实现接地效果。如果仪器在室内使用，那么可以将接地线缠绕在水管或三头电源插座的地线上。静电扰动监测器在不接地时也能工作，但是监测灵敏度会大打折扣，尤其是在某些信号较弱的场合。

相比潮湿的环境，静电扰动监测器在干燥的环境下测量效果更好，因为潮湿空气的电导率会升高，人体走动时产生的电场扰动幅度会因此减小。由于监测器可以工作在低至0.2Hz的频率下，因此当设备上电时，蜂鸣器可能会鸣叫数秒。同样的道理，当监测器检测到较大的电场扰动时，前端电路可能会进入饱和状态，导致电场恢复正常后，蜂鸣器依然会鸣叫几秒钟。

用户可以利用标准耳机接口将监测器收集到的电场扰动信号传输到数据记录设备。在使用信号输出接口时，应该选用屏蔽音频线缆来传输数据。由于输出信号的中间电压为2.5V，因此信号会在2.5V上下波动，这种形式的信号可供大多数数据记录系统直接使用。

在完成电路组装后，先确保电源开关在关闭状态，然后将一节新的9V电池安装在电池盒中。将鞭状天线的长度调整为24英寸的中间值。将监测器放置在木质桌子或者木架上。将灵敏度调整旋钮转到中间值，然后后退几步，与仪器保持6英尺的距离。尽量保持不动，这时仪器中的蜂鸣器将会鸣叫几秒钟。当蜂鸣器安静下来后，尝试移动一只脚，触发蜂鸣器再次鸣叫，并观察两个报警LED灯的状态。慢慢在监测器的周围走动，观察两个报警灯轮换熄灭和点亮的规律。找出灯和脚步的对应关系。

8.10.4 电子扰动监测器器件清单

元器件

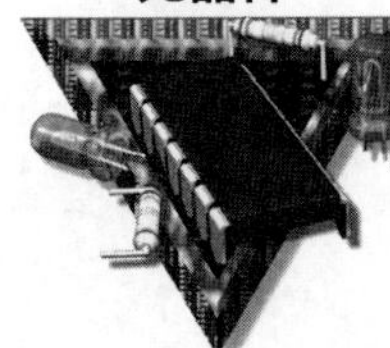

R1 100kΩ，1/4W 电阻
R2 1Ω，1/4W 电阻
R3 10kΩ，1/4W 电阻
R4 22MΩ，1/4W 电阻
R5、R6、R11、R12 620kΩ，1/4W 电阻
R7 300kΩ，1/4W 电阻
R8、R13 56kΩ，1/4W 电阻
R9、R14 10kΩ，1/4W 电阻
R10、R18 22kΩ，1/4W 电阻
R15 470Ω，1/4W 电阻
R16、R25 1MΩ，1/4W 电阻
R17、R19、R23 1MΩ 变阻器
R20、R21、R26 4.7kΩ，1/4W 电阻
R22 4.7MΩ，1/4W 电阻
R24 360kΩ，1/4W 电阻
C1、C8、C9、C10、C13 0.1 μF，35V 碟片电容
C14、C15、C16、C18 0.1μF，35V 碟片电容
C2 22 pF，35V 薄膜电容
C3、C4 0.47 μF，35V 薄膜电容
C5、C7 0.0047 μF，35V 薄膜电容
C6、C12 0.01 μF，35V 碟片电容
C11 0.022 μF，35V 碟片电容
C17 0.22 μF，35V 碟片电容
C19 47 μF，35V 电解电容
C20、C21 10 μF，35V 电解电容
D1、D2 红光LED
D2、D3 1N4148硅二极管
Q1、Q2 BS170三极管
U1 LP661集成电路
U2 LP662集成电路
U3、U4 LMC6762集成电路
U5 ZMR500C（Zetec）
U6 ZMR250C（Zetec）
BZ 压电蜂鸣器
S1 SPST拨动开关
J1、J2 RCA耳机插头
B1 9V 晶体管收音机电池
ANT 通信用鞭状天线
杂项 PCB、芯片插座、导线、焊料、外壳、电池夹。

第九章

无线电项目

Chapter 9

电磁能量分布在很宽的频率范围内。本章讨论的目标是自然界的一切射频能量，包括由闪电产生的自然射频能量和由人造通信设备、娱乐设施、雷达产生的人造射频能量。射频范围涵盖了从收音机无线电（10 ~ 25kHz）到高频军用无线电频谱（1000 ~ 1500MHz）之间的电磁波。事实上，高至300GHz、低至可见光频率的电磁波也属于射频信号。

本章将和读者一起制作各种无线电接收机。本章的第一个项目是闪电检测器，它可以用来预测暴风雨——非常适合气象爱好者使用。第二个项目是ELF自然音收音机，读者可以利用它来侦听自然界的各种奇妙声音，例如吱吱声、爆裂声、口哨声和黎明鸟叫声等。这些不同频率的声音甚至可能是由地球另一端的电磁风暴产生的。读者也可以自制段波收音机，利用它来收听地球另一面的外国信号，例如收听欧洲和非洲电台的各种节目。本章的第一个进阶项目是木星射电接收器，利用此设备可以侦听到来自木星风暴的声音。业余无线电爱好者可以通过制作射频接收器来踏入天文无线电领域。

9.1 无线电的历史

电能最有用的功能之一就是可以在空中产生肉眼不可见的无线电波。根据Hans Oersted在偶然间获取到的电磁波研究结果，电和磁是互相依存、密不可分的两种能量场。当导体中通过电流时，与导向垂直的方向上就会出现磁场。相反，如果与导线垂直的方向有变化的磁场时，导线中将感应出电压。

Princeton大学的教授Joseph Henry，英国物理学家Michael Faraday，分别在19世纪早期进行了电磁波方面的探索。他们都观察到了同一个现象：流过电流的导线可以在周围很远的导线中感应出电流。这种现象被人们称为电磁感应，或简称感应，即带电的导线可以在周围不带电的导线上感应出电流。这时科学家们才意识到电场和磁场总是在正交方向上互相影响。然而这种简单的垂直现象其实是一个巨大的发现，甚至可以说是近代科学界的一个里程碑式的发现。

最终从概念上推动电磁学革命的是苏格兰科学界James Cherk Maxwell（1831 ~ 1879），他仅用4个普通的公式就将电学和磁学的研究统一了起来。从本质上说，他揭示的是电场和磁场之间互相依存、密不可分的关系，即便是没有导电介质，这种关系也依然存在。Maxwell的理论可以通过正式的语言这样描述：变化的电场可以在正交的方向产生磁场，变化的磁场也可以在正交方向上产生电场。此过程可以在真空中进行，变化的电磁场可以以光速在真空中传播。人们将动态变化并可以向前传播的电场和磁场共称为电磁波。

在1886年到1888年这段时间内，德国物理学家Heinrich Hertz证明了Maxwell的理论，为了纪念他，人们将周期每秒的频率单位命名为Hertz。到了1892年，法国物理学家Edouard Brandly发明了一种可以接收无线电波的设备（即现在的无线电接收器），并且成功地用它来实现门铃的远程控制。在那时，关于无线电的所有研究还都是由物理学家完成的。

到了1895年，现代无线电之父，意大利人Guglielmo Marconi总结了前人的研究成果，并发明出了无线电报。当时整个欧洲还在使用有线电话。

9.1.1 无线电的种类

自然界的很多辐射能量都可以归为电磁波。甚至光也属于电磁波的一种，此外电磁波还包括短波、X射线，伽马射线等。不同电磁波间的唯一区别特征是振荡频率（电场与磁场交替的频率）。仅借助交流电源和天线就可以对外发射电磁波了（但发射频率远低于光波频率）。

当导线（天线）中存在高频电磁能时，导线的周围将会感应出高频电磁场，电磁场会以光速向四周传播（约为3×10^8m/s）。

在无线电广播领域，辐射天线的作用是将时变电流转换成电磁波，进而让电磁波在绝缘介质中向外传播，例如空气和真空。天线仅仅是能将电流转换成电磁波的设备。图9-1是电磁波的组成结构。

当连接到射频信号源时（例如无线电发射机），天线的作用是将交流电压和电流信号转换为电磁波能量。当搭配接收机使用时，天线又可以将电磁波能量转换回交流电流和电压信号。这时天线起接收器的作用。

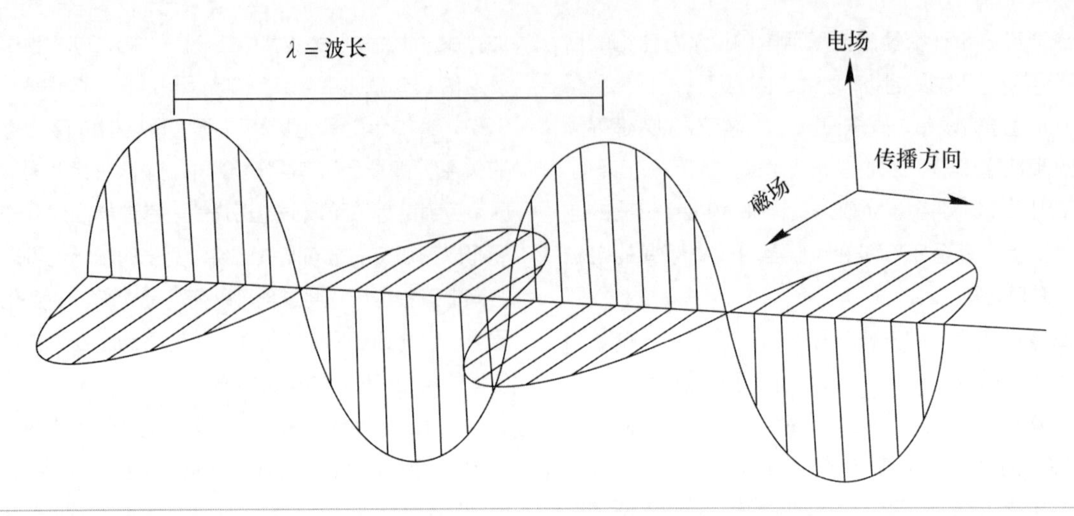

图9-1 电磁波中的电场和磁场

9.1.2 射频频谱

通信设施、娱乐设施、雷达、电视等人造设备都会产生射频能量。射频（RF）能量涵盖收音机频段（10 ~ 25kHz），大功率海军电台及核潜艇所用频段，人们熟悉的AM光波频段（550 ~ 1600kHz），可以被电离层和地表反射的短波频段（2000 ~ 30 000kHz）。另外还包括用来传输电视信号的极高频频段（54 ~ 216MHz）和FM光波频段（88 ~ 108MHz）。比FM频段更高的是飞行频段，UHF电视频段和雷达频段（1000 ~ 1500MHz）。最后一直延伸到300GHz。射频频谱的最低端接近可见光频段和红外线频段。表9-1是无线电频段的分类。图9-2是无线电频谱表。

表9-1 无线电频段

频率	频段名称
3 ~ 30kHz	超低频（VLF）
30 ~ 300kHz	长波（LW）
300 ~ 3 000kHz	中波（MW）
3 ~ 30MHz	短波（SW）或高频（HF）
30 ~ 300MHz	甚高频（VHF）
300 ~ 3 000MHz	特高频（UHF）
3 ~ 30GHz	超高频（SHF）
30 ~ 300GHz	微博
300 ~ 3 000GHz	红外、可见光、紫外线、X射线、伽马射线

本章将向读者介绍检测闪电磁场的方法。利用极低频（VLF）无线电接收机可以检测自然界的低频无线电波，例如口哨声或者清晨时的鸟叫声等。短波收音机可以为大家带来全球范围内DX电台的新闻。有科研背景的读者也可以制作专门用于侦听木星无线电波的接收器。

9.2 侦听闪电

在极端雷电天气下，空中经常会产生密集的电磁风暴，这些电磁波的传播范围可以覆盖整个地球。几乎每个时间点，地球上都至少有一个地方正在发生雷雨天气。很多人都非常关注天气的情况，例如背包客、航海家、户外烧烤人员。现在我们可以动手制作自己的闪电检测器，预测即将到来的雷电天气。本章的闪电检测器可以检测50英里以外的雷电风暴事件，给用户足够的时间做防雷防雨工作。

很多人可能会疑惑：在闪电发生时，大地本身带电吗？带正电还是负电呢？当闪电发声时，云层相当于一个巨大的电容。较上层的乌云一般带正电荷，而下层的乌云一般带负电荷。与其他电容一样，上下两片云层之间将产生电势差梯度。电场的强度与云层中积累的电荷成正比。电荷由水滴之间摩擦产生。

当越来越多的水滴相互碰撞，上下云层内的电荷越积越多时，电场到达最大值——地表上的电子被底层云层的负电荷排斥到地面以下。这时地表积累了较强的正电荷。

强电场同时使云层附近的空气出现电离（变成等离子体）。在某一瞬间（当电场梯度高达数万伏每英寸），电离的空气变成了导体。这时大地和云层之间的空气将被击

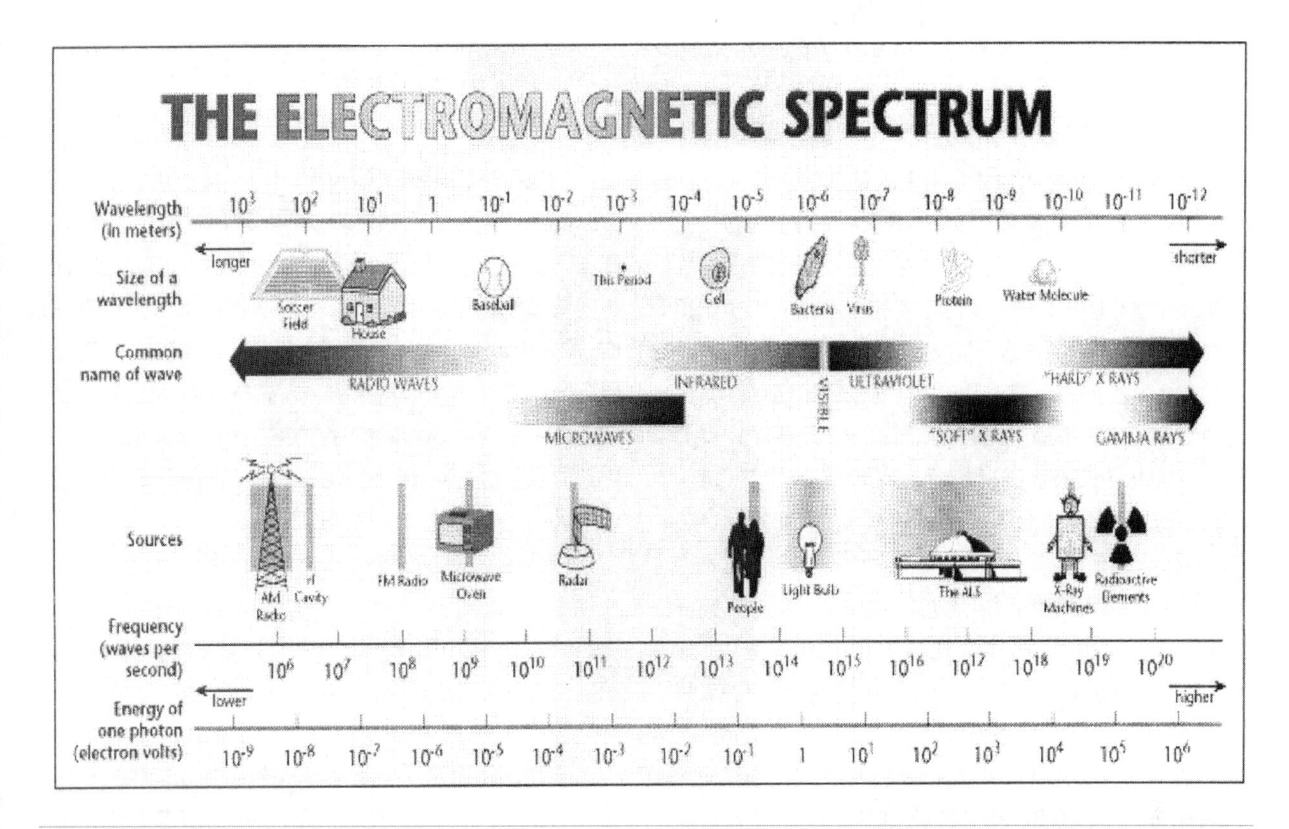

图9-2　频谱分布图

穿，空中出现一条阻抗最短的电流通道。一旦通道建立，云层和大地之间的电容将会迅速放电，在空中产生明亮的闪电。

由于闪电中的电流巨大，因此会产生大量的热（事实上闪电的温度甚至要超过太阳表面的温度。）闪电发生时，周围的空气会瞬间加热至爆炸。爆炸产生的声音就是我们听到的雷声。

云层-地面之间的闪电并不是唯一一种类型的闪电，此外还有地面-云层闪电（通常在高层建筑顶端发生）。人们将这些闪电分为常规闪电、片状闪电、热闪电、球状闪电、红色精灵闪电、蓝色喷气闪电等。关于闪电更详细的内容可以参阅以下网站：

http://science.howstuffworks.com/lightning.htm

www.lightningstorm.com/tux/jsp/gpg/lex1/mapdisplay_free.jsp

人们通常用卫星来追踪全球范围内的闪电事件，并且帮助欠发达地区进行位置定位。相关的传感器类型有两种：磁测向仪和VHF干涉测量仪。由全球气象公司负责维护的国家闪电检测网络（NLDN）组织就包含超过130个磁测向仪，这些测向仪涵盖了整个美国——比现有的气象雷达网络覆盖范围大了一倍。每个磁测向仪都可以测量长达250英里内的闪电现象，并且根据三角定位法定位其具体位置。处理后的位置信息将发送到网络控制中心，并最终汇集在全美闪电地图上。

最近，美国国家航空航天局（NASA）通过增加了声学定位的方法大大提高了闪电定位精度。虽然闪电和雷鸣是同时发生的，但是闪电的传播速度是186 000英里每秒，而声音的传播速度仅为1/5英里每秒，因此闪电（如果没有被乌云遮盖的话）会比雷声先到达远处的观测地点。通过计算闪电和雷鸣之间的时间差，并且将其除以五，就可以得到闪电与观测地点之间的距离了（以英里为单位）。

NASA的闪电传感器使用低频接收器来检测闪电。当闪电的第一个电场脉冲到达传感器时，传感器中的计时器开始工作，当雷电的第一个声波脉冲到达传感器时，传感器停止计时。每个接收器内部都有一个微控制器，可以将检测到时间差传送到处理站，处理站会将时间转换成检测点与闪电发生点的距离，检测精度高达12英寸。NASA传感器的唯一缺点是最大检测距离只有30英里。

9.3　闪电检测器

闪电会带来频谱极宽的VLF无线电波。通过自制的

VLF无线电接收器可以间接监测闪电的发生。闪电接收器电路如图9-3所示。接收器的接收频率为300kHz左右。此频点上的人为无线电波较少。接收器通过天线和10毫亨（mH）电感来采集闪电产生的咔嚓声。天线和电感等效于一个小电容和电感的串联组合。等效电容和电感的值分别为680pF和330μH，它们的谐振频率刚好是300kHz，0.01μF电容起耦合电容的作用，将谐振电路采集到的电磁波耦合到第一个三极管放大器中。

放大后的无线电信号从Q1的集电极输出，并通过C3耦合到Q2的基极。电路的增益由变阻器R5控制。Q3的集电极由二极管D2和电阻R7耦合到三极管Q4的基极，形成电表驱动电路，Q4的输出端接入平均表计电路，表计电路产生稳定的、与闪电活动有关的电压信号。

表计电路可以对外输出直流电压信号，其输出的信号可以用于驱动比较器电路，进而实现对大电流负载的控制，例如报警器或者电机。注意电路外部的大电流负载采用单独的电源供电，图中的电路负载是蜂鸣器，读者也可以根据需求换成其他大电流负载设备。标记电路通过输入电阻驱动比较器。10Ω电阻R11用来驱动LM339比较器的引脚5。运放的负极输入引脚4处为3V偏压，通过变阻器R13可以调整偏压的大小。比较器的输出引脚2用来驱动VMOS n沟道功率晶体管Q5。

9.3.1 电路构建

闪电检测器电路样机焊接在4英寸×6英寸的玻璃环氧树脂电路板上，读者也可以将其焊接在面包板上。由于工作频率只有300kHz，因此电路的器件布局和走线比较简单。在焊接光检测器时，应该仔细确认电解电容的方向，防止焊反，另外还要注意二极管和晶体管的方向。光检测器电路内只有一个芯片U1。在安装芯片之前，应当在电路中焊接与之对应的芯片插座。大部分芯片表面都有小缺口或小圆圈等方向性记号。记号左侧一般是引脚1的方向。

闪电检测器样机由两节C型电池供电。如上文所述，如果要驱动大电流负载，应当给大电流负载单独配第二路电源。假设需要在比较器电路的输出端搭配6V负载或蜂鸣器，那么应该单独用C型电池搭建第二路6V负载专用电源。

电路可能需要搭配两个不同的电池盒，其中一个为主板电源，另外一个为负载电源。只有主板电源可以用两节C型电池盒组成，负载电源则根据负载的电压大小来决定，例如6V负载应该对应4节电池。在焊接好整个电路板后，应仔细目检，排除各种焊接错误。

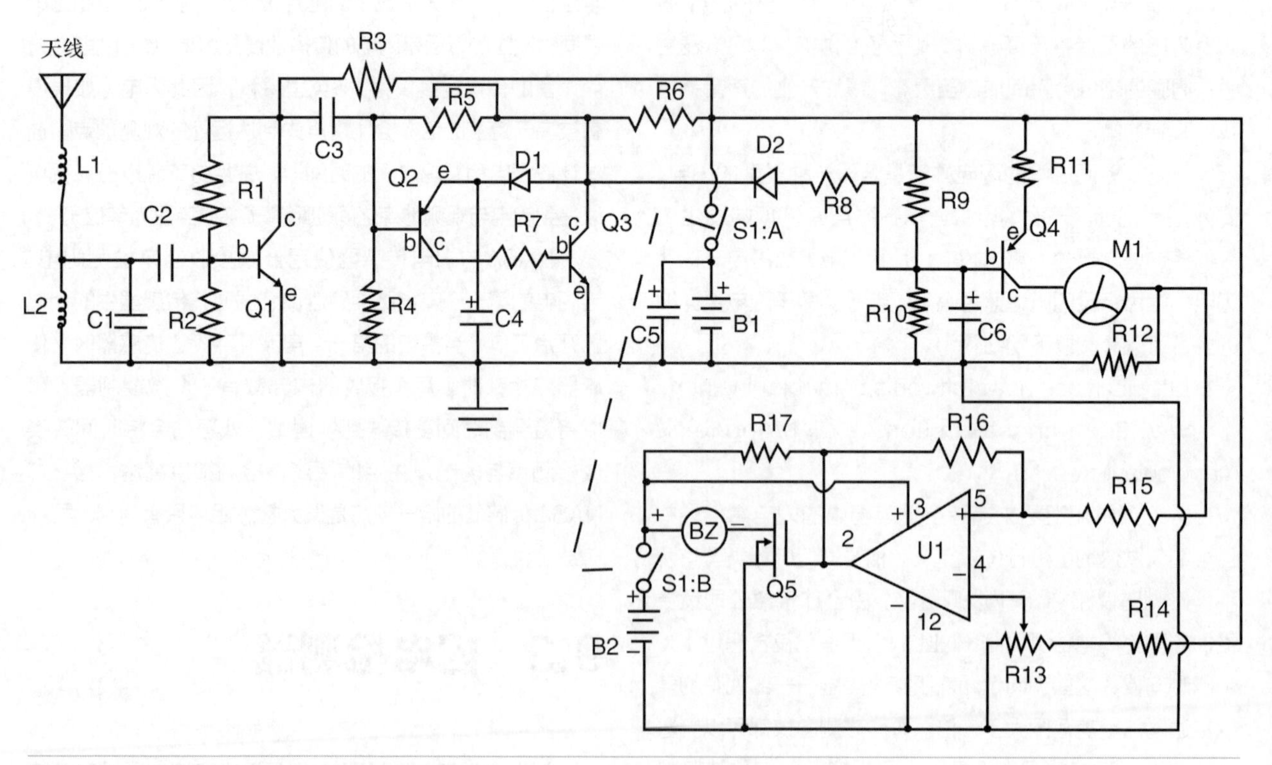

图9-3 闪电检测电路（图片来自Charles Wenzel）

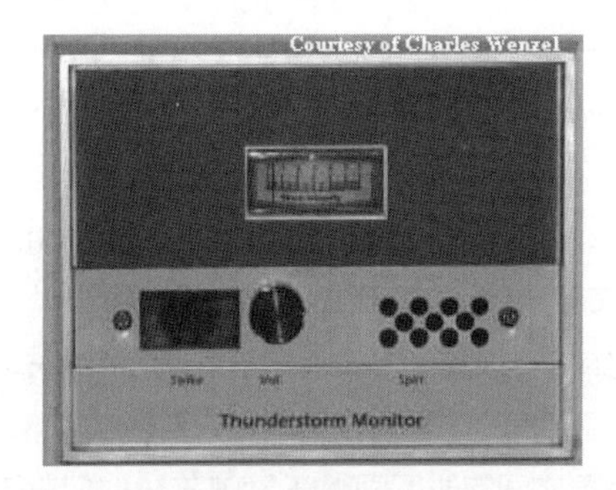

图9-4 电源开关，增益控制，蜂鸣器等元器件全部安装在前面板上

作者选用6英寸×8英寸×5英寸金属盒作为闪电检测器的外壳。电路中的DPST开关为电源开关，与表头、增益控制旋钮、扬声器一起安装在前面板上，如图9-4所示。样机中使用了两个面板式变阻器，并且全部安装在前面板上。

外壳的上方用接线端子或者香蕉头作为天线接口，具体以天线接口为准。读者可以根据喜好选用伸缩天线、鞭状天线等不同的天线。

9.3.2 操作

闪电检测器的操作方法较为简单。当电路焊接并装壳完毕后，就可以上电并进入测试流程了。首先将电池放置到电池盒内，将天线安装在外壳上并且打开电源开关S1。

接下来调整灵敏度控制旋钮R5，将灵敏度调整到最大值（满量程）。最后顺时针调整变阻器R13的大小，直到蜂鸣器中的声音消失，这时比较器刚好工作在正常模式下。完成以上操作后，闪电检测器就可以进行闪电检测工作了！在下一次雷电天气出现时，你就知道它有多好用了。

9.3.3 闪电检测器器件清单

元器件

R1、R2、R4、R9、R14 1MΩ，1/4W 电阻
R3、R15 10kΩ，1/4W 电阻
R5 200kΩ 变阻器
R6 4.7kΩ，1/4W 电阻
R7 3.9kΩ，1/4W 电阻
R8 100kΩ，1/4W 电阻
R10 4.7MΩ，1/4W 电阻
R11 5kΩ，1/4W 电阻
R12、R17 1kΩ，1/4W 电阻
R13 50kΩ 变阻器
R16 10MΩ，1/4W 电阻
C1 680 pF，35V 圆片电容
C2 0.001 μF，35V 圆片电容
C3 0.001 μF，35V 圆片电容
C4 1 μF，35V 电解电容
C5 10 μF，35V 电解电容
C6 100 μF，35V 电解电容
D1、D2 1N914硅二极管
L1 10 mH隔直电感
L2 330 uH隔直电感
Q1、Q3 2N4401三极管
Q2、Q4 2N4403三极管
Q5 VN10KM VMOS功率晶体管
U1 LM339四路比较器IC
M1 100 μA迷你面板电流表
S1 DPST拨动开关
BZ 6V 扬声器或其他负载（详见正文）
B1 D或C型电池（2节3V）
B2见正文
杂项 PCB、导线、接线端子、天线，等等。

9.4 ELF/VLF无线电或自然无线电

很少人听过大自然所产生的无线电声音，例如闪电和极光所产生的无线电信号，他们与太阳活动混杂在一起。大自然的无线电频率主要集中在超低频和极低频频段（ELF/VLF）。

在过去的几十年中，这些自然无线电信号慢慢地被业余爱好者和专家学者所熟知。例如口哨声就是最常见的大自然界无线波之一。口哨声是一种很强的ELV/VLF无线电高频能量。从VLF接收机中听到的口哨声一般是降调音，其频率会从人耳可以听到的中高频声降到每秒钟数百周期（赫兹）的低频。从频率上来说，口哨声一般会从10 000Hz降低到200Hz以下，人们能听的部分集中在6 000Hz到500Hz。通过对口哨声，科学家可以分析出太阳和地球之间的情况，以及地球磁场的最新动态。

目前人们对口哨声的成因仅有大致了解。闪电是口哨声的起源之一。闪电会同时激发出很宽频段的电磁波信号。同一时刻，地球上至少有1500 ~ 2000个闪电在发生，全世界每天发生的闪电事件加起来有几百万起之多。闪电所产生的无线电能量要远大于人类各种活动发出的无线电波能量。

太阳和地球磁场（地磁场）之间也会产生口哨声，地磁场就像一个巨大的手套笼罩在地球周围。太阳周围有各种离子和电磁波组成的太阳风。太阳风、地磁场和闪电风暴都是各种低频无线电哨声的产生原因。

地球和太阳之间形成口哨声的原理（简要）如下：闪电发出的某些无线电能量在电离层内传播，传播方向与地磁场方向相同。它们与太阳风产生的离子束交织在一起。在大气层内，太阳风离子的轨道也与地磁线相同，当闪电发生的电磁能在离子束轨道内传播时，会产生类似三棱镜散射白光的效果，导致不同频段的无线电被散射出来，较高频率的电磁波比较低频率电磁波先到达目标，因此听起来像是降升调的口哨声。

闪电产生的口哨声可以传播到数千英里以外的地方，并且出现在地球的另一侧！英国、哥伦比亚、阿拉斯加等地产生的噪声可能会被新西兰的无线电爱好者听到。同样，北美产生的口哨声可以被阿根廷南部甚至南极洲的无线电爱好者听到。有时候口哨声甚至会反弹回闪电发生地！

口哨声属于降调音。其持续时间在几百毫秒到几秒钟之间，在持续时间内，其频率会慢慢降低。有些口哨音的频率特别稳定，看起来像是从音频信号发生器发出的声音一样。另一些口哨音就较为复杂，听起来像是呼吸产生的嗖嗖声或其他声音。有时候口哨声还会伴有回音，这称为回音链，回音链的持续时间有时会高达几分钟。

口哨音受季节影响并不严重。但是某些口哨音会集中在某个季节出现。据统计，五月中旬和四月中旬发生口哨音的频率略高。

不是地球上的所有地区都可以听到口哨声和鸣叫声。近赤道地区就是观测盲点之一，而地磁纬度高于50°的地区观测效果则较好。幸运的是美国大陆和加拿大地区都是很好的自然无线电观测点。

被爱好者当做地球音乐的口哨声，当初是科学家们在偶然的情况下发现的。在19世纪后期，欧洲的远距离电报电话操作员第一次听到了口哨信号。长电报导线通常会耦合到闪电的咔咔声，这些声音混杂在摩尔斯电码或者音频信号上。有时电话操作员还可以在背景声里听到口哨声。当时人们将这种声音定义为电话系统产生的噪声并将其忽略了。

第一个研究口哨声的记录可以追溯到1886年奥地利的一篇文字报告中，当时人们在22km（14英里）长的电话线中听到了很明显的口哨声。第一次世界大战时期，德国科学家H.Barkhausen在窃听盟军电话会议时也收听到了口哨声。为了窃听电话，他以一定的距离间隔在地面上插了两跟金属探针，并将他们连接到高灵敏度音频放大器的输入端。接下来神奇的事情发生了，在侦听器中，他每隔1 ~ 2s都会听到频率由高到低的口哨声。有时口哨声甚至掩盖掉了正常的电话声音，使窃听工作无法正常进行。

到了1928年，Marconi公司的3个研究人员在英国发表了针对口哨声的研究。Eckersley，Smith，Tremellen 3个人找到了口哨声和太阳活动的关联，而且他们发现了口哨声之前通常伴随有一系列的咔嚓声。咔嚓声与口哨声之间的时间间隔在3s左右。他们总结出了两条声音的传播路径，咔嚓声的传播途径较短，而口哨声及其回声的传播途径较长。

Eckersley在1931年根据磁离子理论证明了某些极化波可以穿透地球电离层。Tremellen在某个夏季雷电交加的夜晚，碰巧观察到了口哨声和闪电一一对应的情况。这是第一个闪电放电与口哨声有关联的证据，即闪电除了产生咔嚓声以外，还产生了口哨声。Marconi公司的科研人员通过进一步的研究发现，某些大气活动还会产生鸟叫声。由于这种声音通常在傍晚出现，因为人们又称之为傍晚鸟叫。

Cambridge大学的L.R.O.Storey在1951年对口哨声做了详细的研究。他证明了Eckersley的猜想，即大部分口哨声都来源于闪电放电现象，而且发现了口哨声的传播途径延地磁场磁力线方向。

另外一种有趣的声音是吱吱声，这种声音听起来像是小鸟的叫声与很多人敲击金属栏杆的声音的混合。这些声音听起来非常温和，它与地球上任何物体发出的声音都不太一样。吱吱声是一种突然发生的降音调。这种声音在冬季和早春的夜晚发生较多。

关于黎明鸟叫声，人们有很多种描述，有人认为像是清晨的鸟叫，有人认为像沼泽中很多青蛙的叫声。事实上这种声音是不断变化的。转折、上升、嘶嘶声都是这种声音的组成元素，但有时听起来也又只有一个元素。转折音起初听起来像是口哨声，但末尾又提高到高频声调。上升音顾名思义，音调一直在上升。嘶嘶声则是与字面意思完全相同的声音。总之这种声音最好的收听时间是黎明，但是日间和夜间偶尔也会出现。“磁暴”刚刚结束时收听到的概率最高。

9.4.1 侦听时间

包括咔嚓声、爆炸声和吱吱声在内的所有VLF声音都可以被全天候监控到。口哨声则与雷电时间和电离层的传播状况有关。由于电离层D区域的变化，口哨声在夜晚的出现频率要比白天高很多。当太阳刚刚升起时，它的出现频率最高。在夜晚，电离层D区域由于被太阳紫外线电离，因此处于隐形的状态。

口哨声的频率，或每分钟出现的次数，与太阳耀斑活动频率有关。当所在地磁场磁力线中有足够的离子出现时，口哨声才可以传播到很远的地方。离子通道同样也来源于太阳活动，例如太阳耀斑。在侦听口哨声或其他自然声音时，读者几乎肯定会面临电力线和工业干扰问题。最好的侦听时间是午夜到清晨的几个小时。

9.4.2 观测及记录

最好的VLF信号收听地点是人迹罕至的乡村。收听时应当尽量远离电力线等干扰源，以保证收听效果。电力线噪声越低，那么放大后的VLF的信号强度就越大。收听时应当随身携带一个便携式磁带录音机，使用时用长音频线缆将磁带录音机和VLF接收机的音频输出引脚接在一起。

9.4.3 制作口哨声接收器

虽然口哨声或其他自然音出现在人类听觉频率内，但他们也是无线电波。为了收听这些声音，我们需要利用天线来采集电磁波能量，并将其转换成人耳可以听到的机械振动才可以。市面上很少有1 ~ 10kHz的无线电接收器，因此我们需要自制一个VLF无线电接收器。

经典的口哨声接收系统包括信号采集天线、信号放大器、耳机或扬声器。(读者也可以用磁带录音机来代替耳机或扬声器。)口哨声接收器主要由音频放大器和天线系统两部分组成。但是同频段的认为干扰很容易使接收器饱和，导致口哨声识别困难。

为了解决这个问题，人们在口哨声接收器电路中增加了截止频率为7kHz的低通滤波器。有了低通滤波器，口哨声接收器就隔离了一大部分干扰源。为了避开工频噪声或其他非自然噪声，人们将接收器制成了便携产品，使用电池供电并远离各种交流干扰源。

图9-5是一种高灵敏度双FET口哨声接收器。天线接收到的信号首先馈入到由电阻R1 ~ R4和电容

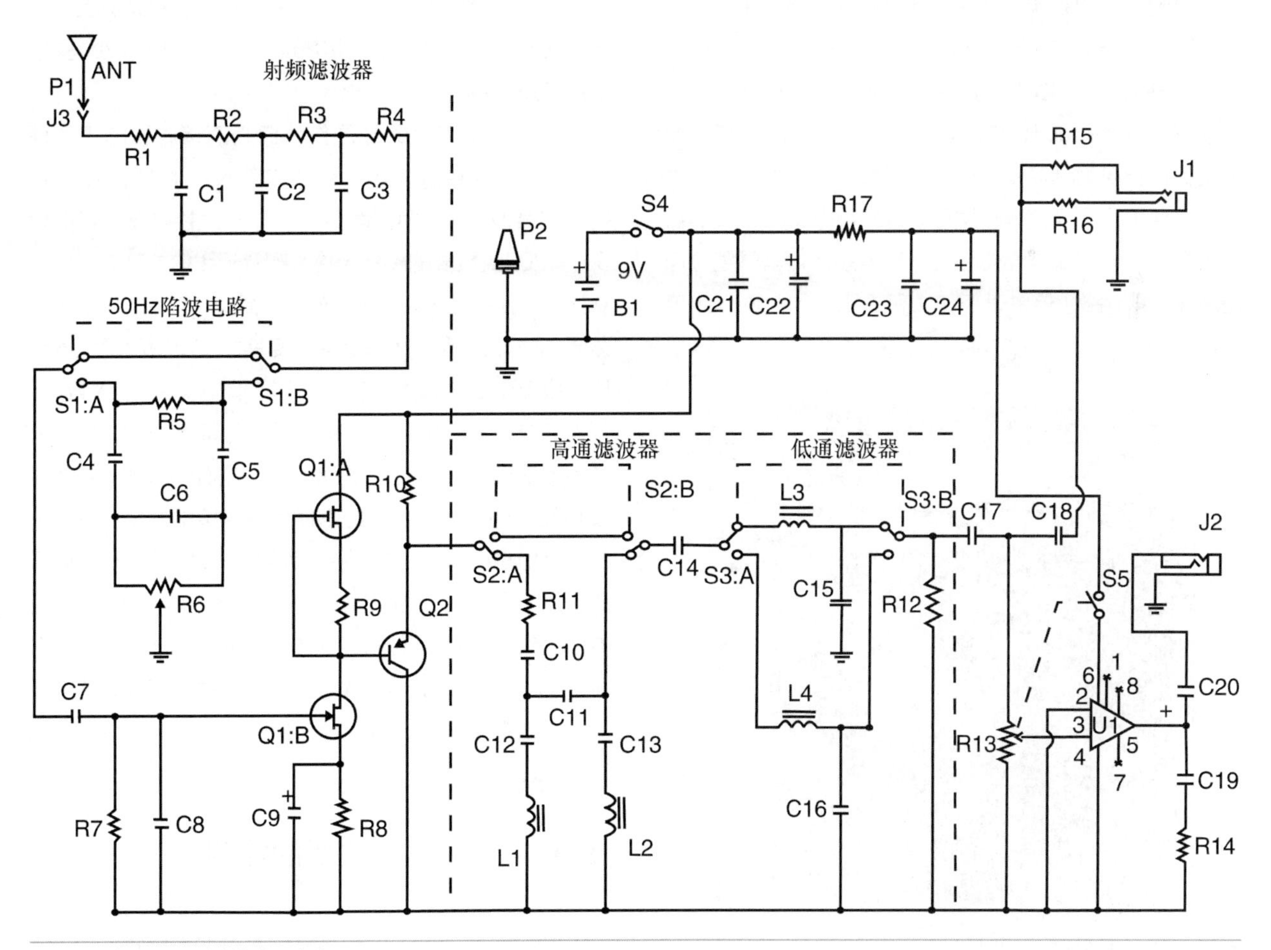

图9-5 双FET口哨声接收器电路

C1 ~ C3组成的RF滤波器中，只有特定频段的信号才能通过滤波器到达接收器的下一级电路。接下来信号将经过50Hz工频陷波电路，陷波电路可以通过开关S1：A来动态启动和关闭。双FET晶体管Q1和晶体管Q2主要用来放大RF信号强度。放大后的信号再次经过一系列可选滤波器电路。拨动开关S2的作用就是打开和关闭高通滤波器电路。而开关S3则用来打开和关闭低通滤波器电路。操作人员可以按需求动态选择滤波器的配置。

低通滤波器电路通过电容C17耦合到最终的音频放大级。变阻器R12的作用是调整输入到U1 LM386内的音频信号强度。注意R12上还包含了开关S5，此开关用来控制LM386音频放大器的电源通断。LM386的输出信号通过电容C20耦合到音频输出接口处。电容C18的作用是将音频信号耦合到图标记录仪或模拟数字转换器中，供外部设备记录和分析口哨声接收器的输出信号。口哨声接收器电路可以由9V电池供电，开关S4是整个电路的电源开关。当设备用作统计接收及分析作用时，可以使用9V外接电话供电。

口哨声接收器电路焊接在玻璃环氧树脂电路板上，组装时需要一定的RF技巧，读者可以将废弃电路板制成RF屏蔽罩（见图9-6），还可以将电路模块化分割，焊接在三块不同的电路板上，一块为RF滤波器和陷波电路板，一块为高通和低通滤波器板，一块为音频放大器及电源板。小型金属隔层可以用废弃电路板组成。器件布局时应当以尽量缩短引线长度为宗旨，虽然整个电路属于RF电路，但由于工作频率不高，因此制作难度并不大。

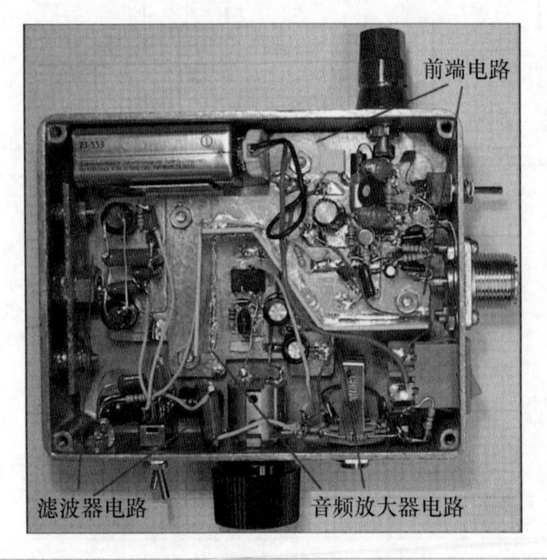

图9-6　垂直电路屏蔽板的安装

在安装电解电容时，应当仔细确认电容极性，防止上电时电容因极性反接出现漏液或者爆炸事故。另外安装双路FET Q1和Q2时也应当特别小心，FET应当放置在金属托盘中，保持所有引脚处在短路的状态。焊接Q1和Q2时，应做好防静电措施，例如焊接人员必须佩带防静电手环等。另外还要仔细分辨Q1和Q2的引脚顺序。本例采用的FET芯片内有两个一模一样的晶体管，每个晶体管含有三个引脚，焊接时应当仔细检查规格书，确认引脚顺序。

接收器电路中的所有芯片都应当借助芯片插座安装，以便后续的调试与维系。芯片表面内部通常有标识方向的记号，LM386运放芯片表面通常有标记引脚顺序的小圆圈或者小缺口。芯片的引脚1通常在小圆圈或切口的左侧。

完成电路板的焊接后，应当仔细进行目检，排除虚焊、漏焊等现象，并且应仔细清理电路板背面的金属断脚和残渣。

口哨音接收器样机电路封装在6英寸 × $5^1/_2$英寸 × 2英寸的铝制外壳内。如图9-6所示，电路中的滤波器开关、增益控制、耳机接口安装在外壳的前面板上。电源开关、SO-238UHF连接器则安装在外壳的侧面板上。地接线柱安装在后面板上。主电路板利用1/8英寸塑料支架固定在外壳内。

应当选用空旷的地区作为口哨声接收器的工作地点，并且配备1 ~ 3m（3 ~ 13英尺）长的天线。在树林或其他非空旷区域使用时，口哨声接收器应当搭配50 ~ 200英尺长的鞭状天线。鞭状天线的外表应当做绝缘处理，使用时应当尽可能放置在高处。鞭状天线的工作效果与表面清洁程度和放置高度有关。当使用鞭状天线时，应当适当调低输入电阻R1的取值，以保证测量效果。

工作时，口哨声接收机还要进行接地处理。借助人体接地是一种比较便捷的接地方法，例如可以用手指触碰接地端子BP2。作者就经常使用这种接地方法。其他良好的接地材料包括汽车、金属篱笆或其他与交流电压隔离的大型金属物体。还可以选用一根铜管，将其插在泥土里并接入到设备的地引脚上，起接地效果。读者可以尝试多种接地策略，寻找效果最好的方法。如果最终发现人体接地竟然效果最好，一定不要奇怪哦！

9.4.4　VLF接收器的使用

作者选用2英寸 × 60英寸的木板作为接收器样机和

鞭状天线的安装平台。其中天线安装在木板的一侧（可以用支架或者粘合的方法连接），天线和接收器之间可以用胶带固定（也可以用双面胶或者专用安装支架来固定）。监测放大器也用同样的方法安装在接收器的下方。将接收器的地线引到木板上，并在多处固定，这样你就有了一个方便的手持支架了，使用时可以将底座固定在小缺口、岩石缝隙、篱笆或汽车上，甚至可以放在手上使用。

为了提高收听口哨声和其他声音的概率，应当尽量增大接收器和本地交流电网的距离。最小的间隔距离为1/4英里。接收器的接收效果与接收器和交流电网之间的距离成正比。读者可能需要仔细观察周围的情况，才能选渠道最合适的测量点，一但接收器放置在测量点后，应当检查接收器的工作模式，并做好接地工作，然后就可以静下心来收听信号了。一天当中不同时段收听到的信息也是不同的，但是一般都会听到一些尖锐的静电声。声音的密度和大小取决于闪电与测量点之间的距离和无线电传播环境。有时也可以听到一些电力线噪声，但是这种声音最好不要太明显，否则就需要更换测量地点了。

如果你的耳朵比较灵敏，也许可以听到持续1s钟的音调。这是OMEGA无线电导航系统发出的声音。OMEGA系统的无线电工作频率为10 ~ 14kHz，它的发射功率非常大。另外还可能听到静电放电的声音，尤其在空气湿度较低的时候。这些噪声可能来源于风、天线附近的昆虫声，甚至操作员自身衣物摩擦产生的静电声等。附近汽车中的电子系统或点火系统也会产生无线电噪声，还要注意避免在接收器周围放置电子表，否则电子表产生的声音将盖过口哨声。

接收器如果接收到除哨声和OEMGA信号以外的其他声音，那一般是因为受到了外界干扰所致。例如气泡声（通常与OMEGA声音一起出现）是频率在15 ~ 30kHz之间的军事信号。间隔频率为10Hz的抵达信号一般是Loran-C导航系统发出的声音，在全球定位系统（GPS）出现以前，这种导航系统长期被船长、水手、船员等很多人使用。一般来说，每个频段都可能出现信号覆盖的情况，视距范围内的所有无线电信号源都可能会影响到口哨声接收器的工作。

很多口哨声和其他声音持续时间非常短，发生之前也没有任何可以用于预判的迹象。因此人们可能会选用磁带式录音机来进行信号存储。任何带有话筒接口的录音机都可以用来记录口哨声。其中不含自动增益控制（ALC）的录音机录制效果更好。VLF接收器上的音频输出接口可以直接接到录音机上。为了避免自身的马达对接收器产生干扰，收音机一般要放置在距离接收器较远的位置，有了这套装备以后，读者就可以长期监测各种自然音了！

9.4.5 VLF接收器器件清单

元器件

R1、R4 10kΩ，1/4W，5% 电阻
R2、R3 22kΩ，1/4W，5% 电阻
R5 6.2MΩ，1/4W，5% 电阻
R6 1MΩ 变阻器（微调）
R7 10MΩ，1/4W，5% 电阻
R8 1kΩ，1/4W，5% 电阻
R9 1kΩ，1/4W，5% 电阻
R10 3.3kΩ，1/4W，5% 电阻
R11、R12 820Ω，1/4W，5% 电阻
R13 10kΩ 变阻器（面板式）
R14、R17 10Ω，1/4W，5% 电阻
R15、R16 2.2kΩ，1/4W，5% 电阻
C1、C3 47 pF，35V 云母电容
C2 100 pF，35V 云母电容
C4、C5、C6 3.3 nF，35V 云母电容
C7、C15 0.01 μF，35V 陶瓷圆片电容
C8 27 pF，35V 云母电容
C9 1 μF，35V 电解电容
C10 0.18 μF，35V 钽电容
C11 0.12 μF，35V 钽电容
C12 1.8 μF，35V 钽电容
C13 0.68 μF，35V 钽电容
C14 0.22 μF，35V 钽电容
C16 0.068 μF，35V 钽电容
C17、C18 0.22 μF，35V 钽电容
C19 0.05 μF，35V 陶瓷圆片电容
C20、C22、C24 100 μF，35V 电解电容
C21、C23 0.1 μF，35V 陶瓷圆片电容
L1 120 mH电感（Mouser electronics）
L2 150 mH电感（Mouser electronics）
L3 18 mH电感（Mouser electronics）
L4 56 mH电感（Mouser electronics）
Q1 U401 Siliconix互补N沟道FET
Q2 MPSA56晶体管
U1 LM386运放
S1 DPDT拨动开关（陷波）
S2 DPDT拨动开关（高通）
S3 DPDT拨动开关（低通）
B1 9V 晶体管收音机电池
J1、J2 1/8英寸迷你耳机接口（带开关）
J3 SO-238 UHF接口
P1 PL259 UHF接口
P2接线端子（地线）
杂项 PCB、芯片插座、焊料、导线、天线、电池盒、电池夹、五金件、外壳

9.5 短波收音机

短波收音机又是一个老少皆宜的设备。依靠短波收音机，人们可以收听到来自其他大陆的无线电节目，很多

人因此迷上了短波侦听或业余无线电领域。利用短波收音机，人们还可以进行很多意想不到的研究，例如通过收听来自美国科罗拉多州柯林斯堡无线电台的WWV信号来研究信号传播的特性。

图9-7是一种简单的三芯片超外差收音机电路图，它的天线尺寸为10英尺长，可以接收4.5 ~ 10MHz范围内来自全世界的电磁波信号。超外差收音机的工作原理是将接收到的RF信号与本振（LO）信号混频，产生IF或中频信号。然后对中频信号进行滤波、放大、二极管检波等处理，最终将RF中携带的音频信号还原出来。

输入端的变压器-电容电路起天线阻抗匹配的作用，T-C调谐电路的作用则是对4.4 ~ 10MHz范围内的RF信号进行预选频。芯片U1包含了主动式吉尔伯特单元（Gilbert cell）混频器和用于产生LO信号的晶体管（引脚6和引脚7）。LO信号基于简单的Colpitts振荡器原理产生。L-C储能电路决定了Colpitts振荡器的输出频点。LO信号的频率比RF频率高455kHz，因此芯片U1引脚5中输出的中频信号频率固定为455kHz。

电路中使用了TOKO陶瓷滤波器来滤除杂波。这种滤波器的通频带为4kHz，具有极高的音质保真特性和邻信道抑制特性。收音机的核心部件为U2，Plessey公司的ZN414芯片，这种芯片原先主要用于单芯片调幅收音机方案中。它可以提供高达70dB的中频放大倍数，并且内含自动增益控制（AGC）电路和检测器电路，芯片采用TO-92封装。通过IF增益微调电阻即可调整ZN414的增益。U2芯片可以将中频信号转换成基带音频信号，并且可以直接驱动高阻抗耳机等负载，但本例中专门采用了LM386音频放大器来驱动3英寸扬声器。

短波收音机样机焊接在小型PCB上。如果读者选用面包板作为基板，那么布局时则应保证引线尽可能短，因为短波收音机属于射频电路。安装芯片时应尽量借助芯片插座，以方便日后的调试与维修。另外还要注意芯片的极性，芯片表面通常有标记极性的小圆圈或者方形缺口，标记左侧通常为引脚1的位置。焊接陶瓷滤波器时也应当特别小心，应仔细辨别区分中央接地引脚。另外电容与晶体

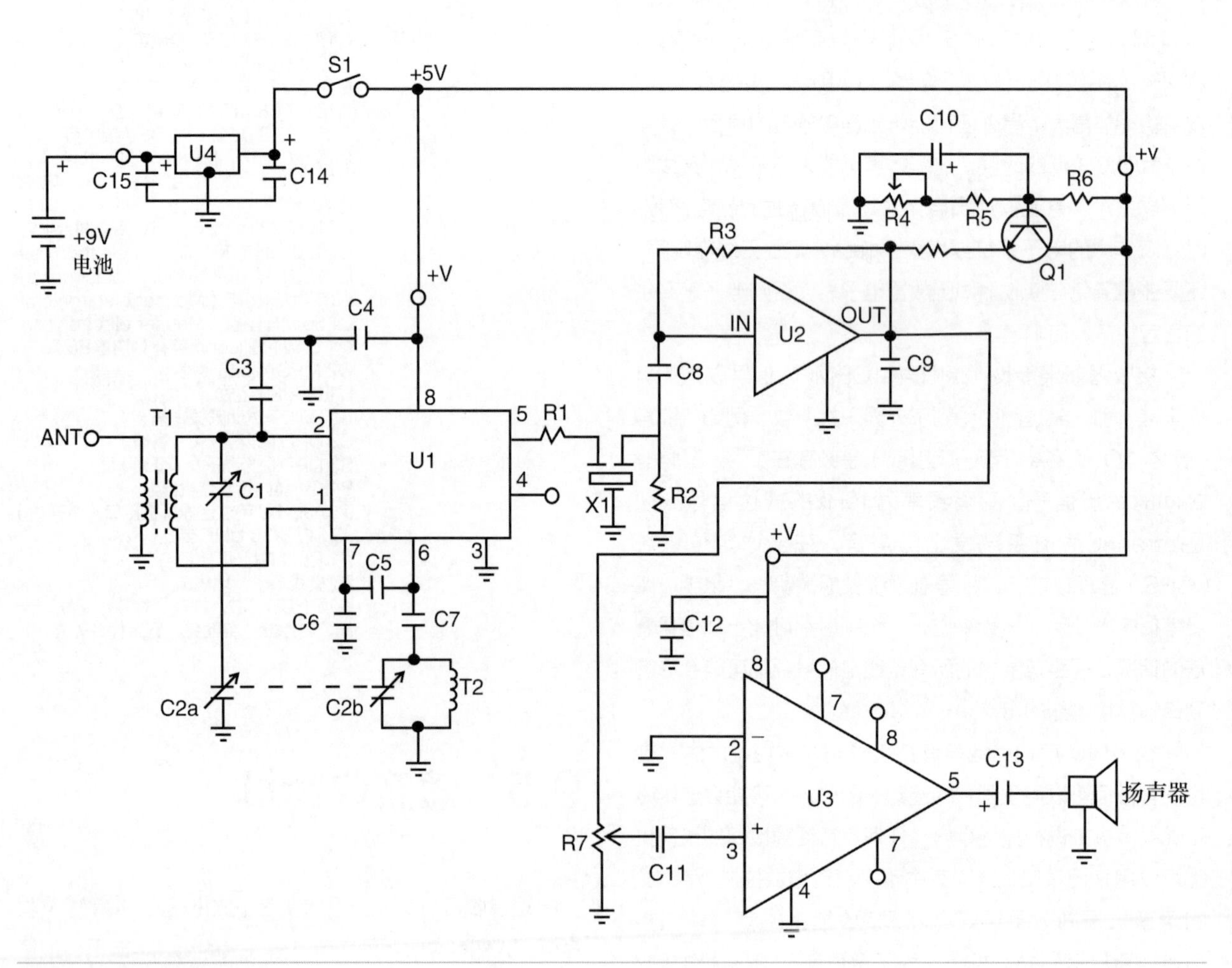

图9-7　三芯片短波接收器项目

管的引脚方向也需要仔细确认，防止上电后因极性错误导致元器件损坏。

由于短波接收器属于无线电设备，因此需要采用金属材质的外壳。本例采用6英寸 ×6英寸 ×2$^1/_2$英寸的铝壳作为短波接收器的外壳。调谐电容C1和C2全部安装在铝外壳的前面板上。另外变阻器R4、变阻器R7、2 ~ 3英寸扬声器、电源开关S1也安装在外壳的前面板上。PCB借助1/4英寸塑料支柱固定在外壳的底部。

T1中的前端线圈为手绕式线圈，其磁心采用Micrometals公司出品的T37-2型铁心，Micrometals公司位于美国加利福尼亚州阿纳海姆。输入变压器T1中一共有两个手绕线圈。初级线圈由#26号漆包线在铁氧体磁心上绕制24匝而成。次级线圈由#26号漆包线在铁氧体磁心上绕指5匝而成。变压器T2的线圈也采用#26号漆包线在铁氧体磁心上绕制而成，匝数为22匝。

芯片U2是Plessey公司出品的集成RF芯片，目前已经停产，但是市面上还可以买到。读者也可以采用Ocean State Electronics公司的MK484芯片替代它，或者用Radio Laboratories的类似型号替代也可以。U1为平衡RF放大器与振荡器芯片，读者可以从Digi-Key电子或Ocean State Electronics等多家供应商处购得。陶瓷滤波器的生产厂家为TOKO Coils。

在样机组装完毕后，接下来就应该进入上电与测试步骤了。上电前应仔细目检电路，排除虚焊与短路现象。目检完毕后，将9V晶体管收音机电池插入电池盒中。正常情况下，接收器的工作电流只有10mA，因此一节电池的工作时间非常长。

接收机的频率校准过程非常简单。首先通过调整C2，将LO振荡器的频率固定在5 ~ 10MHz之间。通过将频率计数器的 ×1探针或天线靠近NE602芯片，即可测量出本振频率。不要将频率计数器直接与NE602引脚接触，因为接触时引入的附加电容将会改变振荡频率。

接下来将IF增益微调器调整到中间量程，并在电路中接入天线。读者可以用10或20英尺的导线随意放置在室内，临时充当天线。但如果要保证电路性能，应尽可能的使用正规的户外天线。将接收器的接收频点调到中间位置，如果在美国境内的话，在晚间时分，接收器中应该可以收到Defense fax部门发出的8 080kHz信号。（这种信号听起来像是随机声。）当收听到Defense fax信号后，仔细调节电容C2，同时根据情况调整IF增益或者音量，使收听效果达到最佳值。接下来将接收器的接收频率调高。正常情况下应该能收到10MHz处的WWV信号，美国国家标准及技术研究所会24小时不间断的发出WWV信号。重复调整电容C1，使收听结果到达最佳。高中低频段对应的最佳C2大小可能会不同。现在将接收器调谐到一个信号比较好的电台，然后将IF增益微调旋钮调整到刚好没有发生声音畸变的最大值。因为过大的输出噪声通常伴随着声音畸变。

在不同的时间段收听WWV信号，你将有不同的收获。标准频点音调、地球物理警报（太阳活动报告）、海洋风暴警报、全球定位系统（GPS）报告、OMEGA导航系统状态报告等信息都可以从短波广播中获取到。

图9-8是美国科罗拉多州何林斯堡电台产生的WWV广播信号规则。Hawaii也有类似的WWVH光波。图片来自于美国国家标准技术研究所（NIST）。（最新的NIST文档由位于Washington DC的政府打印办公室负责印发，读者可以来信索取最新文档。）WWV信号中最受关注的是用于校准各种无线电设备的标准频点信号和每分钟播报一次的标准时间信号。除此以外WWV中还有很多有趣的信息等待大家去发掘。

不同的音调可以用来校准音频设备或音乐器材。同时这些音调还可以用来校时。WWV中有一系列特殊的时间间隔信号，可以用来传输政府信息，主要信息有如下几种。

海洋风暴警报 由位于大西洋和太平洋的国家气象服务与广播组织负责发布。

全球定位系统 由美国海岸警卫队负责维护，定期向地面发送GPS卫星的信息。

OMEGA导航系统 由美国海岸警卫队负责维护，所有的信号来自8个OMEGA发送站，频率在10 ~ 10kHz之间，此系统用作航海辅助导航功能。

地球物理警报 由美国国家海洋与大气局（NOAA）空间环境服务中心负责维护。此信号在每个整点后的18分钟时播报，向业余无线电爱好者或科学组织提供太阳活动、地磁场、太阳耀斑或其他地球物理统计信息。从这些信息中可以分析出DX信号的最佳收听时间。

特殊时间传输 供收听者校准时间：

- 每一整点的起始时刻由持续0.8s的1 500Hz音调表示。
- 每一分钟的起始时刻由持续0.8s的1 000Hz音调表示。
- 每分钟的第29s和59s静默。
- 每天第一个小时不发射440Hz音调。

9.6 频率校准

如何用接收到的WWV信号校准频率呢？利用短波接收器，我们可以轻易地校准信号发生器的频率。较准前，先将信号发生器调整到连续波（CW）模式，然后用天线将信号发生器的信号耦合到短波接收器中，从短波接收器的扬声器端应该能听到有节奏的节拍声，调整信号发生器的频率，直到信号发生器内的节拍消失。这时就可以用信号发生器校准其他设备了，例如频率计。

短波接收器器件清单

R1 100Ω，1/4W 电阻
R2 1.5kΩ，1/4W 电阻
R3 100kΩ，1/4W 电阻
R4 10kΩ 变阻器（面板安装，IF 增益控制）
R5 10kΩ，1/4W 电阻
R6 15kΩ，1/4W 电阻
R7 10kΩ 变阻器（面板安装，音量控制）
C1 10 ~ 180 pF 调谐电容
C2 10 ~ 35 pF 双路调谐电容
C3、C8 0.01 μF，35V 圆片电容
C4、C11 0.22 μF，35V 云母电容
C5、C6 380 pF，35V 云母电容
C7、C12 100 pF，35V 云母电容
C9、C15 0.1 μF，35V 圆片电容
C10、C14 1 μF，35V 电解电容
C13 220 μF，35V 电解电容
Q1 2N3904 晶体管
X1 TOKO HDFM2-456 陶瓷滤波器
T1 T37-2双线圈铁氧体磁心（详见正文）
T2 T37-2单线圈铁氧体磁心（详见正文）
U1 NE602 Phillips 对称 RF 放大器芯片
U2 ZN414 IF 模组或 newer MK484
U3 LM 386 音频放大器芯片
U4 LM 7805 稳压器芯片
S1 SPST 拨动开关
SPK 2英寸以上，8Ω 扬声器
杂项 PCB、芯片插座、导线、连接器，等等。

9.7 木星射电接收机

木星射电接收机是一种特殊的短波接收器，这种设备可以接收来自木星或者太阳的无线电信号。借助此设备，普通的业余爱好者也可以在家庭后院里进行天文无线

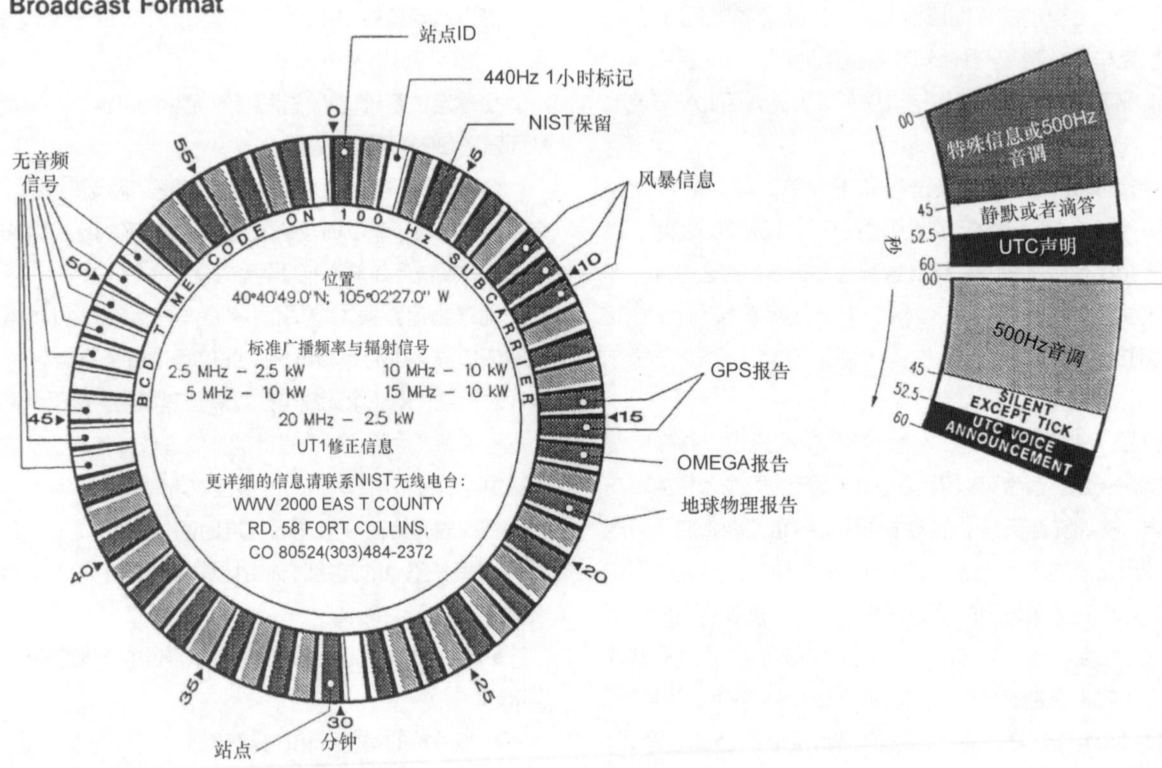

图9-8 美国科罗拉多州柯林斯堡广播站发出的WWV广告内容组成

电的研究了。

木星是太阳系的第5颗行星，是太阳系里所有行星中最大的一颗。如果将木星想象成中空的球体，那么它的内部可以装下数千个地球。木星中含有的总物质量甚至比太阳系其他行星物质量之和还多。木星的总质量为1.9×1027kg，赤道直径为142 800km（88 736英里）。木星的已知卫星数量为28颗，伽利略在1610年发现了其中4颗，这4颗卫星被命名为Callisto、Europa，Ganymede和Io。另外有12颗卫星近期才被发现，目前只有临时代号，并没有被正式命名。木星带有星环，但是星环内的物质并不密集，很难被发现。（Vyager1号飞船在1979年发现了木星环。）木星有非常厚的大气层。其厚度与木星本身的半径在一个数量级，与太阳大气层相当。木星的大气层主要由氦气和氢气组成，还有少量的甲烷、氨、水蒸气和其他气体。

从色彩斑斓的纬度带，大气云层和风暴可以看出木星有丰富的天气系统（见图9-9）。木星的云图每几小时或几天就会发生明显的变化。木星的大红斑是一种逆时针运动的复杂风暴。在大红斑的边缘，物质以4 ~ 6天的周期旋转，大红斑中央的物质近乎以随机的方式慢速移动。在木星的带状云团中还可以发现很多的小风暴和旋涡。

图9-9　木星丰富的纬度带、云层和风暴

木星的极光与地球北极极光相似，会在木星的两极出现。木星的极光由Io卫星附近的物质产生，并延磁场方向螺旋的下落到木星大气层中。人们还观察到了木星云顶的闪电带，其外观与地球高空中的超强闪电类似。

木星发出的无线电信号非常微弱，天线端通常只能耦合到毫伏等级的木星辐射。因此接收机必须对木星辐射进行放大，然后才能转换成可以供扬声器或耳机播放的音频信号。接收机还需要带有窄带滤波功能，这样才能过滤掉地球上其他频段较强的干扰信号。接收机和天线只能接收并处理20.1MHz频点附近的窄带信号。此频点最适合用来侦听木星信号。

图9-10是木星射电接收机的框图。首先由天线采集来自50亿英里外的木星电磁波信号，当无线电信号到达天线端时，天线的引脚处会出现微弱的射频电压信号。天线上的电压信号由同轴传输线传输到接收器中，接下来信号将通过RF带通滤波器，并被前置放大器放大，带通滤波器的作用是滤除天线采集到的其他频段干扰信号。前置放大器采用结场效应管放大器（JFET），晶体管及其周边电路可以将信号幅度放大10倍，同时还提供了额外的滤波功能。接收机输入电路的设计宗旨是尽可能地将天线采集到的能量接收并放大，同时尽量减少噪声。

接下来信号将进入本振（LO）和混频器部分电路，这部分电路的主要功能是将目标信号的频率降低到音频范围内。LO发生器可以产生频率为20.1MHz左右的正弦波信号。LO发生器的频点可以用前面板调谐旋钮控制。经放大后的目标信号和本振信号同时输入到混频器。混频器输出两路输入的差频信号。假设采集到的信号频点为20.101MHz，而LO的频率为20.100MHz。那么差频频点为20.101-20.100 = 0.001MHz，对应1kHz的音频信号。如果信号频点为20.110MHz，那么混频器的输出信号应该为10kHz。由于混频器仅搬移频点，因此这种接收器也称为直接转换接收器。

为了消除邻频段干扰，混频器的后端加入了低通滤波器，只有频率在几kHz的木星信号才能通过低通滤波器。当侦听木星或太阳信号时，无线电接收器应调谐到较为空旷的频点。超过10kHz的频率上通常有很多干扰信号，这些干扰信号必须被滤除。因此混频器的后端接低通滤波器很有必要，经低通滤波器过滤后的信号应该仅剩3.5kHz音频信号。

低通滤波器之后为音频放大器电路，其作用是将混频器输出的微弱音频信号放大到可以驱动耳机或扬声器的大小。

9.7.1　电路图

通过图9-10中的模块框图，人们可以一目了然的看懂木星射电接收机的电路原理。但是框图中并没有电阻电容等具体电子元件。若要更进一步地了解接收器的功能，则需要参考电路原理图。原理图中有元器件及导线的拓扑连接。电路图中隐去了元器件的外观，元器件在电路图中以各种符号表示。

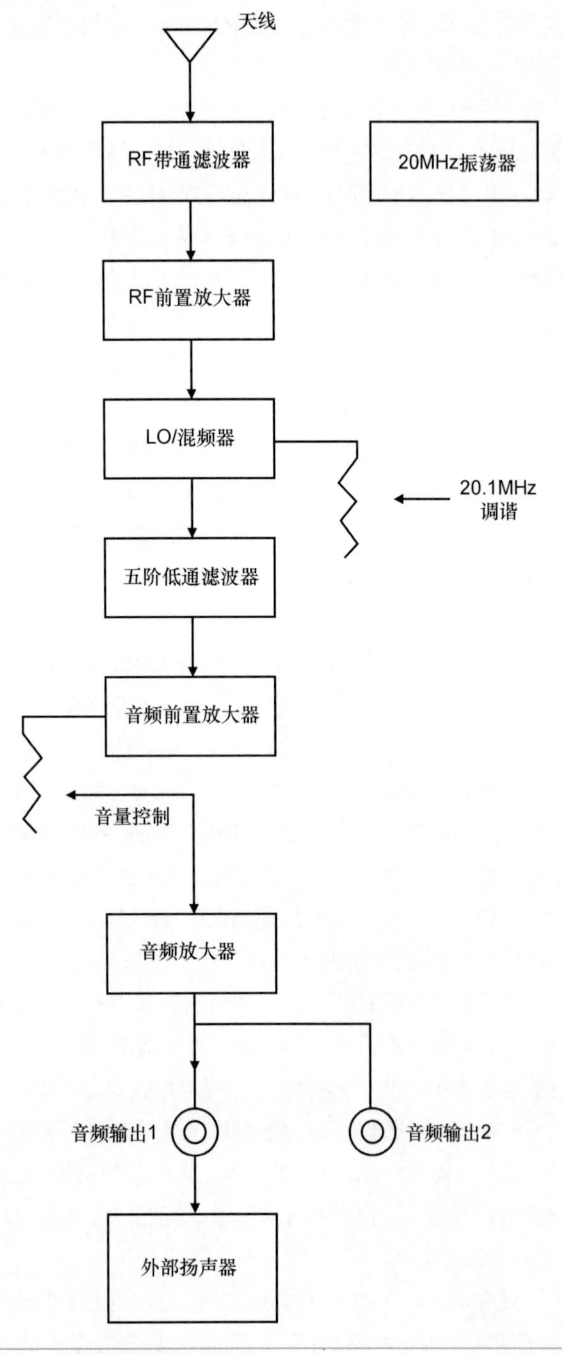

图9-10　木星射电接收机框图

射电望远镜接收机的完整电路如图9-11所示。在电路中，所有同类元器件都以顺序的数字标记，例如电感以L1～L7来表示，电阻以R1～R31表示。电路图中的信号流动方向如下：天线信号通过连接器（J2）耦合到谐振电路中（带通滤波器L1、C2、C3），然后被J-310晶体管（Q1）放大。J-310的输出信号再通过另外一个谐振滤波器（L3、C6）并通过谐振输入电路（L4、C9、C10）进入芯片SA602（U1）的输入端，这部分电路起本振和混频作用。本振信号的中心频率由电感L5决定，并且可以通过电阻R7微调。U1的音频输出信号通过低通音频滤波器（L6、L7、C20、C21和C22）输入到放大器U2（NTE824）的输入端，R15是音量控制电阻。末级音频放大电路由U3（另外一颗NTE824芯片）、输出晶体管Q2（2N-3904）和Q3（2N-3906）组成。当接收机电路组装完毕后，用户可以通过可变电容C2和C6、可变电感L4和L5将电路的工作频点调整到20.1MHz。

9.7.2　电路的组装

在备齐木星射电接收机所需的元器件和PCB后，就可以进入组装和焊接过程了。在安装和焊接元器件前，应仔细确认安装位置和引脚顺序。安装芯片时应借助芯片插座，以便于维修与调试。在安装电容、二极管、半导体器件等有极性元器件时，应仔细确认极性，防止因极性接反导致电路损坏。电解电容的表面通常有标记极性的正号或负号，包括变容二极管在内的所有的二极管都为有极性器件。（变容二极管又名调谐二极管，在电路中一般起压控电容器的作用。）二极管外壳上的横线一般表示负极。三极管有三个引脚：基极、集电极和发射极，安装之前要仔细确认引脚顺序。芯片表面一般有用来标识方向的小圆圈或者小缺口几号，记号的左侧一般为引脚1的方向。另外电路中还有很多电感线圈；虽然线圈没有极性，但焊接时也要仔细分辨电感的容量及电感的类型。注意电路图上的两个A点表示同一个电气网络：其中一个在R6旁边，另外一个在C16旁边。OSC-1模块旁边的测试点TP1可以用来确认振荡器的工作状态。此电路采用同轴电源引线供电，J1为电源接口。天线的接口为J2。读者可以使用BNC或者F型连接器。接收器电路有两个音频输出接口J3和J4，样机中采用两个1/8英寸立体声耳机接口作为音频接口。

在完成电路的焊接后，应仔细目检电路，排除电路上的虚焊和漏焊现象。另外还要清理掉电路板上的金属断脚。在确认电路没有焊接问题后，就可以进入装壳工序了。

由于主板为高灵敏度RF电路，为保证屏蔽效果，本例选用金属作为外壳的材质（见图9-12）。将外壳上的4个接口J1和J4依次焊接到电路板上。另外将电源和天线接口安装在外壳的后面板上。其中一个音频接口安装在前面板上，另外一个音频接口安装在后面板上。电源开关S1和电源指示LED安装在前面板上。调谐电阻R7和音量控制电阻R15也安装在外壳前面板上。

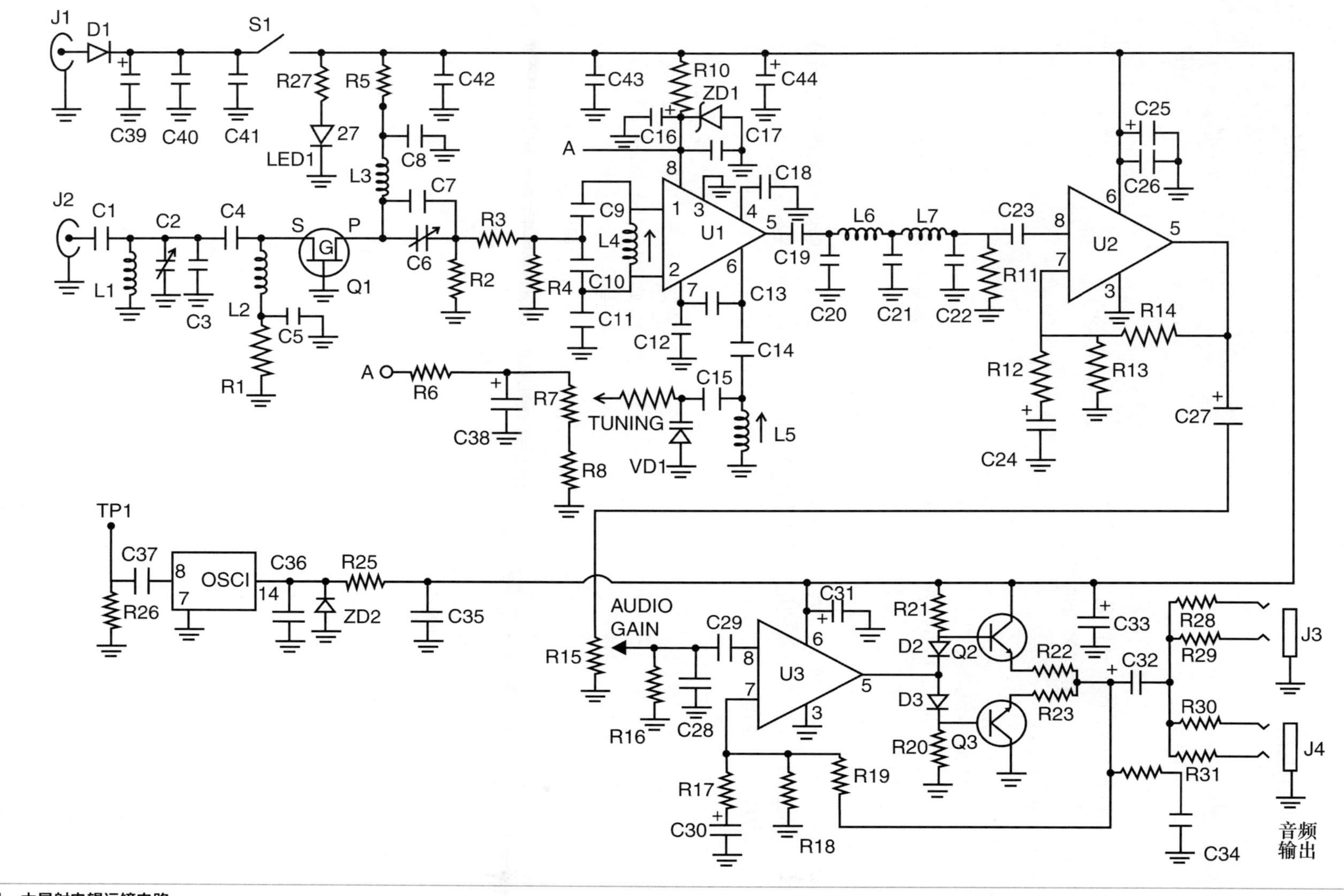

图9-11 木星射电望远镜电路

完成装壳工作后，就可以进行设备的上电调试工作了。

9.7.3 调试与校准

接收器样机使用12V直流电源，读者可以选用外接电源或者电池供电。接收器的工作电流大约为60毫安（mA）。套件内的电源引线一头为母头，另一头为裸线。电源线缆中的黑色线为地线，另外一根彩色线为电源线，应当连接在电源的正极（+）和电源接头的中央引脚上。读者可以采用Radio Shack的RS23-007（永备）型12V电池作为设备的电源。

接下来将木星接收器的电源开关关闭。在接收器的音频输出口（J3或J4）上插入耳机或扬声器（Radio Shack 277-1008C或类似器件）。音频输入口兼容3.5mm（1/8英寸）单声道或立体声插头。

若采用Radio Shack有源扬声器作为输出设备，那么应当先打开扬声器的电源，并将扬声器上的音量调节旋钮旋转到1/8的位置。如果采用耳机作为输出设备，应当将耳机放置在距离人耳数英尺以外的位置，以避免设备在调试过程中产生过大的啸叫音，导致听力损伤。打开接收器的电源，观察LED是否正常亮起，将音量控制旋钮旋转到12点钟方向，然后给接收器几分钟的启动时间。

将调谐控制旋钮旋转到10点钟方向。通过白色调谐棒仔细调整电感L5（见图19-12）的大小，直到扬声器中发出清晰的低频声音（必要时还需要调整音量大小）。注意：调整电感大小时，速度一定要慢，防止铁氧体磁心损坏。调整L5并听到声音后，接收器的频点就已经设置为20MHz了。耳机里传出的低频声由OSC1产生，即接收器内部的晶体控制振荡器。一但设置好L5后，后续的校准过程中都不要改动它的大小。（当调谐旋钮在10点钟方向，并且接收器调谐到20.00MHz后，调谐按钮在12点钟方向对应的频点就是20.1MHz了。）

接下来要通过调整可变电容（C2和C6）和可变电感（L4）来获取最大信号强度了（输出音量最大）。很多人仅靠耳朵辨别不出声强的微弱变化，因此下文用了三种不同的方法来调整音量大小，每种方法都借助了测量仪器。如果周边没有测量仪器，那么只好用第4种方法了——靠耳朵来判断。不管用哪一种方法，都需要借助调谐旋钮将音频范围在500 ~ 2 000Hz之间调整。操作时，使用步骤A来调整接收机的调谐频率即可。

图9-12　电路的金属外壳

如果没有测试仪器，那么需要依靠耳朵来判断出最大声音工作点。测试时，应仔细用耳朵听扬声器中的声音，并且慢慢调整调谐旋钮，使声音不间断。如果在调谐的过程中，扬声器中的声音中断了，那么表明接收器偏出了正常的工作频率范围。随着调整的进行，扬声器中的信号强度将慢慢增大。此时应适当降低接收器的音量，防止因放大器饱和造成的信号畸变或削顶。

在测试接收器的无线性能时，应当先将天线接到接收器上，选用特征阻抗为50Ω、频率范围为19.9 ~ 20.2MHz的天线效果最好。在特定时段，用户应当可以在20.000MHz频点收听到WWV或WWVH的信号。木星射电接收机项目采用直接转换式设计，因此收听WWV等调幅信号（AM）的效果一般。如果调谐不精确，那么收听效果可能会非常差。对于单边带信号（SSB）和CW信号，接收器的接收效果最好。

9.8 木星射电接收器的天线

天线可以采集50亿英里外的木星无线电信号或9.3亿英里外的太阳无线电信号。当这些电磁波到达天线附近时，天线的引脚处将会感应出微弱的电压信号。图9-13是最基本的偶极子天线。图9-14是适合木星射电接收器使用的双路偶极子天线。两路天线的信号通过同轴线缆导入功率合并器中，最终合并为一路信号。功率合并器与接收器之间也用同轴线缆传输信号。为保证接收效果，天线系统周围需要预留一大片空旷的场地：至少要有25英尺 × 35英尺的空旷土地。由于天线系统对无线电噪声非常敏感，因此天线周围不能有大功率供电线路或者建筑。

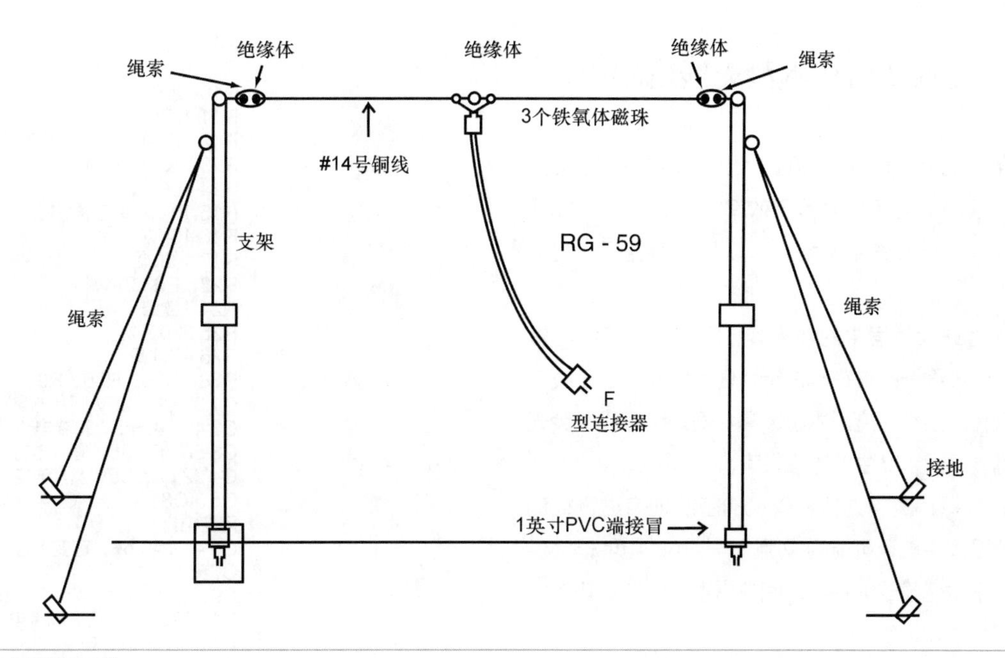

图9-13　基本偶极子天线

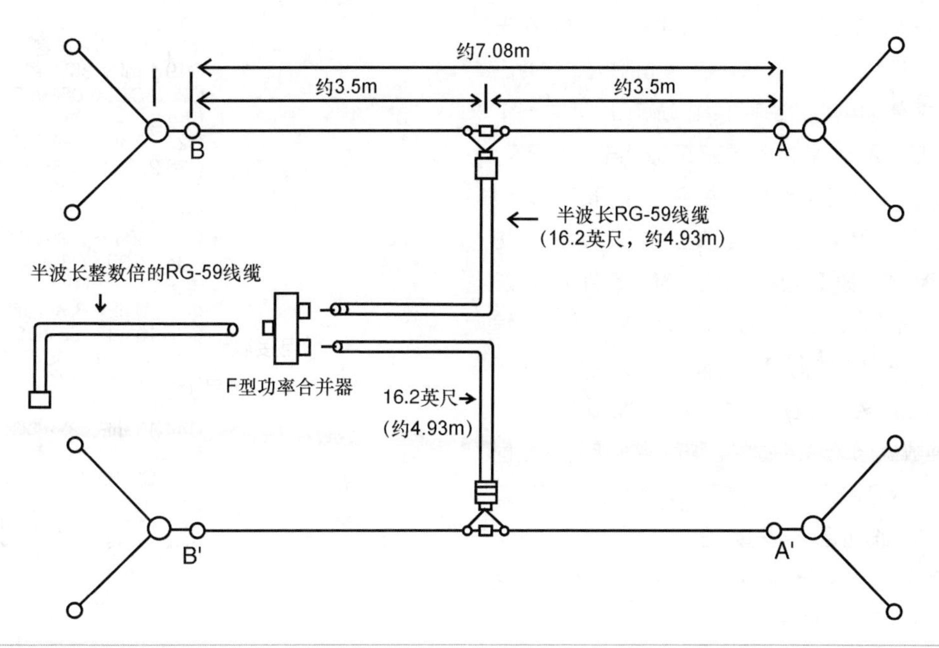

图9-14　双路偶极子天线

另外出于安全方面的考虑，也要保证电线远离各种工频输电线。最好的安装地点是人迹罕至、干扰较低的乡村地区。由于很多观测机会都出现在晚上，因此最好在白天做好天线的安装和调试工作。

如果想要将接收器安装在室内，同时将天线安装在屋顶，那么可能需要延长天线同轴线。请不要随意选择同轴线的长度。功率合并器与接收机之间的同轴线缆长度应当为半波长的整数倍。套件中的天线同轴线长度刚好为一个波长，即9.85m长（RG-59/U线缆的信号传播速度为真空中光速的66%）。作者建议天线延长线不要超过5个波长。

同轴线缆的生产厂家有很多，质量参差不齐。套件中的75Ω同轴线为Relden公司的产品，其速度系数为66%。Radio Shack并没有RG-59/U型同轴线，但是他们有RG-6和规格更高的RG-6QS（四层屏蔽）同轴线，这两种同轴线的特征阻抗也是75Ω，它们的速度系数为78%。20.1MHz的信号在RG-6型同轴线上的波长为11.64m。如果需要延长同轴线缆，作者强烈建议大家将长度不够的同轴线废弃，不要为了节省成本，将两根同轴线搭接起来使用。

9.8.1 观测技巧：木星无线电辐射

木星射电接收器中接收到的大部分木星电磁风暴信号强度都很小。为了提高检测效率，读者需要选择更好的观测时间、更好的观测地点，以及学习更好的观测技巧。

白天，地球大气层中的电离层会阻隔木星无线电辐射。因此检测过程最好在夜晚进行，任何地面上的无线电噪声都可以轻而易举的淹没木星风暴，例如电源线、荧光灯、计算机、马达所产生的电磁噪声。

尽可能选择远离电力线和建筑的空旷地点进行检测工作。另外设备中应尽可能的采用噪声较小的电池作为供电电源。由于木星风暴的持续时间非常短，因此成功的检测还离不开耐心和运气。

在陌生的地区进行夜晚观测活动，本身就具有一定的危险性，因此在筹划时应当提前获取各种许可。并且在天黑前做好各种设备的搭建工作，夜晚在设备附近走动时应当注意安全。木星射电接收器有两个音频接口，其中一个接口可以用于实时侦听，另外一个接口可以用于数据记录。读者可以选用便携式磁带录音机来进行数据记录工作。但是要注意，几乎任何收音机都有自动增益控制（ALC）功能。ALC功能将过滤掉木星风暴中的L爆发事件（L爆发事件的瞬间带宽非常大，通常超过5MHz。它的变化过程比较缓慢，类似海滩上的海浪。）因此应当选用可以关闭ALC功能的录音机，并保证ALC功能处在关闭状态。

另外一种数据记录途径是将电脑直接连接到木星射电接收器上。使用电脑记录的优点是后期操作人员可以直接借助各种软件来分析记录到的数据。

当然，读者也可以选择先用磁带录音机记录数据，然后将磁带中的数据导入到电脑并进行后续分析工作。网络上有很多音频分析软件，有些甚至是免费软件，这些软件大多包含了快速傅里叶分析（FFT）功能和频谱分析功能。

9.8.2 木星射电接收器器件清单

元器件

R1 68Ω 电阻
R2 294Ω 电阻
R3 17.4Ω 电阻
R4 294Ω 电阻
R5 100Ω 电阻
R6 2.2kΩ 电阻
R7 10kΩ 线性变阻器
R8 2.2kΩ
R9、R19 100kΩ
R10 220Ω
R11 1.5kΩ
R12、R20、R21、R27 1kΩ
R13、R18 27kΩ
R14 100kΩ
R15 10kΩ 变阻器/开关
R16 10kΩ
R17 1.5kΩ
R22、R23 2欧姆
R24 1欧姆
R25 220欧姆
R26 47欧姆
R28、R29、R30、R31、R32 10欧姆
C1 39 pF，35V 圆片电容
C2 4 ~ 40 pF，可变电容
C3 56 pF，35V 圆片电容
C4 22 pF，35V 圆片电容
C5、C8、C11、C14 0.01mF，35V 陶瓷电容
C6 4 ~ 40 pF，可变电容
C7无
C9、C12、C13 47 pF，35V 圆片电容
C10 270 pF，35V 圆片电容
C15 10 pF圆片电容
C16、C24、C25 10 mF，35V 直流，电解电容
C17、C18、C21、C23、C26、C29 0.1 mF，35V 陶瓷电容
C19 1 mF，35V 金属涤纶电容
C20、C22 0.068 mF，35V，5% 金属膜电容
C27 10 mF，35VDC，条状钽电容
C28 220 pF，35V 陶瓷圆片电容
C30、C31、C33 10 mF，35V 直流，电解电容
C32 330 mF，35VDC，电解电容
C34、C35、C36 0.1 mF，35V 陶瓷电容
C37 10 pF，35V 陶瓷电容圆片电容
C38 10 mF，35VDC，电解电容
C39 100 mF，35VDC，电解电容
C40、C41、C42、C43 0.1mF，35V 陶瓷电容
C44 10 mF，35VDC，电解电容
D1 1N4001二极管
D2、D3 1N914二极管
LED红色LED
VD1 MV209，变容二极管
ZD1 1N753 6.2V，齐纳二极管，400mW
ZD2 1N5231，5.1V，齐纳二极管，500mW
L1 0.47 mH，（金、黄、紫、银）
L2 1 mH，（棕、金、黑、银）
L3 3.9 mH，（橙、金、白、金）
L4、L5 1.5 mH，可调电感
L6、L7 82 mH，固定电感
Q1 J-310结型场效应管（JFET）
Q2 2N-3904双极型NPN晶体管
Q3 2N-3906双极型PNP晶体管
U1 SA602AN混频器/振荡器芯片
U2 LM387音频前置放大器芯片
U3 LM387音频前置放大器芯片
OSC1 20 MHz晶体振荡模组
J1电源接口，2.1mm
J2 F型连接器母头
J3、J4 3.5mm立体声耳机接口
杂项 PCB、5英寸×7英寸×2英寸外壳、旋钮、焊接柱、导线

第十章

辐射检测

Chapter 10

根据频谱，人们通常将辐射分为电磁辐射和电离辐射。其中电磁辐射包括可见光和微波炉、收音机等设备使用的长波段辐射。大部分太阳辐射也属于电磁辐射。利用太阳发出的电磁辐射，人们可以观察、种植植物，对太阳能电池板充电。第二种辐射为电离辐射。

电离辐射通常被看做高速高能粒子，有时也被看作极短波长的波。粒子的种类包括光子、电子、质子和氦、铁等其他电离元素。电离元素是剥去电子的元素。当这些高能粒子穿透物质时，会在物质内部留下一串电离粒子，从而对物质的内部产生损伤。电离粒子的数量取决于粒子的类型和速度。体型较大、速度较快的粒子对物体的伤害通常较大。地球附近的大部分电离辐射都来源于太阳或更远的宇宙天体。

通过本章内容，读者可以学到云室的制作方法，从而实现低剂量阿尔法射线的测量。跟随本章实验，读者可以利用4个常见的三极管来制作低成本电离室。有能力的科研人员可以制作更为专业的电离室，进行更专业的辐射研究。野外探险家可以自己动手制作盖革计，进行岩石相关的辐射研究。

10.1　太空辐射

太空中的辐射主要有三种：第一种是宇宙辐射，第二种是太阳粒子风暴，最后一种是范艾伦辐射带辐射。宇宙辐射来源于遥远的宇宙深处。一开始人们称宇宙辐射为宇宙射线，后来人们知道宇宙辐射属于粒子辐射，而不是射线。宇宙辐射也曾被称为银河系辐射，但后来人们发现宇宙辐射来自于宇宙的各个角落，不仅仅限于我们的银河系，因此银河系辐射的名字也不准确。

由于宇宙辐射的能量很高，因此对宇宙辐射的屏蔽工作非常难以实现。宇宙辐射可以穿透数米厚的屏蔽层。由于宇宙射线强度不是很高，因此太空员可以短时间暴露在射线下。但对于需要在太空停留几个月时间的太空员来说，就一定要做好宇宙射线的屏蔽工作了。

太阳经常会发出太阳风暴，另外每年还会产生几次太阳粒子事件（SPE）。SPE又称太阳耀斑，或者日冕物质抛射。SPE会向外辐射大量的电子和粒子流。电子流会在大型粒子流之前到达地球（一般会提前半天的时间）。电子流对地球的危害大，但是可以起到大型粒子流提醒作用。观测者们可以根据电子流来判断接下来的太阳活动。NASA组织通过Space Weather Now网页实时向大家通报太阳活动事件。

一部分太阳粒子会在地球磁场的作用下产生偏转，因此在大气层中的某些区域里，粒子强度甚至要高于外太空的强度。大气层本身也有质子层和电子层，这些不同的电离层环环相套，可以吸收大量的太阳辐射。人们在1958年将其命名为范艾伦辐射带。在1000km以下的高度，太阳辐射会降低到生物体可以接受的范围。

10.2　地球上的辐射源

地球上也有很多辐射源，例如偶尔会从地表中泄露出来的氡气，发达国家常用的镭和釉也属于放射性物质。科尔曼野营用壁炉灯里同样含有放射性物质，烟雾报警在待机时也会对外发射阿尔法粒子。

辐射警告

辐射的计量方法有很多种，例如我们可以说高能粒子中含有多少百万粒子伏（MeVs）能量，或者说粒子通量为多少（每平方厘米每秒的粒子量）。由于粒子能量并不统一，因此读者需要先熟悉每个能量等级对应的粒子分布曲线。

人们通常更关心吸收辐射剂量。这个参数表示了每千克物体吸收的辐射量。一开始吸收辐射剂量只是一个简单的数值，后来慢慢变得复杂，但依然比粒子通量简单。

在进行与辐射和辐射材料相关的工作时，应当特别注意做好防护工作。在接触辐射之前，一定要事先学习正确的防护方法。

10.3　在云室中寻找乐趣

云室是可以检测基本粒子和其他电离辐射的设备。从本质上说，云室是一个充斥着各种饱和蒸汽的罐子，例如水蒸气。当电离辐射穿透蒸汽时，会在行进路线中产生一条电离轨道，从而导致附近的水蒸气冷凝，人们可以通过观察云室内的小液珠来判断辐射路径。

C.T.R Wilson在1900年发明了云室。当时云室又叫Wilson云室，填充物为空气和另外一种含有饱和水蒸气的气体，外壳为圆柱形，顶端有透明玻璃，底部有活塞或其他压力控制装置当云室内的气压突然下降时（例如转动活塞），蒸汽将会降温，产生饱和水蒸气。这种云室又称为脉冲云室，因为这种云室内部的水蒸气不能长期维持饱和状态。

图10-1是最新型的扩散云室。这种云室的顶端和底端有很大的温差，通常在外部使用干冰来维持底端的较低温度。云室内部一般为空气和酒精混合物。越接近底端的空气温度越低，因此饱和度越高。如果可以持续供给蒸汽（例如在顶部装一个酒精盘），那么整个云室内的混合气体将可以持续保持饱和状态。这种云室的缺点是蒸汽密度较低，因此电离射线与气体中的水蒸气冲撞的几率也比较小。因此科学家们又发明了其他粒子检测器，例如气泡云室和火花云室。

图10-1　扩散云室

10.3.1　云室的使用方法

由于酒精盘里的酒精很多，因此云室内部充斥着饱和酒精气体（即气态酒精）。干冰使云室底部保持很低的温度，而云室顶部则为室温。高温区域的酒精液体将源源不断地蒸发为气体，并向底部飘落。酒精蒸汽首先上升，在碰到云室内壁后沿着内壁向下流，与底部的冷空气混合后停留在底部。

底部低温将传导到酒精蒸汽上，因此酒精蒸汽将被降温到本来无法产生蒸汽的温度。其状态与95℃的水蒸气类似。

由于底部的低温无法维持酒精蒸汽的状态，因此酒精蒸汽很容易冷凝成液体。当带电辐射穿过云室时，会使一部分蒸汽产生电离，即射线在穿过酒精蒸汽的同时，带走了一部分酒精蒸汽中的电子，在路径内留下了正电荷（由于带走的电子具有负电荷）。周围的酒精原子都将吸附在新产生的离子周围。由于酒精蒸汽处于饱和态，因此离子化的过程将触发冷凝，这时观测者就可以在电离辐射的路径上看到冷凝现象了。

10.3.2　云室器件清单

元器件

长宽为6英寸×12英寸，高6英寸，顶部开口的透明罐子。一定要选用方形而不是圆形罐子。
投影仪或其他强光源
可以覆盖罐口的金属片
一片大小与金属片相同的薄纸板（从笔记本或挂历中裁下）
黑色电绝缘胶带
比金属片稍大一点的盒子
4片活页夹
用来清洁罐体的毛巾或纸巾

10.3.3　云室的组建

首先在罐子底部包上一层毛巾。固定毛巾时应选用抗酒精腐蚀的胶带或者胶水。然后找一片硬纸板作为背景，在其中一侧贴满黑色电工胶带，以方便实验人员观察粒子轨迹。将纸板固定在金属板上，保持黑色一面向外，然后用金属板放置在罐子上方，使黑色胶带一侧面向罐子（见图10-2）。

使用长尾夹将金属板和纸板固定在罐子上。仔细调整夹子，防止空气泄漏。将罐子倒置，将金属板压在最下方，毛巾一侧在上方，将整个容易放在盒子里，并将投影仪放置在云室的一侧。至此，干燥的云室就安装完成了。这时云室内不会有任何水蒸气。

购买一些纯酒精（不是70%的医用酒精）和1磅干冰（干冰可以从冰淇淋店购得）。将干冰切割成薄片，把切割后的碎干冰放置在盒子和金属板之间的位置。注意：在切割和放置干冰时应该戴上厚手套，防止皮肤被冻伤。

将罐子从盒子里拿下，并将酒精倒入毛巾里。另外在接口处也涂上一层酒精，以确保罐子的密闭性。将金属板、纸板、罐子放回原处，使干冰在云室的最下方，确保干冰和金属板中间没有其他物体，打开投影仪的电源。

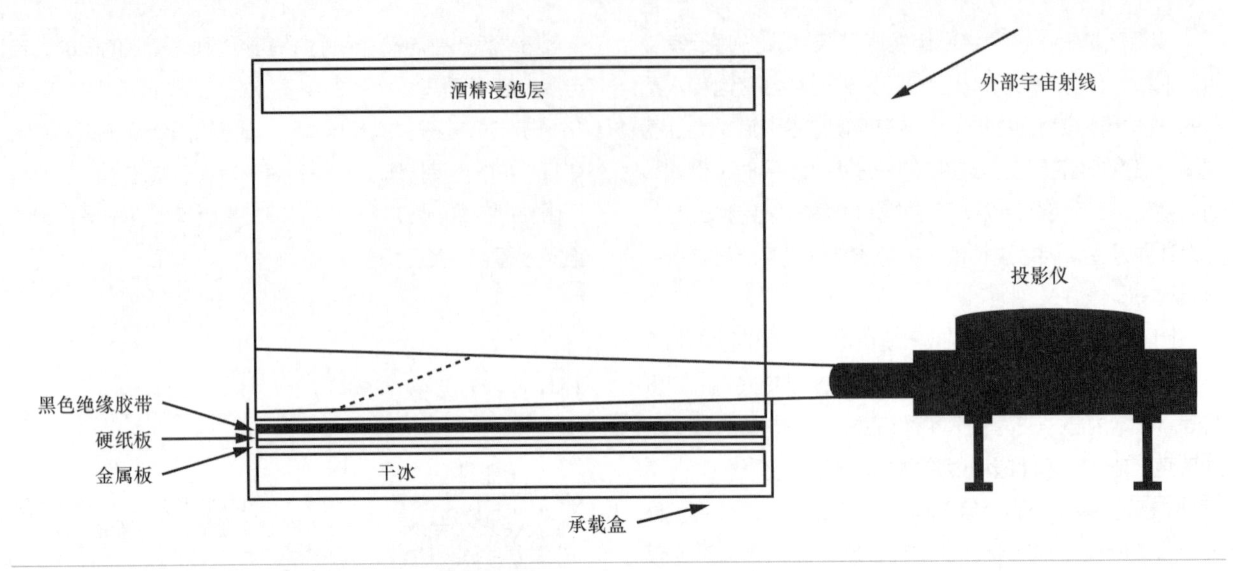

图10-2　散射云室结构图

初始阶段，实验人员可以看到罐子里的酒精蒸汽从上方倾泻下来。15分钟以后，就可以看到辐射粒子穿过云室的痕迹了。云室里的痕迹像是有很多蜘蛛爬过。关闭室内灯光后，观测效果更佳。对于6英寸×12英寸的云室来说，每秒钟大概可以看到一条粒子轨迹，粒子的轨迹首先是一条直线，然后从左到右慢慢模糊，对应μ介子衰变的过程。有时还会看到三线交汇的现象，其中一条线应该是宇宙射线。在交汇点，宇宙射线与原子碰撞，并激发出了电子，因此另外两根线是碰撞后的宇宙射线和电子的轨迹。仔细观察并找到飘忽不定的线，这些线背后的成因是低能宇宙射线在空气中多次撞击原子，并发生了多重散弹现象。另外实验人员还可以看到每条线的线径都略有不同。

观测完粒子轨迹后，读者还可以利用偏振摄像机来记录下粒子轨迹，还可以在云室下方放置一个强磁铁。观察在磁铁作用下粒子轨迹偏折的现象，还可以在云室内竖立几块金属板，观察粒子穿透金属板的能力。

10.3.4　云室的调试

与其他实验一样，读者在组装云室时也会发现一些问题。以下列出了几条常见的问题和解决方法。

- “我什么都看不见！”解决方法：确保投影仪的光路正常，确保干冰可以直接与金属盘接触。多加一些酒精试试看。
- “我只看到气雾，但看不到轨迹。”解决方法：等待。安装好的云室要静置15分钟以上才能达到工作温度。
- “等了15分钟以后，还是看不到轨迹。”解决方法：确保投影仪的光线可以直射到云室内部。检查云室的气密性。
- “气密性没问题，光线也没问题，但是依然看不到轨迹。”解决方法：如果只能看到厚厚的迷雾，那么打开云室，稍微释放一些酒精蒸汽，然后重新试试看。如果还是不行，可以尝试改变云室罐子的高度。
- “我在云室接口处看到了一团迷雾。”解决方法：可能是云室有气体泄漏现象。重新检查并加固云室接口处的密封性。

10.4　低成本离子室

当离子辐射（紫外线、X射线等）在气体中穿过时，离子将会与气体分子碰撞，产生新的带电离子和电子对。如果周围有电场存在，那么正负离子将会向不同的方向移动，直到与产生电场的导体相接触。离子室就是利用这种原理制成的离子辐射检测设备。

离子室的外壳为导电罐，罐子中间有引线电极，电极与离子室的外壳绝缘。离子室内部一般为普通的干燥空气，有条件的话可以用二氧化碳或高压气体，以提高灵敏度。工作时，外界向罐体和电极两端施加直流电压。以引导不同极性的离子向不同的方向移动。一般来说，罐子外壳上的绝对电压一般较大，这样可以保证电路板的电压可以接近地电压。中央电极的电压接近0V，测量电流可以通过中央导线测得。

为了提高离子的区分度，外壳和中央电极之间的电压通常在100V以下，一般只有几伏。事实上，当电压大于100V时，被电场加速的电子将会发生二次辐射，产生额外的离子对。盖革管之所以可以工作在较大的电压下，是因为它内部填充了特殊气体，而且可以瞬间对电离离子放电。当电压小于100V时，只有辐射产生离子才能引起电流。大部分情况下，离子移动产生的电流非常微小，而且单独检测X射线也非常困难，尤其是在没有特殊气体填充或者没有条件对气体加压的情况下。通常中央电极上的等效电容将会柔化信号边缘，导致对脉冲信号的测量困难，即使用反馈网络来减少时间常数，效果也不明显。因此这种普通的电离室只能用来测量中等大小的电离辐射，不能像盖革管那样处理高速信号。

从理论上，手工制作高灵敏度核辐射云室并不复杂，但是却需要很高的电路搭建技巧，因此仅适合有经验的爱好者。

10.5 低成本离子室辐射检测器

使用几个简单的三极管，能不能搭建出灵敏度较高，同时成本低廉的辐射检测器呢？答案是可以的！本节将使用小型云室和4个达林顿管来制作出简易辐射检测器。除4个达林顿管以外，电路中只需要少数几个常规元器件（见图10-3）。

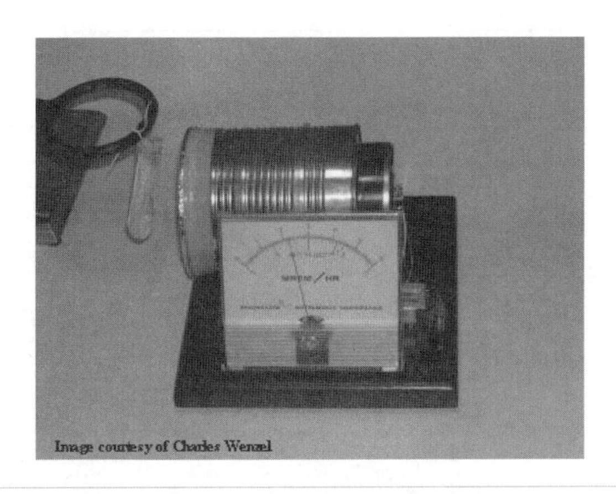

图10-3 简单辐射探测器（图片来自Charles Wenzel）

本实验的核心是一个达林顿管，其基极直接连接到云室的感应线上。达林顿管的集电极电流几乎为零。当基极悬空时，由于达林顿管的放大倍数高达数万倍，因此集电极上可能会有少量泄漏电流。本例采用增益极高、泄流电流较小的MPSW45型NPN达林顿管。这种管子的增益高达30 000，基极电流只有几pA。管子增益可以通过可变电源和10 000MΩ电阻测得。第3个和第4个达林顿管用在电路的末级传感部分，如图10-4所示。（初始的辐射检测器概念验证机仅使用两个达林顿管。）

图10-4 使用废弃花生罐来制作电离室（图片来自Charles Wenzel）

电路中的RC-1为电离室，如图10-5所示，它由4.5英寸 ×4英寸直径的花生罐子制成。罐子上端没有盖子，底端中央位置钻了一个3/8英寸的孔。感应发射器和其他器件安装在自己的基座上，如图10-6所示。元器件部分还使用了一个不锈钢圆盘，读者也可以用其他小型罐子代替。小罐子的尺寸必须与大罐子匹配，以方便后续的焊接组装（见图10-7）。然后在元器件盘上钻一个大洞，以安装8脚玻璃-金属接头。读者也可以换用8脚话筒接头（见图10-8）。接头用胶粘的方式固定在小罐子的洞里，不管读者选用哪种接头，钻孔时都应当提前确认好孔径。

图10-5 感应反射器和电离室的其他器件都安装在单独的基座上（图片来自Charles Wenzel）

图10-6 罐子的上盖和引线（图片来自Charles Wenzel）

图10-7 端接冒内视图（图片来自Charles Wenzel）

离子室辐射检测器的电路如图10-8所示。注意电路中的所有器件都围绕在8引脚接头周围。另外电池和电源开关也沿着电路分布方向安装，因此整个电路只需要从玻璃-金属接头或话筒接头处对外接出两个电源引脚即可。电路中标有X和Y记号的引脚是玻璃-金属接头或话筒接头处的真实引脚，作用是连接外部的100μA电表。三级管Q1上焊有一根4英寸长的传感器线。在将所有器件都焊接到小罐子里后，将小罐子翻转180°，盖在大罐子底部的3/8英寸小洞上。电路仅依靠空气来保持绝缘效果，结构中不需要额外的绝缘材料。但要注意的是，在合并两个罐子时，不要让传感器的引线接触到罐子边缘。完成以上工作后，用焊接的方式将两个罐子牢牢固定在一起。大罐子的开口处用铝箔封住，以隔离空气中的电流和电场，仅允许大型粒子进入罐内。事实上铝箔的厚度偏厚，有条件的读者可以选用聚脂薄膜或者塑料纸替代铝箔。所选择的材料必须可以用橡皮筋固定在罐子上。电离室内的压强必须与外部气压相同，防止薄膜受到应力。

在组装好电离室电路后，应仔细检查电路接线，确保电路部分没有问题。然后将小罐子采用点焊的方式焊接在大罐子中。焊点不能太多，以方便后续的拆修工作。

在做好的离子室辐射检测器上接入电压表，并且装入电池。读者可以选择用8节AA电池或12V野营专用电池来为检测器供电，后者的待机时间会长很多。读者可以像图10-9一样给花生罐下面安放一个木质基座。木质基座上可以安装一个小金属面板，用来固定电路开关和电池与主机之间的电源线。两个4位AA电池盒或者12V电池也可以固定在木基座上。

装入电池并打开电路电源。如果表头指向负电位，那么请将电压表连接到另外一个达林顿管上，或者直接将电压表的正负极对调。如果2.2kΩ电阻上的电平不为零，那么请用清洁溶剂清洁机体并彻底干燥，如果电压依然不为零，那么可能是达林顿管出了问题；请尝试更换其他型号的达林顿管。当2.2kΩ电阻上的电压为稳定的零伏时，找一个汽油灯或者其他放射性物质，将其放在铝箔开口

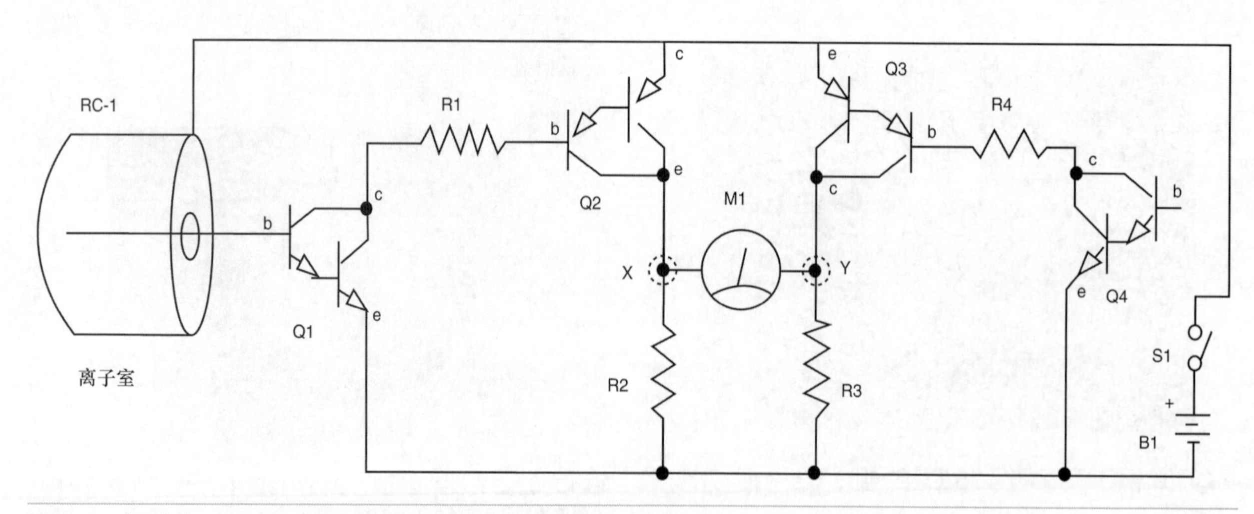

图10-8 离子室第一部分电路（图片来自Charles Wenzel）

处，观察电表示数的跳动。读者也可以用量程1V的电压表替代100μA的电流表。

经过以上调试工作，离子室电路已经可以正常工作了，静置5 ~ 10分钟后，可以用它来检测数英寸以外的汽油灯或其他放射性物体。电路对环境温度非常敏感，当室温升高时，表头示数将会轻微增加。这种离子室辐射检测器的检测效果非常好，读者可以将汽油灯慢慢靠近检测器，观察检测器的示数随之慢慢增加。此设备很适合用在教学演示和家用领域。

低成本离子室辐射检测器器件清单

元器件

R1 10kΩ，1/4W 电阻
R2、R3 2.2kΩ，1/4W 电阻
R4 10kΩ，1/4W 电阻
Q1、Q4 MPSW45A双NPN三极管
Q2、Q3 MPSA64双PNP三极管
M1 100 μA电流表
S1 SPST拨动开关（电源）
B1电池
RC-1辐射腔（见正文）
杂项 PCB、导线、花生罐、固定用五金件、电池夹、木基座、等等。

10.6 高级离子室辐射检测器

家用核辐射检测器的设计的制作难度较低，但是电路中有很多小难点，因此比较适合有经验的读者。例如通常情况下，输出电流都在1pA以下，除非真的有核战争发生！而且前端电路中还有一些不太常见的元器件，例如电离室检测器就是一种非常特殊的静电计部件，其输出电压与输入电流成比例。为了保证检测性能，静电计必须有非常低的偏移电压或泄流电流，而且静电计的输入电阻也要很低，使用反馈技术来讲微小的电流转换成可用电压值。

老式离子室一般使用5886等静电计，其灯丝部分供电电压为1.25V，托盘部分供电电压为10V，电流只需要10mA。这些器件很适合用在实验室中，因为实验室内一般不会有很多静电问题，而且工作电流与三极管相当。某些静电计使用振动电容或机械斩波技术，将直流电流转换成交流电流，以规避直流偏移和电流泄露的问题。新式电路一般在前端采用MOSFET或电力计等级的JFET方案。MOSFET运放内部通常含有保护二极管，在室温下回引入数pA的泄露电流，而且当温度升高时，泄露电流还会增大，但可以用在某些对泄漏电流不太敏感的电离室中。不带保护二极管的MOSFET前端模块极易被静电打坏，一般要搭配低泄漏电流的保护二极管使用。2N4220等低电流JFET的性能比较好，而且JFET还有专供静电计使用的型号，例如2N4117A，其泄漏电流只有1pA。这些低电流JFET可以密度使用MOSFET带来的灵敏度不足的问题。但不管用哪种方案，都需要在电路中加入一套完整的静电纺大（ESD）保护措施！

如上文所述，大部分静电计电路都使用一个大反馈电阻来降低输入阻抗，用较低的输入电流来产生输出电压。但是反馈电阻的阻值非常大，如果输入电流为1pA，那么反馈电阻的阻值应当是100MΩ，这时输出电压仅为100μV。市场上确实有兆欧级电阻，但是却很难买到（参见Victoreen公司的产品目录：www.ohmite.com/catalog/v_rx1m.html）。低阻值电阻可以通过自举的方式提高等效阻值，例如可以将10MΩ电阻提高到10 000MΩ。这么大的阻值已经完全满足要求了，但是由于引入了自举电路，电路本身的调试难度就增加了很多。

图10-9是一种灵敏度非常高的离子室，利用它可以轻易地测量到背景辐射。此电路使用4英寸 × 3英寸的花生盒作为敏感离子室的外壳。离子室中央的不锈钢盘用来安装电路器件。如图所示，小金属盘的大小与外壳非常匹配。中央电极由线环组成（见图10-11）。连接电离室的4.7μF电容为非极性薄膜电容，其额定电压应当大于工作点电压（此处为45V）。采用非极性电容的原因是方便进行反接实验。在封口前，金属罐子应当用溶剂彻底清

图10-9 高级实验室用离子室（图片来自Charles Wenzel）

洗，并用热风枪吹干。花生盒底部的小孔是电极接口。电极依靠周围的空气保持绝缘，并不需要增加额外的绝缘设备。

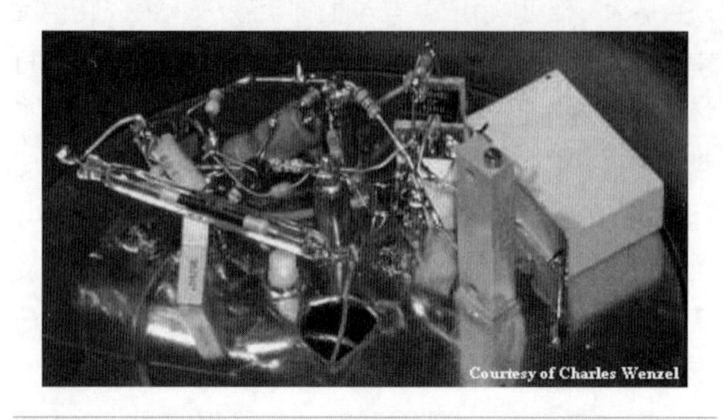

图10-10　高灵敏度离子室（图片来自Charles Wenzel）

输入检测器为安装在离子室内的FET晶体管，这样做的好处是省去一根穿透铁壳的极高阻抗探针。但缺点是晶体管及其引脚完全暴露在离子下！可以通过对晶体管喷涂保护层来缓解这个问题，但是晶体管的基极不能喷涂任何物质—这将降低基极的隔离度！传感线应当尽可能薄，并且靠近管子中央，以减小寄生电容，保证响应速度。

图10-11是另外一个灵敏度较高的离子室电路，它是在前一个电路上改进而来。前端电路换成了FET器件。图10-10电路中用的长玻璃管也换成了Victoreen 100 000MΩ电阻。这颗物料并不常见，读者可以联系IRC Technologies Division公司（联系方式见附录）。为了提高环路增益，2N4401发射极增加了齐纳二极管，而且增加了限制高频响应的0.01μF米勒电容（为了提高稳定性，并降低工频增益）。增加了输出端运放（OP-07），将输出信号提高了100倍。有OP-07在单电源供电下可能会有1 ~ 2V以内的电压偏移，因此电路中增加了调零变阻器，以限制输出电压偏移。变阻器上的电压范围应该涵盖门极电压，使用某些FET时，电压不能很低。

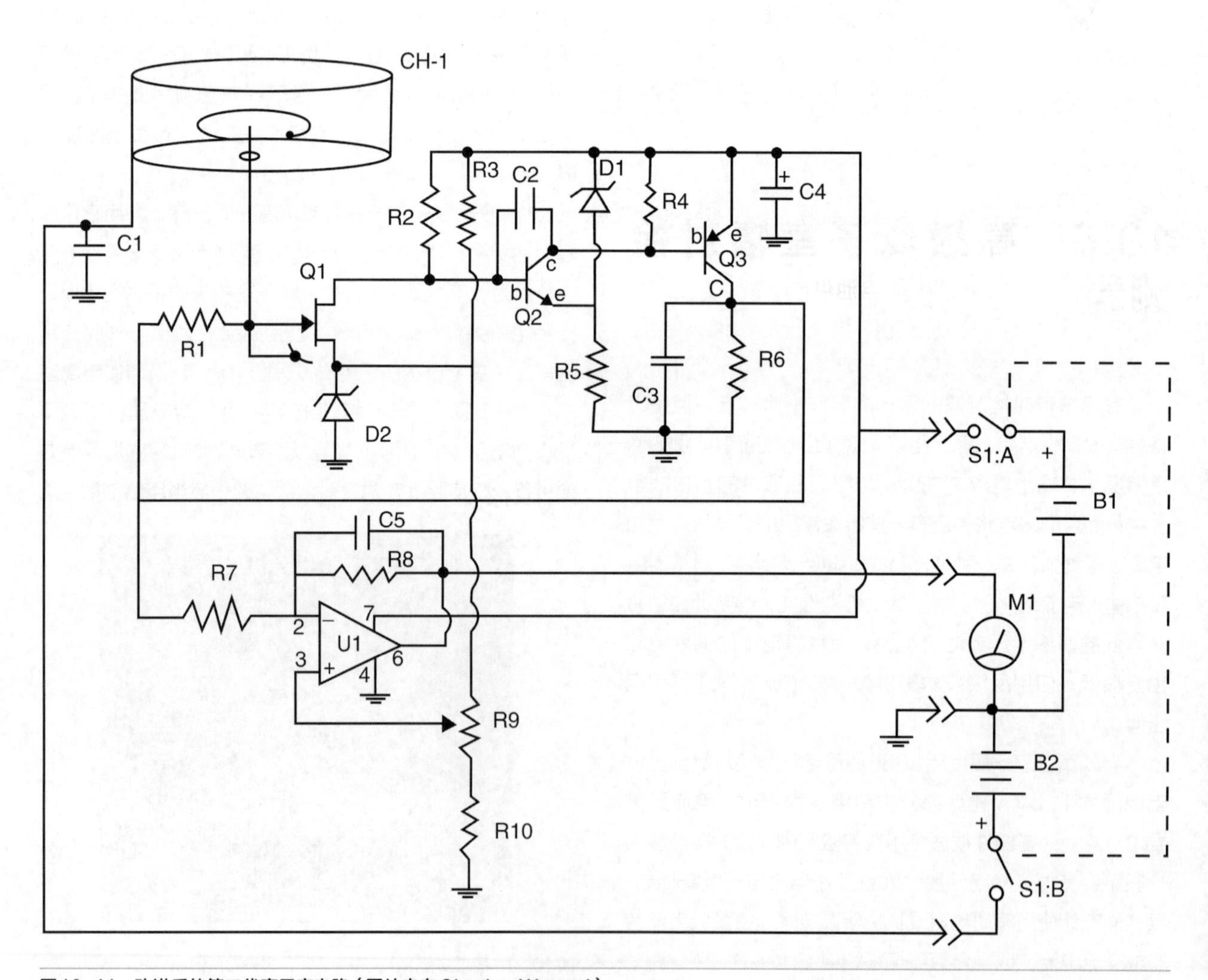

图10-11　改进后的第二代离子室电路（图片来自Charles Wenzel）

否则运放的输出电压将会很高，当出现此问题时，可以将10kΩ电阻的阻值降低，或者在变阻器上方增加1kΩ电阻。另外还可以在表头旁边增加一个调零变阻器，用来调整显示电表的指针偏移。

FET的漏极电阻大小为125kΩ。此电阻的阻值为实验值，在这个阻值下，2N4117A的漏极电流温度系数最接近0。测试过程非常简单：将灵敏电流表接在+10V和漏极之间，将门极接地，源极接500kΩ变阻器。这时电流表上的电流与室温有关，然后将FET加热，观察电流的变化量，同时调整变阻器的阻值，使电流大小不随温度的变化而变化。作者用正温度系数电阻（PTC）来加热FET，将FET的温度加热到65℃，保证电流的变化量小于门极电压变化100μV时对应的变化量。（对应40摄氏度下电离室不到1fA的电流变化。）室温的变化范围在+/-4℃，对应电离室0.1fA的电流变化，这远低于电离室自身的40fA背景噪声，可以完美补偿温度系数的偏置电流为40μA，由于漏极电阻上的压降为5V，因此补偿电阻的阻值为$\frac{5V}{40\mu A}=125k\Omega$。不同设备的补偿电阻阻值可能会略有不同。

因为改进后的离子室增益更大，输出信号更强，因此可以直接用10V量程的电压表来测量其输出信号。变阻器R9的作用是调整零偏。运放的输出引脚6直接接到电压表上。

注意此电路使用了两路电池供电。其中15V电池作为晶体管和运放的电源使用，而45V电池则用来捕捉金属室内的电子。普通的22.5V电池无法有效地捕捉电子，我们可以将两节电池串联起来使用（总电压45V）。如果要捕捉速度比电子快的其他离子，可以临时提高电压。

如图10-12所示，电离室二代电路可以安装在金属外壳中。花生罐的开口端同样用铝箔纸罩住，以屏蔽外部的空气电流和电场，仅允许各种粒子进入罐内。事实上铝箔的厚度偏厚，有条件的读者可以选用聚脂薄膜或者塑料纸替代铝箔。所选择的材料必须可以用橡皮筋固定在罐子上。电离室内的压强必须与外部气压相同，防止薄膜受到应力。罐子底部安装了额外的金属支脚，这样我们就可以在不翻转电离室的情况下抽出辐射盘了。第二代电离室有很多优点：在非常少量辐射下，电离室就可以产生70mV输出电压，相比于2mV的电表指针摆动幅度，这个输出电压的区分度已经很高了。

图10-12 安装在金属罐内的电离室

电离室在刚上电时需要长达20分钟的稳定时间，15V电压已经足够大部分电离室使用。电压不足表现为输出电压较低，因为电子在被吸引到电极之前可能就已经和正电荷复合了。

利用盖革计数器来测量烟雾报警器的辐射强度，结果应该在22 000计数每分钟（cpm）。接下来在烟雾报警器上增加一层铝箔，使测量结果降低到200cpm左右。这时换用电离室来测量，电离室的输出电压应该在200mV左右。由于辐射量太小，因此这个测量结果已经相当令人满意了。盖革管上的薄膜胶带会阻隔一部分阿尔法射线。以上只是比较简单的校准过程。通过对比盖革计数器上的示数，作者推算出了电离室的对应示数应该为13mV，但由于电路可以自由设置电压表的零偏，因此真实电压很难精确测量。反接罐子的输出引脚，偏移电压将会变为30mV（需要等待几分钟稳定时间），这表示背景辐射大约为15cpm（±15之差为30）。

高级离子室辐射检测器器件清单

元器件

R1 100000MΩ 玻璃电阻（Victoreen）
R2 125kΩ，1/4W 电阻
R3 8.2kΩ，1/4W 电阻
R4、R7 47kΩ，1/4W 电阻
R5、R6、R10 10kΩ，1/4W 电阻
R8 4.7MΩ，1/4W 电阻
R9 1kΩ，1/4W 电阻
C1 4.7 μF，50V 电解电容
C2、C3 0.01 μF，35V 碟片电容
C4 10 μF，35V 电解电容
C5 0.1μF，35V 碟片电容
D1 1N751齐纳二极管
D2 1N753齐纳二极管

Q1 2N4117A FET晶体管
Q2 2N4401 NPN三极管
U1 OP-07低噪声运放
M1电压表
S1 DPST拨动开关
B1 15V 电源
B2 45V 电池或电源
CH-1离子室（见正文）
杂项 PCB、导线、芯片插座、五金件、电池夹、连接器，等等。

10.7 盖革计数器的相关实验

地球上的任何物体都暴露在微量核辐射下。这些肉眼看不到的粒子和射线统称背景辐射。电磁辐射则包含从传输距离长达千米的低频无线电信号到高频X射线、伽马射线之间的电波。因此辐射可能是由蜡烛火苗产生的电磁辐射，也可能是由铀金属发射出的亚原子粒子。

背景辐射可以从原子或分子中激发出电子，使空气中产生新的离子。因此背景辐射又称电离辐射。X射线，伽马射线、阿尔法和贝塔离子都属于离子辐射。人们最初就是按照穿透能力来对各种射线分类的。

伽马射线和X射线由高能光子组成，其波长比光波波长低，但是传播速度与光速相同，他们的穿透力极强，可以轻易穿透人体，只有厚厚的泥土和水泥才能挡住它们。伽马射线可以穿过几厘米厚度的铅板，铅板的另外一侧依然可以测量到很高的浓度。

贝塔射线由电子组成，即从原子里逸出的电子。贝塔射线带有负电荷，其穿透力比阿尔法射线强，可以轻易穿透3mm厚的铝板。贝塔射线可以穿透几厘米厚的人体。

阿尔法射线由两个质子和两个中子组成，可以从原子核或氦元素中产生。阿尔法射线带有正电荷。其穿透能力较弱，几英寸空气或者几张纸就可以将其阻挡。正常情况下，人的皮肤可以阻隔阿尔法射线，但如果将阿尔法放射源吞到肚子里就很危险了。

10.7.1 背景辐射的来源

各种背景辐射通过宇宙深处照射到地球，人们称这种射线为宇宙射线。只有少数能量极强的射线可以到达地球表面。几乎大部分宇宙射线都在大气层边缘与空气分子产生碰撞而消逝了，留下各种亚原子粒子。

最大的陆地背景噪声源是氡，这是一种无色无味、密度略大于空气的气体。氡来源于土壤和岩石中的铀和钍。通常温度较高或者氡气浓度较大的区域的岩石中都含有铀和钍。例如巴西Pocos de Caldas山上的辐射强度比平均值高了800倍。海滩上的钍也可以将周围的辐射提高560倍。

在某些区域，氡会渗透到住房、办公室、工场、学校的地基下面。例如芬兰Helsinki的某些房屋，氡含量是外面的5 000倍以上。

氡经常溶在水里，一项加拿大的研究表明，当浴室中用了受污染的水源时，浴室内的氡含量将会急剧升高。浴后需要1小时以上的时间才可以恢复到正常值。建造在铀矿附近的房子会收到氡污染，某些建筑材料也会散发氡气，例如很多砖块就是由放射性煤渣和受污染植物产生的煤灰制作而成。磷石膏和矾等放射性物质也经常被用来压制石膏板、隔板、胶水或其他建筑材料。常规的细沙碎石也可能含有轻微的放射性。受核能辐射的植物、大气中的核爆炸、放射性废料、医疗用X射线机器等都是常见的放射源。

有可能上文提到的放射源中的一大半都在你生活的环境周围。泥土、石头、建筑材料、空气、甚至人们自己的骨骼都可能是放射性材料。

10.7.2 辐射检测

人们发明了很多检测辐射的方法，有些方法可以瞬间测量出当前的放射性材料，还有一些方法用于测量长期放射性累计值。

老式胶卷就是基于后一种方法发明而来的。这是最早的放射性检测方法，如今依然在被广泛使用。通过显微镜、很多半导体、对辐射敏感的光线检测器也可以发现放射性物质。

盖革计数器是一种可以测量辐射大小的仪器，由H.Geiger和E.W.Muller在1928年发明。有了盖革计数器，人们可以随时测量物体或建筑的辐射值。人们可以利用它来发现周围的铀辐射，或者地下室内的氡辐射，氡气体存在的特征是空气中的背景辐射显著加大。

盖革计数器内部的检测器件为盖革穆勒（GM）管。典型的GM管是一个密闭的电导管，内部含有氩、空气或其他气体，另外还有一根电极。当待测射线为阿尔法射线时，管子上用云母或聚脂薄膜开一个小窗。

自从1928年GM管被发明后，其结构和工作原理就几乎没有改变过。图10-13是GM管的剖面图。GM管的外壁是薄薄的金属罐（阴极），中央有一根电极（阳极），罐子的前端装有云母窗口。阿尔法粒子可以穿透云母窗口进入管体内。罐子内部装有氖、氩、卤素混合气体。GM管的检测过程非常有趣。首先通过10MΩ限流电阻在阳极（中央电极）上施加500V电压，阴极用100kΩ电阻接地。

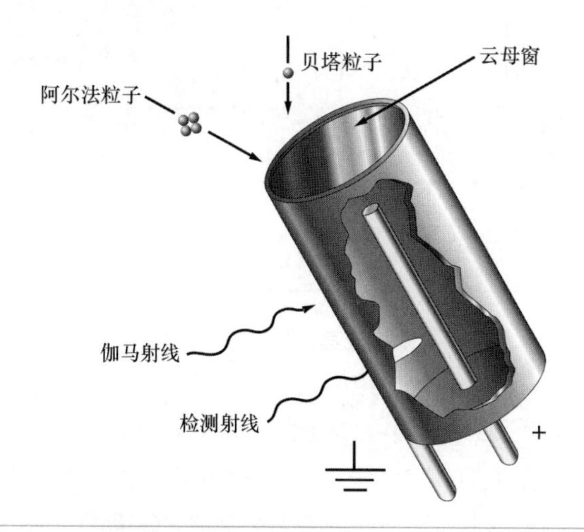

图10-13　盖革穆勒（GM）管的剖面图

初始状态下的GM管阻抗极大。当粒子进入管内，管内的气体将被电离，其过程与云室蒸汽轨道相似。电离后的原子和电子将飞速向两个电极移动。移动过程中与其他气体分子碰撞，二次激发出新的离子。因此管内会出现短暂的导电路径。

短暂的电流脉冲会在电阻R2上产生压降。这时卤素气体首先退出电离态，恢复待测高阻态。盖革计对外输出以毫伦琴每小时（mR/hr）为单位的模拟指针信号，有些盖革计直接输出以每分钟数量（cpm）为单位的数字信号。对于后一种情况，仪器一般会提供校准数值，供用户将cpm速率转换成mR/hr数值。

10.7.3　计数频率与剂量频率

GM管的脉冲输出信号对应着盖革管的计数信号，每分钟的计数值与辐射强度成正比。图10-14位计数率与剂量率的曲线图，对应的GM管用铯-137校准。

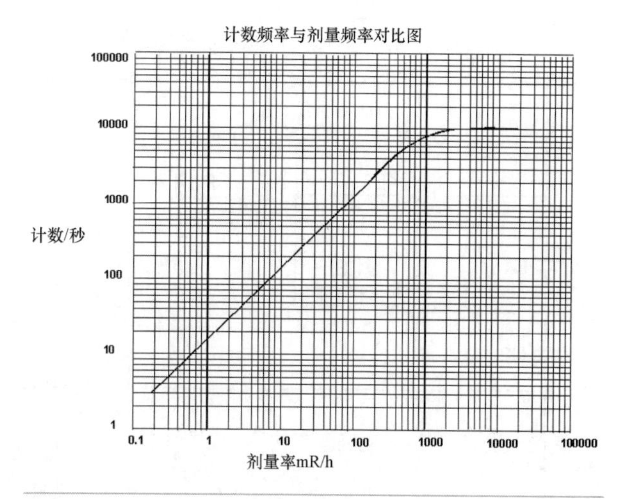

图10-14　计数频率与剂量频率对比图

图10-15中的盖革计数器可以用来测量伽马、贝塔、阿尔法辐射。图10-16中的盖革计数器带有16进制反相器芯片4049。反相器在电路中起方波发生器的功能。4.7kΩ电阻用来调整方波的宽度。电源开关为MOSFET IRF830，可以控制迷你步进变压器初级绕组的电源通断。变压器的输出信号接到电压倍增器中，倍增器由高压二极管D2、D3和高压电容C4、C5组成。

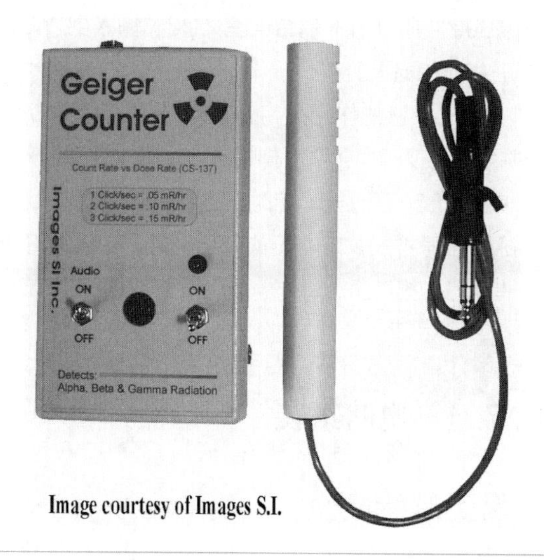

图10-15　盖革计数器

电路中3个串联齐纳二极管（D4、D5、D6）的作用是将高压输出稳压到500V左右。齐纳二极管D4和D5的额定电压为200V，齐纳二极管D6的额定电压为100V。加起来刚好等于500V（200 + 200 + 100 = 500）。500V是本例中GM管的最大工作电压。

经齐纳二极管稳压后的500V电压通过10MΩ限流电阻R4输入到GM管的阳极。10MΩ限流电阻的作用是限制GM管最大工作电流，并且使电离后的空气恢复到常态。

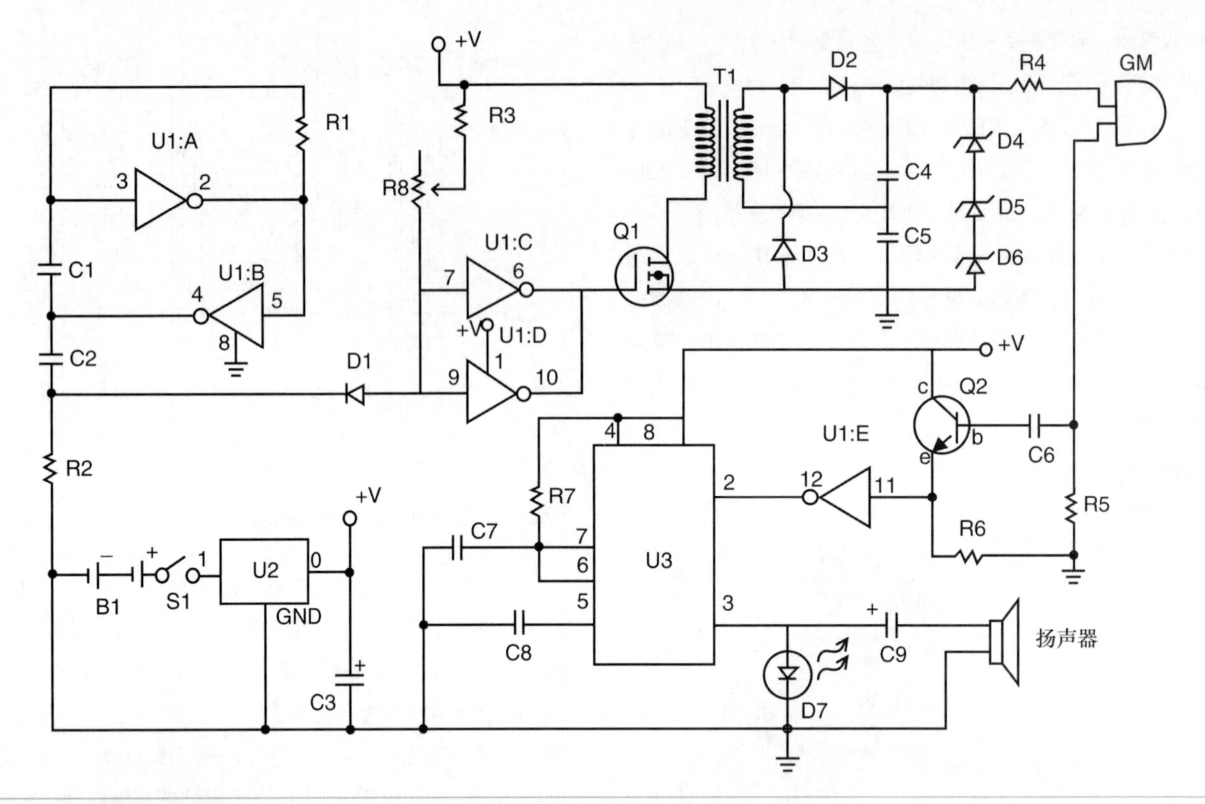

图10-16 盖革计数器电路

GM管的阴极接100kΩ电阻（R5）。R5上采集到的辐射电压脉冲通过1μF耦合电室（C6）输入到2N2222 NPN三极管的基极。

NPN三极管的作用是将输出脉冲电压幅度降低到Vcc并将其馈入到4049反向输入端。反向后的脉冲信号用来触发555定时器。定时器工作在单稳态模式，可以将脉冲信号拉长。定时器的输出脉冲通过引脚3接到LED指示灯和扬声器。

10.7.4 电路组装

电路对走线布局的要求并不高，读者可以手工将整个电路焊接在面包板或PCB上。使用PCB将会使焊接过程更加轻松，成品PCB的价格仅为15美元（见器件清单）。

制作过程先从焊接方波发生器和4049脉冲整形电路开始。首先焊接R1、R2、R3、V1、C1、C2、D1及其周边引线。接下来焊接高压部分，包括变压器T1、二极管D2、二极管D3、电容C3和C4。然后焊接5V稳压器7805和电容C9。

这时需要调试高压部分电路。将电压表设定到500到1000V挡位，并将电压表的正极探针接到C3和D2的连接点，给电路上电并通过V1调整峰值输出电压。正常情况下，电路的输出电压将可以调整到700V以上。调整好输出电压后，关闭电源。焊接3个齐纳二极管，再次接入电源，电压表的正极探针依然指向C3和D2的连接点处，此时电压表的示数将变为500V。如果电压指数不对，请检查齐纳二极管的焊接方向。最后焊接555定时器、限流电阻、三极管、LED和扬声器。GM管的输入引脚连接到1/8英寸耳机接口。

电路板可以固定在大塑料盒中。在外壳的顶部开两个小洞，用来安装电源开关和LED指示灯。另外开一个稍大一点的洞，用来安装扬声器。本例选用带有塑料边框的扁平状压电扬声器作为计数发声器件。最后在外壳的侧面钻孔，安装1/8英寸耳机插口。

10.7.5 盖革管的组装

盖革穆勒管属于易损件，应当装在合适的保护壳中。但是外壳的前端必须开窗，使阿尔法射线可以正常射入GM管内。PVC管是比较合适的保护壳。本例选用长6英寸，内径（ID）1/2英寸的PVC管作为GM管的外壳。PVC管的其中一侧制成栅格状的开口，供GM管从窗口采集阿尔法射线。

找一根较长的屏蔽线缆，将线芯焊接在GM管的中央电极上，将屏蔽层焊接在GM管的金属壁上。在线芯处套上热缩管、硅酮密封胶或者涂料，以防止短路。

在原型机中，线缆的另一头搭配1/4英寸耳机插头。在焊接耳机插头之前，应先在线缆上套一层外径（OD）为1/4英寸的橡胶圈，用作PVC管支架。

将GM管插在PVC管中，使GM管与窗口保持1/4英寸的距离。使用维修专用硅酮密封胶固定GM管的位置，这种胶水可以充满缝隙，并且在形变时保持一定的拉力。胶水应涂在GM管和PVC管接触的位置。为了使GM管的底部与PCV管粘合，应当适当加大胶水的用量。当胶水凝固后，就可以进行最后的步骤了，将锁环塞进PVC管中，并用大量胶水固定，以保持一定的弹性。

在PVC管的侧面安装一个尼龙搭扣，搭扣面向外壳安装，以便将GM管固定在外壳上。

10.7.6 辐射源

离子类烟雾检测器的内部具有阿尔法放射源，通常为镅-241。读者必须将烟雾检测器的外壳打开，并将镅金属取出，因为阿尔法射线的发射距离非常短，因此检测时必须将放射源靠近GM管。某些野营灯的覆盖物也具有放射性。读者可以将自制的盖革计带到当地的户外探险商店里，检测这种放射性物质。铀矿或者岩石的辐射强度也足够大，我们的计数器也可以对其进行检测。

当然最可靠的放射性材料还是需要专门去购买。微量放射性材料通常装在直径1英寸，厚1/8英寸的塑料盘中。很多未经许可的商店都在销售这种材料。这种放射性物质的放射量在微居里量级，属于政府认定的无害等级。铯-137是比较好的伽马射线源，其半衰期长达30年。

打开盖革计。如果你已经有了放射源，可以将其放置在GM管旁边。在放射源的作用下，盖革计将开始以很高的频率计数。LED也将随着计数频率闪烁。每次闪烁表示盖革计检测到了一个单位的粒子辐射：阿尔法、贝塔或伽马。来自地球或宇宙的背景辐射也可以触发盖革计工作。在作者所处的环境下，盖革计测量到的背景辐射为12 ~ 14次每分钟。

10.7.7 测量家庭内的辐射

盖革计可以用来扫描室内隐藏的辐射源。首先测量五分钟以上的背景辐射，然后将盖革计靠近可疑物体并保持五分钟，对比盖革计的计数频率有没有发生明显提高。作者实测到的背景辐射为11cpm，釉面砖的辐射量为40cpm，普通瓷砖的辐射量为16cpm。某天作者测量到打开状态电视机的辐射量为28cpm，当时的背景辐射为16cpm。

还有很多含有微量辐射的物体，例如砖块、石头（尤其是花岗岩）、带有夜光功能（镭元素）的钟表等。带有橙色或红色封釉的陶器上含有氧化铀辐射源。电离类烟雾检测器含有微量的放射性物质，但是读者用盖革计并没有测量到明显的辐射量。

含有钍元素的野营灯罩也带有放射性。当盖革计的测量窗口正对灯罩时，测量到的辐射量为0.1 ~ 0.2毫伦琴（mR/hr）。当灯罩卷起时，辐射量将增加0.5mR/hr左右。如果在灯罩和盖革计之间插入一张纸片，辐射量并没有显著减少，因此可以推断出灯罩的主要辐射为副产品铷-228发出的贝塔射线。

10.7.8 使用盖革计来监测太阳耀斑

太阳耀斑是太阳表面的区域性风暴。大部分时候，太阳耀斑周围都伴随着太阳黑点。太阳耀斑的持续时间为3分钟到8小时之间。

人们用强度来分类耀斑。M类耀斑的强度为C类耀斑的10倍，X类耀斑的强度是M类耀斑的10倍。耀斑发出的X射线又分为5种类型。本实验的目的是通过使用盖革计检测背景辐射的方式，侦测M和X类太阳耀斑发出的X射线。盖革计测量到的背景辐射由宇宙射线和周围的辐射源两部分组成。宇宙射线又由太阳耀斑发出的射线和宇宙深处的背景射线两部分组成。地球上的放射性镭可以通过使用盖革计检测从地表和岩石接缝处渗出的氡气体来发现。在本次实验中，作者使用盖革计以1小时为单位测量背景辐射。然后将测量到的数据绘制成图表，同时分析出M和X类太阳X射线的大小，如何从背景辐射中提取出M和X类太阳X射线的辐射量是一个非常有趣的科研话题。

10.7.9 商用盖革计

Radalert 50是一种数字盖革计一体机，由International Medcom公司生产，售价为185美元。这种牢固的设备可以测量累计辐射或者瞬时辐射。它最重要的特性是带有对外输出接头，接头可以按照应用需求搭配外部电路、记录器或者电脑。因此用户可以很方便地导出一段时间内的测量数据并加以分析。很多研究者都将此设备与HP-95LX型迷你电脑搭配使用。Aware Electronics公司的RM-60型盖革计也带有电脑接口，这种盖革计的售价为149美元。

10.7.10　盖革计器件清单

元器件

R1 5.6kΩ，1/4W 电阻
R2 15kΩ，1/4W 电阻
R3 1kΩ，1/4W 电阻
R4 10MΩ，1/4W 电阻
R5、R7 100kΩ，1/4W 电阻
R6 10kΩ，1/4W 电阻
R8 5K变阻器
C1 0.0047 μF，35V 薄膜电容
C2、C8 0.01 μF，35V 碟片电容
C3 100 μF，35V 电解电容
C4，C5 0.001 μF，35V 碟片电容
C6 1 μF，35V 钽电容
C7 0.047 μF，35V 薄膜电容
C9 220 μF，35V 电解电容
D1 1N914硅二极管
D2，D3 1N4007硅二极管
D4，D5 1N5281B齐纳二极管
D6 1N5271B齐纳二极管
D7 LED
Q1 IRF830大功率FET晶体管
Q2 2N2222三级管
U1 CD4049 CMOS反相器
U2 LM7805 5V 稳压器
U3 LM555定时器芯片
T1 8- to 1，200Ω，音频级间变压器
SPK-1 8Ω 扬声器
S1 SPST电源开关
B1 9V 晶体管收音机电池
GM-1 500V 盖革穆勒管
杂项 外壳、PCB、盒子、导线、芯片插座、电池夹、五金件，等等。

10.7.11　特殊物料——全部来自Images SI公司

元器件

GM管 $54.95；
迷你步进变压器$12.00；
盖革计PCB $10.00；
放射性源：铀矿石 $14.95；
铯-137源：$94.00；
完整盖革计套装（包含所有元器件）GCK-01 $176.95。
注意：读者还可以搭配其他组件，例如远程数据记录仪。